微积分习题与试题解析教程

（第 3 版）

主 编 陈 仲

编 者 陈 仲　张玉莲　林小围
　　　　王夕予　王　培

东南大学出版社
·南京·

内 容 提 要

本书依据普通高校"微积分"课程教学大纲,并参照教育部制定的"考研数学考试大纲"进行编写.内容分为函数与极限、连续性与导数概念、微分中值定理与导数的应用、不定积分、定积分、反常积分与定积分的应用、空间解析几何、多元函数微分学、二重积分与三重积分、曲线积分与曲面积分、数项级数与幂级数、微分方程等 12 个专题.每个专题含"重要概念与基本方法"、"《大学数学教程》习题选解"、"往年期中与期末试题解析"、"历年硕士生入学试题解析"四个部分.其中,"习题"选自陈仲编著的《大学数学教程》一书,"期中与期末试题"选自南京大学、南京大学金陵学院往年本科生的期中与期末试卷,"硕士生入学试题"选自全国历年硕士研究生入学试卷和南京大学等高校历年硕士研究生入学(单考)试卷.

本书可供各类高等学校的大学生作为学习"微积分"、"高等数学"课程和考研复习的参考书,也可供相关老师参考.

图书在版编目(CIP)数据

微积分习题与试题解析教程 / 陈仲主编. —3 版. —南京:东南大学出版社,2015.4
  ISBN 978-7-5641-5634-3

Ⅰ.①微… Ⅱ.①陈… Ⅲ.①微积分—高等学校—教学参考资料 Ⅳ.① O172

中国版本图书馆 CIP 数据核字(2015)第 064754 号

微积分习题与试题解析教程(第 3 版)

出版发行	东南大学出版社
社　　址	南京市四牌楼 2 号(邮编:210096)
出 版 人	江建中
责任编辑	吉雄飞(办公电话:025—83793169)
经　　销	全国各地新华书店
印　　刷	南京京新印刷厂
开　　本	700mm×1000mm　1/16
印　　张	18
字　　数	353 千字
版　　次	2015 年 4 月第 3 版
印　　次	2015 年 4 月第 1 次印刷
书　　号	ISBN 978-7-5641-5634-3
定　　价	35.00 元

本社图书若有印装质量问题,请直接与营销部联系,电话:025-83791830.

前　言

"微积分"是一门系统性强、结构严谨的课程，是所有高等学校大学生的必修课．由于内容多，进度快，难度大，致使相当多的刚进入大学校门的大学生学习感到困难．常常上课时听得懂，课后作业不会做；每学期期中与期末考试前，不知考题题型如何，不知如何复习迎考；对于部分学习成绩优秀的学生，又感到课本上习题的难度不够．本书的编写宗旨就是为了帮助同学们解决这些学习上的问题．

本书依据普通高校"微积分"课程教学大纲，并参照教育部制定的"考研数学考试大纲"进行编写．内容分为函数与极限、连续性与导数概念、微分中值定理与导数的应用、不定积分、定积分、反常积分与定积分的应用、空间解析几何、多元函数微分学、二重积分与三重积分、曲线积分与曲面积分、数项级数与幂级数、微分方程等12个专题．每个专题含"重要概念与基本方法"、"《大学数学教程》习题选解"、"往年期中与期末试题解析"、"历年硕士生入学试题解析"四个部分．其中，"习题"选自陈仲编著的《大学数学教程》丛书中《微积分(上册)》、《微积分(下册)》、《微分方程与线性代数》三本书(东南大学出版社，2013)，"期中与期末试题"选自南京大学、南京大学金陵学院往年本科生的期中与期末试卷，"硕士生入学试题"选自全国历年硕士研究生入学试卷和南京大学等高校历年硕士研究生入学(单考)试卷．

本书由陈仲主编，并编写12个专题的"重要概念与基本方法"和"历年硕士生入学试题解析"．其余部分，王培编写专题1，2，4；张玉莲编写专题3，8，12；王夕予编写专题5，6，11；林小围编写专题7，9，10．

本书可供各类高等学校的大学生作为学习"微积分"、"高等数学"、"大学数学"等课程以及考研复习的参考书，也可供相关老师参考．

本书此次再版，得到南京大学金陵学院教务处、基础教学部和东南大学出版社的支持和帮助，编者谨此一并表示衷心的感谢．

书中缺点和疏漏难免，敬请智者不吝赐教．

陈　仲

2015年1月于南京大学浦苑

目 录

专题 1 函数与极限 ·· 1
  1.1 重要概念与基本方法 ·· 1
  1.2 《大学数学教程》习题选解 ·· 5
  1.3 往年期中与期末试题解析 ·· 9
  1.4 历年硕士生入学试题解析 ··· 12

专题 2 连续性与导数概念 ·· 18
  2.1 重要概念与基本方法 ··· 18
  2.2 《大学数学教程》习题选解 ··· 23
  2.3 往年期中与期末试题解析 ··· 29
  2.4 历年硕士生入学试题解析 ··· 35

专题 3 微分中值定理与导数的应用 ······································ 44
  3.1 重要概念与基本方法 ··· 44
  3.2 《大学数学教程》习题选解 ··· 47
  3.3 往年期中与期末试题解析 ··· 53
  3.4 历年硕士生入学试题解析 ··· 59

专题 4 不定积分 ·· 73
  4.1 重要概念与基本方法 ··· 73
  4.2 《大学数学教程》习题选解 ··· 75
  4.3 往年期中与期末试题解析 ··· 80
  4.4 历年硕士生入学试题解析 ··· 83

专题 5 定积分 ·· 88
  5.1 重要概念与基本方法 ··· 88
  5.2 《大学数学教程》习题选解 ··· 90
  5.3 往年期中与期末试题解析 ··· 95
  5.4 历年硕士生入学试题解析 ··· 101

专题 6 反常积分与定积分的应用 ·· 114
  6.1 重要概念与基本方法 ··· 114
  6.2 《大学数学教程》习题选解 ··· 117

  6.3 往年期中与期末试题解析 ……………………………………………… 121
  6.4 历年硕士生入学试题解析 ……………………………………………… 125

专题 7 空间解析几何 ………………………………………………………… 134
  7.1 重要概念与基本方法 …………………………………………………… 134
  7.2 《大学数学教程》习题选解 …………………………………………… 137
  7.3 往年期中与期末试题解析 ……………………………………………… 142
  7.4 历年硕士生入学试题解析 ……………………………………………… 146

专题 8 多元函数微分学 ……………………………………………………… 147
  8.1 重要概念与基本方法 …………………………………………………… 147
  8.2 《大学数学教程》习题选解 …………………………………………… 153
  8.3 往年期中与期末试题解析 ……………………………………………… 160
  8.4 历年硕士生入学试题解析 ……………………………………………… 168

专题 9 二重积分与三重积分 ………………………………………………… 178
  9.1 重要概念与基本方法 …………………………………………………… 178
  9.2 《大学数学教程》习题选解 …………………………………………… 183
  9.3 往年期中与期末试题解析 ……………………………………………… 189
  9.4 历年硕士生入学试题解析 ……………………………………………… 194

专题 10 曲线积分与曲面积分 ……………………………………………… 204
  10.1 重要概念与基本方法 ………………………………………………… 204
  10.2 《大学数学教程》习题选解 ………………………………………… 211
  10.3 往年期中与期末试题解析 …………………………………………… 218
  10.4 历年硕士生入学试题解析 …………………………………………… 222

专题 11 数项级数与幂级数 ………………………………………………… 229
  11.1 重要概念与基本方法 ………………………………………………… 229
  11.2 《大学数学教程》习题选解 ………………………………………… 233
  11.3 往年期中与期末试题解析 …………………………………………… 239
  11.4 历年硕士生入学试题解析 …………………………………………… 248

专题 12 微分方程 …………………………………………………………… 260
  12.1 重要概念与基本方法 ………………………………………………… 260
  12.2 《大学数学教程》习题选解 ………………………………………… 264
  12.3 往年期中与期末试题解析 …………………………………………… 269
  12.4 历年硕士生入学试题解析 …………………………………………… 276

专题 1　函数与极限

1.1　重要概念与基本方法

1　一元函数基本概念

(1) 函数的奇偶性、周期性、单调性、有界性.
常用的奇函数：
$$y = \sin x, \quad y = \tan x, \quad y = \arctan x$$
$$y = \ln(x + \sqrt{1+x^2}), \quad y = f(x) - f(-x), \cdots$$
常用的偶函数：
$$y = x^2, \quad y = \cos x, \quad y = f(x) + f(-x), \cdots$$
常用的有界函数：
$$y = \sin x, \quad y = \cos x, \quad y = \arctan x, \quad y = \operatorname{arccot} x, \cdots$$

(2) 五类基本初等函数：幂函数 $y = x^\lambda$；指数函数 $y = a^x (a > 0, a \neq 1)$；对数函数 $y = \log_a x (a > 0, a \neq 1)$；6个三角函数 $y = \sin x, y = \cos x, y = \tan x, y = \cot x, y = \sec x, y = \csc x$；反三角函数 $y = \arcsin x, y = \arccos x, y = \arctan x, \cdots$.

指数函数的基本公式：
$$a^x \cdot a^y = a^{x+y}, \quad u(x) = \exp(\ln u(x)), \quad u(x) = \ln(e^{u(x)})$$

对数函数的基本公式：
$$\log_a(xy) = \log_a x + \log_a y, \quad \log_a\left(\frac{x}{y}\right) = \log_a x - \log_a y, \quad \log_a b = \frac{\ln b}{\ln a}$$

三角函数的基本公式（平方和公式、和角公式、倍角公式、半角公式）：
$$\sin^2 x + \cos^2 x = 1, \quad 1 + \tan^2 x = \sec^2 x, \quad 1 + \cot^2 x = \csc^2 x$$
$$\sin(x \pm y) = \sin x \cos y \pm \cos x \sin y, \quad \cos(x \pm y) = \cos x \cos y \mp \sin x \sin y$$
$$\sin 2x = 2\sin x \cos x, \quad \cos 2x = \cos^2 x - \sin^2 x$$
$$\sin^2 \frac{x}{2} = \frac{1 - \cos x}{2}, \quad \cos^2 \frac{x}{2} = \frac{1 + \cos x}{2}$$

(3) 初等函数与初等函数的分解.

例如，初等函数 $y = e^{\sin^2 \frac{1}{x}}$ 可以分解为 $f_1 = e^u, f_2 = u^2, f_3 = \sin u, f_4 = \frac{1}{x}$，则

$$y = f_1(f_2(f_3(f_4(x))))$$

(4) 分段函数.

(5) 常用的数学方法:极坐标变换法($x = \rho\cos\theta, y = \rho\sin\theta$)、数学归纳法、反证法等.

2 极限概念

(1) 数列的极限.

① $\lim\limits_{n\to\infty} x_n = A$ 的"ε-N"定义:$\forall \varepsilon > 0, \exists N \in \mathbf{N}$,当 $n > N$ 时,有 $|x_n - A| < \varepsilon$.

在应用"ε-N"定义证明极限时,常用的方法是放缩法:先求正常数 M,使得 $|x_n - A| < \dfrac{M}{n} < \varepsilon$(或 $\dfrac{M}{\sqrt{n}} < \varepsilon, \cdots$),则有 $n > \dfrac{M}{\varepsilon}$(或 $n > \dfrac{M^2}{\varepsilon^2}, \cdots$),于是 $\forall \varepsilon > 0$,$\exists N = \left[\dfrac{M}{\varepsilon}\right]$(或 $N = \left[\dfrac{M^2}{\varepsilon^2}\right], \cdots$),当 $n > N$ 时,有 $|x_n - A| < \varepsilon$.

② 收敛数列的三条性质(极限的唯一性、数列的有界性、极限的保向性).

(2) 函数的极限.

① $\lim\limits_{x\to a} f(x) = A$ 的"ε-δ"定义:$\forall \varepsilon > 0, \exists \delta > 0$,当 $0 < |x - a| < \delta$ 时,有
$$|f(x) - A| < \varepsilon$$

应用"ε-δ"定义证明极限时,常用两种方法.

a. 放缩法:预取 $\delta = 1$,在 $0 < |x - a| < 1$ 的条件下,先求正常数 K,使得 $|f(x) - A| < K|x - a| < \varepsilon$,则有 $|x - a| < \delta = \dfrac{\varepsilon}{K}$,于是 $\forall \varepsilon > 0, \exists \delta = \min\left\{1, \dfrac{\varepsilon}{K}\right\}$,当 $0 < |x - a| < \delta$ 时,有 $|f(x) - A| < \varepsilon$.

b. 几何方法:若函数 $f(x)$ 在 $x = a$ 的某去心邻域中严格增加(见图1.1),取 $x = x_1, x_2$,使得 $f(x_1) = A - \varepsilon, f(x_2) = A + \varepsilon$,则 $\forall \varepsilon > 0, \exists \delta = \min\{x_2 - a, a - x_1\}$,当 $0 < |x - a| < \delta$ 时,$|f(x) - A| < \varepsilon$.

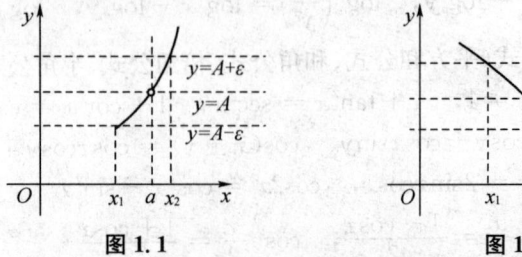

图 1.1　　　　　图 1.2

若函数 $f(x)$ 在 $x = a$ 的某去心邻域中严格减少(见图1.2),取 $x = x_1, x_2$,使得 $f(x_1) = A + \varepsilon, f(x_2) = A - \varepsilon$,则 $\forall \varepsilon > 0, \exists \delta = \min\{x_2 - a, a - x_1\}$,当 $0 < |x - a| < \delta$ 时,$|f(x) - A| < \varepsilon$.

② 函数的左极限与右极限：
$$f(a-) = \lim_{x \to a^-} f(x), \quad f(a+) = \lim_{x \to a^+} f(x)$$

定理 1　$\lim_{x \to a} f(x) = A \Leftrightarrow f(a-) = f(a+) = A.$

③ $\lim_{x \to \infty} f(x) = A$ 的 "ε-K" 定义：$\forall \varepsilon > 0, \exists K > 0$，当 $x > K$ 时，有
$$|f(x) - A| < \varepsilon$$

在应用 "ε-K" 定义证明极限时，常用的方法是放缩法：先求正常数 M，使得 $|f(x) - A| < \dfrac{M}{x} < \varepsilon \left(或 \dfrac{M}{\sqrt{x}} < \varepsilon, \cdots\right)$，则有 $x > \dfrac{M}{\varepsilon} \left(或 x > \dfrac{M^2}{\varepsilon^2}, \cdots\right)$，于是 $\forall \varepsilon > 0, \exists K = \dfrac{M}{\varepsilon} \left(或 K = \dfrac{M^2}{\varepsilon^2}, \cdots\right)$，当 $x > K$ 时，有 $|f(x) - A| < \varepsilon.$

④ 函数的极限的六种极限过程：
$$\lim_{x \to a} f(x) = A, \quad \lim_{x \to a^+} f(x) = A, \quad \lim_{x \to a^-} f(x) = A$$
$$\lim_{x \to +\infty} f(x) = A, \quad \lim_{x \to -\infty} f(x) = A, \quad \lim_{x \to \infty} f(x) = A$$

定理 2　$\lim_{x \to \infty} f(x) = A \Leftrightarrow \lim_{x \to -\infty} f(x) = A, \lim_{x \to +\infty} f(x) = A.$

⑤ 函数极限存在时的三条性质（极限的唯一性、函数的局部有界性、极限的保号性）.

(3) 无穷小量、无穷小的运算性质、无穷小的比较（高阶、低阶、同阶、等价）.

3　极限存在的两个准则

定理 1（夹逼准则 Ⅰ）　已知数列 $\{x_n\}, \{y_n\}, \{z_n\}, \forall n \in \mathbf{N}^*$，若 $y_n \leqslant x_n \leqslant z_n$，且 $\lim_{n \to \infty} y_n = A, \lim_{n \to \infty} z_n = A$，则 $\lim_{n \to \infty} x_n = A.$

定理 1'（夹逼准则 Ⅱ）　已知函数 $g(x), f(x), h(x)$，若 $g(x) \leqslant f(x) \leqslant h(x)$，且 $\lim_{x \to a} g(x) = A, \lim_{x \to a} h(x) = A$，则 $\lim_{x \to a} f(x) = A.$

定理 2（单调有界准则）　设数列 $\{x_n\}$ 单调增加，有上界（或单调减少，有下界），则该数列 $\{x_n\}$ 收敛.

4　复合函数的极限（求极限的变量代换法则）

定理　设 $\lim_{x \to a} \varphi(x) = b, \lim_{u \to b} f(u) = A$，且在 $x = a$ 的某去心邻域内 $\varphi(x) \neq b$，则有
$$\lim_{x \to a} f(\varphi(x)) = \lim_{u \to b} f(u) = A$$

5　求极限的方法

(1) 应用四则运算法则求函数的极限.

(2) 应用变量代换法则求函数的极限.

(3) 应用夹逼准则求数列与函数的极限.

(4) 应用单调有界准则证明数列的极限存在,再求该数列的极限.

(5) 应用关于 e 的重要极限求 1^∞ 型的极限:设 $\square = u(x)$,则

$$\lim_{\square \to \infty}\left(1+\frac{1}{\square}\right)^{\square} = e, \quad \lim_{\square \to 0}(1+\square)^{\frac{1}{\square}} = e$$

(6) 应用无穷小量与有界变量的乘积仍是无穷小量来求极限.

(7) 利用等价无穷小因子代换法则求 $\dfrac{0}{0}$ 型的极限.

定理 1(等价无穷小因子代换法则) 若在某极限过程下,例如 $x \to a$ 时,$\alpha(x) \to 0, \beta(x) \to 0$,且 $\alpha(x) \sim \alpha_1(x), \beta(x) \sim \beta_1(x)$,则

$$\lim_{x \to a} \frac{\alpha(x) \cdot u(x)}{\beta(x) \cdot v(x)} = \lim_{x \to a} \frac{\alpha_1(x) \cdot u(x)}{\beta_1(x) \cdot v(x)}$$

注意:① α(或 β)必须是整个分子(或分母)的无穷小因子. 譬如分子为 $\alpha \cdot u(x) + h(x)(h(x) \not\equiv 0)$ 时,分子不能用 $\alpha_1 \cdot u(x) + h(x)$ 代换.

② $u(x)$(或 $v(x)$)中有因子的极限不为 0 时,最好先求出来.

定理 2(等价无穷小基本公式) 若在 x 的某极限过程下,$\square = u(x) \to 0$,则

$$\square \sim \sin\square \sim \arcsin\square \sim \tan\square \sim \arctan\square \sim e^{\square}-1 \sim \ln(1+\square)$$

$$1-\cos\square \sim \frac{1}{2}\square^2, \quad (1+\square)^\lambda - 1 \sim \lambda\square$$

(8) 利用 $\lim\limits_{n \to \infty} x_{2n} = \lim\limits_{n \to \infty} x_{2n+1} = A \Leftrightarrow \lim\limits_{n \to \infty} x_n = A$ 求数列 $\{x_n\}$ 的极限.

例 用此法可求极限 $\lim\limits_{n \to \infty}\left|\dfrac{1}{n} - \dfrac{2}{n} + \dfrac{3}{n} - \cdots + (-1)^{n-1}\dfrac{n}{n}\right|$. （答案:$\dfrac{1}{2}$）

(9) 利用导数的定义求极限(详见专题 2).

(10) 利用洛必达法则求 $\dfrac{0}{0}$ 型与 $\dfrac{\infty}{\infty}$ 型的极限(详见专题 3).

(11) 利用马克劳林展式求极限(详见专题 3).

(12) 利用定积分的定义求极限(详见专题 5).

(13) 利用级数的性质求极限(详见专题 11).

(14) 利用幂级数的和函数求极限(详见专题 11).

(15) 补充一个求极限的方法:利用施笃兹定理求极限.

定理 3(施笃兹) 设数列 $\{y_n\}$ 严格增加,且 $y_n \to +\infty (n \to \infty)$,若

$$\lim_{n \to \infty} \frac{x_n - x_{n-1}}{y_n - y_{n-1}} = A \quad (\text{有限数或} \pm \infty)$$

则 $\lim\limits_{n \to \infty} \dfrac{x_n}{y_n} = A$(或 $\pm \infty$).

例 已知 $\lim\limits_{n\to\infty} a_n = A$,利用施笃兹定理可求 $\lim\limits_{n\to\infty} \dfrac{a_1 + 2a_2 + 3a_3 + \cdots + na_n}{n^2}$.

1.2 《大学数学教程》习题选解

例 2.1(习题 1.2 B 2) 求 $f(x) = \begin{cases} \dfrac{4}{\pi}\arctan x & (|x|>1); \\ \sin \dfrac{\pi x}{2} & (|x|\leqslant 1) \end{cases}$ 的反函数.

解析 (1) 当 $|x|>1$ 时,$x = \tan\dfrac{\pi y}{4} \Rightarrow y = \tan\dfrac{\pi x}{4}$. 由于

$$-\dfrac{\pi}{2} < \arctan x < -\dfrac{\pi}{4} \quad \text{或} \quad \dfrac{\pi}{4} < \arctan x < \dfrac{\pi}{2}$$

故 $1 < |f(x)| = \left|\dfrac{4}{\pi}\arctan x\right| < 2$.

(2) 当 $|x| \leqslant 1$ 时,$x = \dfrac{2}{\pi}\arcsin y \Rightarrow y = \dfrac{2}{\pi}\arcsin x$,且

$$|f(x)| = \left|\sin\dfrac{\pi x}{2}\right| \leqslant 1$$

故原函数为

$$f(x) = \begin{cases} \tan\dfrac{\pi x}{4} & (1 < |x| < 2); \\ \dfrac{2}{\pi}\arcsin x & (|x| \leqslant 1) \end{cases}$$

例 2.2(习题 1.3 A 2.2) 用数列极限定义证明 $\lim\limits_{n\to\infty} \dfrac{n+1}{2n-3} = \dfrac{1}{2}$.

解析 用放缩法. 当 $n > 3$ 时,$2n - 3 > n$,则

$$\left|\dfrac{n+1}{2n-3} - \dfrac{1}{2}\right| = \left|\dfrac{5}{2(2n-3)}\right| < \dfrac{6}{2n} = \dfrac{3}{n} < \varepsilon \Rightarrow n > \dfrac{3}{\varepsilon}$$

于是 $\forall \varepsilon > 0$,取 $N = \max\left\{3, \left[\dfrac{3}{\varepsilon}\right]\right\}$,当 $n > N$ 时,$\left|\dfrac{n+1}{2n-3} - \dfrac{1}{2}\right| < \varepsilon$.

例 2.3(习题 1.3 A 3.3) 用函数极限定义证明 $\lim\limits_{x\to 3}\sqrt{1+x} = 2$.

解析 **方法 I** 由于

$$|\sqrt{1+x} - 2| = \dfrac{|x-3|}{\sqrt{1+x}+2} < \dfrac{|x-3|}{2} < \varepsilon \Leftrightarrow |x-3| < 2\varepsilon$$

于是 $\forall \varepsilon > 0$,取 $\delta = 2\varepsilon$,当 $0 < |x-3| < \delta$ 时,$|\sqrt{1+x} - 2| < \varepsilon$.

方法 II 由

$$|\sqrt{1+x} - 2| < \varepsilon \Leftrightarrow 2 - \varepsilon < \sqrt{1+x} < 2 + \varepsilon \Leftrightarrow \varepsilon^2 - 4\varepsilon < x - 3 < 4\varepsilon + \varepsilon^2$$

于是 $\forall \varepsilon > 0$(不妨设 $\varepsilon < 4$),取 $\delta = \min\{4\varepsilon - \varepsilon^2, 4\varepsilon + \varepsilon^2\}$,当 $0 < |x-3| < \delta$ 时,$|\sqrt{1+x} - 2| < \varepsilon$.

例 2.4(习题 1.3 A 5.4) 求 $\lim\limits_{n\to\infty}\left(1-\dfrac{1}{2^2}\right)\left(1-\dfrac{1}{3^2}\right)\cdots\left(1-\dfrac{1}{n^2}\right)$.

解析 原式 $= \lim\limits_{n\to\infty}\dfrac{2^2-1}{2^2} \cdot \dfrac{3^2-1}{3^2} \cdot \cdots \cdot \dfrac{n^2-1}{n^2}$

$$= \lim_{n\to\infty}\dfrac{1\cdot 3}{2^2} \cdot \dfrac{2\cdot 4}{3^2} \cdot \cdots \cdot \dfrac{(n-1)(n+1)}{n^2}$$

$$= \lim_{n\to\infty}\dfrac{1\cdot(n+1)}{2n} = \dfrac{1}{2}$$

例 2.5(习题 1.3 B 3)   证明:数列 $\{x_n\}$ 收敛于 A 的充要条件是数列 $\{x_{2n}\}$ 与数列 $\{x_{2n+1}\}$ 皆收敛于 A.

解析 **必要性** 设 $\lim\limits_{n\to\infty}x_n = A$,由定义,$\forall \varepsilon > 0, \exists N \in \mathbf{N}$,当 $n > N$ 时有 $|x_n - A| < \varepsilon$. 由于 $2n > n > N, 2n+1 > n > N$,所以

$$|x_{2n} - A| < \varepsilon, \quad |x_{2n+1} - A| < \varepsilon$$

故

$$\lim_{n\to\infty}x_{2n} = A, \quad \lim_{n\to\infty}x_{2n+1} = A$$

充分性 设 $\lim\limits_{n\to\infty}x_{2n} = \lim\limits_{n\to\infty}x_{2n+1} = A$,由定义,$\forall \varepsilon > 0, \exists N_1 \in \mathbf{N}, \exists N_2 \in \mathbf{N}$,当 $n > N_1$ 时,有 $|x_{2n} - A| < \varepsilon$;当 $n > N_2$ 时,有 $|x_{2n+1} - A| < \varepsilon$. 取

$$N = \max\{2N_1, 2N_2 + 1\}$$

则当 $n > N$ 时,有 $|x_n - A| < \varepsilon$. 于是 $\lim\limits_{n\to\infty}x_n = A$.

例 2.6(习题 1.4 A 5.9) 求 $\lim\limits_{x\to\infty}\left(\dfrac{x+2}{x-2}\right)^x$.

解析 原式 $= \lim\limits_{x\to\infty}\left(1 + \dfrac{4}{x-2}\right)^{\frac{x-2}{4}\cdot\frac{4x}{x-2}} = \exp\left(\lim\limits_{x\to\infty}\dfrac{4x}{x-2}\right) = e^4$

例 2.7(习题 1.4 B 3)   设 $x_1 = 1, x_{n+1} = \dfrac{1}{1+x_n}$ ($n=1,2,\cdots$),证明数列 $\{x_n\}$ 收敛,并求 $\lim\limits_{n\to\infty}x_n$.

解析 显然 $x_n > 0$. 假设 $\{x_n\}$ 收敛,令 $x_n \to A$,则有 $A = \dfrac{1}{1+A}$,由此可解得 $A = \dfrac{1}{2}(\sqrt{5}-1)$. 下面证明 $x_n \to \dfrac{1}{2}(\sqrt{5}-1)$. 由于

$$|x_{n+1} - A| = \left|\dfrac{1-A-Ax_n}{1+x_n}\right| < A|x_n - A| \quad (因 1-A=A^2)$$

以此类推下去得

$$\left|x_{n+1} - \dfrac{1}{2}(\sqrt{5}-1)\right| < \left(\dfrac{\sqrt{5}-1}{2}\right)^2 \left|x_{n-1} - \dfrac{1}{2}(\sqrt{5}-1)\right| < \cdots$$

$$< \left(\frac{\sqrt{5}-1}{2}\right)^n \left|x_1 - \frac{1}{2}(\sqrt{5}-1)\right|$$

$$= \left(\frac{\sqrt{5}-1}{2}\right)^n \cdot \frac{3-\sqrt{5}}{2}$$

由于 $\left|\frac{\sqrt{5}-1}{2}\right| < 1$,所以 $\lim_{n\to\infty}\left(\frac{\sqrt{5}-1}{2}\right)^n = 0$,于是 $n\to\infty$ 时,上式右端极限为 0,应用夹逼准则得

$$\lim_{n\to\infty} x_n = \frac{\sqrt{5}-1}{2}$$

例 2.8(习题 1.4 B 4)　应用夹逼准则证明:$\lim\limits_{x\to+\infty} x^{\frac{1}{x}} = 1$.

解析　令 $n = [x]$,即 $n \leqslant x < n+1 (n \in \mathbf{N})$,且 $x \to +\infty \Leftrightarrow n \to \infty$. 当 $n \geqslant 1$ 时,有

$$n^{\frac{1}{n+1}} < x^{\frac{1}{x}} < (n+1)^{\frac{1}{n}} \tag{1}$$

由于 $\lim\limits_{n\to\infty} \sqrt[n]{n} = 1$,所以

$$\lim_{n\to\infty} \sqrt[n]{n+1} = \lim_{n\to\infty} \sqrt[n]{n} \cdot \sqrt[n]{1+\frac{1}{n}} = 1, \quad \lim_{n\to\infty} \sqrt[n+1]{n} = \lim_{n\to\infty} \frac{\sqrt[n+1]{n+1}}{\sqrt[n+1]{1+\frac{1}{n}}} = \frac{1}{1} = 1$$

在(1)式中令 $x \to +\infty$,应用夹逼准则得 $\lim\limits_{x\to+\infty} x^{\frac{1}{x}} = 1$.

例 2.9(习题 1.5 A 1.6)　求 $\lim\limits_{x\to 1} \frac{1+\cos\pi x}{(1-x)^2}$.

解析　应用变量代换法则,令 $1-x = t$,当 $x \to 1$ 时 $t \to 0$,于是

$$原式 = \lim_{t\to 0}\frac{1+\cos(\pi-\pi t)}{t^2} = \lim_{t\to 0}\frac{1-\cos\pi t}{t^2} = \lim_{t\to 0}\frac{\frac{1}{2}\pi^2 t^2}{t^2} = \frac{1}{2}\pi^2$$

例 2.10(习题 1.5 A 1.7)　求 $\lim\limits_{x\to 1}\frac{(\sqrt{x}-1)(\sqrt[3]{x}-1)(\sqrt[4]{x}-1)}{(x-1)^3}$.

解析　令 $x-1 = t$,并应用公式 $(1+\square)^\lambda - 1 \sim \lambda\square (\square \to 0)$ 作等价无穷小代换,则

$$原式 = \lim_{t\to 0}\frac{(\sqrt{1+t}-1)(\sqrt[3]{1+t}-1)(\sqrt[4]{1+t}-1)}{t^3}$$

$$= \lim_{t\to 0}\frac{\frac{1}{2}t \cdot \frac{1}{3}t \cdot \frac{1}{4}t}{t^3} = \frac{1}{24}$$

例 2.11(习题 1.5 A 1.9)　求 $\lim\limits_{x\to 0}(\sin x + \cos x)^{\frac{1}{x}}$.

解析　原式 $= \lim\limits_{x\to 0}(1+\sin x+\cos x-1)^{\frac{1}{\sin x+\cos x-1}\cdot\frac{\sin x+\cos x-1}{x}}$

$$= \exp\left(\lim_{x\to 0}\frac{\sin x + \cos x - 1}{x}\right)$$

$$= \exp\left(\lim_{x\to 0}\frac{\sin x}{x} + \lim_{x\to 0}\frac{-\frac{1}{2}x^2}{x}\right) = \exp(1+0) = e$$

例 2.12(习题 1.5 A 2.5)　$x\to 0$ 时,求函数 $\sin^2 x - \tan^2 x$ 关于 x 的无穷小的阶数.

解析　设 $k>0$,由于

$$\lim_{x\to 0}\frac{\sin^2 x - \tan^2 x}{x^k} = \lim_{x\to 0}\frac{\sin^2 x\left(1-\frac{1}{\cos^2 x}\right)}{x^k} = \lim_{x\to 0}\frac{-\sin^4 x}{x^k\cdot\cos^2 x} = \lim_{x\to 0}\frac{-x^4}{x^k}$$

上式右端有非零极限的充要条件是 $k=4$,且此时极限为 -1,故所求无穷小的阶数为 4.

例 2.13(习题 1.5 B 1.2)　求 $\lim_{x\to\frac{\pi}{2}}(\sin x)^{\tan x}$.

解析　原式 $= \lim_{x\to\frac{\pi}{2}}(1-\cos^2 x)^{\frac{1}{-\cos^2 x}\cdot\frac{-\tan x\cdot\cos^2 x}{2}} = \exp\left(\lim_{x\to\frac{\pi}{2}}\frac{-\tan x\cdot\cos^2 x}{2}\right)$

$$= \exp\left(\lim_{x\to\frac{\pi}{2}}\frac{-\sin x\cdot\cos x}{2}\right) = e^0 = 1$$

例 2.14(习题 1.5 B 1.5)　求 $\lim_{x\to 0}\dfrac{e^x - e^{\sin x}}{x - \sin x}$.

解析　采用等价无穷小因子代换得

$$\text{原式} = \lim_{x\to 0}\frac{e^{\sin x}(e^{x-\sin x}-1)}{x-\sin x} = \lim_{x\to 0}\frac{e^{\sin x}(x-\sin x)}{x-\sin x} = 1$$

例 2.15(习题 1.5 B 1.6)　求 $\lim_{x\to+\infty}(\sin\sqrt{1+x^2} - \sin x)$.

解析　采用和差化积公式得

$$\text{原式} = \lim_{x\to+\infty} 2\cos\frac{\sqrt{1+x^2}+x}{2}\sin\frac{\sqrt{1+x^2}-x}{2}$$

$$= \lim_{x\to+\infty} 2\cos\frac{\sqrt{1+x^2}+x}{2}\sin\frac{1}{2(\sqrt{1+x^2}+x)}$$

当 $x\to+\infty$ 时,$\cos\dfrac{\sqrt{1+x^2}+x}{2}$ 为有界量,$\sin\dfrac{1}{2(\sqrt{1+x^2}+x)}$ 为无穷小量,因为有界量与无穷小量的乘积为无穷小量,故原式等于 0.

例 2.16(习题 1.5 B 3.1)　求 $\lim_{x\to+\infty}(\sqrt{x^2+x} - \sqrt[3]{x^3+x^2})$.

解析　原式 $= \lim_{x\to+\infty}\left[\dfrac{\sqrt{1+\dfrac{1}{x}}-\sqrt[3]{1+\dfrac{1}{x}}}{\dfrac{1}{x}}\right]$

$$= \lim_{x\to +\infty}\left[\frac{\sqrt{1+\frac{1}{x}}-1+1-\sqrt[3]{1+\frac{1}{x}}}{\frac{1}{x}}\right]$$

$$= \lim_{x\to +\infty}\left[\frac{\frac{1}{2}\cdot\frac{1}{x}}{\frac{1}{x}}\right]+\lim_{x\to +\infty}\left[\frac{\frac{-1}{3}\cdot\frac{1}{x}}{\frac{1}{x}}\right]=\frac{1}{2}-\frac{1}{3}=\frac{1}{6}$$

例 2.17(习题 1.5 B 3.2)   求 $\lim\limits_{x\to 0}\left(\dfrac{\cos x}{\cos 2x}\right)^{\frac{1}{x^2}}$.

解析   原式 $=\lim\limits_{x\to 0}\left(1+\dfrac{\cos x-\cos 2x}{\cos 2x}\right)^{\frac{\cos 2x}{\cos x-\cos 2x}\cdot\frac{\cos x-\cos 2x}{x^2\cos 2x}}$

$$= \exp\left(\lim_{x\to 0}\frac{\cos x-\cos 2x}{x^2\cdot\cos 2x}\right)=\exp\left(\lim_{x\to 0}\frac{\cos x-1+1-\cos 2x}{x^2}\right)$$

$$= \exp\left[\lim_{x\to 0}\frac{-\frac{1}{2}x^2}{x^2}+\lim_{x\to 0}\frac{\frac{1}{2}(2x)^2}{x^2}\right]=\exp\left(-\frac{1}{2}+2\right)=e^{\frac{3}{2}}$$

1.3　往年期中与期末试题解析

例 3.1(11-12(Ⅰ)期中)   用数列极限定义证明 $\lim\limits_{n\to\infty}\dfrac{1}{\left(1+\frac{1}{\sqrt{n}}\right)^n}=0$.

解析   应用二项式定理,有

$$\left(1+\frac{1}{\sqrt{n}}\right)^n=1+n\frac{1}{\sqrt{n}}+\frac{1}{2}n(n-1)\left(\frac{1}{\sqrt{n}}\right)^2+\cdots+\left(\frac{1}{\sqrt{n}}\right)^n$$

故

$$\left(1+\frac{1}{\sqrt{n}}\right)^n>1+n\frac{1}{\sqrt{n}}=1+\sqrt{n}$$

由于

$$\left|\frac{1}{\left(1+\frac{1}{\sqrt{n}}\right)^n}-0\right|=\frac{1}{\left(1+\frac{1}{\sqrt{n}}\right)^n}<\frac{1}{1+\sqrt{n}}<\frac{1}{\sqrt{n}}<\varepsilon\Rightarrow n>\frac{1}{\varepsilon^2}\Leftrightarrow n>\left[\frac{1}{\varepsilon^2}\right]$$

于是 $\forall\varepsilon>0$,取 $N=\left[\dfrac{1}{\varepsilon^2}\right]$,当 $n>N$ 时,$\left|\dfrac{1}{\left(1+\frac{1}{\sqrt{n}}\right)^n}-0\right|<\varepsilon$.

例 3.2(04-05(Ⅰ)期中)   用函数极限定义证明 $\lim\limits_{x\to +\infty}\dfrac{1+2x^2}{2-x^2}=-2$.

解析 用放缩法，当 $x > 2\sqrt{3}$ 时，由于
$$\left|\frac{1+2x^2}{2-x^2}-(-2)\right|=\frac{5}{x^2-2}<\frac{6}{x^2}<\varepsilon \Rightarrow x>\sqrt{\frac{6}{\varepsilon}}$$
于是 $\forall \varepsilon>0$，取 $N=\max\left\{\sqrt{\dfrac{6}{\varepsilon}},2\sqrt{3}\right\}$，当 $x>N$ 时，$\left|\dfrac{1+2x^2}{2-x^2}-(-2)\right|<\varepsilon$.

例 3.3(11-12(Ⅰ)期末) 已知 $\lim\limits_{x\to 1}\dfrac{x^2+ax+b}{x^2+x-2}=2$，求常数 a 与 b.

解析 由题意可知 $x-1$ 是 x^2+ax+b 的一个因式，不妨设
$$x^2+ax+b=(x-1)(x-p)=x^2-(p+1)x+p$$
则 $\lim\limits_{x\to 1}\dfrac{x^2+ax+b}{x^2+x-2}=\lim\limits_{x\to 1}\dfrac{x-p}{x+2}=2$，所以 $p=-5$，故 $a=4$，$b=-5$.

例 3.4(12-13(Ⅰ)期末) 求 $\lim\limits_{x\to\infty}(\sqrt{x^2+x}-\sqrt{x^2-x})$.

解析 原式 $=\lim\limits_{x\to\infty}(\sqrt{x^2+x}-\sqrt{x^2-x})$

$\quad =\lim\limits_{x\to\infty}\dfrac{(\sqrt{x^2+x}-\sqrt{x^2-x})(\sqrt{x^2+x}+\sqrt{x^2-x})}{\sqrt{x^2+x}+\sqrt{x^2-x}}$

$\quad =\lim\limits_{x\to\infty}\dfrac{2x}{\sqrt{x^2+x}+\sqrt{x^2-x}}=1$

例 3.5(03-04(Ⅰ)期末) 求 $\lim\limits_{n\to\infty}\sum\limits_{i=1}^{n}\sin\dfrac{\pi}{\sqrt{n^2+i}}$.

解析 应用夹逼准则与等价无穷小因子代换，由于
$$n\sin\frac{\pi}{\sqrt{n^2+n}} \leqslant \sum_{i=1}^{n}\sin\frac{\pi}{\sqrt{n^2+i}} \leqslant n\sin\frac{\pi}{\sqrt{n^2+1}}$$
$$\lim_{n\to\infty}n\sin\frac{\pi}{\sqrt{n^2+n}}=\lim_{n\to\infty}\frac{\pi n}{\sqrt{n^2+n}}=\pi$$
$$\lim_{n\to\infty}n\sin\frac{\pi}{\sqrt{n^2+1}}=\lim_{n\to\infty}\frac{\pi n}{\sqrt{n^2+1}}=\pi$$
于是
$$\lim_{n\to\infty}\sum_{i=1}^{n}\sin\frac{\pi}{\sqrt{n^2+i}}=\pi$$

例 3.6(10-11(Ⅰ)期中) 求 $\lim\limits_{n\to\infty}n^3\left[\dfrac{k}{n^2}-\sum\limits_{i=1}^{k}\dfrac{1}{(n+i)^2}\right]$，其中 k 为一确定的正整数.

解析 原式 $=\lim\limits_{n\to\infty}n^3\sum\limits_{i=1}^{k}\left(\dfrac{1}{n^2}-\dfrac{1}{(n+i)^2}\right)=\lim\limits_{n\to\infty}\sum\limits_{i=1}^{k}\dfrac{n^3(2in+i^2)}{n^2(n+i)^2}$

$$= \sum_{i=1}^{k} \lim_{n\to\infty} \frac{2in^2+i^2n}{n^2+2in+i^2} = \sum_{i=1}^{k} 2i = k(k+1)$$

例 3.7(08-09(Ⅰ)期中)　求 $\lim\limits_{n\to\infty}\tan^n\left(\dfrac{\pi}{4}+\dfrac{1004}{n}\right)$.

解析　原式 $= \lim\limits_{n\to\infty}\left[\dfrac{1+\tan\dfrac{1004}{n}}{1-\tan\dfrac{1004}{n}}\right]^n = \lim\limits_{n\to\infty}\left[1+\dfrac{2\tan\dfrac{1004}{n}}{1-\tan\dfrac{1004}{n}}\right]$

$$= \lim_{n\to\infty}\left[1+\dfrac{2\tan\dfrac{1004}{n}}{1-\tan\dfrac{1004}{n}}\right]^{\dfrac{1-\tan\frac{1004}{n}}{2\tan\frac{1004}{n}}\cdot\dfrac{2\tan\frac{1004}{n}}{1-\tan\frac{1004}{n}}\cdot n}$$

$$= \exp\left\{\lim_{n\to\infty}\dfrac{2\cdot\dfrac{1004}{n}\cdot n}{1-\tan\dfrac{1004}{n}}\right\} = e^{2008}$$

例 3.8(08-09(Ⅰ)期末)　已知曲线 $y=\tan^n x$ 在点 $\left(\dfrac{\pi}{4},1\right)$ 处的切线交 x 轴于点 $(\xi_n,0)$,求 $\lim\limits_{n\to\infty}y(\xi_n)$.

解析　由于 $y'=n\tan^{n-1}x\sec^2 x$,得 $y'\big|_{x=\frac{\pi}{4}}=2n$,故曲线在 $\left(\dfrac{\pi}{4},1\right)$ 处的切线方程为

$$y-1=2n\left(x-\dfrac{\pi}{4}\right)$$

令 $y=0$,得 $\xi_n=\dfrac{\pi}{4}-\dfrac{1}{2n}$,$y(\xi_n)=\tan^n\left(\dfrac{\pi}{4}-\dfrac{1}{2n}\right)$,则

$$\lim_{n\to\infty}y(\xi_n)=\lim_{n\to\infty}\left[\dfrac{1-\tan\dfrac{1}{2n}}{1+\tan\dfrac{1}{2n}}\right]^n=\lim_{n\to\infty}\left[1-\dfrac{2\tan\dfrac{1}{2n}}{1+\tan\dfrac{1}{2n}}\right]^{-\dfrac{1+\tan\frac{1}{2n}}{2\tan\frac{1}{2n}}\cdot\dfrac{-2\tan\frac{1}{2n}}{1+\tan\frac{1}{2n}}\cdot n}$$

$$= \exp\left\{\lim_{n\to\infty}\dfrac{-2\cdot\dfrac{1}{2n}\cdot n}{1+\tan\dfrac{1}{2n}}\right\} = e^{-1}$$

例 3.9(10-11(Ⅰ)期中)　设 $f(x)$ 在 $x=a$ 处可导,且 $f(a)\ne 0$,求

$$\lim_{n\to\infty}\left[\dfrac{f\left(a+\dfrac{1}{n}\right)}{f(a)}\right]^n$$

解析　记 $u(n)=\dfrac{f\left(a+\dfrac{1}{n}\right)-f(a)}{f(a)}$,则 $\lim\limits_{n\to\infty}u(n)=0$,应用关于 e 的重要极限

公式,有

$$\lim_{n\to\infty}\left[\frac{f\left(a+\frac{1}{n}\right)}{f(a)}\right]^n = \lim_{n\to\infty}(1+u(n))^{\frac{1}{u(n)}\cdot\frac{f\left(a+\frac{1}{n}\right)-f(a)}{f(a)\cdot\frac{1}{n}}}$$

$$= \exp\left[\lim_{n\to\infty}\frac{1}{f(a)}\frac{f\left(a+\frac{1}{n}\right)-f(a)}{\frac{1}{n}}\right] = e^{\frac{f'(a)}{f(a)}}$$

例 3.10(11-12(Ⅰ)期中) 求 $\lim\limits_{n\to\infty} n^2(\sqrt[n]{a}-\sqrt[n+1]{a})$ $(a>0)$.

解析 应用等价无穷小因子替换法则,则

原式 $= \lim\limits_{n\to\infty} n^2\left(a^{\frac{1}{n}}-a^{\frac{1}{n+1}}\right) = \lim\limits_{n\to\infty} n^2 a^{\frac{1}{n+1}}\left(a^{\frac{1}{n}-\frac{1}{n+1}}-1\right) = \lim\limits_{n\to\infty} n^2\left(a^{\frac{1}{n(n+1)}}-1\right)$

$= \lim\limits_{n\to\infty} n^2\left[\exp\left(\frac{\ln a}{n(n+1)}\right)-1\right] = \lim\limits_{n\to\infty} n^2\cdot\frac{\ln a}{n(n+1)} = \ln a$

例 3.11(09-10(Ⅰ)期末) 已知 $\lim\limits_{x\to+\infty}(e^{\frac{1}{x}}\sqrt{1+x^2}-ax-b)=0$,求 a,b.

解析 因 $\lim\limits_{x\to+\infty}(e^{\frac{1}{x}}\sqrt{1+x^2}-ax-b)=0$, $\lim\limits_{x\to+\infty}\frac{1}{x}=0$,所以

$$\lim_{x\to+\infty}\frac{e^{\frac{1}{x}}\sqrt{1+x^2}-ax-b}{x} = \lim_{x\to+\infty}\left(\frac{e^{\frac{1}{x}}\sqrt{1+x^2}}{x}-a-\frac{b}{x}\right) = 1-a=0$$

故 $a=1$,代入原式可得 $b = \lim\limits_{x\to+\infty}(e^{\frac{1}{x}}\sqrt{1+x^2}-x)$. 令 $t=\frac{1}{x}$,则

$$b = \lim_{t\to 0^+}\left(e^t\sqrt{1+\frac{1}{t^2}}-\frac{1}{t}\right) = \lim_{t\to 0^+}\frac{e^t\sqrt{t^2+1}-1}{t}$$

$$= \lim_{t\to 0^+}\frac{e^t(\sqrt{t^2+1}-1)}{t} + \lim_{t\to 0^+}\frac{e^t-1}{t}$$

$$= \lim_{t\to 0^+}\frac{\frac{1}{2}t^2}{t}+1 = 0+1=1$$

1.4 历年硕士生入学试题解析

例 4.1(全国 2014) 设 $\lim\limits_{n\to\infty} a_n = a$,且 $a\neq 0$,则当 n 充分大时有 (   )

(A) $|a_n|>\frac{|a|}{2}$ (B) $|a_n|<\frac{|a|}{2}$

(C) $a_n > a-\frac{1}{n}$ (D) $a_n < a+\frac{1}{n}$

解析 首先由 $\lim\limits_{n\to\infty} a_n = a$,可得 $\lim\limits_{n\to\infty}|a_n|=|a|$,应用极限的"$\varepsilon$-$N$"定义,对 $\varepsilon=$

$\frac{|a|}{2} > 0$,$\exists N \in \mathbf{N}^*$,当 $n > N$ 时有 $||a_n| - |a|| < \frac{|a|}{2}$,由此可得 $\frac{|a|}{2} < |a_n| < \frac{3}{2}|a|$. 所以(A)正确,(B)错误. 又应用极限的"$\varepsilon$-$N$"定义,对 $\varepsilon = \frac{1}{n} > 0$,$\exists N \in \mathbf{N}^*$,当 $k > N$(不能写 $n > N$)时有 $|a_k - a| < \frac{1}{n}$,由此可得 $a - \frac{1}{n} < a_k < a + \frac{1}{n}$. 所以(C),(D)皆错.

例 4.2(南大 2006)　证明:$\lim\limits_{n \to \infty} \frac{4n^2 + n + 1}{5n(n+1)} = \frac{4}{5}$.

解析　应用放缩法,由

$$\left|\frac{4n^2+n+1}{5n(n+1)} - \frac{4}{5}\right| = \frac{3n-1}{5n(n+1)} < \frac{5(n+1)}{5n(n+1)} = \frac{1}{n} < \varepsilon \Rightarrow n > \frac{1}{\varepsilon}$$

于是 $\forall \varepsilon > 0$,$\exists N = \left[\frac{1}{\varepsilon}\right]$,当 $n > N$ 时,$\left|\frac{4n^2+n+1}{5n(n+1)} - \frac{4}{5}\right| < \varepsilon$.

例 4.3(南大 2011)　用"ε-δ"定义证明 $\lim\limits_{x \to 2} \frac{1}{x^2} = \frac{1}{4}$.

解析　**方法 I**　应用放缩法,先让 $0 < |x-2| < 1$,由

$$\left|\frac{1}{x^2} - \frac{1}{4}\right| = \frac{|2+x||x-2|}{4x^2} \leqslant \frac{5}{4}|x-2| < \varepsilon \Rightarrow |x-2| < \frac{4\varepsilon}{5}$$

于是 $\forall \varepsilon > 0$,$\exists \delta = \min\left\{1, \frac{4\varepsilon}{5}\right\}$,当 $0 < |x-2| < \delta$ 时,$\left|\frac{1}{x^2} - \frac{1}{4}\right| < \varepsilon$.

方法 II　应用几何方法,由 $\frac{1}{x_1^2} = \frac{1}{4} + \varepsilon$,$\frac{1}{x_2^2} = \frac{1}{4} - \varepsilon$,得 $x_1 = \frac{2}{\sqrt{1+4\varepsilon}}$,$x_2 = \frac{2}{\sqrt{1-4\varepsilon}}$,于是 $\forall \varepsilon > 0$,$\exists \delta = \min\left\{\frac{2}{\sqrt{1-4\varepsilon}} - 2, 2 - \frac{2}{\sqrt{1+4\varepsilon}}\right\}$,当 $0 < |x-2| < \delta$ 时,$\left|\frac{1}{x^2} - \frac{1}{4}\right| < \varepsilon$.

例 4.4(南大 2009)　用"ε-δ"定义证明 $\lim\limits_{x \to -1}(x^3 + x^2 + x + 1) = 0$.

解析　应用放缩法,先让 $0 < |x-(-1)| = |x+1| < 1$,由

$$|x| = |x+1-1| \leqslant |x+1| + 1 < 2$$
$$|x^3 + x^2 + x + 1| = |x^2 + 1||x+1| < 5|x+1| < \varepsilon$$

于是 $\forall \varepsilon > 0$,$\exists \delta = \min\left\{1, \frac{\varepsilon}{5}\right\}$,当 $0 < |x-(-1)| < \delta$ 时,有 $|x^3 + x^2 + x + 1| < \varepsilon$.

例 4.5(全国 2008)　设函数 $f(x)$ 在 $(-\infty, +\infty)$ 内单调有界,$\{x_n\}$ 为数列,下列命题正确的是　　　　　　　　　　　　　　　　　　　　(　　)

(A) 若 $\{x_n\}$ 收敛,则 $\{f(x_n)\}$ 收敛

(B) 若 $\{x_n\}$ 单调,则 $\{f(x_n)\}$ 收敛

(C) 若 $\{f(x_n)\}$ 收敛,则 $\{x_n\}$ 收敛

(D) 若 $\{f(x_n)\}$ 单调,则 $\{x_n\}$ 收敛

解析 (A) 错误. 反例: $f(x) = \text{sgn} x, x_n = (-1)^{n+1}\dfrac{1}{n} \to 0, \{f(x_n)\}:1,-1,1,-1,\cdots$.

(B) 正确. 因为 $\{x_n\}$ 单调,$f(x)$ 单调,所以 $f(x_n)$ 单调,且 $f(x_n)$ 有界,应用单调有界准则,于是 $\{f(x_n)\}$ 收敛.

(C) 错误. 反例: $f(x) = \arctan x, x_n = n, f(x_n) = \arctan n \to \dfrac{\pi}{2}, x_n = n \to +\infty$.

(D) 错误. 反例: $f(x) = \arctan x, x_n = n, f(x_n) = \arctan n$ 单调,$x_n = n \to +\infty$.

例 4.6(全国 2000) 设对任意的 x,总有 $\varphi(x) \leqslant f(x) \leqslant g(x)$,且 $\lim\limits_{x \to \infty}(g(x) - \varphi(x)) = 0$,则 $\lim\limits_{x \to \infty} f(x)$ ( )

(A) 存在且等于零   (B) 存在但不一定为零

(C) 一定不存在   (D) 不一定存在

解析 反例 1: $\varphi(x) = \dfrac{1}{|x|}+1, f(x) = \dfrac{2}{|x|}+1, g(x) = \dfrac{3}{|x|}+1, \lim\limits_{x \to \infty} f(x) = 1$,可以否定(A) 和(C). 反例 2: $\varphi(x) = e^{|x|} - e^{-|x|}, f(x) = e^{|x|}, g(x) = e^{|x|} + e^{-|x|}, \lim\limits_{x \to \infty} f(x) = +\infty$,可以否定(B). 故选(D).

例 4.7(南大 2005) $\lim\limits_{n \to \infty} \dfrac{1!+2!+3!+\cdots+n!}{n!} = $ _____.

解析 应用夹逼准则,由于

$$1 \leqslant \dfrac{1!+2!+3!+\cdots+n!}{n!} \leqslant \dfrac{(n-2)\cdot(n-2)!}{n!} + \dfrac{1}{n} + 1 = \dfrac{n-2}{n(n-1)} + \dfrac{1}{n} + 1$$

因为 $\dfrac{n-2}{n(n-1)} + \dfrac{1}{n} + 1 \to 1 (n \to \infty)$,所以原式 $= 1$.

例 4.8(南大 2009) 设 $b > 0, b_1 > 0, b_{n+1} = \dfrac{1}{2}\left(b_n + \dfrac{b}{b_n}\right), n = 1,2,\cdots$.

(1) 证明: $\lim\limits_{n \to \infty} b_n$ 存在;

(2) 求出 $\lim\limits_{n \to \infty} b_n$.

解析 (1) $b_n = \dfrac{1}{2}\left(b_{n-1} + \dfrac{b}{b_{n-1}}\right) \geqslant \sqrt{b_{n-1} \cdot \dfrac{b}{b_{n-1}}} = \sqrt{b}, \dfrac{b_{n+1}}{b_n} = \dfrac{1}{2}\left(1 + \dfrac{b}{b_n^2}\right) \leqslant \dfrac{1}{2}\left(1 + \dfrac{b}{b}\right) = 1$,所以数列 $\{b_n\}$ 单调减少,且有下界,于是 $\{b_n\}$ 收敛.

(2) 设 $\lim\limits_{n \to \infty} b_n = A$,则有 $A = \dfrac{1}{2}\left(A + \dfrac{b}{A}\right)$,解得 $A = \sqrt{b}$,所以 $\lim\limits_{n \to \infty} b_n = \sqrt{b}$.

例 4.9(南大 2006) 求 $\lim\limits_{n \to \infty} \cos\dfrac{a}{2} \cdot \cos\dfrac{a}{2^2} \cdot \cos\dfrac{a}{2^3} \cdot \cdots \cdot \cos\dfrac{a}{2^n}$.

解析 令 $x_n = \cos\dfrac{a}{2} \cdot \cos\dfrac{a}{2^2} \cdot \cos\dfrac{a}{2^3} \cdot \cdots \cdot \cos\dfrac{a}{2^n}$，则

$$x_n \cdot \sin\dfrac{a}{2^n} = \cos\dfrac{a}{2} \cdot \cos\dfrac{a}{2^2} \cdot \cdots \cdot \cos\dfrac{a}{2^{n-1}} \cdot \cos\dfrac{a}{2^n} \cdot \sin\dfrac{a}{2^n}$$

$$= \dfrac{1}{2}\cos\dfrac{a}{2} \cdot \cos\dfrac{a}{2^2} \cdot \cdots \cdot \cos\dfrac{a}{2^{n-1}} \cdot \sin\dfrac{a}{2^{n-1}}$$

$$= \cdots = \dfrac{1}{2^{n-1}}\cos\dfrac{a}{2} \cdot \sin\dfrac{a}{2} = \dfrac{1}{2^n}\sin a$$

所以

$$\lim_{n\to\infty} x_n = \lim_{n\to\infty}\dfrac{\dfrac{\sin a}{2^n}}{\sin\dfrac{a}{2^n}} = \lim_{n\to\infty}\dfrac{\dfrac{\sin a}{2^n}}{\dfrac{a}{2^n}} = \dfrac{\sin a}{a}$$

例 4.10（全国 2000） 求 $\lim\limits_{x\to 0}\left(\dfrac{2+e^{\frac{1}{x}}}{1+e^{\frac{4}{x}}} + \dfrac{\sin x}{|x|}\right)$.

解析 考虑 $x=0$ 处的左、右极限，因为

$$\lim_{x\to 0+}\left(\dfrac{2+e^{\frac{1}{x}}}{1+e^{\frac{4}{x}}} + \dfrac{\sin x}{|x|}\right) = \lim_{x\to 0+}\left(e^{-\frac{3}{x}}\cdot\dfrac{2e^{-\frac{1}{x}}+1}{e^{-\frac{4}{x}}+1} + \dfrac{\sin x}{x}\right) = 0+1 = 1$$

$$\lim_{x\to 0-}\left(\dfrac{2+e^{\frac{1}{x}}}{1+e^{\frac{4}{x}}} + \dfrac{\sin x}{-x}\right) = 2-1 = 1$$

所以 $\lim\limits_{x\to 0}\left(\dfrac{2+e^{\frac{1}{x}}}{1+e^{\frac{4}{x}}} + \dfrac{\sin x}{|x|}\right) = 1$.

例 4.11（全国 1997） 求极限 $\lim\limits_{x\to-\infty}\dfrac{\sqrt{4x^2+x-1}+x+1}{\sqrt{x^2+\sin x}}$.

解析 注意到 $x\to-\infty$ 时 $x=-\sqrt{x^2}$，所以

$$\lim_{x\to-\infty}\dfrac{\sqrt{4x^2+x-1}+x+1}{\sqrt{x^2+\sin x}} = \lim_{x\to-\infty}\dfrac{-\sqrt{4+\dfrac{1}{x}-\dfrac{1}{x^2}}+1+\dfrac{1}{x}}{-\sqrt{1+\dfrac{\sin x}{x^2}}} = \dfrac{-1}{-1} = 1$$

例 4.12（南大 2005） 求 $I = \lim\limits_{x\to 0}\dfrac{(a+b\tan x)^x - a^x}{\sin^2(bx)}, a>0, a\neq 1, b\neq 0$.

解析 $I = \lim\limits_{x\to 0}\dfrac{a^x\left(\left(1+\dfrac{b}{a}\tan x\right)^x - 1\right)}{(bx)^2} = \lim\limits_{x\to 0}\dfrac{e^{x\ln\left(1+\frac{b}{a}\tan x\right)}-1}{(bx)^2}$

$= \lim\limits_{x\to 0}\dfrac{x\ln\left(1+\dfrac{b}{a}\tan x\right)}{(bx)^2} = \lim\limits_{x\to 0}\dfrac{x\cdot\dfrac{b}{a}\tan x}{(bx)^2} = \dfrac{1}{ab}$

例 4.13(南大 2002) 求 $\lim\limits_{n\to\infty} n(\sqrt[n]{3}-\sqrt[n]{2})$.

解析 应用等价无穷小因子代换,则

$$原式 = \lim_{n\to\infty} n\cdot\sqrt[n]{2}\left(\sqrt[n]{\frac{3}{2}}-1\right) = \lim_{n\to\infty} n\cdot(e^{\frac{1}{n}\ln\frac{3}{2}}-1)$$

$$= \lim_{n\to\infty} n\cdot\frac{1}{n}\ln\frac{3}{2} = \ln\frac{3}{2}$$

例 4.14(南大 2011) $\lim\limits_{x\to\infty}\left[(x-3)e^{-\frac{2}{x}}-x\right]=$ _____.

解析 应用等价无穷小因子代换,则

$$原式 = \lim_{x\to\infty}\left[x\left(e^{-\frac{2}{x}}-1\right)-3e^{-\frac{2}{x}}\right] = \lim_{x\to\infty} x\left(e^{-\frac{2}{x}}-1\right) - \lim_{x\to\infty} 3e^{-\frac{2}{x}}$$

$$= \lim_{x\to\infty} x\cdot\left(-\frac{2}{x}\right) - \lim_{x\to\infty} 3e^{-\frac{2}{x}} = -2-3 = -5$$

例 4.15(全国 2004) 求极限 $\lim\limits_{x\to 0}\dfrac{1}{x^3}\left[\left(\dfrac{2+\cos x}{3}\right)^x - 1\right]$.

解析 应用等价无穷小因子代换,则

$$原式 = \lim_{x\to 0}\frac{1}{x^3}\left(\exp\left(x\ln\left(1+\frac{\cos x-1}{3}\right)\right)-1\right)$$

$$= \lim_{x\to 0}\frac{x\ln\left(1+\frac{\cos x-1}{3}\right)}{x^3} = \lim_{x\to 0}\frac{\cos x-1}{3x^2}$$

$$= \lim_{x\to 0}\frac{-\frac{1}{2}x^2}{3x^2} = -\frac{1}{6}$$

例 4.16(南大 2005) $\lim\limits_{x\to 0}\dfrac{(e+ex)^x - e^x\cos\frac{x}{2}}{\left(\sin x - \sin\frac{x}{2}\right)\ln(1+x)} =$ _____.

解析 $x\to 0$ 时 $e^x\to 1, \cos\dfrac{3x}{4}\to 1, \sin\dfrac{x}{4}\sim\dfrac{x}{4}$,应用等价无穷小因子代换,则

$$原式 = \lim_{x\to 0}\frac{e^x\left[(1+x)^x - \cos\frac{x}{2}\right]}{2x\cos\frac{3x}{4}\cdot\sin\frac{x}{4}} = 2\lim_{x\to 0}\frac{(1+x)^x - 1}{x^2} + 2\lim_{x\to 0}\frac{1-\cos\frac{x}{2}}{x^2}$$

$$= 2\lim_{x\to 0}\frac{e^{x\ln(1+x)}-1}{x^2} + 2\lim_{x\to 0}\frac{\frac{1}{2}\left(\frac{x}{2}\right)^2}{x^2}$$

$$= 2\lim_{x\to 0}\frac{x\ln(1+x)}{x^2} + \frac{1}{4} = 2+\frac{1}{4} = \frac{9}{4}$$

例 4.17(全国 2011) $\lim\limits_{x\to 0}\left(\dfrac{1+2^x}{2}\right)^{\frac{1}{x}} =$ _____.

解析 应用等价无穷小因子代换和关于 e 的重要极限,则

$$\text{原式} = \lim_{x\to 0}\left(1+\frac{2^x-1}{2}\right)^{\frac{2}{2^x-1}\cdot\frac{2^x-1}{2x}} = \exp\left(\lim_{x\to 0}\frac{e^{x\ln 2}-1}{2x}\right)$$
$$= \exp\left(\lim_{x\to 0}\frac{x\ln 2}{2x}\right) = \sqrt{2}$$

例 4.18(南大 2007) $\displaystyle\lim_{n\to\infty}\frac{(1+n)^n}{n^{n+1}}\left(1+\frac{1}{2}+\frac{1}{3}+\cdots+\frac{1}{n}\right) = $ _____.

解析 令 $x_n = 1+\dfrac{1}{2}+\dfrac{1}{3}+\cdots+\dfrac{1}{n}-\ln n$,则 $x_{n+1}-x_n = \dfrac{1}{n+1}-\ln(n+1)+\ln n$. 因为

$$\ln(n+1)-\ln n = \frac{1}{\xi}\quad (n<\xi<n+1),\qquad \frac{1}{n+1}<\frac{1}{\xi}<\frac{1}{n}$$

所以 $x_{n+1}-x_n < 0$,即 $\{x_n\}$ 单调减. 因 $\ln(n+1)-\ln n < \dfrac{1}{n} \Rightarrow \ln n < \ln(n+1) < 1+\dfrac{1}{2}+\dfrac{1}{3}+\cdots+\dfrac{1}{n} \Rightarrow x_n > 0 \Rightarrow \{x_n\}$ 收敛. 设 $\displaystyle\lim_{n\to\infty}x_n = c$,则

$$1+\frac{1}{2}+\frac{1}{3}+\cdots+\frac{1}{n} = \ln n+c+\alpha,\quad \alpha\to 0\ (n\to\infty)$$

所以

$$\text{原式} = \lim_{n\to\infty}\left(1+\frac{1}{n}\right)^n\frac{\ln n+c+\alpha}{n} = e\cdot 0 = 0$$

例 4.19(南大 2001) 当 $x\to 0$ 时,$\sqrt{x+\sqrt{x+\sqrt{x+\sqrt{x}}}}$ 关于 x 的无穷小的阶数是_____.

解析 因 $x+\sqrt{x} = \sqrt{x}(1+\sqrt{x}) \sim \sqrt{x}$ 是 $\dfrac{1}{2}$ 阶,所以

$$\sqrt{x+\sqrt{x+\sqrt{x+\sqrt{x}}}} \sim \sqrt{x+\sqrt{x+\sqrt{\sqrt{x}}}} \sim \sqrt{x+\sqrt{\sqrt{\sqrt{x}}}}$$
$$\sim \sqrt{\sqrt{\sqrt{\sqrt{x}}}} = x^{\frac{1}{16}}$$

即所求阶数为 $\dfrac{1}{16}$.

专题 2　连续性与导数概念

2.1　重要概念与基本方法

1　函数的连续性概念

(1) 函数连续的定义:若 $\lim\limits_{x\to a}f(x)=f(a)$,则称 $f(x)$ 在 $x=a$ 处连续.

此定义含有下列三个要素,三者缺一不可:

① 等式左边是考察 $x\neq a$ 时,要求函数 $f(x)$ 在 $x\to a$ 时有极限,记为 A;

② 等式右边是考察 $x=a$ 时,要求函数 $f(x)$ 有定义,函数值为 $f(a)$;

③ 要求函数值 $f(a)$ 与极限值 A 相等,即 $f(a)=A$.

(2) 初等函数的连续性定理.

定理(初等函数的连续性定理)　初等函数在其有定义的区间上连续.

(3) 间断点:连续性的定义中,三要素至少有一条不成立时,称 $x=a$ 为间断点.

(4) 讨论分段函数的连续性以及间断点的分类.

设

$$f(x)=\begin{cases}F(x) & (x<a);\\ A(\text{或不存在}) & (x=a);\\ G(x) & (x>a)\end{cases}$$

这里 $F(x)$ 与 $G(x)$ 为已知的初等函数. 讨论 $f(x)$ 在 $x=a$ 处的连续性,并将间断点分类的方法是先求左极限与右极限:

$$f(a-)=\lim\limits_{x\to a^-}F(x),\quad f(a+)=\lim\limits_{x\to a^+}G(x)$$

① 若 $f(a-)$ 与 $f(a+)$ 中至少有一个不存在,称 $x=a$ 为第 Ⅱ 类间断点;

② 若 $f(a-)$ 与 $f(a+)$ 都存在但不相等,即 $f(a-)\neq f(a+)$,称 $x=a$ 为第 Ⅰ 类跳跃型间断点;

③ 若 $f(a-)$ 与 $f(a+)$ 都存在并且相等,即 $f(a-)=f(a+)$,但 $f(x)$ 在 $x=a$ 处无定义,或者虽有定义,但 $f(a-)=f(a+)\neq A=f(a)$,称 $x=a$ 为第 Ⅰ 类可去型间断点;

④ 仅当 $f(a-)=f(a+)=A=f(a)$ 时, $f(x)$ 在 $x=a$ 处连续.

2　复合函数的极限与连续性

定理 1　设 $\lim\limits_{x\to a}\varphi(x)=b$, $f(u)$ 在 $u=b$ 处连续, 则 $f(\varphi(x))$ 在 $x=a$ 处极限存在, 且有
$$\lim_{x\to a}f(\varphi(x))=f(\lim_{x\to a}\varphi(x))=f(b)$$

定理 2　设 $\varphi(x)$ 在 $x=a$ 处连续, $f(u)$ 在 $u=b=\varphi(a)$ 处连续, 则 $f(\varphi(x))$ 在 $x=a$ 处连续, 且有
$$\lim_{x\to a}f(\varphi(x))=f(\lim_{x\to a}\varphi(x))=f(b)=f(\varphi(a))$$

3　定义在闭区间上的连续函数的重要性质

定理 1(有界定理)　设 $f(x)\in C[a,b]$, 则 $f(x)$ 在 $[a,b]$ 上有界.

定理 2(最值定理)　设 $f(x)\in C[a,b]$, 则 $f(x)$ 在 $[a,b]$ 上有最大值与最小值.

定理 3(介值定理)　设 $f(x)\in C[a,b]$, $f(x)$ 在 $[a,b]$ 上的最大值与最小值分别为 M,m, $\forall\mu\in(m,M)$, 则 $\exists\xi\in(a,b)$, 使得 $f(\xi)=\mu$.

定理 4(零点定理)　设 $f(x)\in C[a,b]$, 且 $f(a)\cdot f(b)<0$, 则 $\exists\xi\in(a,b)$, 使得 $f(\xi)=0$.

4　导数的定义

(1) 函数 $f(x)$ 在 $x=0$ 处的导数定义为
$$f'(0)\stackrel{\text{def}}{=}\lim_{x\to 0}\frac{f(x)-f(0)}{x}=\lim_{\square\to 0}\frac{f(\square)-f(0)}{\square}$$

(2) 函数 $f(x)$ 在 $x=a$ 处的导数定义为
$$f'(a)\stackrel{\text{def}}{=}\lim_{x\to a}\frac{f(x)-f(a)}{x-a}=\lim_{\square\to 0}\frac{f(a+\square)-f(a)}{\square}$$

(3) 函数 $f(x)$ 在 $x=a$ 处的左、右导数定义为
$$f'_-(a)\stackrel{\text{def}}{=}\lim_{x\to a-}\frac{f(x)-f(a)}{x-a}=\lim_{\square\to 0-}\frac{f(a+\square)-f(a)}{\square}$$
$$f'_+(a)\stackrel{\text{def}}{=}\lim_{x\to a+}\frac{f(x)-f(a)}{x-a}=\lim_{\square\to 0+}\frac{f(a+\square)-f(a)}{\square}$$

定理 1　函数 $f(x)$ 在 $x=a$ 处可导的必要条件是 $f(x)$ 在 $x=a$ 处连续.

定理 2　函数 $f(x)$ 在 $x=a$ 处可导的充要条件是 $f(x)$ 在 $x=a$ 处的左、右导数皆存在且相等, 即 $f'_-(a)=f'_+(a)$.

(4) 导数的几何意义: $f'(a)$ 表示曲线 $y=f(x)$ 在 $x=a$ 处的切线的斜率, 其

切线方程为 $y - f(a) = f'(a)(x - a)$.

(5) 讨论分段函数的可导性.

设
$$f(x) = \begin{cases} F(x) & (x < a); \\ A & (x = a); \\ G(x) & (x > a) \end{cases}$$

这里 $F(x)$ 与 $G(x)$ 为已知的可导函数. 讨论 $f(x)$ 在 $x = a$ 处的可导性的方法如下:

① 先考察连续性, 当 $f(x)$ 在 $x = a$ 处不连续时, $f(x)$ 在 $x = a$ 处不可导; 当 $f(x)$ 在 $x = a$ 处连续时, 继续讨论可导性.

② 求左导数与右导数, 即有
$$f'_-(a) = \lim_{x \to a-} \frac{f(x) - f(a)}{x - a}, \quad f'_+(a) = \lim_{x \to a+} \frac{f(x) - f(a)}{x - a}$$

若 $f'_-(a), f'_+(a)$ 中至少有一个不存在, 则 $f(x)$ 在 $x = a$ 处不可导; 若 $f'_-(a), f'_+(a)$ 都存在, 但不相等, 则 $f(x)$ 在 $x = a$ 处不可导; 若 $f'_-(a), f'_+(a)$ 都存在, 且相等, 则 $f(x)$ 在 $x = a$ 处可导, 且 $f'(a) = f'_-(a) = f'_+(a)$.

(6) 讨论分段函数的连续可导性.

设
$$f(x) = \begin{cases} F(x) & (x < a); \\ A & (x = a); \\ G(x) & (x > a) \end{cases}$$

这里 $F(x)$ 与 $G(x)$ 为已知的可导函数, 且 $f(x)$ 在 $x = a$ 处可导. 讨论 $f(x)$ 在 $x = a$ 处的连续可导性的方法如下:

① 应用上述(5)求得
$$f'(x) = \begin{cases} F'(x) & (x < a); \\ f'(a) & (x = a); \\ G'(x) & (x > a) \end{cases}$$

② 考察 $f'(x)$ 在 $x = a$ 处的左、右极限
$$f'(a-) = \lim_{x \to a-} F'(x), \quad f'(a+) = \lim_{x \to a+} G'(x)$$

仅当 $f'(a-) = f'(a+) = f'(a)$ 时, $f(x)$ 在 $x = a$ 处连续可导; 否则 $f(x)$ 在 $x = a$ 处不连续可导.

5 导数基本公式

$(x^\lambda)' = \lambda x^{\lambda - 1}, \quad (a^x)' = a^x \ln a, \quad (e^x)' = e^x, \quad (\log_a x)' = \dfrac{1}{x \ln a}, \quad (\ln |x|)' = \dfrac{1}{x}$

$(\sin x)' = \cos x$,　$(\cos x)' = -\sin x$,　$(\tan x)' = \sec^2 x$,　$(\cot x)' = -\csc^2 x$

$(\sec x)' = \sec x \tan x$,　$(\csc x)' = -\csc x \cot x$,　$(\arcsin x)' = \dfrac{1}{\sqrt{1-x^2}}$

$(\arccos x)' = -\dfrac{1}{\sqrt{1-x^2}}$,　$(\arctan x)' = \dfrac{1}{1+x^2}$,　$(\text{arccot}\, x)' = -\dfrac{1}{1+x^2}$

除上述基本公式外,熟记下面的公式,对于提高计算速度很有好处:

$$(\sqrt{x})' = \dfrac{1}{2\sqrt{x}},\quad \left(\dfrac{1}{x}\right)' = -\dfrac{1}{x^2},\quad (\ln(x+\sqrt{1+x^2}))' = \dfrac{1}{\sqrt{1+x^2}}$$

6 求导法则

(1) 四则运算法则:

$$(f(x) \pm g(x))' = f'(x) \pm g'(x)$$

$$(f(x) \cdot g(x))' = f'(x) \cdot g(x) + f(x) \cdot g'(x)$$

$$\left(\dfrac{f(x)}{g(x)}\right)' = \dfrac{f'(x)g(x) - f(x)g'(x)}{(g(x))^2}$$

(2) 复合函数求导法则:

$$(f(g(x)))' = f'(g(x))g'(x)$$

(3) 反函数求导法则:设 $y = f^{-1}(x)$ 的反函数为 $x = f(y)$,则

$$(f^{-1}(x))' = \dfrac{1}{(f(y))'}\bigg|_{y=f^{-1}(x)}$$

(4) 隐函数求导法则:设 $F(x,y) = 0$,由 $F'_x(x,y(x)) + F'_y(x,y(x))y'(x) = 0$,解得

$$y'(x) = -\dfrac{F'_x(x,y(x))}{F'_y(x,y(x))}$$

(5) 参数式函数的求导法则:设 $\begin{cases} x = \varphi(t), \\ y = \psi(t), \end{cases}$ 则 $\dfrac{dy}{dx} = \dfrac{\psi'(t)}{\varphi'(t)}$.

(6) 取对数求导法则:$f'(x) = f(x)(\ln|f(x)|)'$.

7 高阶导数

(1) 函数 $f(x)$ 在 $x = a$ 处的二阶导数定义为

$$f''(a) \stackrel{\text{def}}{=} \lim_{x \to a} \dfrac{f'(x) - f'(a)}{x - a} = \lim_{\square \to 0} \dfrac{f'(a + \square) - f'(a)}{\square}$$

(2) 常用的几个高阶导数公式:

$$(x^n)^{(n)} = n!,\quad \left(\dfrac{1}{x}\right)^{(n)} = (-1)^n \dfrac{n!}{x^{n+1}}$$

$$(a^x)^{(n)} = a^x(\ln a)^n,\quad (\ln|x|)^{(n+1)} = (-1)^n \dfrac{n!}{x^{n+1}}$$

$$(\sin x)^{(n)} = \sin\left(x + \frac{n\pi}{2}\right), \quad (\cos x)^{(n)} = \cos\left(x + \frac{n\pi}{2}\right)$$

(3) 参数式函数的高阶导数：设 $\begin{cases} x = \varphi(t), \\ y = \psi(t), \end{cases}$ 由于 $\dfrac{dy}{dx} = \dfrac{\psi'(t)}{\varphi'(t)} = g(t)$，则

$$\frac{d^2 y}{dx^2} = \frac{g'(t)}{\varphi'(t)} = h(t), \quad \frac{d^3 y}{dx^3} = \frac{h'(t)}{\varphi'(t)}, \quad \cdots$$

(4) 求分段函数在分段点处的二阶导数.

设

$$f(x) = \begin{cases} F(x) & (x < a); \\ A & (x = a); \\ G(x) & (x > a) \end{cases}$$

这里 $F(x)$ 与 $G(x)$ 为已知的可导函数，且 $f(x)$ 在 $x = a$ 处可导. 假设已求得

$$f'(x) = \begin{cases} F'(x) & (x < a); \\ f'(a) & (x = a); \\ G'(x) & (x > a) \end{cases}$$

现在考察 $f(x)$ 在 $x = a$ 处的二阶导数. 为此，须求 $f(x)$ 在 $x = a$ 处的二阶左、右导数：

$$f''_-(a) = \lim_{x \to a^-} \frac{f'(x) - f'(a)}{x - a}, \quad f''_+(a) = \lim_{x \to a^+} \frac{f'(x) - f'(a)}{x - a}$$

① 若 $f''_-(a), f''_+(a)$ 中至少有一个不存在，则 $f(x)$ 在 $x = a$ 处二阶不可导；

② 若 $f''_-(a), f''_+(a)$ 都存在但不相等，则 $f(x)$ 在 $x = a$ 处二阶不可导；

③ 若 $f''_-(a), f''_+(a)$ 都存在且相等，则 $f(x)$ 在 $x = a$ 处二阶可导，且

$$f''(a) = f''_-(a) = f''_+(a)$$

(5) 求两个函数乘积的高阶导数公式.

定理（莱布尼茨公式） 设函数 $u(x), v(x)$ 皆 n 阶可导，则

$$(u(x)v(x))^{(n)} = C_n^0 u^{(n)}(x) v(x) + C_n^1 u^{(n-1)}(x) v'(x) + C_n^2 u^{(n-2)}(x) v''(x)$$
$$+ \cdots + C_n^{n-1} u'(x) v^{(n-1)}(x) + C_n^n u(x) v^{(n)}(x)$$

8 微分概念

(1) 可微的定义.

① 若

$$f(a + \Delta x) - f(a) = A(a)\Delta x + o(\Delta x) \quad (\Delta x = x - a)$$

则称 $f(x)$ 在 $x = a$ 处可微.

② $f(x)$ 在 $x = a$ 处可微的充要条件是 $f(x)$ 在 $x = a$ 处可导，且

$$A(a) = f'(a)$$

(2) 微分的定义.

① 当 $f(x)$ 在 $x=a$ 处可微时,称
$$\mathrm{d}f(x)\Big|_{x=a} \stackrel{\text{def}}{=} f'(a)\mathrm{d}x$$
为 $f(x)$ 在 $x=a$ 处的微分.

② 一般的,$f(x)$ 的微分为 $\mathrm{d}f(x)=f'(x)\mathrm{d}x$.

(3) 一阶微分形式的不变性:
$$\mathrm{d}f(\varphi(x))=f'(\varphi(x))\varphi'(x)\mathrm{d}x=f'(u)\mathrm{d}u \quad (u=\varphi(x))$$

2.2 《大学数学教程》习题选解

例 2.1(习题 1.6 A 4.1) 设函数 $f(x)=\lim\limits_{n\to\infty}\sqrt[n]{1+x^{2n}}$,研究该函数的连续性;若有间断点,判断其类型.

解析 根据题意,得
$$f(x)=\begin{cases}(1+0)^0=1 & (|x|<1); \\ x^2\lim\limits_{n\to\infty}\left(1+\dfrac{1}{x^{2n}}\right)^{\frac{1}{n}}=x^2(1+0)^0=x^2 & (|x|>1); \\ (1+1)^0=2^0=1 & (x=\pm 1)\end{cases}$$

即 $f(x)=\begin{cases}1 & (|x|\leqslant 1), \\ x^2 & (|x|>1),\end{cases}$ 所以 $f(x)$ 在 $(-\infty,+\infty)$ 上连续,无间断点.

例 2.2(习题 1.6 A 7) 设 $\alpha,\beta>0,f\in C[a,b]$,求证:$\exists \xi\in[a,b]$,使得
$$\alpha f(a)+\beta f(b)=(\alpha+\beta)f(\xi)$$

解析 令 $F(x)=\alpha f(a)+\beta f(b)-(\alpha+\beta)f(x)$,显见 $F(x)$ 在 $[a,b]$ 上连续,且
$$F(a)=\beta(f(b)-f(a)),\quad F(b)=\alpha(f(a)-f(b))$$
$$F(a)\cdot F(b)=-\alpha\beta(f(a)-f(b))^2\leqslant 0$$
若 $f(a)=f(b)$,则 $F(a)=F(b)=0$,$\xi=a$ 或 b;若 $f(a)\neq f(b)$,应用零点定理,$\exists\xi\in(a,b)$,使得 $F(\xi)=0$. 故 $\exists\xi\in[a,b]$,使得 $\alpha f(a)+\beta f(b)=(\alpha+\beta)f(\xi)$.

例 2.3(习题 1.6 B 3) 设 $f(x)$ 在 $[0,1]$ 上连续,$f(0)=0,f(1)=1$,求证:$\exists\xi\in(0,1)$,使得
$$f\left(\xi-\dfrac{1}{3}\right)=f(\xi)-\dfrac{1}{3}$$

解析 令 $g(x)=f(x)-f\left(x-\dfrac{1}{3}\right)-\dfrac{1}{3}$,其中 $x\in\left[\dfrac{1}{3},1\right]$. 若 $g\left(\dfrac{2}{3}\right)=0$,即得 $\xi=\dfrac{2}{3}\in(0,1)$,使得 $f\left(\xi-\dfrac{1}{3}\right)=f(\xi)-\dfrac{1}{3}$,原命题成立. 若 $g\left(\dfrac{2}{3}\right)\neq 0$,则由

$$\sum_{k=1}^{3} g\left(\frac{k}{3}\right) = \sum_{k=1}^{3} \left(f\left(\frac{k}{3}\right) - f\left(\frac{k-1}{3}\right) - \frac{1}{3}\right) = f(1) - f(0) - 1 = 0$$

可得 $g\left(\frac{1}{3}\right)g\left(\frac{2}{3}\right) < 0$（或 $g\left(\frac{2}{3}\right)g(1) < 0$）．在区间 $\left[\frac{1}{3}, \frac{2}{3}\right]$（或 $\left[\frac{2}{3}, 1\right]$）上，函数 $g(x)$ 连续，应用零点定理，必存在 $\xi \in \left(\frac{1}{3}, \frac{2}{3}\right)$（或 $\left(\frac{2}{3}, 1\right)$）$\subset (0, 1)$，使得 $g(\xi) = 0$，即

$$f\left(\xi - \frac{1}{3}\right) = f(\xi) - \frac{1}{3}$$

例 2.4（习题 1.6 B 4） 设 $f(x)$ 在 $[a, b]$ 上满足 $a \leqslant f(x) \leqslant b$，且 $\exists k \in \mathbf{R}^+$，使得 $\forall x, y \in [a, b]$，有 $|f(x) - f(y)| \leqslant k|x - y|$．

(1) 求证：① $f \in C[a, b]$；② $\exists \xi \in [a, b]$，使得 $f(\xi) = \xi$．

(2) 若 $0 \leqslant k < 1$，定义数列 $\{x_n\}$：$x_1 \in [a, b]$，$x_{n+1} = f(x_n)(n = 1, 2, \cdots)$，求证 $\{x_n\}$ 收敛，并求 $\lim_{n \to \infty} x_n$．

解析 (1) ① 任取 $x_0 \in [a, b]$，由 $|f(x) - f(x_0)| \leqslant k|x - x_0|$，令 $x \to x_0$，得 $\lim_{x \to x_0} f(x) = f(x_0)$，所以 $f(x)$ 在 x_0 连续，由 x_0 在 $[a, b]$ 上的任意性得 $f(x)$ 在 $[a, b]$ 上连续．

② 令 $F(x) = f(x) - x$，显见 $F(x)$ 在 $[a, b]$ 上也连续，且 $F(a) = f(a) - a \geqslant 0$，$F(b) = f(b) - b \leqslant 0$．应用零点定理，$\exists \xi \in [a, b]$，使得 $F(\xi) = 0$，即 $f(\xi) = \xi$．

(2) 根据(1)中的 ξ，有
$$|x_{n+1} - \xi| = |f(x_n) - f(\xi)| \leqslant k|x_n - \xi| = k|f(x_{n-1}) - f(\xi)|$$
$$\leqslant k^2|x_{n-1} - \xi| \leqslant \cdots \leqslant k^n|x_1 - \xi|$$

令 $n \to \infty$，由 $0 \leqslant k < 1$ 得 $k^n \to 0$，所以 $\lim_{n \to \infty}|x_{n+1} - \xi| = 0$，即 $\lim_{n \to \infty} x_n = \xi$．

例 2.5（习题 2.1 A 1.3） 设
$$f(x) = \begin{cases} 2x - x^2 & (x \leqslant 0); \\ 2\sin x & (x > 0) \end{cases}$$

讨论 $f(x)$ 在 $x = 0$ 处的连续性与可导性．

解析 先求 $f(x)$ 在 $x = 0$ 的左、右极限，因
$$f(0-) = \lim_{x \to 0-} f(x) = \lim_{x \to 0-}(2x - x^2) = 0$$
$$f(0+) = \lim_{x \to 0+} f(x) = \lim_{x \to 0+} 2\sin x = 0$$

所以 $\lim_{x \to 0} f(x) = 0$，而 $f(0) = 0$，所以 $f(x)$ 在 $x = 0$ 处连续．

应用左导数、右导数的定义，有
$$f'_-(0) = \lim_{x \to 0-} \frac{f(x) - f(0)}{x} = \lim_{x \to 0-} \frac{2x - x^2 - 0}{x} = \lim_{x \to 0-}(2 - x) = 2$$

$$f'_+(0) = \lim_{x \to 0+} \frac{f(x) - f(0)}{x} = \lim_{x \to 0+} \frac{2\sin x - 0}{x} = 2$$

所以 $f'_-(0) = f'_+(0)$,于是 $f(x)$ 在 $x = 0$ 处可导,且 $f'(0) = 2$.

例 2.6(习题 2.1 A 4) 设 $f(x)$ 在 $x = 0$ 处可导,在 $x = 0$ 的某邻域内 $f(x)$ 满足关系式

$$f(x^2) - 3f(1 - \cos x) = x^2 + o(x^2) \tag{1}$$

试求曲线 $y = f(x)$ 在点 $x = 0$ 处的切线方程.

解析 因为 $f(x)$ 在 $x = 0$ 处可导,$f(x)$ 必在 $x = 0$ 处连续. 在(1)式中令 $x \to 0$,得 $f(0) - 3f(0) = 0$,故 $f(0) = 0$. 将(1)式两边同除以 x^2 后令 $x \to 0$,得

$$\lim_{x \to 0} \frac{f(x^2) - f(0)}{x^2} - 3\lim_{x \to 0} \frac{f(1 - \cos x) - f(0)}{x^2} = 1 + \lim_{x \to 0} \frac{o(x^2)}{x^2} = 1 \tag{2}$$

由于 $f(x)$ 在 $x = 0$ 处可导,所以

$$\lim_{x \to 0} \frac{f(x^2) - f(0)}{x^2} = f'(0)$$

$$\lim_{x \to 0} \frac{f(1 - \cos x) - f(0)}{x^2} = \lim_{x \to 0} \frac{f(1 - \cos x) - f(0)}{1 - \cos x} \cdot \frac{1}{2} = \frac{1}{2} f'(0)$$

代入(2)式得 $f'(0) - \frac{3}{2} f'(0) = 1$,故 $f'(0) = -2$. 因此所求曲线在点 $(0, 0)$ 处的切线方程为 $y = -2x$.

例 2.7(习题 2.2 A 3) 设

$$f(x) = \begin{cases} ax^2 + bx + c & (x > 0); \\ e^x & (x \leqslant 0) \end{cases}$$

的导函数连续,求 a, b, c,并求 $f'(x)$.

解析 因为 $f(x)$ 的导函数连续,所以 $f(x)$ 在 $x = 0$ 连续. 由于

$$f(0-) = \lim_{x \to 0-}(e^x) = 1, \quad f(0+) = \lim_{x \to 0+}(ax^2 + bx + c) = c$$

且 $f(0) = 1$,故 $c = 1$. 由 $f(x)$ 在 $x = 0$ 可导,得 $f'_+(0) = f'_-(0)$,由于

$$f'_+(0) = \lim_{x \to 0+} \frac{f(x) - f(0)}{x} = \lim_{x \to 0+} \frac{ax^2 + bx + 1 - 1}{x} = \lim_{x \to 0+}(ax + b) = b$$

$$f'_-(0) = \lim_{x \to 0-} \frac{f(x) - f(0)}{x} = \lim_{x \to 0-} \frac{e^x - 1}{x} = \lim_{x \to 0-} \frac{x}{x} = 1$$

故 $f'(0) = b = 1$. 当 $x > 0$ 时,$f'(x) = 2ax + b$;当 $x < 0$ 时,$f'(x) = e^x$. 因为 $f'(x)$ 在 $x = 0$ 连续,得 $f'(0+) = f'(0-) = f'(0) = 1$,而 $f'(0+) = \lim_{x \to 0+}(2ax + b) = b = 1$,$f'(0-) = \lim_{x \to 0-} e^x = 1$,故 $a \in \mathbf{R}, b = 1, c = 1$,且

$$f'(x) = \begin{cases} 2ax + 1 & (x > 0); \\ 1 & (x = 0); \\ e^x & (x < 0) \end{cases}$$

例 2.8(习题 2.2 A 4)　　求曲线 $y=x^2+3$ 的切线,使其通过点 $(1,0)$.

解析　首先判断出 $(1,0)$ 不在曲线 $y=x^2+3$ 上,下面设切线过点 $A(x_0,y_0)$,即 (x_0,x_0^2+3),切线在 A 点斜率为 $2x_0$,则切线方程为

$$y-(x_0^2+3)=2x_0(x-x_0) \tag{1}$$

因为曲线过 $(1,0)$ 点,将 $x=1,y=0$ 代入(1)式中,得 $x_0^2-2x_0-3=0$,解得 $x_0=3$ 或 $x_0=-1$,所以切点为 $(3,12)$ 和 $(-1,4)$,于是所求切线方程分别为

$$y-12=6(x-3) \quad \text{或} \quad y-4=-2(x+1)$$

即

$$y=6(x-1) \quad \text{或} \quad y=2(1-x)$$

例 2.9(习题 2.2 A 9.4)　　设 $y=\sqrt[3]{\dfrac{1-x}{1+x}}$,求 y'.

解析　应用取对数求导法则,有

$$y'=y\cdot(\ln y)'=y\cdot\dfrac{1}{3}(\ln(1-x)-\ln(1+x))'$$

$$=y\cdot\dfrac{1}{3}\left(\dfrac{-1}{1-x}-\dfrac{1}{1+x}\right)=\dfrac{1}{3}y\cdot\dfrac{2}{x^2-1}$$

$$=\dfrac{2}{3}\sqrt[3]{\dfrac{1-x}{1+x}}\cdot\dfrac{1}{x^2-1}$$

例 2.10(习题 2.2 B 3.2)　　设 $y=\arctan\sqrt{1+\tan^2 x}$,求 y'.

解析　**方法 I**　应用复合函数求导法则,有

$$y'=\dfrac{1}{1+1+\tan^2 x}(\sqrt{1+\tan^2 x})'=\dfrac{1}{2+\tan^2 x}\cdot\dfrac{(1+\tan^2 x)'}{2\sqrt{1+\tan^2 x}}$$

$$=\dfrac{1}{2+\tan^2 x}\cdot\dfrac{2\tan x\cdot\sec^2 x}{2\sqrt{1+\tan^2 x}}=\dfrac{1}{2+\tan^2 x}\cdot\dfrac{\tan x\cdot\sec^2 x}{\sqrt{1+\tan^2 x}}$$

方法 II　原式化为 $(\tan y)^2=1+(\tan x)^2$,两边对 x 求导得

$$2\tan y\cdot\sec^2 y\cdot y'=2\tan x\cdot\sec^2 x$$

于是

$$y'=\dfrac{\tan x\cdot\sec^2 x}{\tan y\cdot\sec^2 y}=\dfrac{\tan x\cdot\sec^2 x}{\sqrt{1+\tan^2 x}(1+\tan^2 y)}=\dfrac{\tan x\cdot\sec^2 x}{\sqrt{1+\tan^2 x}(2+\tan^2 x)}$$

例 2.11(习题 2.3 A 1.3)　　设 $y=\sin(x+y)$,求 y''.

解析　方程两边对 x 求导两次得

$$y'=\cos(x+y)(1+y'), \quad y''=-\sin(x+y)(1+y')^2+\cos(x+y)y''$$

解得

$$y'=\dfrac{\cos(x+y)}{1-\cos(x+y)}, \quad 1+y'=\dfrac{1}{1-\cos(x+y)}, \quad y''=\dfrac{\sin(x+y)(1+y')^2}{\cos(x+y)-1}$$

于是

$$y'' = \frac{y}{(\cos(x+y)-1)^3}$$

例 2.12(习题 2.3 A 1.6) 设 $y = x^x$,求 y''.

解析 应用取对数求导法则,有

$$y' = x^x(x\ln x)' = x^x\left(\ln x + x \cdot \frac{1}{x}\right) = x^x(\ln x + 1)$$

$$y'' = (x^x)'(\ln x + 1) + x^x(\ln x + 1)' = x^x(\ln x + 1)^2 + x^x \frac{1}{x}$$

$$= x^x\left((\ln x + 1)^2 + \frac{1}{x}\right)$$

例 2.13(习题 2.3 A 2.4) 设 $y = \ln\dfrac{1-x}{1+x}$,求 $y^{(n)}$.

解析 因为

$$y' = (\ln|x-1| - \ln|x+1|)' = \frac{1}{x-1} - \frac{1}{x+1}$$

$$y^{(n)} = \left(\frac{1}{x-1} - \frac{1}{x+1}\right)^{(n-1)}$$

又

$$\left(\frac{1}{x-1}\right)^{(n-1)} = \frac{(-1)^{n-1}(n-1)!}{(x-1)^n}, \quad \left(\frac{1}{x+1}\right)^{(n-1)} = \frac{(-1)^{n-1}(n-1)!}{(x+1)^n}$$

故

$$y^{(n)} = (-1)^{n-1}(n-1)!\left(\frac{1}{(x-1)^n} - \frac{1}{(x+1)^n}\right)$$

例 2.14(习题 2.3 A 3.2) 设 $y = x\sin 3x$,求 $y^{(50)}$.

解析 令 $u = \sin 3x, v = x$,则 $u^{(n)} = 3^n \sin\left(3x + \dfrac{\pi}{2}n\right), v' = 1$,于是

$$y^{(50)} = u^{(50)}v + C_{50}^1 u^{(49)}v' = x \cdot 3^{50}\sin\left(3x + \frac{50}{2}\pi\right) + 50 \cdot 3^{49}\sin\left(3x + \frac{49}{2}\pi\right) \cdot 1$$

$$= 3^{49}(50\cos 3x - 3x\sin 3x)$$

例 2.15(习题 2.3 A 3.3) 设

$$f(x) = \begin{cases} 2x^3 + x^2 & (x \geqslant 0); \\ 2(1-\cos x) & (x < 0) \end{cases}$$

求 $f''(0)$.

解析 因为 $f(0) = 0$,且

$$f'_+(0) = \lim_{x \to 0^+}\frac{f(x) - f(0)}{x} = \lim_{x \to 0^+}\frac{2x^3 + x^2}{x} = 0$$

$$f'_-(0) = \lim_{x \to 0^-}\frac{f(x) - f(0)}{x} = \lim_{x \to 0^-}\frac{2(1-\cos x)}{x} = 0$$

故
$$f'_+(0) = f'_-(0) = f'(0) = 0$$
$$f''_+(0) = \lim_{x \to 0+} \frac{f'(x) - f'(0)}{x} = \lim_{x \to 0+} \frac{(2x^3 + x^2)'}{x} = \lim_{x \to 0+} \frac{6x^2 + 2x}{x} = 2$$
$$f''_-(0) = \lim_{x \to 0-} \frac{f'(x) - f'(0)}{x} = \lim_{x \to 0-} \frac{2(1-\cos x)'}{x} = \lim_{x \to 0-} \frac{2\sin x}{x} = 2$$

故 $f''(0) = 2$.

例 2.16(习题 2.3 B 1.2) 设 $y = e^x \sin x$，求 $y^{(n)}$.

解析 因为 $y' = e^x(\sin x + \cos x) = \sqrt{2} e^x \sin\left(x + \frac{\pi}{4}\right)$，归纳假设

$$y^{(n-1)} = 2^{\frac{n-1}{2}} e^x \sin\left(x + \frac{n-1}{4}\pi\right)$$

两边求导得

$$y^{(n)} = 2^{\frac{n-1}{2}} e^x \left[\sin\left(x + \frac{n-1}{4}\pi\right) + \cos\left(x + \frac{n-1}{4}\pi\right)\right] = 2^{\frac{n}{2}} e^x \sin\left(x + \frac{n\pi}{4}\right)$$

即此式对 $\forall n \in \mathbf{N}$ 成立.

例 2.17(习题 2.3 B 2) 设

$$f(x) = \begin{cases} \dfrac{\tan x - \sin x}{x} & (x \neq 0); \\ 0 & (x = 0) \end{cases}$$

求 $f''(0)$.

解析 应用一阶导数与二阶导数的定义，因为 $f(0) = 0$，则

$$f'(0) = \lim_{x \to 0} \frac{f(x) - f(0)}{x} = \lim_{x \to 0} \frac{\sin x (1 - \cos x)}{x^2 \cdot \cos x} = \lim_{x \to 0} \frac{x \cdot \frac{1}{2} x^2}{x^2} = 0$$

$$f''(0) = \lim_{x \to 0} \frac{f'(x) - f'(0)}{x} = \lim_{x \to 0} \frac{\left(\dfrac{\tan x - \sin x}{x}\right)'}{x}$$

$$= \lim_{x \to 0} \frac{(\sec^2 x - \cos x)x - \tan x + \sin x}{x^3}$$

$$= \lim_{x \to 0} \frac{x \sec^2 x - x \cos x}{x^3} + \lim_{x \to 0} \frac{\sin x - \tan x}{x^3}$$

$$= \lim_{x \to 0} \frac{1 - \cos^3 x}{x^2 \cdot \cos^2 x} + \lim_{x \to 0} \frac{\sin x(\cos x - 1)}{x^3 \cdot \cos x}$$

$$= \lim_{x \to 0} \frac{(1 - \cos x)(1 + \cos x + \cos^2 x)}{x^2} + \lim_{x \to 0} \frac{-\frac{1}{2} x^2}{x^2}$$

$$= \frac{3}{2} - \frac{1}{2} = 1$$

2.3 往年期中与期末试题解析

例 3.1(10-11(Ⅰ)期中) 求出 $f(x) = \text{sgn}(\cos x)$ 的间断点,并指出其类型.

解析 因为

$$\begin{cases} \cos x > 0 & \left(x \in \left(2k\pi - \dfrac{\pi}{2}, 2k\pi + \dfrac{\pi}{2}\right)\right); \\ \cos x = 0 & \left(x = k\pi + \dfrac{\pi}{2}\right); \\ \cos x < 0 & \left(x \in \left(2k\pi + \dfrac{\pi}{2}, 2k\pi + \dfrac{3\pi}{2}\right)\right) \end{cases} \quad (k \in \mathbf{Z})$$

故

$$f(x) = \begin{cases} 1 & \left(x \in \left(2k\pi - \dfrac{\pi}{2}, 2k\pi + \dfrac{\pi}{2}\right)\right); \\ 0 & \left(x = k\pi + \dfrac{\pi}{2}\right); \\ -1 & \left(x \in \left(2k\pi + \dfrac{\pi}{2}, 2k\pi + \dfrac{3\pi}{2}\right)\right) \end{cases} \quad (k \in \mathbf{Z})$$

间断点为 $x = k\pi + \dfrac{\pi}{2} (k \in \mathbf{Z})$.

又因为 $f\left(\left(k\pi + \dfrac{\pi}{2}\right)+\right) \neq f\left(\left(k\pi + \dfrac{\pi}{2}\right)-\right)$,所以 $x = k\pi + \dfrac{\pi}{2} (k \in \mathbf{Z})$ 为第 Ⅰ 类跳跃型间断点.

例 3.2(09-10(Ⅰ)期中) 设 $f(x)$ 在 $[0, 2a]$ 上连续,$f(0) = f(2a)$,求证:存在 $\xi \in [0, a]$,使得 $f(\xi) = f(\xi + a)$.

解析 令 $F(x) = f(x) - f(x+a)$,则 $F(x) \in C[0, a]$. 因为
$$F(0) = f(0) - f(a) = f(2a) - f(a), \quad F(a) = f(a) - f(2a)$$
$$F(0)F(a) = -(f(a) - f(2a))^2$$

当 $f(a) = f(2a)$ 时,$F(0)F(a) = 0$,故 $\xi = 0$ 或者 $\xi = a$;当 $f(a) \neq f(2a)$ 时,$F(0)F(a) < 0$,由零点定理,$\exists \xi \in (0, a)$,使得 $F(\xi) = 0$. 故存在 $\xi \in [0, a]$,使得
$$f(\xi) = f(\xi + a)$$

例 3.3(04-05(Ⅰ)期中) 设

$$f(x) = \begin{cases} \dfrac{\sin x}{x} & (x < 0); \\ a & (x = 0); \\ b + \sqrt{x}\arctan x & (x > 0) \end{cases}$$

在 $x = 0$ 处可导.

(1) 求常数 a,b 的值;

(2) 求 $f'(0)$;

(3) 讨论 $f'(x)$ 在 $x=0$ 的连续性.

解析 (1) 因为
$$f(0)=a$$
$$f(0-)=\lim_{x\to 0-}f(x)=\lim_{x\to 0-}\frac{\sin x}{x}=1$$
$$f(0+)=\lim_{x\to 0+}f(x)=\lim_{x\to 0+}(b+\sqrt{x}\arctan x)=b$$

又 $f(x)$ 在 $x=0$ 处连续,故 $a=b=1$.

(2) 因为
$$f'_-(0)=\lim_{x\to 0-}\frac{f(x)-f(0)}{x}=\lim_{x\to 0-}\frac{\frac{\sin x}{x}-1}{x}=\lim_{x\to 0-}\frac{\sin x-x}{x^2}$$
$$=\lim_{x\to 0-}\frac{\cos x-1}{2x}=\lim_{x\to 0-}\frac{-\frac{1}{2}x^2}{2x}=0$$
$$f'_+(0)=\lim_{x\to 0+}\frac{f(x)-f(0)}{x}=\lim_{x\to 0+}\frac{1+\sqrt{x}\arctan x-1}{x}=\lim_{x\to 0+}\frac{x\sqrt{x}}{x}=0$$

故
$$f'(0)=f'_-(0)=f'_+(0)=0$$

(3) 当 $x<0$ 时,有
$$f'(x)=\frac{x\cos x-\sin x}{x^2},\quad \lim_{x\to 0-}f'(x)=\lim_{x\to 0-}\frac{x\cos x-\sin x}{x^2}\stackrel{\frac{0}{0}}{=}\lim_{x\to 0-}\frac{-x\sin x}{2x}=0$$

当 $x>0$ 时,有
$$f'(x)=\frac{1}{2\sqrt{x}}\arctan x+\frac{\sqrt{x}}{1+x^2},\quad \lim_{x\to 0+}f'(x)=\lim_{x\to 0+}\frac{x}{2\sqrt{x}}+\lim_{x\to 0+}\frac{\sqrt{x}}{1+x^2}=0$$

由于 $f'(0-)=f'(0+)=f'(0)$,所以 $f'(x)$ 在 $x=0$ 处连续.

例 3.4(08-09(Ⅰ)期中) 设 $g(x)$ 一阶可导,$g'(0)=a$,$g(x)$ 仅在 $x=0$ 处二阶可导,$g''(0)=b$. 又设 $f(x)=\frac{1}{x}(g(x)-\cos x)$.

(1) 欲使 $f(x)$ 在 $x=0$ 处连续,求 $g(0)$ 和 $f(0)$.

(2) 在(1)的条件下,$f(x)$ 在原点是否可导?若可导,求 $f'(0)$.

解析 (1) 欲使 $\lim_{x\to 0}f(x)=f(0)$,则 $g(0)=\cos 0=1$. 由于 $g'(x)$ 在 $x=0$ 处连续,应用洛必达法则,有
$$\lim_{x\to 0}f(x)=\lim_{x\to 0}\frac{g(x)-\cos x}{x}\stackrel{\frac{0}{0}}{=}\lim_{x\to 0}(g'(x)+\sin x)=g'(0)=a=f(0)$$

即 $g(0) = 1, f(0) = a$.

(2) 因为

$$f'(0) = \lim_{x \to 0} \frac{f(x) - f(0)}{x} = \lim_{x \to 0} \frac{\frac{1}{x}(g(x) - \cos x) - a}{x}$$

$$= \lim_{x \to 0} \frac{g(x) - \cos x - ax}{x^2} \overset{\frac{0}{0}}{=} \lim_{x \to 0} \frac{g'(x) + \sin x - a}{2x}$$

$$= \lim_{x \to 0} \frac{g'(x) - g'(0)}{2x} + \lim_{x \to 0} \frac{\sin x}{2x} = \frac{b+1}{2}$$

所以 $f(x)$ 在原点可导, 且 $f'(0) = \dfrac{b+1}{2}$.

例 3.5(10-11(Ⅰ)期中) 设

$$f(x) = \begin{cases} \dfrac{1}{x} - \dfrac{1}{e^x - 1} & (x \neq 0); \\ a & (x = 0) \end{cases}$$

问当 a 为何值时, $f(x)$ 在 $x = 0$ 处连续? 求 $f'(x)$, 并讨论 $f'(x)$ 在 $x = 0$ 的连续性.

解析 因为

$$\lim_{x \to 0} f(x) = \lim_{x \to 0}\left(\frac{1}{x} - \frac{1}{e^x - 1}\right) = \lim_{x \to 0} \frac{e^x - 1 - x}{x(e^x - 1)}$$

$$= \lim_{x \to 0} \frac{e^x - 1 - x}{x^2} \overset{\frac{0}{0}}{=} \lim_{x \to 0} \frac{e^x - 1}{2x} = \frac{1}{2}$$

故当 $f(0) = a = \dfrac{1}{2}$ 时, $f(x)$ 在 $x = 0$ 处连续.

应用导数定义, 有

$$f'(0) = \lim_{x \to 0} \frac{f(x) - f(0)}{x} = \lim_{x \to 0} \frac{\dfrac{1}{x} - \dfrac{1}{e^x - 1} - \dfrac{1}{2}}{x}$$

$$= \lim_{x \to 0} \frac{2(e^x - 1) - 2x - x(e^x - 1)}{2x^3}$$

$$\overset{\frac{0}{0}}{=} \lim_{x \to 0} \frac{2e^x - 2 - (e^x - 1) - xe^x}{6x^2}$$

$$= \lim_{x \to 0} \frac{e^x - 1 - xe^x}{6x^2} \overset{\frac{0}{0}}{=} \lim_{x \to 0} \frac{-xe^x}{12x} = -\frac{1}{12}$$

当 $x \neq 0$ 时, 有

$$f'(x) = \frac{e^x}{(e^x - 1)^2} - \frac{1}{x^2}$$

所以

$$f'(x) = \begin{cases} \dfrac{e^x}{(e^x-1)^2} - \dfrac{1}{x^2} & (x \neq 0); \\ -\dfrac{1}{12} & (x = 0) \end{cases}$$

又

$$\lim_{x \to 0} f'(x) = \lim_{x \to 0} \frac{x^2 e^x - (e^x-1)^2}{(e^x-1)^2 x^2} = \lim_{x \to 0} \frac{x^2 e^x - (e^x-1)^2}{x^4}$$

$$\overset{\frac{0}{0}}{=} \lim_{x \to 0} \frac{2xe^x + x^2 e^x - 2(e^x-1)e^x}{4x^3} = \lim_{x \to 0} \frac{2x + x^2 - 2(e^x-1)}{4x^3}$$

$$\overset{\frac{0}{0}}{=} \lim_{x \to 0} \frac{2 + 2x - 2e^x}{12x^2} = \lim_{x \to 0} \frac{1 + x - e^x}{6x^2}$$

$$\overset{\frac{0}{0}}{=} \lim_{x \to 0} \frac{1 - e^x}{12x} = -\frac{1}{12} = f'(0)$$

所以 $f'(x)$ 在 $x = 0$ 处连续.

例3.6(05-06(Ⅰ)期末) 设 $f(x)$ 在 $(-\infty, +\infty)$ 内有定义,且对于任意实数 x, y 满足 $f(x+y) = f(x)g(y) + f(y)g(x)$,其中

$$g(x) = \cos x^2 - \sin^2 x, \quad \lim_{x \to 0} \frac{f(x)}{x} = 1$$

求 $f(0), f'(0), f'(x)$.

解析 $g(0) = \cos 0 - \sin^2 0 = 1$,令 $x = 0$,有

$$f(y) = f(0)g(y) + f(y)g(0) = f(0)g(y) + f(y)$$

所以 $f(0)g(y) = 0$,得 $f(0) = 0$. 又

$$f'(0) = \lim_{x \to 0} \frac{f(x) - f(0)}{x} = \lim_{x \to 0} \frac{f(x)}{x} = 1$$

$$f'(x) = \lim_{y \to 0} \frac{f(x+y) - f(x)}{y} = \lim_{y \to 0} \frac{f(x)g(y) + f(y)g(x) - f(x)}{y}$$

$$= \lim_{y \to 0} \frac{f(x)(g(y) - 1) + f(y)g(x)}{y}$$

$$= \lim_{y \to 0} \frac{g(y) - 1}{y} f(x) + \lim_{y \to 0} \frac{f(y)}{y} g(x)$$

而

$$\lim_{y \to 0} \frac{g(y) - 1}{y} = \lim_{y \to 0} \frac{\cos y^2 - \sin^2 y - 1}{y} = \lim_{y \to 0} \frac{\cos y^2 - 1}{y} - \lim_{y \to 0} \frac{\sin^2 y}{y}$$

$$= \lim_{y \to 0} \frac{-\frac{1}{2} y^4}{y} - \lim_{y \to 0} \frac{y^2}{y} = 0 + 0 = 0$$

$$\lim_{y \to 0} \frac{f(y)}{y} = 1$$

得
$$f'(x) = 0 + 1 \cdot g(x) = g(x) = \cos x^2 - \sin^2 x$$

例 3.7(10-11(Ⅰ)期中)   设 $x \to 0$ 时函数 $f(x) = \sin 3x + ax + bx^3$ 为 x^3 的高阶无穷小,试求常数 a, b.

解析   因为 $f(x)$ 为 x^3 的高阶无穷小,所以 $\lim\limits_{x \to 0} \dfrac{f(x)}{x} = 0, \lim\limits_{x \to 0} \dfrac{f(x)}{x^3} = 0$,于是

$$\lim_{x \to 0} \frac{\sin 3x + ax + bx^3}{x} = \lim_{x \to 0} \left(\frac{\sin 3x}{x} + a + bx^2 \right) = 3 + a = 0 \Rightarrow a = -3$$

$$\lim_{x \to 0} \frac{\sin 3x - 3x + bx^3}{x^3} \stackrel{\frac{0}{0}}{=} \lim_{x \to 0} \frac{3\cos 3x - 3}{3x^2} + b = \lim_{x \to 0} \frac{\cos 3x - 1}{x^2} + b$$

$$= \lim_{x \to 0} \frac{-\frac{9}{2} x^2}{x^2} + b = -\frac{9}{2} + b = 0 \Rightarrow b = \frac{9}{2}$$

例 3.8(05-06(Ⅰ)期中)   设 $f(x) = \begin{cases} Ax + e^{-x} & (x \geqslant 0); \\ B + \cos x & (x < 0) \end{cases}$ 可导.

(1) 求常数 A, B 的值;

(2) 求 $f'(x)$,并讨论 $f'(x)$ 在 $x = 0$ 的连续性;

(3) 讨论 $f(x)$ 在 $x = 0$ 处的二阶可导性.

解析   (1) 因为
$$f(0) = 1, \quad f(0-) = \lim_{x \to 0-} f(x) = \lim_{x \to 0-} (B + \cos x) = B + 1$$
$$f(0+) = \lim_{x \to 0+} f(x) = \lim_{x \to 0+} (Ax + e^{-x}) = 1$$

又 $f(x)$ 在 $x = 0$ 处连续,故 $B + 1 = 1$,即 $B = 0$.

又因为
$$f'_+(0) = \lim_{x \to 0+} \frac{f(x) - f(0)}{x} = \lim_{x \to 0+} \frac{Ax + e^{-x} - 1}{x}$$
$$= A + \lim_{x \to 0+} \frac{e^{-x} - 1}{x} = A - 1$$

$$f'_-(0) = \lim_{x \to 0-} \frac{f(x) - f(0)}{x} = \lim_{x \to 0-} \frac{\cos x - 1}{x} = \lim_{x \to 0-} \frac{-\frac{1}{2} x^2}{x} = 0$$

而 $f(x)$ 在 $x = 0$ 处可导,故 $A - 1 = 0$,即 $A = 1$.

(2) 由(1)可知 $f'(0) = 0$. 当 $x > 0$ 时,有
$$f'(x) = 1 - e^{-x}, \quad f'(0+) = \lim_{x \to 0+} f'(x) = \lim_{x \to 0+} (1 - e^{-x}) = 0$$

当 $x < 0$ 时,有
$$f'(x) = -\sin x, \quad f'(0-) = \lim_{x \to 0-} f'(x) = \lim_{x \to 0-} (-\sin x) = 0$$

由于 $f'(0-) = f'(0+) = f'(0)$,所以 $f'(x)$ 在 $x = 0$ 处连续.

(3) 考察 $f''(0) = \lim\limits_{x \to 0} \dfrac{f'(x) - f'(0)}{x}$, 由于

$$f''_+(0) = \lim\limits_{x \to 0+} \dfrac{1 - e^{-x}}{x} = 1, \quad f''_-(0) = \lim\limits_{x \to 0-} \dfrac{-\sin x}{x} = -1$$

故 $f''(0)$ 不存在,即 $f(x)$ 在 $x = 0$ 处的二阶不可导.

例 3.9(03 - 04(Ⅰ)期末)　设 $y = \dfrac{x^2 + 2}{x^2 - 1}$, 求 $y^{(n)}$.

解析　因为

$$y = 1 + \dfrac{3}{x^2 - 1} = 1 + \dfrac{3}{2}\left(\dfrac{1}{x - 1} - \dfrac{1}{x + 1}\right)$$

又因为 $\left(\dfrac{1}{x}\right)^{(n)} = (-1)^n \dfrac{n!}{x^{n+1}}$, 所以

$$y^{(n)} = \dfrac{3}{2}(-1)^n n!\left(\dfrac{1}{(x-1)^{n+1}} - \dfrac{1}{(x+1)^{n+1}}\right)$$

例 3.10(11 - 12(Ⅰ)期末)　设 $y = (x^2 + 3x + 1)e^{-x}$, 求 $y^{(99)}$.

解析　令 $u = e^{-x}, v = x^2 + 3x + 1$, 则

$$u^{(n)} = (-1)^n e^{-x}, \quad v' = 2x + 3, \quad v'' = 2, \quad v^{(k)} = 0 \quad (k \geqslant 3)$$

于是

$$\begin{aligned} y^{(99)} &= u^{(99)}v + C_{99}^1 u^{(98)}v' + C_{99}^2 u^{(97)}v'' \\ &= -e^{-x}(x^2 + 3x + 1) + 99e^{-x}(2x + 3) + \dfrac{99 \times 98}{2}(-e^{-x})2 \\ &= e^{-x}(-x^2 + 195x - 9406). \end{aligned}$$

例 3.11(05 - 06(Ⅰ)期末)　设 $f(x) = \dfrac{\arccos x}{\sqrt{1-x^2}}, f^{(0)}(x) = f(x)$.

(1) 证明: $(x^2 - 1)f^{(n+1)}(x) + (2n+1)xf^{(n)}(x) + n^2 f^{(n-1)}(x) = 0, n \in \mathbf{N}^*$;

(2) 求 $f^{(2005)}(0), f^{(2006)}(0)$.

解析　(1) 原式写为 $\sqrt{1 - x^2} f(x) = \arccos x$, 求导整理得到 $(x^2 - 1)f'(x) + xf(x) = 1$, 应用莱布尼茨公式, 对该式两边求 n 阶导数得

$$(x^2 - 1)f^{(n+1)}(x) + C_n^1 f^{(n)}(x) \times 2x + C_n^2 f^{(n-1)}(x) \times 2$$
$$+ xf^{(n)}(x) + C_n^1 f^{(n-1)}(x) = 0$$

整理得到

$$(x^2 - 1)f^{(n+1)}(x) + (2n+1)xf^{(n)}(x) + n^2 f^{(n-1)}(x) = 0$$

(2) 令(1)中 $x = 0$ 得 $f^{(n+1)}(0) = n^2 f^{(n-1)}(0)$, 即

$$f^{(k)}(0) = (k-1)^2 f^{(k-2)}(0) \quad (k = 2, 3, \cdots)$$

而 $f(0) = \dfrac{\pi}{2}, f'(0) = -1$. 当 k 为偶数 $2n$ 时, 有

$$f^{(2n)}(0) = (2n-1)^2 f^{(2n-2)}(0) = (2n-1)^2(2n-3)^2 f^{(2n-4)}(0)$$

$$= \cdots = (2n-1)^2(2n-3)^2 \cdot \cdots \cdot 1^2 f^{(0)}(0)$$
$$= ((2n-1)!!)^2 \frac{\pi}{2} \tag{1}$$

当 k 为奇数 $2n+1$ 时,有
$$f^{(2n+1)}(0) = (2n)^2 f^{(2n-1)}(0) = (2n)^2 (2n-2)^2 f^{(2n-3)}(0)$$
$$= \cdots = (2n)^2 (2n-2)^2 \cdot \cdots \cdot 2^2 f'(0)$$
$$= -((2n)!!)^2 \tag{2}$$

在(2)式中取 $n=1002$,得
$$f^{(2005)}(0) = -((2004)!!)^2$$

在(1)式中取 $n=1003$,得
$$f^{(2006)}(0) = ((2005)!!)^2 \frac{\pi}{2}$$

2.4 历年硕士生入学试题解析

例 4.1(南大 2004) 设函数
$$f(x) = \begin{cases} \dfrac{\ln(1+2x)}{\sqrt{1+x}-\sqrt{1-x}} & \left(-\dfrac{1}{2} < x < 0\right); \\ a & (x=0); \\ x^2+b & (0 < x \leqslant 1) \end{cases}$$

在 $x=0$ 处连续,则 $a=$ _____ ,$b=$ _____ .

解析 先求左、右极限,有
$$f(0-) = \lim_{x \to 0-} \frac{\ln(1+2x)}{\sqrt{1+x}-\sqrt{1-x}} = \lim_{x \to 0-} \frac{2x(\sqrt{1+x}+\sqrt{1-x})}{2x} = 2$$
$$f(0+) = \lim_{x \to 0+}(x^2+b) = b$$

又 $f(0)=a$,故 $a=b=2$.

例 4.2(南大 2001) 函数 $f(x) = \dfrac{1}{1+\dfrac{1}{x}}$ 的间断点是 _____ ,它们分别是

第 _____ 类间断点.

解析 因 $f(x) = \dfrac{1}{1+\dfrac{1}{x}} = \dfrac{x}{1+x}$,所以间断点是 $x=0, x=-1$. 由于 $\lim\limits_{x \to 0} f(x) = 0$,所以 $x=0$ 是第 Ⅰ 类可去型间断点;由于 $\lim\limits_{x \to -1} f(x) = \infty$,所以 $x=-1$ 是第 Ⅱ 类无穷型间断点.

例 4.3(全国 2008) 求函数 $f(x) = \dfrac{\ln|x|}{|x-1|}\sin x$ 的间断点,并判别其类型.

解析 间断点为 $x=0, x=1$. 因为
$$\lim_{x\to 0}f(x) = \lim_{x\to 0}\frac{\ln|x|}{|x-1|}\sin x = \lim_{x\to 0}\frac{\ln|x|}{\frac{1}{x}} = \lim_{x\to 0}(-x) = 0$$

而 $f(x)$ 在 $x=0$ 处无定义,所以 $x=0$ 为第 I 类可去型间断点. 因为
$$\lim_{x\to 1+}f(x) = \lim_{x\to 1+}\frac{\ln(1+x-1)}{|x-1|}\cdot \sin 1 = \lim_{x\to 1+}\frac{x-1}{x-1}\cdot \sin 1 = \sin 1$$
$$\lim_{x\to 1-}f(x) = \lim_{x\to 1-}\frac{\ln(1+x-1)}{|x-1|}\cdot \sin 1 = \lim_{x\to 1-}\frac{x-1}{1-x}\cdot \sin 1 = -\sin 1$$

所以 $x=1$ 为第 I 类跳跃型间断点.

例 4.4(全国 2007) 函数 $f(x) = \dfrac{(e^{\frac{1}{x}}+e)\tan x}{x(e^{\frac{1}{x}}-e)}$ 在 $[-1,1]$ 上的第 I 类间断点是 $x=$ ( )

(A) 0   (B) 1   (C) $-\dfrac{\pi}{2}$ (D) $\dfrac{\pi}{2}$

解析 函数 $f(x)$ 的间断点为 $x=0,1,-\dfrac{\pi}{2},\dfrac{\pi}{2}$. 由于
$$\lim_{x\to 0-}f(x) = \lim_{x\to 0-}\frac{(e^{\frac{1}{x}}+e)\tan x}{x(e^{\frac{1}{x}}-e)} = \frac{e}{-e} = -1, \quad \lim_{x\to 0+}f(x) = \lim_{x\to 0+}\frac{(1+ee^{-\frac{1}{x}})\tan x}{x(1-ee^{-\frac{1}{x}})} = 1$$
$$\lim_{x\to 1}f(x) = \lim_{x\to 1}\frac{(e^{\frac{1}{x}}+e)\tan x}{x(e^{\frac{1}{x}}-e)} = \infty, \quad \lim_{x\to \pm\frac{\pi}{2}}f(x) = \lim_{x\to \pm\frac{\pi}{2}}\frac{(e^{\frac{1}{x}}+e)\tan x}{x(e^{\frac{1}{x}}-e)} = \infty$$

所以 $x=0$ 是第 I 类跳跃型间断点,$x=1, x=\pm\dfrac{\pi}{2}$ 都是第 II 类无穷型间断点.

例 4.5(南大 2005) 设 $f(x) = \lim\limits_{n\to\infty}\left(\sqrt[n]{1+\dfrac{1}{x^n}+(\ln x)^n} + \dfrac{x^n}{1+x^n}\right)$,求 $f(x)$ 的表达式以及 $f(x)$ 的间断点与连续区间,并对其间断点判别类型.

解析 当 $0<x<1$ 时,$\dfrac{1}{x}>1$. 令 $g(x)=x\ln x$,由于 $g'(x)=\ln x+1=0$ $\Rightarrow x=e^{-1}, g''(x)=x^{-1}>0$,故 $-e^{-1}\leq x\ln x<0 \Rightarrow |x\ln x|<1$,所以
$$f(x) = \lim_{n\to\infty}\left(\frac{1}{x}\sqrt[n]{x^n+1+(x\ln x)^n} + \frac{x^n}{1+x^n}\right) = \frac{1}{x}+0 = \frac{1}{x}$$

当 $1<x<e$ 时,$0<\dfrac{1}{x}<1, 0<\ln x<1$,所以
$$f(x) = \lim_{n\to\infty}\left(\sqrt[n]{1+\left(\frac{1}{x}\right)^n+(\ln x)^n} + \frac{x^n}{1+x^n}\right) = 1+1 = 2$$

当 $x>e$ 时,$0<\dfrac{1}{\ln x}<1, 0<\dfrac{1}{x\ln x}<1$,所以

$$f(x) = \lim_{n\to\infty}\Big(\ln x \cdot \sqrt[n]{\Big(\frac{1}{\ln x}\Big)^n + \Big(\frac{1}{x\ln x}\Big)^n + 1} + \frac{x^n}{1+x^n}\Big) = \ln x + 1$$

由于 $f(1-) = 1, f(1+) = 2, f(e-) = f(e+) = 2$,且

$$f(1) = \lim_{n\to\infty}\Big(\sqrt[n]{2} + \frac{1}{2}\Big) = \frac{3}{2}, \quad f(e) = \lim_{n\to\infty}\Big(\sqrt[n]{2 + \Big(\frac{1}{e}\Big)^n} + \frac{e^n}{1+e^n}\Big) = 2$$

所以 $x = 1$ 是第 I 类跳跃型间断点. 连续区间为 $(0,1), (1, +\infty)$.

例 4.6(全国 2007)   设函数 $f(x)$ 在 $x = 0$ 处连续,则下列命题错误的是
(   )

(A) 若 $\lim\limits_{x\to 0}\dfrac{f(x)}{x}$ 存在,则 $f(0) = 0$

(B) 若 $\lim\limits_{x\to 0}\dfrac{f(x)+f(-x)}{x}$ 存在,则 $f(0) = 0$

(C) 若 $\lim\limits_{x\to 0}\dfrac{f(x)}{x}$ 存在,则 $f'(0)$ 存在

(D) 若 $\lim\limits_{x\to 0}\dfrac{f(x)-f(-x)}{x}$ 存在,则 $f'(0)$ 存在

解析   (A) 正确. 因 $f(0) = \lim\limits_{x\to 0} f(x) = \lim\limits_{x\to 0}\dfrac{f(x)}{x}\cdot x = 0.$

(B) 正确. 因 $f(0) = \lim\limits_{x\to 0}\dfrac{f(x)+f(-x)}{2} = \lim\limits_{x\to 0}\dfrac{f(x)+f(-x)}{x}\cdot\dfrac{x}{2} = 0.$

(C) 正确. 因 $f(0) = \lim\limits_{x\to 0} f(x) = \lim\limits_{x\to 0}\dfrac{f(x)}{x}\cdot x = 0$,所以

$$f'(0) = \lim_{x\to 0}\frac{f(x)-f(0)}{x} = \lim_{x\to 0}\frac{f(x)}{x}$$

存在.

(D) 错误. 反例: $y = |x|$ 在 $x = 0$ 处连续,且

$$\lim_{x\to 0}\frac{f(x)-f(-x)}{x} = \lim_{x\to 0}\frac{|x|-|-x|}{x} = 0$$

但是 $y = |x|$ 在 $x = 0$ 处不可导.

例 4.7(全国 2001)   设 $f(0) = 0$,则 $f(x)$ 在 $x = 0$ 可导的充要条件为下列 _____ 极限存在.
(   )

(A) $\lim\limits_{h\to 0}\dfrac{1}{h^2}f(1-\cos h)$ (B) $\lim\limits_{h\to 0}\dfrac{1}{h}f(1-e^h)$

(C) $\lim\limits_{h\to 0}\dfrac{1}{h^2}f(h-\sin h)$ (D) $\lim\limits_{h\to 0}\dfrac{1}{h}(f(2h)-f(h))$

解析 $f(x)$ 在 $x = 0$ 可导的充要条件为

$$\lim_{x\to 0^-}\frac{f(x)}{x} \overset{\exists}{=} \lim_{x\to 0^+}\frac{f(x)}{x} \overset{\exists}{=} \lim_{x\to 0}\frac{f(x)}{x} \exists$$

(A) 错误. 因为 $1-\cosh \sim \frac{1}{2}h^2 \geqslant 0$, 所以

$$\lim_{h\to 0}\frac{1}{h^2}f(1-\cosh)\;\exists \Leftrightarrow \lim_{h\to 0}\frac{f(1-\cosh)}{1-\cosh}\;\exists \Leftrightarrow \lim_{x\to 0^+}\frac{f(x)}{x}\;\exists \Leftrightarrow f'_+(0)\;\exists$$

(B) 正确. 因为 $1-e^h \sim -h$, 所以

$$\lim_{h\to 0}\frac{1}{h}f(1-e^h)\;\exists \Leftrightarrow \lim_{h\to 0}\frac{f(1-e^h)}{1-e^h}\;\exists \Leftrightarrow \lim_{x\to 0}\frac{f(x)}{x}\;\exists \Leftrightarrow f'(0)\;\exists$$

(C) 错误. 因为 $h-\sinh \sim \frac{1}{6}h^3$, 所以

$$f'(0)\;\exists \Rightarrow \frac{f(x)}{x}\text{ 有界} \Rightarrow \lim_{h\to 0}\frac{f(h-\sinh)}{h-\sinh}\cdot h\;\exists \Leftrightarrow \lim_{h\to 0}\frac{f(h-\sinh)}{h^2}\;\exists$$

(D) 错误. 由 $\lim\limits_{h\to 0}\frac{f(h)}{h}\;\exists \Rightarrow \lim\limits_{h\to 0}\frac{1}{h}(f(2h)-f(h))\;\exists$ 是对的, 反之则不对. 反例:

若

$$f(x)=\operatorname{sgn}x=\begin{cases}1 & (x>0);\\ 0 & (x=0);\\ -1 & (x<0)\end{cases}$$

则

$$\lim_{h\to 0^+}\frac{1}{h}(f(2h)-f(h))=\lim_{h\to 0^+}\frac{1-1}{h}=0$$

$$\lim_{h\to 0^-}\frac{1}{h}(f(2h)-f(h))=\lim_{h\to 0^-}\frac{(-1)-(-1)}{h}=0$$

于是 $\lim\limits_{h\to 0}\frac{1}{h}(f(2h)-f(h))=0$, 但 $f(x)=\operatorname{sgn}x$ 在 $x=0$ 处显然不可导.

例 4.8(全国 2013) 设函数 $y=f(x)$ 由方程 $y-x=e^{x(1-y)}$ 确定, 求

$$\lim_{n\to\infty}n\left(f\left(\frac{1}{n}\right)-1\right)$$

解析 在方程 $y-x=e^{x(1-y)}$ 中令 $x=0$, 可得 $y=1$. 方程两边对 x 求导得

$$y'-1=e^{x(1-y)}(1-y-xy')$$

由 $x=0, y=1$, 解得 $y'(0)=f'(0)=\lim\limits_{x\to 0}\frac{f(x)-f(0)}{x}=1$. 取 $x=\frac{1}{n}$, 即得原式 $=1$.

例 4.9(全国 2002) 若 $y=f(x)$ 在 $(0,+\infty)$ 上有界且可导, 则 （ ）

(A) 当 $\lim\limits_{x\to+\infty}f(x)=0$ 时, 必有 $\lim\limits_{x\to+\infty}f'(x)=0$

(B) 当 $\lim\limits_{x\to+\infty}f'(x)$ 存在时, 必有 $\lim\limits_{x\to+\infty}f'(x)=0$

(C) 当 $\lim\limits_{x\to 0^+}f(x)=0$ 时, 必有 $\lim\limits_{x\to 0^+}f'(x)=0$

(D) 当 $\lim\limits_{x\to 0^+}f'(x)$ 存在时, 必有 $\lim\limits_{x\to 0^+}f'(x)=0$

解析 (A) 错误. 反例: $f(x)=\frac{\sin x^2}{x}$.

(B) 正确. 因为 $f(x)$ 有界,所以
$$\lim_{x\to+\infty}\frac{f(x)+x}{x}=\lim_{x\to+\infty}\frac{f(x)}{x}+1=0+1=1 \tag{1}$$
因 $\lim_{x\to+\infty}f'(x)\exists$,应用洛必达法则得
$$\lim_{x\to+\infty}\frac{f(x)+x}{x}=\lim_{x\to+\infty}\frac{f'(x)+1}{1}=\lim_{x\to+\infty}f'(x)+1$$
由(1)式即得 $\lim_{x\to+\infty}f'(x)=0$.

(C) 错误. 反例: $f(x)=\sin x$.

(D) 错误. 反例: $f(x)=\sin x$.

例 4.10(全国 2011) 若 $f(x)$ 在 $x=0$ 处可导,且 $f(0)=0$,求 $\lim_{x\to 0}\frac{x^2 f(x)-2f(x^3)}{x^3}$.

解析 应用导数的定义,有
$$\text{原式}=\lim_{x\to 0}\frac{f(x)-f(0)}{x}-2\lim_{x\to 0}\frac{f(x^3)-f(0)}{x^3}$$
$$=f'(0)-2f'(0)=-f'(0)$$

例 4.11(南大 2009) 求 $f(x)=|(x-1)(x-2)^2(x-3)^3|$ 的不可导点.

解析 当 $g(a)=0, g'(a)\neq 0$ 时,$f(x)=|g(x)|$ 在 $x=a$ 处显然不可导.
令 $g(x)=(x-1)(x-2)^2(x-3)^3$,$g(x)=0$ 的根为 $x=1,2,3$,由于
$$g'(1)=-8,\quad g'(2)=0,\quad g'(3)=0$$
所以 $f(x)$ 不可导点为 $x=1$.

例 4.12(全国 1998) $f(x)=(x^2-x-2)|x(x^2-1)|$ 的不可导点的个数为_____.

解析 令
$$u(x)=x^2-x-2,\quad v(x)=x(x^2-1)$$
若 $v(x_0)=0, v'(x_0)\neq 0$,则显然有 $|v(x)|$ 在 x_0 处不可导.

(1) $v(0)=0, v'(0)=-1\neq 0\Rightarrow |v(x)|$ 在 $x=0$ 处不可导;

(2) $v(1)=0, v'(1)=2\neq 0\Rightarrow |v(x)|$ 在 $x=1$ 处不可导;

(3) $v(-1)=0, v'(-1)=2\neq 0\Rightarrow |v(x)|$ 在 $x=-1$ 处不可导.

当 $|v(x)|$ 在 $x=x_0$ 处不可导时,若 $u(x_0)=0$,则 $f(x)=u(x)\cdot|v(x)|$ 在 x_0 处可导;若 $u(x_0)\neq 0$,则 $f(x)=u(x)\cdot|v(x)|$ 在 x_0 处不可导. 由于 $u(0)=-2\neq 0, u(1)=-2\neq 0, u(-1)=0$,所以 $f(x)$ 的不可导点有两个:$x=0$ 与 $x=1$.

例 4.13(全国 2012) 设函数 $f(x)=(e^x-1)(e^{2x}-2)\cdots(e^{nx}-n)$,其中 n 为正整数,则 $f'(0)=$ ( )

(A) $(-1)^{n-1}(n-1)!$ (B) $(-1)^n(n-1)!$

(C) $(-1)^{n-1}n!$ (D) $(-1)^n n!$

解析 令 $g(x) = (e^{2x} - 2)\cdots(e^{nx} - n)$，则 $f(x) = (e^x - 1)g(x)$，有
$$f'(x) = e^x g(x) + (e^x - 1)g'(x)$$
$$f'(0) = g(0) + 0 \cdot g'(0) = g(0) = (-1)(-2)\cdots(-(n-1))$$
$$= (-1)^{n-1}(n-1)!$$
故选(A).

例 4.14(南大 2007)　设 $\dfrac{d}{dx}\left[f\left(\dfrac{1}{x^2}\right)\right] = \dfrac{1}{x}$，则 $f'(16) = $ _____.

解析　应用复合函数求导法则，有
$$\frac{d}{dx}\left[f\left(\frac{1}{x^2}\right)\right] = f'\left(\frac{1}{x^2}\right)\left(-\frac{2}{x^3}\right) = \frac{1}{x}$$
令 $x = \dfrac{1}{4}$，得 $f'(16) = -\dfrac{1}{32}$.

例 4.15(南大 2004)　设 $y = f\left(\dfrac{3x-2}{3x+2}\right)$，$f'(x) = \arctan x^2$，求 $\dfrac{dy}{dx}\bigg|_{x=0}$.

解析　应用复合函数求导法则，有
$$\frac{dy}{dx} = f'\left(\frac{3x-2}{3x+2}\right) \cdot \left(\frac{3x-2}{3x+2}\right)' = \arctan\left(\frac{3x-2}{3x+2}\right)^2 \cdot \frac{12}{(3x+2)^2}$$
所以 $\dfrac{dy}{dx}\bigg|_{x=0} = \dfrac{3}{4}\pi$.

例 4.16(南大 2009)　设 $\begin{cases} x = 3t^2 + 2t + 3, \\ e^y \sin t - y + 1 = 0, \end{cases}$ 则 $\dfrac{dy}{dx}\bigg|_{t=0} = $ _____.

解析　$t = 0$ 时，$y = 1$，令 $F = e^y \sin t - y + 1$，则
$$\frac{dy}{dt}\bigg|_{t=0} = -\frac{F'_t}{F'_y}\bigg|_{t=0} = -\frac{e^y \cos t}{e^y \sin t - 1}\bigg|_{t=0} = e$$
又 $\dfrac{dx}{dt}\bigg|_{t=0} = 2(3t+1)\bigg|_{t=0} = 2$，故 $\dfrac{dy}{dx}\bigg|_{t=0} = \dfrac{e}{2}$.

例 4.17(全国 2003)　设
$$f(x) = \begin{cases} x^\lambda \cos \dfrac{1}{x} & (x \neq 0); \\ 0 & (x = 0) \end{cases}$$
其导函数在 $x = 0$ 连续，则 λ 的取值范围是 _____.

解析　函数 $f(x)$ 的导函数在 $x = 0$ 连续，其充要条件是 $\lim\limits_{x\to 0} f'(x) = f'(0)$.

当 $x \neq 0$ 时，$f'(x) = \lambda x^{\lambda-1} \cos \dfrac{1}{x} - x^{\lambda-2} \sin \dfrac{1}{x}$. 当 $x = 0$ 时，有
$$f'(0) = \lim_{x\to 0} \frac{x^\lambda \cos \dfrac{1}{x} - 0}{x} = \lim_{x\to 0} x^{\lambda-1} \cos \dfrac{1}{x} = \begin{cases} 0 & (\lambda > 1); \\ \text{不存在} & (\lambda \leqslant 1) \end{cases}$$

于是只有 $\lambda > 2$ 时,有
$$\lim_{x\to 0}f'(x) = \lim_{x\to 0}\left(\lambda x^{\lambda-1}\cos\frac{1}{x} - x^{\lambda-2}\sin\frac{1}{x}\right) = 0 = f'(0)$$

例 4.18(南大 2007)　设 $f(x) = \begin{cases} x^4\sin\dfrac{1}{x} & (x < 0); \\ x - \sin x & (x \geqslant 0), \end{cases}$ 求 $f''(x)$.

解析　先求 $f(x)$ 在 $x \neq 0$ 时的一、二阶导数,有
$$f'(x) = \begin{cases} 4x^3\sin\dfrac{1}{x} - x^2\cos\dfrac{1}{x} & (x < 0); \\ 1 - \cos x & (x > 0) \end{cases}$$
$$f''(x) = \begin{cases} 12x^2\sin\dfrac{1}{x} - 6x\cos\dfrac{1}{x} - \sin\dfrac{1}{x} & (x < 0); \\ \sin x & (x > 0) \end{cases}$$

在 $x = 0$ 处,有
$$f'_-(0) = \lim_{x\to 0^-}\frac{x^4\sin\dfrac{1}{x}}{x} = 0, \quad f'_+(0) = \lim_{x\to 0^+}\frac{x - \sin x}{x} = 1 - 1 = 0$$

所以 $f'(0) = 0$,故
$$f''_-(0) = \lim_{x\to 0^-}\frac{4x^3\sin\dfrac{1}{x} - x^2\cos\dfrac{1}{x}}{x} = 0, \quad f''_+(0) = \lim_{x\to 0^+}\frac{1-\cos x}{x} = 0$$

所以 $f''(0) = 0$.

例 4.19(南大 2001)　设 $f(x) = x\sin x\sin 3x\sin 5x\sin 7x$,求 $f''(0)$.

解析　令 $g(x) = \sin x\sin 3x\sin 5x\sin 7x$,则
$$f(x) = xg(x), \quad f''(x) = xg''(x) + 2g'(x)$$
由于 $g'(0) = 0$,所以 $f''(0) = 0g''(0) + 2g'(0) = 0$.

例 4.20(南大 2006)　若 $y = \arctan x$,则 $y^{(19)}(0) = $ _____.

解析　由于 $(1+x^2)y' = 1$,两边求 18 阶导数得
$$(1+x^2)y^{(19)} + 18\cdot 2x\cdot y^{(18)} + \frac{18\cdot 17}{2!}\cdot 2\cdot y^{(17)} = 0$$

又 $y'(0) = 1$,所以
$$y^{(19)}(0) = -18\cdot 17 y^{(17)}(0) = 18\cdot 17\cdot 16\cdot 15 y^{(15)}(0)$$
$$= \cdots = -18! y'(0) = -18!$$

例 4.21(南大 2002)　$f(x) = \ln(e^{\cos x}(x+1))$,则 $f^{(n)}(x) = $ _____.

解析　因为
$$f(x) = \ln(e^{\cos x}(x+1)) = \cos x + \ln(x+1)$$
又 $\left(\dfrac{1}{x}\right)^{(n)} = (-1)^n\dfrac{n!}{x^{n+1}}$,所以

$$f^{(n)}(x) = \cos\left(x + n\frac{\pi}{2}\right) + \left(\frac{1}{x+1}\right)^{(n-1)}$$
$$= \cos\left(x + n\frac{\pi}{2}\right) + (-1)^{n-1}\frac{(n-1)!}{(x+1)^n}$$

例 4.22(南大 2008)　设 $g(x) = \dfrac{x^2}{1-x^2}$，计算 $g^{(n)}(0)$.

解析　因为 $g(x) = -1 + \dfrac{1}{2}\left(\dfrac{1}{x+1} - \dfrac{1}{x-1}\right)$，又 $\left(\dfrac{1}{x}\right)^{(n)} = (-1)^n\dfrac{n!}{x^{n+1}}$，故

$$g^{(n)}(x) = \frac{(-1)^n n!}{2}\left(\frac{1}{(x+1)^{n+1}} - \frac{1}{(x-1)^{n+1}}\right), \quad g^{(n)}(0) = \frac{(-1)^n n!}{2}(1 + (-1)^n)$$

于是
$$g^{(2n)}(0) = (2n)!, \quad g^{(2n+1)}(0) = 0$$

例 4.23(南大 2005)　已知 a,b,c 为常数，且有 $y = e^{ax}\sin(bx+c)$，令 $\sin\varphi = \dfrac{b}{\sqrt{a^2+b^2}}$，$\cos\varphi = \dfrac{a}{\sqrt{a^2+b^2}}$，则 $\dfrac{d^n y}{dx^n} = $ _____.

解析　应用求导的四则运算法则，有
$$y' = e^{ax}(a\sin(bx+c) + b\cos(bx+c))$$
$$= \sqrt{a^2+b^2}\,e^{ax}(\sin(bx+c)\cos\varphi + \cos(bx+c)\sin\varphi)$$
$$= \sqrt{a^2+b^2}\,e^{ax}\sin(bx+c+\varphi)$$

归纳设 $\dfrac{d^{n-1}y}{dx^{n-1}} = (\sqrt{a^2+b^2})^{n-1}e^{ax}\sin(bx+c+(n-1)\varphi)$，则

$$\frac{d^n y}{dx^n} = (\sqrt{a^2+b^2})^{n-1}e^{ax}(a\sin(bx+c+(n-1)\varphi) + b\cos(bx+c+(n-1)\varphi))$$
$$= (\sqrt{a^2+b^2})^n e^{ax}(\sin(bx+c+(n-1)\varphi)\cos\varphi + \cos(bx+c+(n-1)\varphi)\sin\varphi)$$
$$= (\sqrt{a^2+b^2})^n e^{ax}\sin(bx+c+n\varphi)$$

由数学归纳法可知上式对任意正整数 n 皆成立.

例 4.24(南大 2008)　设 $f(t)$ 三阶可导，$f''(t) \neq 0$，且 $\begin{cases} x = f'(t), \\ y = tf'(t) - f(t), \end{cases}$ 则 $\dfrac{d^3 y}{dx^3} = $ _____.

解析　应用参数式函数求导法则，有
$$\frac{dy}{dx} = \frac{y'(t)}{x'(t)} = \frac{tf''(t)}{f''(t)} = t$$
$$\frac{d^2 y}{dx^2} = \frac{d}{dt}(t)\frac{1}{x'(t)} = \frac{1}{f''(t)}$$
$$\frac{d^3 y}{dx^3} = \frac{d}{dt}\left(\frac{1}{f''(t)}\right)\frac{1}{x'(t)} = -\frac{f'''(t)}{(f''(t))^3}$$

例 4.25（南大 2002） 设 $f(x)$ 是 x 的三次多项式，且 $\lim\limits_{x\to 0}\dfrac{f(x)}{x}=\lim\limits_{x\to 1}\dfrac{f(x)}{x-1}=1$，则 $f(x)=$ _____.

解析 由条件知 $f(0)=f(1)=0$，所以
$$f(x)=a(x-b)x(x-1),\quad f'(x)=a(3x^2-2(b+1)x+b)$$
又由条件知 $f'(0)=f'(1)=1$，所以 $\begin{cases}ab=1,\\ a-ab=1,\end{cases}$ 解得 $a=2,b=\dfrac{1}{2}$，于是
$$f(x)=2x^3-3x^2+x$$

专题 3　微分中值定理与导数的应用

3.1　重要概念与基本方法

1　微分中值定理

(1) **罗尔定理**　设 $f(x) \in C[a,b], f(x) \in D(a,b)$，且 $f(a) = f(b)$，则 $\exists \xi \in (a,b)$，使得 $f'(\xi) = 0$.

注　在所有的微分中值定理中，有关罗尔定理的应用题最多. 若题给的函数是 $f(x)$，通常是分析所要证明的结论，构造一个与 $f(x)$ 有关的辅助函数 $F(x)$，使得 $F(x)$ 在某区间上满足罗尔定理的三个条件，并由 $F'(\xi) = 0$ 导出所要求的结论. 这里常用的函数有 $F(x) = e^{kx} f(x), e^{g(x)} f(x), x f(x), x^2 f(x), \dfrac{1}{x} f(x)$ 等等.

(2) **拉格朗日中值定理**　设 $f(x) \in C[a,b], f(x) \in D(a,b)$，则 $\exists \xi \in (a,b)$，使得
$$f'(\xi) = \frac{f(b) - f(a)}{b - a}$$

(3) **柯西中值定理**　设 $f(x) \in C[a,b], g(x) \in C[a,b], f(x) \in D(a,b), g(x) \in D(a,b)$，且 $g'(x) \neq 0$，则 $\exists \xi \in (a,b)$，使得 $\dfrac{f'(\xi)}{g'(\xi)} = \dfrac{f(b) - f(a)}{g(b) - g(a)}$.

(4) **泰勒公式**　设 $f(x)$ 在 $x = a$ 的某邻域 U 上 $(n+1)$ 阶可导，$\forall x \in U$，则有
$$f(x) = f(a) + f'(a)(x-a) + \frac{f''(a)}{2!}(x-a)^2 + \cdots + \frac{f^{(n)}(a)}{n!}(x-a)^n + R_n(x)$$

其中 $R_n(x) = \dfrac{f^{(n+1)}(\xi)}{(n+1)!}(x-a)^{n+1}$ 称为拉格朗日余项，这里
$$\xi = a + \theta(x - a) \quad (0 < \theta < 1)$$

(5) **马克劳林公式**　设 $f(x)$ 在 $x = 0$ 的某邻域 U 上 $(n+1)$ 阶可导，$\forall x \in U$，则有
$$f(x) = f(0) + f'(0)x + \frac{f''(0)}{2!}x^2 + \cdots + \frac{f^{(n)}(0)}{n!}x^n + R_n(x)$$

其中 $R_n(x) = \dfrac{f^{(n+1)}(\xi)}{(n+1)!} x^{n+1}$ 称为拉格朗日余项，这里 $\xi = \theta x, 0 < \theta < 1$.

(6) 常用的几个函数的马克劳林公式

$$e^x = 1 + x + \frac{1}{2!}x^2 + \frac{1}{3!}x^3 + \cdots + \frac{1}{n!}x^n + o(x^n)$$

$$\sin x = x - \frac{1}{3!}x^3 + \frac{1}{5!}x^5 - \cdots + (-1)^n \frac{1}{(2n+1)!}x^{2n+1} + o(x^{2n+2})$$

$$\cos x = 1 - \frac{1}{2!}x^2 + \frac{1}{4!}x^4 - \cdots + (-1)^n \frac{1}{(2n)!}x^{2n} + o(x^{2n+1})$$

$$\ln(1-x) = -x - \frac{1}{2}x^2 - \frac{1}{3}x^3 - \cdots - \frac{1}{n}x^n + o(x^n)$$

$$\frac{1}{1-x} = 1 + x + x^2 + x^3 + \cdots + x^n + o(x^n)$$

2 洛必达法则(这是求极限的最重要方法)

(1) 求 $\frac{0}{0}$ 型未定式的极限.

定理 1 若在某极限过程下(这里以 $x \to a$ 为例),$\frac{f(x)}{g(x)}$ 是 $\frac{0}{0}$ 型,则

$$\lim_{x \to a} \frac{f(x)}{g(x)} = \lim_{x \to a} \frac{f'(x)}{g'(x)} = A \quad (或 \infty)$$

这里要求上式右边的极限存在或为无穷大.

注意:在采用洛必达法则之前,一定要综合应用其他的求极限的方法,例如等价无穷小因子代换,将原式 $\frac{f(x)}{g(x)}$ 化简,以避免复杂的求导数运算.

(2) 求 $\frac{\infty}{\infty}$ 型未定式的极限.

定理 2 若在某极限过程下(这里以 $x \to a$ 为例),$\frac{f(x)}{g(x)}$ 是 $\frac{\infty}{\infty}$ 型,则

$$\lim_{x \to a} \frac{f(x)}{g(x)} = \lim_{x \to a} \frac{f'(x)}{g'(x)} = A \quad (或 \infty)$$

这里要求上式右边的极限存在或为无穷大.

(3) 其他形式,如 $0 \cdot \infty$ 型、$\infty - \infty$ 型的未定式,总可化为 $\frac{0}{0}$ 型或 $\frac{\infty}{\infty}$ 型的未定式,然后应用洛必达法则.

(4) 幂指函数型的未定式:1^∞,0^0,∞^0.

应用恒等变形 $\lim u^v = \exp(\lim v \ln u)$,其中 $v \ln u$ 是 $\infty \cdot 0$ 型或 $0 \cdot \infty$ 型,再化为 $\frac{0}{0}$ 型或 $\frac{\infty}{\infty}$ 型的未定式,然后应用洛必达法则. 这里要注意的是,当 $v \ln u \to A$ 时,$u^v \to e^A$;当 $v \ln u \to -\infty$ 时,$u^v \to 0$;当 $v \ln u \to +\infty$ 时,$u^v \to +\infty$.

3 导数在几何上的应用

(1) 单调性与极值.

定理 1 函数 $f(x)$ 在区间 X 上单调增加的充要条件是 $f'(x) \geq 0, \forall x \in X$；函数 $f(x)$ 在区间 X 上单调减少的充要条件是 $f'(x) \leq 0, \forall x \in X$.

定理 2 若函数 $f(x)$ 满足 $f'(x) > 0, \forall x \in X$，则 $f(x)$ 在区间 X 上严格增加；若函数 $f(x)$ 满足 $f'(x) < 0, \forall x \in X$，则 $f(x)$ 在区间 X 上严格减少.

定理 3 函数 $f(x)$ 在 $x = a$ 处可导，则 $f(x)$ 在 $x = a$ 处取极值的必要条件是 $f'(a) = 0$.

定理 4 函数 $f(x)$ 在 $x = a$ 处连续，如果存在 $x = a$ 的某去心邻域 U，使得 $(x-a)f'(x) > 0$ (或 < 0)，$\forall x \in U$，则 $f(a)$ 为 $f(x)$ 的一个极小值(或极大值).

(2) 最值：函数 $f(x)$ 在 $[a,b]$ 上连续，设 $f(x)$ 在 (a,b) 上的驻点为 $x_i (i = 1, 2, \cdots, k)$，$f(x)$ 在 (a,b) 上的不可导点为 $x_j (j = k+1, k+2, \cdots, n)$，则

$$\max_{x \in [a,b]} f(x) = \max\{f(x_1), \cdots, f(x_k), f(x_{k+1}), \cdots, f(x_n), f(a), f(b)\}$$

$$\min_{x \in [a,b]} f(x) = \min\{f(x_1), \cdots, f(x_k), f(x_{k+1}), \cdots, f(x_n), f(a), f(b)\}$$

注意：求最值时，只要比较函数在驻点、不可导点和端点的函数值的大小就可求得，无须逐一讨论函数在这些点是否取到极值.

(3) 凹凸性与拐点.

定理 1 若函数 $f(x)$ 满足 $f''(x) > 0, \forall x \in X$，则曲线 $y = f(x)$ 在区间 X 上是凹的；若函数 $f(x)$ 满足 $f''(x) < 0, \forall x \in X$，则曲线 $y = f(x)$ 在区间 X 上是凸的.

定理 2 函数 $f(x)$ 在 $x = a$ 处二阶可导，则 $(a, f(a))$ 是曲线 $y = f(x)$ 的拐点的必要条件是 $f''(a) = 0$.

定理 3 函数 $f(x)$ 在 $x = a$ 处连续，若存在 $x = a$ 的某去心邻域 U，使得
$$(x-a)f''(x) > 0 \quad (或 < 0), \quad \forall x \in U$$
则 $(a, f(a))$ 是曲线 $y = f(x)$ 的一个拐点.

定理 4 函数 $f(x)$ 在 $x = a$ 处三阶可导，如果 $f''(a) = 0, f'''(a) \neq 0$，则 $(a, f(a))$ 是曲线 $y = f(x)$ 的一个拐点.

(4) 渐近线.

① 铅直渐近线：若
$$\lim_{x \to a^-} f(x) = \infty \quad 或 \quad \lim_{x \to a^+} f(x) = \infty$$
则 $x = a$ 是 $y = f(x)$ 的一条铅直渐近线.

② 水平渐近线：若
$$\lim_{x \to \infty} f(x) = A$$

则 $y = A$ 是 $y = f(x)$ 的一条水平渐近线；若

$$\lim_{x \to +\infty} f(x) = B$$

则 $y = B$ 是 $y = f(x)$ 的一条水平渐近线.

③ 斜渐近线：若

$$\lim_{x \to -\infty} \frac{f(x)}{x} = a \quad (a \neq 0) \quad \text{且} \quad \lim_{x \to -\infty} (f(x) - ax) = b$$

则 $y = ax + b$ 是 $y = f(x)$ 的一条斜渐近线；若

$$\lim_{x \to +\infty} \frac{f(x)}{x} = c \quad (c \neq 0) \quad \text{且} \quad \lim_{x \to +\infty} (f(x) - cx) = d$$

则 $y = cx + d$ 是 $y = f(x)$ 的一条斜渐近线.

注意：在 $x \to +\infty$ 时，曲线的水平渐近线与斜渐近线的条数总共不超过一条；在 $x \to -\infty$ 时，曲线的水平渐近线与斜渐近线的条数总共也不超过一条.

(5) 作函数的图形.

在所作图形中，应体现函数的定义域、奇偶性等初等性质，以及单调性、极值、凹凸性、拐点、渐近线等分析性质.

3.2 《大学数学教程》习题选解

例 2.1(习题 2.5 A 6) 设函数 $f(x)$ 满足 $f \in C[0,1], f \in D(0,1), f(0) = 1, f(1) = 0$，求证：$\exists \xi, \eta \in (0,1)$，且 $\xi \neq \eta$，使得 $f'(\xi) f'(\eta) = 1$.

解析 令 $F(x) = f(x) - x$，则 $F \in C[0,1]$，且 $F(0) = 1, F(1) = -1$. 应用零点定理知 $\exists c \in (0,1)$，使 $F(c) = 0$，即 $f(c) = c$.

由题设 $f \in C[0,1], f \in D(0,1)$，对 $f(x)$ 在 $[0,c]$ 及 $[c,1]$ 上分别应用拉格朗日中值定理，必 $\exists \xi \in (0,c)$ 及 $\eta \in (c,1)$，使得

$$f'(\xi) = \frac{f(c) - f(0)}{c} = \frac{c-1}{c}, \quad f'(\eta) = \frac{f(1) - f(c)}{1-c} = -\frac{c}{1-c}$$

即得 $f'(\xi) f'(\eta) = 1$.

例 2.2(习题 2.5 A 7) 设函数 $f(x)$ 满足 $f \in C[a,b], f \in D^2(a,b), f(a) = f(b) = 0$，又 $\exists c \in (a,b)$，使得 $f(c) > 0$，求证：$\exists \xi \in (a,b)$，使得 $f''(\xi) < 0$.

解析 由 $f \in C[a,b], f \in D(a,b)$，对 $f(x)$ 在 $[a,c]$ 及 $[c,b]$ 上分别应用拉格朗日中值定理，必 $\exists \xi_1 \in (a,c)$ 及 $\xi_2 \in (c,b)$，使得

$$f'(\xi_1) = \frac{f(c) - f(a)}{c-a} = \frac{f(c)}{c-a} > 0, \quad f'(\xi_2) = \frac{f(b) - f(c)}{b-c} = -\frac{f(c)}{b-c} < 0$$

又 $f'(x) \in D(a,b)$，故对 $f'(x)$ 在 $[\xi_1, \xi_2] \subset (a,b)$ 上应用拉格朗日中值定理，$\exists \xi \in (a,b)$，使得

$$f''(\xi) = \frac{f'(\xi_2) - f'(\xi_1)}{\xi_2 - \xi_1} < 0$$

例 2.3(习题 2.5 A 8) 设函数 $f(x)$ 满足 $f \in C[a,b], f \in D(a,b)(a > 0)$,求证:$\exists \xi \in (a,b)$,使得

$$2\xi(f(b) - f(a)) = f'(\xi)(b^2 - a^2)$$

解析 令 $g(x) = x^2$,则 $f,g \in C[a,b], f,g \in D(a,b)$,且 $g'(x) = 2x \neq 0$. 应用柯西中值定理,必 $\exists \xi \in (a,b)$,使得

$$\frac{f(b) - f(a)}{g(b) - g(a)} = \frac{f'(\xi)}{g'(\xi)}$$

代入 $g(x) = x^2, g'(x) = 2x$,即得

$$2\xi(f(b) - f(a)) = f'(\xi)(b^2 - a^2)$$

例 2.4(习题 2.5 B 1) 设 $f \in D^2[a,b], g \in D^2[a,b], g'' \neq 0$,且 $f(a) = f(b) = 0, g(a) = g(b) = 0$,求证:

(1) $\forall x \in (a,b), g(x) \neq 0$;

(2) $\exists \xi \in (a,b)$,使得 $\dfrac{f(\xi)}{g(\xi)} = \dfrac{f''(\xi)}{g''(\xi)}$.

解析 (1) 反证法. 假设 $\exists c \in (a,b)$,使 $g(c) = 0$,则在 $[a,c]$ 及 $[c,b]$ 上分别应用罗尔定理,必 $\exists \xi_1 \in (a,c)$ 及 $\xi_2 \in (c,b)$,使得 $g'(\xi_1) = g'(\xi_2) = 0$. 又因为 $g' \in D[a,b]$,故对 $g'(x)$ 在 $[\xi_1,\xi_2]$ 上应用罗尔定理,知 $\exists \xi \in (\xi_1,\xi_2) \subset (a,b)$,使得 $g''(\xi) = 0$,这与题设 $g'' \neq 0$ 矛盾. 故 $\forall x \in (a,b), g(x) \neq 0$.

(2) 令 $F(x) = f(x)g'(x) - g(x)f'(x)$,则 $F \in D[a,b]$,且 $F(a) = F(b) = 0$. 应用罗尔定理,必 $\exists \xi \in (a,b)$,使 $F'(\xi) = 0$. 因为

$$F'(x) = f(x)g''(x) - g(x)f''(x)$$

故 $F'(\xi) = 0$,即 $\dfrac{f(\xi)}{g(\xi)} = \dfrac{f''(\xi)}{g''(\xi)}$.

例 2.5(习题 2.6 A 3.10) 求极限 $\lim\limits_{x \to 0} \dfrac{(1+x)^{\frac{1}{x}} - e}{x}$.

解析 应用洛必达法则,得

$$原式 = \lim_{x \to 0} \frac{(1+x)^{\frac{1}{x}} \left(\frac{1}{x}\ln(1+x)\right)'}{1} = e \lim_{x \to 0}\left(\frac{1}{x(1+x)} - \frac{\ln(1+x)}{x^2}\right)$$

$$= e \lim_{x \to 0}\left(\frac{1}{x} - \frac{1}{1+x} - \frac{\ln(1+x)}{x^2}\right) \cdot \frac{1}{x} = e \lim_{x \to 0}\left(\frac{x - \ln(1+x)}{x^2} - 1\right)$$

$$= e \lim_{x \to 0}\left(\frac{1 - \frac{1}{1+x}}{2x} - 1\right) = e \lim_{x \to 0}\left(\frac{1}{2(1+x)} - 1\right) = -\frac{e}{2}$$

例 2.6(习题 2.6 A 4.4) 求极限 $\lim\limits_{x \to +\infty}(x - \ln(1 + e^x))$.

解析 将原式恒等变形,则

$$原式 = \lim_{x \to +\infty}(x - \ln e^x - \ln(1+e^{-x})) = \lim_{x \to +\infty}(-\ln(1+e^{-x})) = 0$$

例 2.7(习题 2.6 A 4.12) 求极限 $\lim\limits_{x \to +\infty}\left(\dfrac{2}{\pi}\arctan x\right)^x$.

解析 应用洛必达法则,则

$$原式 = \exp\left(\lim_{x \to +\infty} x\ln\left(\frac{2}{\pi}\arctan x\right)\right) = \exp\left[\lim_{x \to +\infty} \frac{\ln\frac{2}{\pi} + \ln(\arctan x)}{\frac{1}{x}}\right]$$

$$= \exp\left[\lim_{x \to +\infty}\frac{\frac{1}{\arctan x} \cdot \frac{1}{1+x^2}}{-\frac{1}{x^2}}\right] = \exp\left(\lim_{x \to +\infty}\frac{1}{\arctan x} \cdot \frac{-x^2}{1+x^2}\right) = e^{-\frac{2}{\pi}}$$

例 2.8(习题 2.6 A 5) 设 $f(x) = \begin{cases} \dfrac{\sin x}{x} & (x > 0); \\ 1+x^2 & (x \leqslant 0). \end{cases}$

(1) 求 $f'_-(0), f'_+(0), f'(x)$,并讨论 $f'(x)$ 的连续性;

(2) 讨论 $f(x)$ 在 $x = 0$ 处的二阶可导性.

解析 (1) 由导数定义知

$$f'_-(0) = \lim_{x \to 0^-}\frac{f(x) - f(0)}{x} = \lim_{x \to 0^-}\frac{1+x^2-1}{x} = \lim_{x \to 0^-} x = 0$$

$$f'_+(0) = \lim_{x \to 0^+}\frac{f(x) - f(0)}{x} = \lim_{x \to 0^+}\frac{\frac{\sin x}{x} - 1}{x} = \lim_{x \to 0^+}\frac{\sin x - x}{x^2}$$

$$= \lim_{x \to 0^+}\frac{\cos x - 1}{2x} = \lim_{x \to 0^+}\frac{-\frac{1}{2}x^2}{2x} = 0$$

得 $f'(0) = 0$,故

$$f'(x) = \begin{cases} \dfrac{x\cos x - \sin x}{x^2} & (x > 0); \\ 0 & (x = 0); \\ 2x & (x < 0) \end{cases}$$

又

$$f'(0+) = \lim_{x \to 0^+}\frac{x\cos x - \sin x}{x^2} = \lim_{x \to 0^+}\frac{\cos x - x\sin x - \cos x}{2x} = \lim_{x \to 0^+}\frac{-\sin x}{2} = 0$$

$$f'(0-) = \lim_{x \to 0^-} 2x = 0$$

故 $f'(0+) = f'(0-) = f'(0)$,即 $f'(x)$ 在 $x = 0$ 处连续,由此 $f'(x)$ 在 $(-\infty, +\infty)$ 上处处连续.

(2) 根据二阶导数的定义知

$$f''_+(0) = \lim_{x \to 0+} \frac{f'(x) - f'(0)}{x} = \lim_{x \to 0+} \frac{x\cos x - \sin x}{x^3} = \lim_{x \to 0+} \frac{-\sin x}{3x} = -\frac{1}{3}$$

$$f''_-(0) = \lim_{x \to 0-} \frac{f'(x) - f'(0)}{x} = \lim_{x \to 0-} \frac{2x}{2} = 2$$

由于 $f''_+(0) \neq f''_-(0)$,故 $f(x)$ 在 $x = 0$ 处二阶不可导.

例 2.9(习题 2.6 B 1.1) 求极限 $\lim\limits_{x \to 0} \dfrac{\cos x - e^{-\frac{x^2}{2}}}{x^4}$.

解析 应用马克劳林公式,有

$$\cos x = 1 - \frac{1}{2!}x^2 + \frac{1}{4!}x^4 + o(x^4), \quad e^{-\frac{x^2}{2}} = 1 - \frac{x^2}{2} + \frac{1}{2!}\frac{x^4}{4} + o(x^4)$$

$$原式 = \lim_{x \to 0} \frac{1 - \frac{x^2}{2} + \frac{x^4}{24} + o(x^4) - 1 + \frac{x^2}{2} - \frac{x^4}{8} + o(x^4)}{x^4}$$

$$= \lim_{x \to 0} \frac{-\frac{x^4}{12} + o(x^4)}{x^4} = -\frac{1}{12}$$

例 2.10(习题 2.6 B 2) 设 $f(x)$ 在 $x = a$ 处二阶可导,求

$$\lim_{x \to 0} \frac{f(a + 2x) - 2f(a + x) + f(a)}{x^2}$$

解析 应用洛必达法则及二阶导数定义得

$$原式 = \lim_{x \to 0} \frac{2f'(a + 2x) - 2f'(a + x)}{2x} = \lim_{x \to 0} \frac{f'(a + 2x) - f'(a + x)}{x}$$

$$= \lim_{x \to 0} \frac{2(f'(a + 2x) - f'(a))}{2x} - \lim_{x \to 0} \frac{f'(a + x) - f'(a)}{x}$$

$$= 2f''(a) - f''(a) = f''(a)$$

例 2.11(习题 2.6 B 3) 设

$$f(x) = \begin{cases} \left(\dfrac{e}{(1+x)^{\frac{1}{x}}}\right)^{\frac{1}{x}} & (x > 0); \\ e^{\frac{1}{2}} & (x \leqslant 0) \end{cases}$$

讨论 $f(x)$ 在 $x = 0$ 处的连续性.

解析 应用洛必达法则,有

$$f(0+) = \lim_{x \to 0+} \left(\frac{e}{(1+x)^{\frac{1}{x}}}\right)^{\frac{1}{x}} = \exp\left(\lim_{x \to 0+} \frac{1}{x}\left(1 - \frac{1}{x}\ln(1+x)\right)\right)$$

$$= \exp\left(\lim_{x \to 0+} \frac{x - \ln(1+x)}{x^2}\right) = \exp\left(\lim_{x \to 0+} \frac{1 - \frac{1}{1+x}}{2x}\right)$$

$$= \exp\left(\lim_{x\to 0+}\frac{1}{2(1+x)}\right) = e^{\frac{1}{2}} = f(0-) = f(0)$$

故 $f(x)$ 在 $x=0$ 连续.

例 2.12(习题 2.7 A 15.6) 作函数 $y = x\ln\left(e+\frac{1}{x}\right)$ 的简图.

解析 由 $e+\frac{1}{x}>0$ 知,函数 y 的定义域为 $\left(-\infty,-\frac{1}{e}\right)\cup(0,+\infty)$. 令 $x\ln\left(e+\frac{1}{x}\right)=0$,得 $x=\frac{1}{1-e}$,曲线与坐标轴有交点 $\left(\frac{1}{1-e},0\right)$. 又

$$y' = \ln\left(e+\frac{1}{x}\right) - \frac{1}{1+ex}, \quad y'' = \frac{1}{1+ex}\left(\frac{e}{1+ex}-\frac{1}{x}\right)$$

由于 $\frac{e}{1+ex}<\frac{1}{x}$,故 $y''\neq 0$,曲线无拐点. 当 $x\in\left(-\infty,-\frac{1}{e}\right)$,$y''>0$,故 y' 单调增加;当 $x\in(0,+\infty)$,$y''<0$,故 y' 单调减少. 又

$$\lim_{x\to\infty}y' = \lim_{x\to\infty}\left(\ln\left(e+\frac{1}{x}\right)-\frac{1}{1+ex}\right) = 1$$

由 y' 的单调性可知

$$\forall x\in\left(-\infty,-\frac{1}{e}\right)\cup(0,+\infty), \quad y'>0$$

所以无驻点,且函数在上述两个区间上皆严格增加. 凹凸性等结果如下表所示:

x	$\left(-\infty,-\frac{1}{e}\right)$	$(0,+\infty)$
y'	+	+
y''	+	−
y	↑ 凹的	↑ 凸的

由于

$$\lim_{x\to 0+}y \xlongequal{\diamondsuit\frac{1}{x}=t} \lim_{t\to+\infty}\frac{\ln(e+t)}{t} = \lim_{t\to+\infty}\frac{1}{e+t} = 0$$

$$\lim_{x\to -\frac{1}{e}}x\ln\left(e+\frac{1}{x}\right) = +\infty$$

所以有铅直渐近线 $x=-\frac{1}{e}$. 根据

$$\lim_{x\to+\infty}x\ln\left(e+\frac{1}{x}\right) = +\infty, \quad \lim_{x\to-\infty}x\ln\left(e+\frac{1}{x}\right) = -\infty$$

所以无水平渐近线. 因为

$$\lim_{x\to\infty}\frac{y}{x} = \lim_{x\to\infty}\ln\left(e+\frac{1}{x}\right) = 1$$

$$\lim_{x\to\infty}(y-x) = \lim_{x\to\infty} x\left(\ln\left(\mathrm{e}+\frac{1}{x}\right)-1\right) \xrightarrow{\diamondsuit \frac{1}{x}=t} \lim_{t\to 0}\frac{\ln(\mathrm{e}+t)-1}{t}$$
$$= \lim_{t\to 0}\frac{1}{\mathrm{e}+t} = \frac{1}{\mathrm{e}}$$

所以在 $x\to+\infty$ 与 $x\to-\infty$ 两个方向,曲线有共同的斜渐近线 $y=x+\frac{1}{\mathrm{e}}$.

将上述结果绘制成图 3.1(如下所示):

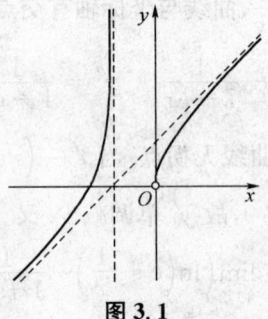

图 3.1

例 2.13(习题 2.7 B 2) 设 $x_0 \in \mathbf{R}, U_\delta(x_0)$ 是 x_0 的 δ 邻域,$f \in D^n(U_\delta(x_0))$,$f^{(n)} \in C(x_0)$,且 $f'(x_0)=f''(x_0)=\cdots=f^{(n-1)}(x_0)=0,f^{(n)}(x_0)\neq 0$.求证:

(1) 当 n 为偶数时,若 $f^{(n)}(x_0)>0$,则 $f(x_0)$ 为函数 $f(x)$ 的极小值;

(2) 当 n 为偶数时,若 $f^{(n)}(x_0)<0$,则 $f(x_0)$ 为函数 $f(x)$ 的极大值;

(3) 当 n 为奇数时,$f(x_0)$ 不是 $f(x)$ 的极值.

解析 应用泰勒公式,有

$$f(x) = f(x_0)+f'(x_0)(x-x_0)+\cdots+\frac{f^{(n-1)}(x_0)}{(n-1)!}(x-x_0)^{n-1}+\frac{f^{(n)}(\xi)}{n!}(x-x_0)^n$$
$$= f(x_0)+\frac{f^{(n)}(\xi)}{n!}(x-x_0)^n \quad (\xi \text{ 介于 } x_0 \text{ 与 } x \text{ 之间})$$

由 $f^{(n)} \in C(x_0)$ 知 $\lim\limits_{x\to x_0}f^{(n)}(x)=f^{(n)}(x_0)\neq 0$,根据极限的局部保号性,$\exists \delta_1<\delta$,使得 $x \in U_{\delta_1}(x_0) \subset U_\delta(x_0)$ 时,$f^{(n)}(x)$ 与 $f^{(n)}(x_0)$ 同号,因此 $f^{(n)}(\xi)$ 与 $f^{(n)}(x_0)$ 同号.

(1) 当 n 为偶数,且 $f^{(n)}(x_0)>0$ 时,$\forall x \in \mathring{U}_{\delta_1}(x_0)$,有

$$f(x)-f(x_0) = \frac{f^{(n)}(\xi)}{n!}(x-x_0)^n > 0$$

因此,$f(x_0)$ 为 $f(x)$ 的极小值.

(2) 当 n 为偶数,且 $f^{(n)}(x_0)<0$ 时,$\forall x \in \mathring{U}_{\delta_1}(x_0)$,有

$$f(x)-f(x_0) = \frac{f^{(n)}(\xi)}{n!}(x-x_0)^n < 0$$

因此，$f(x_0)$ 为 $f(x)$ 的极大值.

(3) 当 n 为奇数时，因 $f^{(n)}(x_0) \neq 0$，不妨仍假设 $f^{(n)}(x_0) > 0$，由于

$$f(x) - f(x_0) = \frac{f^{(n)}(\xi)}{n!}(x - x_0)^n$$

故当 $x > x_0$ 时，$f(x) > f(x_0)$；当 $x < x_0$ 时，$f(x) < f(x_0)$. 根据极值定义，$f(x_0)$ 不是 $f(x)$ 的极值.

例 2.14（习题 2.7 B 3） 设 α 为正常数，使得不等式 $\ln x \leq x^\alpha$ 对一切 $x > 0$ 成立，求 α 的最小值.

解析 当 $0 < x \leq 1$ 时，$\ln x \leq x^\alpha$ 对 $\forall \alpha > 0$ 均成立. 当 $x > 1$ 时，根据题意，有

$$\ln x \leq x^\alpha \Leftrightarrow \alpha \geq \frac{\ln(\ln x)}{\ln x}$$

要求 α 的最小值，只要求函数 $f(x) = \dfrac{\ln(\ln x)}{\ln x}$ 的最大值.

令 $f'(x) = \dfrac{1 - \ln(\ln x)}{x(\ln x)^2} = 0$，得 $x = e^e$. 由于 $1 < x < e^e$ 时，$f'(x) > 0$；$x > e^e$ 时，$f'(x) < 0$. 所以 $f(e^e) = \dfrac{1}{e}$ 为其最大值，故 α 的最小值为 $\dfrac{1}{e}$.

例 2.15（习题 2.7 B 4） 如图 3.2 所示，AB 是足球门，宽度 4 m，点 C 位于底线上，$|BC| = 4$ m，$CD \perp BC$，$|CD| = 6$ m. 现一个足球运动员带球从点 D 出发，朝点 C 方向奔去，试问在距点 C 多远时射门最好？

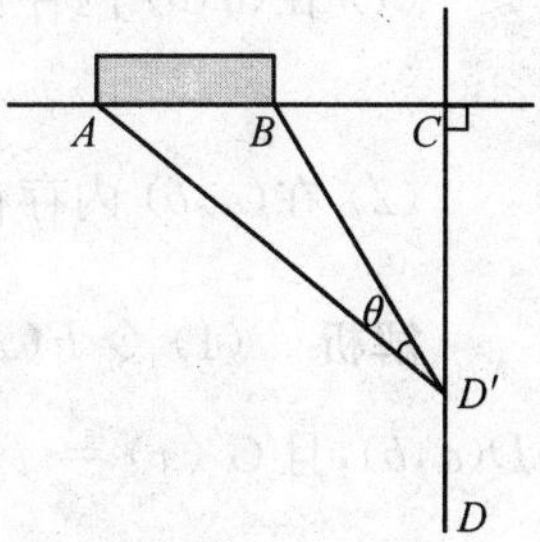

解析 假设运动员跑至 D' 处时 $\angle AD'B = \theta$，则当 θ 取最大值时射门最好. 设 $\angle AD'C = \alpha$，$\angle BD'C = \beta$，$CD' = x$，则 $\tan \alpha = \dfrac{8}{x}$，$\tan \beta = \dfrac{4}{x}$，于是

$$\theta(x) = \alpha - \beta = \arctan \frac{8}{x} - \arctan \frac{4}{x} \quad (0 < x \leq 6)$$

图 3.2

由

$$\theta'(x) = \frac{-8}{64 + x^2} + \frac{4}{16 + x^2} = \frac{4(32 - x^2)}{(16 + x^2)(64 + x^2)} = 0$$

解得 $x_0 = 4\sqrt{2}$. 且 $x \in (0, 4\sqrt{2})$ 时，$\theta'(x) > 0$；$x \in (4\sqrt{2}, 6)$ 时，$\theta'(x) < 0$. 所以 $\theta(4\sqrt{2})$ 为极大值，即最大值（因为驻点唯一），故在距 C 点 $4\sqrt{2}$ m 时射门最好.

3.3 往年期中与期末试题解析

例 3.1（10-11（Ⅰ）期中） 设 $f(x)$ 在 $[0, \pi]$ 上连续，且在 $(0, \pi)$ 内可导，证

明：至少存在一点 $\xi \in (0,\pi)$，使得 $f'(\xi) = -f(\xi)\cot\xi$.

解析 令 $F(x) = f(x)\sin x$，则 $F \in C[0,\pi]$，$F \in D(0,\pi)$，且 $F(0) = F(\pi) = 0$. 应用罗尔定理，必 $\exists \xi \in (0,\pi)$，使得 $F'(\xi) = 0$. 因为
$$F'(x) = f'(x)\sin x + f(x)\cos x$$
故 $F'(\xi) = 0$，即 $f'(\xi) = -f(\xi)\cot\xi$.

例 3.2 (06-07(Ⅰ)期中) 设 $f(x)$ 在 $[a,b]$ 上连续，且在 (a,b) 内可导，$a > 0$，求证：$\exists \xi \in (a,b)$，使得 $ab(f(b) - f(a)) = \xi^2 f'(\xi)(b-a)$.

解析 令 $g(x) = \dfrac{1}{x}$，则 $f,g \in C[a,b]$，$f,g \in D(a,b)$，且 $g'(x) = -\dfrac{1}{x^2} \neq 0$. 应用柯西中值定理，必 $\exists \xi \in (a,b)$，使得
$$\frac{f(b) - f(a)}{g(b) - g(a)} = \frac{f'(\xi)}{g'(\xi)}$$
代入 $g(x) = \dfrac{1}{x}$，$g'(x) = -\dfrac{1}{x^2}$，即得
$$ab(f(b) - f(a)) = \xi^2 f'(\xi)(b-a)$$

例 3.3 (03-04(Ⅰ)期末) 设 $f(x)$ 在 $[a,b]$ 上连续，在 (a,b) 内可导，$f(a) = 0$，且 $f(x) > 0 (x \in (a,b))$. 证明：

(1) 在 (a,b) 内存在一点 ξ，使 $\dfrac{b^2 - a^2}{\int_a^b f(x)\mathrm{d}x} = \dfrac{2\xi}{f(\xi)}$；

(2) 在 (a,b) 内存在一点 $\eta (\eta \neq \xi)$，使 $f'(\eta)(b^2 - a^2) = \dfrac{2\xi}{\xi - a}\int_a^b f(x)\mathrm{d}x$.

解析 (1) 令 $F(x) = x^2$，$G(x) = \int_a^x f(x)\mathrm{d}x$，则可知 $F,G \in C[a,b]$，$F,G \in D(a,b)$，且 $G'(x) = f(x) > 0$. 应用柯西中值定理，必 $\exists \xi \in (a,b)$，使得
$$\frac{F(b) - F(a)}{G(b) - G(a)} = \frac{F'(\xi)}{G'(\xi)}$$
代入 $F(x) = x^2$，$F'(x) = 2x$，$G(x) = \int_a^x f(x)\mathrm{d}x$，$G'(x) = f(x)$，即得
$$\frac{b^2 - a^2}{\int_a^b f(x)\mathrm{d}x} = \frac{2\xi}{f(\xi)}$$

(2) 对 $f(x)$ 在 $[a,\xi]$ 上应用拉格朗日中值定理，得 $\exists \eta \in (a,\xi) \subset (a,b)$，使
$$f(\xi) = f(\xi) - f(a) = f'(\eta)(\xi - a)$$
由 (1) 可得 $f(\xi) = \dfrac{2\xi \int_a^b f(x)\mathrm{d}x}{b^2 - a^2}$，将上式代入即得
$$f'(\eta)(b^2 - a^2) = \frac{2\xi}{\xi - a}\int_a^b f(x)\mathrm{d}x$$

例 3.4(03-04(Ⅰ)期中) 设 $x \to 0$ 时,$f(x) = \dfrac{e^x}{1+x} + x\ln(1-x) + \cos x + a + bx + cx^2$ 为 3 阶无穷小,求 a,b,c,并求 $\lim\limits_{x \to 0} \dfrac{f(x)}{x^3}$.

解析 根据马克劳林公式,有

$$e^x = 1 + x + \frac{1}{2!}x^2 + \frac{1}{3!}x^3 + o(x^3), \quad \frac{1}{1+x} = 1 - x + x^2 - x^3 + o(x^3)$$

$$\ln(1-x) = -x - \frac{1}{2}x^2 + o(x^2), \quad \cos x = 1 - \frac{1}{2}x^2 + o(x^3)$$

于是

$$f(x) = (a+2) + bx + (c-1)x^2 - \frac{5}{6}x^3 + o(x^3)$$

所以 $a = -2, b = 0, c = 1$,且

$$\lim_{x \to 0} \frac{f(x)}{x^3} = \lim_{x \to 0} \frac{-\dfrac{5}{6}x^3 + o(x^3)}{x^3} = -\frac{5}{6}$$

例 3.5(10-11(Ⅰ)期末) 设函数 $f(x)$ 在 $[-1,1]$ 上有三阶连续导数,证明:极限 $\lim\limits_{n \to \infty} \sum\limits_{k=1}^{n} \left| k\left(f\left(\dfrac{1}{k}\right) - f\left(-\dfrac{1}{k}\right)\right) - 2f'(0) \right|$ 存在.

解析 应用马克劳林公式,有

$$f\left(\frac{1}{k}\right) = f(0) + \frac{f'(0)}{k} + \frac{f''(0)}{2k^2} + \frac{f'''(\xi_1)}{6k^3}$$

$$f\left(-\frac{1}{k}\right) = f(0) - \frac{f'(0)}{k} + \frac{f''(0)}{2k^2} - \frac{f'''(\xi_2)}{6k^3}$$

其中 $\xi_1 \in \left(0, \dfrac{1}{k}\right), \xi_2 \in \left(-\dfrac{1}{k}, 0\right)$. 于是

$$\left| k\left(f\left(\frac{1}{k}\right) - f\left(-\frac{1}{k}\right)\right) - 2f'(0) \right|$$

$$= \left| k\left(\frac{2f'(0)}{k} + \frac{f'''(\xi_1)}{6k^3} + \frac{f'''(\xi_2)}{6k^3}\right) - 2f'(0) \right| \leqslant \frac{M}{3k^2}$$

其中 $M = \max\limits_{-1 \leqslant x \leqslant 1} |f'''(x)|$. 设 $x_n = \sum\limits_{k=1}^{n} \left| k\left(f\left(\dfrac{1}{k}\right) - f\left(-\dfrac{1}{k}\right)\right) - 2f'(0) \right|$,显然数列 $\{x_n\}$ 单调递增,又

$$x_n \leqslant \sum_{k=1}^{n} \frac{M}{3k^2} < \frac{M}{3}\left(1 + \sum_{k=2}^{n} \frac{1}{k(k-1)}\right) = \frac{M}{3}\left(1 + 1 - \frac{1}{n}\right) < M$$

故数列 $\{x_n\}$ 有上界. 由单调有界准则知,极限

$$\lim_{n \to \infty} \sum_{k=1}^{n} \left| k\left(f\left(\frac{1}{k}\right) - f\left(-\frac{1}{k}\right)\right) - 2f'(0) \right|$$

存在.

例 3.6（09-10（Ⅰ）期末） 求极限 $\lim\limits_{x\to+\infty}x(\sqrt{4x^2+1}-\sqrt{x^2+2}-x)$.

解析 令 $t=\dfrac{1}{x}$，应用洛必达法则，则

$$\text{原式}=\lim_{t\to 0^+}\frac{\sqrt{\dfrac{4}{t^2}+1}-\sqrt{\dfrac{1}{t^2}+2}-\dfrac{1}{t}}{t}=\lim_{t\to 0^+}\frac{\sqrt{4+t^2}-\sqrt{1+2t^2}-1}{t^2}$$

$$\overset{\frac{0}{0}}{=}\lim_{t\to 0^+}\frac{\dfrac{t}{\sqrt{4+t^2}}-\dfrac{2t}{\sqrt{1+2t^2}}}{2t}=\lim_{t\to 0^+}\frac{1}{2}\left(\frac{1}{\sqrt{4+t^2}}-\frac{2}{\sqrt{1+2t^2}}\right)=-\frac{3}{4}$$

例 3.7（08-09（Ⅰ）期末） 求极限 $\lim\limits_{x\to 0}\dfrac{(1+x)^x-1}{(e^x-1)\ln(1+2x)}$.

解析 应用等价无穷小因子的替换及洛必达法则，则

$$\text{原式}=\lim_{x\to 0}\frac{(1+x)^x-1}{2x^2}\overset{\frac{0}{0}}{=}\lim_{x\to 0}\frac{(1+x)^x(x\ln(1+x))'}{4x}$$

$$=\lim_{x\to 0}\frac{\ln(1+x)+\dfrac{x}{1+x}}{4x}$$

$$=\frac{1}{4}\lim_{x\to 0}\frac{\ln(1+x)}{x}+\frac{1}{4}\lim_{x\to 0}\frac{1}{1+x}=\frac{1}{2}$$

例 3.8（08-09（Ⅰ）期末） 求极限 $\lim\limits_{x\to 0}\dfrac{\cos(\sin x)-\cos x}{(e^{x^3}-1)(5^x-1)}$.

解析 分别应用三角函数和差化积公式、等价无穷小因子的替换及洛必达法则，则

$$\text{原式}=\lim_{x\to 0}\frac{-2\sin\dfrac{\sin x+x}{2}\sin\dfrac{\sin x-x}{2}}{(e^{x^3}-1)(e^{x\ln 5}-1)}=\lim_{x\to 0}\frac{-2\cdot\dfrac{\sin x+x}{2}\cdot\dfrac{\sin x-x}{2}}{\ln 5\cdot x^4}$$

$$=-\frac{1}{2\ln 5}\lim_{x\to 0}\frac{\sin^2 x-x^2}{x^4}\overset{\frac{0}{0}}{=}-\frac{1}{2\ln 5}\lim_{x\to 0}\frac{\sin 2x-2x}{4x^3}$$

$$\overset{\frac{0}{0}}{=}-\frac{1}{2\ln 5}\lim_{x\to 0}\frac{2\cos 2x-2}{12x^2}=-\frac{1}{2\ln 5}\lim_{x\to 0}\frac{-2x^2}{6x^2}=\frac{1}{6\ln 5}$$

例 3.9（08-09（Ⅰ）期末） 求极限 $\lim\limits_{x\to 0}\left(\dfrac{\arcsin x}{x}\right)^{\cot^2 x}$.

解析 应用等价无穷小因子替换与洛必达法则，则

$$\text{原式}=\lim_{x\to 0}\left(1+\frac{\arcsin x-x}{x}\right)^{\frac{x}{\arcsin x-x}\cdot\frac{\arcsin x}{x\tan^2 x}}=\exp\left(\lim_{x\to 0}\frac{\arcsin x-x}{x^3}\right)$$

$$\overset{\frac{0}{0}}{=} \exp\left[\lim_{x\to 0}\frac{\frac{1}{\sqrt{1-x^2}}-1}{3x^2}\right] = \exp\left[\lim_{x\to 0}\frac{1-\sqrt{1-x^2}}{3x^2}\cdot\frac{1}{\sqrt{1-x^2}}\right]$$

$$= \exp\left[\frac{\frac{1}{2}x^2}{3x^2}\right] = e^{\frac{1}{6}}$$

例 3.10(03-04(Ⅰ)期中)　求极限 $\lim_{x\to 0}\left(\dfrac{\sin x}{\arcsin x}\right)^{\frac{1}{\sin x\cdot\arcsin x}}$.

解析　应用等价无穷小因子替换与洛必达法则,则

$$原式 = \lim_{x\to 0}\left(1+\frac{\sin x-\arcsin x}{\arcsin x}\right)^{\frac{\arcsin x}{\sin x-\arcsin x}\cdot\frac{\sin x-\arcsin x}{\sin x\cdot(\arcsin x)^2}}$$

$$= \exp\left(\lim_{x\to 0}\frac{\sin x-\arcsin x}{x^3}\right) \overset{\frac{0}{0}}{=} \exp\left[\lim_{x\to 0}\frac{\cos x-\dfrac{1}{\sqrt{1-x^2}}}{3x^2}\right]$$

$$= \exp\left[\lim_{x\to 0}\frac{\cos x-1}{3x^2}+\lim_{x\to 0}\frac{\sqrt{1-x^2}-1}{3x^2}\frac{1}{\sqrt{1-x^2}}\right]$$

$$= \exp\left[\lim_{x\to 0}\frac{-\frac{1}{2}x^2}{3x^2}+\lim_{x\to 0}\frac{-\frac{1}{2}x^2}{3x^2}\right] = e^{-\frac{1}{3}}$$

例 3.11(04-05(Ⅰ)期中)　设 $f(x)$ 在 $x=a$ 的某邻域内二阶连续可导,且 $f'(a)=2,f''(a)=3$,试求 $\lim_{x\to a}\left(\dfrac{1}{f(x)-f(a)}-\dfrac{1}{(x-a)f'(x)}\right)$.

解析　通分并应用洛必达法则及导数定义,得

$$原式 = \lim_{x\to a}\frac{(x-a)f'(x)-f(x)+f(a)}{(f(x)-f(a))(x-a)f'(x)}$$

$$= \frac{1}{f'(a)}\lim_{x\to a}\frac{(x-a)f'(x)-f(x)+f(a)}{(f(x)-f(a))(x-a)}$$

$$\overset{\frac{0}{0}}{=} \frac{1}{f'(a)}\lim_{x\to a}\frac{f'(x)+(x-a)f''(x)-f'(x)}{(x-a)f'(x)+f(x)-f(a)}$$

$$= \frac{1}{2}\lim_{x\to a}\frac{f''(x)}{f'(x)+\dfrac{f(x)-f(a)}{x-a}} = \frac{1}{2}\cdot\frac{f''(a)}{2f'(a)} = \frac{3}{8}$$

例 3.12(06-07(Ⅰ)期中)　求证: $2\ln(1+x)+\ln^2(1+x)<2x(x>0)$.

解析　令 $f(x)=2\ln(1+x)+\ln^2(1+x)-2x,x>0$,则

$$f'(x)=\frac{2}{1+x}+\frac{2\ln(1+x)}{1+x}-2,\quad f''(x)=-\frac{2\ln(1+x)}{(1+x)^2}<0$$

故 $f'(x)$ 严格递减,即当 $x>0$ 时, $f'(x)<f'(0)=0$. 由此, $f(x)$ 在 $x>0$ 时严格递减,即 $f(x)<f(0)=0$,移项得

$$2\ln(1+x) + \ln^2(1+x) < 2x$$

例 3.13(09-10(Ⅰ)期末)　(1) 当 $0 \leqslant \theta \leqslant \dfrac{\pi}{2}$ 时,证明:不等式 $\dfrac{2}{\pi}\theta \leqslant \sin\theta \leqslant \theta$ 成立;

(2) 如果 $\lambda < 1$,证明:$\lim\limits_{R \to +\infty} R^\lambda \int_0^{\frac{\pi}{2}} e^{-R\sin\theta} d\theta = 0$.

解析　(1) 若 $\theta = 0$,由于 $\dfrac{2}{\pi} \cdot 0 = \sin 0 = 0$,所以原不等式成立;若 $0 < \theta \leqslant \dfrac{\pi}{2}$,原不等式 $\Leftrightarrow \dfrac{2}{\pi} \leqslant \dfrac{\sin\theta}{\theta} \leqslant 1$. 令 $f(\theta) = \dfrac{\sin\theta}{\theta}$,则 $f'(\theta) = \dfrac{\theta\cos\theta - \sin\theta}{\theta^2}$. 令 $g(\theta) = \theta\cos\theta - \sin\theta$,则 $g'(\theta) = -\theta\sin\theta < 0$,于是 $g(\theta)$ 在 $\left(0, \dfrac{\pi}{2}\right]$ 上严格递减,$g(\theta) < g(0) = 0$,由此可得 $f'(\theta) < 0$,于是 $f(\theta)$ 在 $\left(0, \dfrac{\pi}{2}\right]$ 上严格递减,$f(\theta) < \lim\limits_{\theta \to 0^+} f(\theta) = \lim\limits_{\theta \to 0^+} \dfrac{\sin\theta}{\theta} = 1$,且 $f(\theta) \geqslant f\left(\dfrac{\pi}{2}\right) = \dfrac{2}{\pi}$. 综上可得,当 $0 \leqslant \theta \leqslant \dfrac{\pi}{2}$ 时,$\dfrac{2}{\pi}\theta \leqslant \sin\theta \leqslant \theta$.

(2) 由(1)的结论知,当 $R > 0$ 时,有

$$0 \leqslant R^\lambda \int_0^{\frac{\pi}{2}} e^{-R\sin\theta} d\theta \leqslant R^\lambda \int_0^{\frac{\pi}{2}} e^{-R\frac{2}{\pi}\theta} d\theta = \dfrac{\pi R^\lambda}{2R}(1 - e^{-R}) \leqslant \dfrac{\pi}{2} R^{\lambda-1}$$

由 $\lambda < 1$ 知 $\lim\limits_{R \to +\infty} \dfrac{\pi}{2} R^{\lambda-1} = 0$,根据夹逼准则,得 $\lim\limits_{R \to +\infty} R^\lambda \int_0^{\frac{\pi}{2}} e^{-R\sin\theta} d\theta = 0$.

例 3.14(09-10(Ⅰ)期末)　问是否存在一元可导函数 $f(x)$,使得 $x = 0$ 既是 $f(x)$ 的唯一极值点又是唯一拐点? 若存在,举一例子;若不存在,请证明.

解析　满足条件的函数不存在,证明如下(用反证法).

因为 $f(0)$ 是极值,所以 $f'(0) = 0$. 不妨设 $f(0)$ 为极小值,若 $(0, f(0))$ 是拐点,则存在 $x = 0$ 的去心邻域 $U = \{x \mid 0 < |x| < \delta\}$,使得在 U 中 $x = 0$ 的左、右侧,$f'(x)$ 的严格单调性相反. 不妨设 $-\delta < x < 0$ 时,$f'(x)$ 严格增加;$0 < x < \delta$ 时,$f'(x)$ 严格减少. 因 $f'(0) = 0$,于是 $\forall x \in U$,都有 $f'(x) < 0$. 因此 $0 < x < \delta$ 时,函数 $f(x)$ 单调减少,故 $f(0)$ 不可能是 $f(x)$ 的极小值,此与 $f(0)$ 为极小值矛盾. 所以满足题目条件的函数不存在.

例 3.15(04-05(Ⅰ)期末)　求函数 $y = (x-1)e^{\frac{\pi}{2} + \arctan x}$ 的单调区间和极值,并求出渐近线.

解析　因为 $y' = \dfrac{x + x^2}{1 + x^2} e^{\frac{\pi}{2} + \arctan x}$,令 $y' = 0$,得驻点 $x_1 = -1, x_2 = 0$,故单调增区间为 $(-\infty, -1) \cup (0, +\infty)$,单调减区间为 $(-1, 0)$. 极小值为 $f(0) = -e^{\frac{\pi}{2}}$,极大值为 $f(-1) = -2e^{\frac{\pi}{4}}$.

因为 $\lim\limits_{x \to \infty} f(x) = \infty$,所以无水平渐近线;由于 $f(x)$ 在 $(-\infty, +\infty)$ 上连续,所

以无铅直渐近线. 因为

$$\lim_{x\to+\infty}\frac{y}{x}=\lim_{x\to+\infty}\frac{x-1}{x}e^{\frac{\pi}{2}+\arctan x}=e^\pi$$

$$\lim_{x\to+\infty}(y-e^\pi x)=\lim_{x\to+\infty}(x(e^{\frac{\pi}{2}+\arctan x}-e^\pi)-e^{\frac{\pi}{2}+\arctan x})$$

$$=\lim_{x\to+\infty}\frac{e^{\frac{\pi}{2}+\arctan x}-e^\pi}{\frac{1}{x}}-e^\pi=\lim_{x\to+\infty}\frac{e^{\frac{\pi}{2}+\arctan x}\cdot\frac{1}{1+x^2}}{-\frac{1}{x^2}}-e^\pi$$

$$=-\lim_{x\to+\infty}e^{\frac{\pi}{2}+\arctan x}\cdot\frac{x^2}{1+x^2}-e^\pi=-2e^\pi$$

故当 $x\to+\infty$ 时,有斜渐近线 $y=e^\pi(x-2)$. 因为

$$\lim_{x\to-\infty}\frac{y}{x}=\lim_{x\to-\infty}\frac{x-1}{x}e^{\frac{\pi}{2}+\arctan x}=1$$

$$\lim_{x\to-\infty}(y-x)=\lim_{x\to-\infty}(x(e^{\frac{\pi}{2}+\arctan x}-1)-e^{\frac{\pi}{2}+\arctan x})$$

$$=\lim_{x\to-\infty}\frac{e^{\frac{\pi}{2}+\arctan x}-1}{\frac{1}{x}}-1=\lim_{x\to-\infty}\frac{e^{\frac{\pi}{2}+\arctan x}\cdot\frac{1}{1+x^2}}{-\frac{1}{x^2}}-1$$

$$=-\lim_{x\to-\infty}e^{\frac{\pi}{2}+\arctan x}\cdot\frac{x^2}{1+x^2}-1=-2$$

故当 $x\to-\infty$ 时,有斜渐近线 $y=x-2$.

3.4 历年硕士生入学试题解析

例 4.1(全国 2012) (1) 证明方程 $x^n+x^{n-1}+\cdots+x=1$(n 为大于 1 的整数)在区间 $\left(\frac{1}{2},1\right)$ 内有且仅有一个实根;

(2) 记(1) 中的实根为 x_n,证明 $\lim_{n\to\infty}x_n$ 存在,并求此极限.

解析 (1) 令

$$f(x)=x^n+x^{n-1}+\cdots+x-1$$

则 $f(x)$ 在 $\left[\frac{1}{2},1\right]$ 上连续,且

$$f(1)=n-1>0$$

$$f\left(\frac{1}{2}\right)=\frac{1}{2^n}+\frac{1}{2^{n-1}}+\cdots+\frac{1}{2}-1=\frac{1}{2}+\frac{1}{2^2}+\cdots+\frac{1}{2^n}-1$$

$$=\frac{\frac{1}{2}\left(1-\frac{1}{2^n}\right)}{1-\frac{1}{2}}-1=-\frac{1}{2^n}<0$$

应用零点定理,$\exists x_n \in \left(\frac{1}{2}, 1\right)$,使得 $f(x_n) = 0$. 另一方面,由于 $x \in \left(\frac{1}{2}, 1\right)$ 时
$$f'(x) = nx^{n-1} + (n-1)x^{n-2} + \cdots + 2x + 1 > 0$$
所以 $f(x)$ 在区间 $\left[\frac{1}{2}, 1\right]$ 上严格增加,即 $f(x)$ 在区间 $\left[\frac{1}{2}, 1\right]$ 上最多一个零点. 因此方程 $x^n + x^{n-1} + \cdots + x = 1$ 在区间 $\left(\frac{1}{2}, 1\right)$ 内有且仅有一个实根.

(2) **方法 I** 对函数 $f(x) = x^n + x^{n-1} + \cdots + x - 1$ 在区间 $\left[\frac{1}{2}, x_n\right]$ 上应用拉格朗日中值定理,$\exists \xi_n \in \left(\frac{1}{2}, x_n\right)$,使得
$$\frac{f(x_n) - f\left(\frac{1}{2}\right)}{x_n - \frac{1}{2}} = f'(\xi_n)$$

由于 $f(x_n) = 0, f\left(\frac{1}{2}\right) = -\frac{1}{2^n}$,且
$$f'(\xi_n) = n\xi_n^{n-1} + (n-1)\xi_n^{n-2} + \cdots + 2\xi_n + 1 > 1$$
所以 $0 < x_n - \frac{1}{2} < \frac{1}{2^n}$. 而 $\lim_{n \to \infty} \frac{1}{2^n} = 0$,应用夹逼准则,即得 $\lim_{n \to \infty} x_n$ 存在,且 $\lim_{n \to \infty} x_n = \frac{1}{2}$.

方法 II 由于 $x_n^n + x_n^{n-1} + \cdots + x_n = 1, x_n \in \left(\frac{1}{2}, 1\right)$,所以
$$1 + x_n + x_n^2 + \cdots + x_n^n = 2 \Rightarrow \frac{1 - x_n^{n+1}}{1 - x_n} = 2 \Rightarrow x_n = \frac{1}{2} + \frac{x_n^{n+1}}{2}$$
因 $x_{n+1}^{n+1} + x_{n+1}^n + x_{n+1}^{n-1} + \cdots + x_{n+1} = 1, x_{n+1} \in \left(\frac{1}{2}, 1\right)$,故
$$x_{n+1}^n + x_{n+1}^{n-1} + \cdots + x_{n+1} < 1$$
因此 $0 < x_{n+1} < x_n < \cdots < x_2 < 1$,所以 $\lim_{n \to \infty} x_n^{n+1} = 0$,于是
$$\lim_{n \to \infty} x_n = \frac{1}{2} + \lim_{n \to \infty} \frac{x_n^{n+1}}{2} = \frac{1}{2}$$

例 4.2(南大 2002) 设 $f(x)$ 在 $[0,1]$ 上二次可微,且 $f(0) = f(1) = 0$,证明:存在 $\xi \in [0,1]$,使得 $2f'(\xi) + \xi f''(\xi) = 0$.

解析 令 $F(x) = x^2 f'(x)$,则 $F(x)$ 在 $[0,1]$ 上可微. 因 $f(0) = f(1) = 0$,$f(x)$ 在 $[0,1]$ 上可微,应用罗尔定理,$\exists \zeta \in (0,1)$,使得 $f'(\zeta) = 0$. 因 $F(0) = F(\zeta) = 0$,应用罗尔定理,$\exists \xi \in (0, \zeta) \subset (0,1)$,使得 $F'(\xi) = 0$. 因
$$F'(x) = 2xf'(x) + x^2 f''(x) = x(2f'(x) + xf''(x))$$
所以 $\xi(2f'(\xi) + \xi f''(\xi)) = 0$,而 $\xi \neq 0$,所以
$$2f'(\xi) + \xi f''(\xi) = 0$$

例 4.3(全国 2013) 设奇函数 $f(x)$ 在 $[-1,1]$ 上具有二阶导数,且 $f(1)=1$. 证明:

(1) 存在 $\xi \in (0,1)$,使得 $f'(\xi) = 1$;

(2) 存在 $\eta \in (-1,1)$, $f''(\eta) + f'(\eta) = 1$.

解析 (1) 因 $f(x)$ 是奇函数,所以 $f(0) = 0$. 在区间 $[0,1]$ 上应用拉格朗日中值定理,得 $\exists \xi \in (0,1)$,使得 $f'(\xi) = \dfrac{f(1) - f(0)}{1 - 0} = 1$.

(2) 令 $F(x) = f'(x) + f(x) - x$,则 $F(x)$ 在区间 $[-1,1]$ 上可导. 由于 $f(x)$ 是奇函数,所以 $f'(x)$ 是偶函数,且 $f(-1) = -1, f'(1) = f'(-1)$. 因
$$F(1) = f'(1) + f(1) - 1 = f'(1)$$
$$F(-1) = f'(-1) + f(-1) + 1 = f'(-1)$$
所以 $F(1) = F(-1)$,在区间 $[-1,1]$ 上应用罗尔定理,则 $\exists \eta \in (-1,1)$,使得 $F'(\eta) = 0$,即
$$f''(\eta) + f'(\eta) = 1$$

例 4.4(南大 2004) 设 $f(x)$ 在 $[0,1]$ 上连续,在 $(0,1)$ 内可导,且 $f(0) = 0$, $f(1) = 0$, $\max\limits_{x \in [0,1]} \{f(x)\} = 1$,求证:

(1) $\exists \xi \in (0,1)$,使得 $f(\xi) = \xi$;

(2) $\exists \eta \in (0,1)(\eta \neq \xi)$,使得 $f'(\eta) = f(\eta) - \eta + 1$.

解析 (1) 由最值定理, $\exists c \in (0,1)$,使得 $f(c) = 1$. 令 $F(x) = f(x) - x$,则
$$F(c) = f(c) - c = 1 - c > 0, \quad F(1) = f(1) - 1 = -1 < 0$$
应用零点定理, $\exists \xi \in (c,1) \subset (0,1)$,使得 $F(\xi) = 0$,即 $f(\xi) = \xi$.

(2) 令 $G(x) = e^{-x}(f(x) - x)$,则
$$G(\xi) = e^{-\xi}(f(\xi) - \xi) = 0, \quad G(0) = e^0(f(0) - 0) = 0$$
应用罗尔定理, $\exists \eta \in (0,\xi) \subset (0,1)(\eta \neq \xi)$,使得
$$G'(\eta) = e^{-x}(f'(x) - 1 - f(x) + x)\big|_{x=\eta} = 0$$
即 $f'(\eta) = f(\eta) - \eta + 1$.

例 4.5(全国 2010) 设函数 $f(x)$ 在 $[0,3]$ 上连续,在 $(0,3)$ 内存在二阶导数,且 $2f(0) = \int_0^2 f(x)\mathrm{d}x = f(2) + f(3)$,证明:

(1) $\exists \eta \in (0,2)$,使得 $f(\eta) = f(0)$;

(2) $\exists \xi \in (0,3)$,使得 $f''(\xi) = 0$.

解析 (1) 由积分中值定理, $\exists \eta \in (0,2)$,使得
$$\int_0^2 f(x)\mathrm{d}x = 2f(\eta) = 2f(0)$$
即 $f(\eta) = f(0)$.

(2) 令 $\mu = \dfrac{f(2)+f(3)}{2} = f(0)$,则 μ 介于函数 $f(x)$ 在区间 $[2,3]$ 上的最小值与最大值之间. 应用介值定理,$\exists \zeta \in [2,3]$,使得 $f(\zeta) = \mu = f(0)$. 由于 $f(0) = f(\eta) = f(\zeta)$,且 $0 < \eta < \zeta \leqslant 3$,根据罗尔定理,$\exists \xi_1 \in (0, \eta), \xi_2 \in (\eta, \zeta)$,使得 $f'(\xi_1) = 0, f'(\xi_2) = 0$,再应用罗尔定理,$\exists \xi \in (\xi_1, \xi_2) \subset (0,3)$,使得 $f''(\xi) = 0$.

例 4.6(全国 2001) 设 $f(x)$ 在 $(-1,1)$ 内二阶连续可导,且 $f''(x) \neq 0$.

(1) 求证:对于 $(-1,1)$ 内任一非零 x,存在唯一的 $\theta(x) \in (0,1)$,使得
$$f(x) = f(0) + xf'(\theta(x)x)$$

(2) 求证:$\lim\limits_{x \to 0} \theta(x) = \dfrac{1}{2}$.

解析 (1) 应用拉格朗日中值定理,在 0 与 x 之间存在 ξ,使得
$$f(x) = f(0) + xf'(\xi)$$
由于 $f''(x) \neq 0$,所以 $f'(x)$ 严格单调,于是存在唯一的 $\theta(x) \in (0,1)$,使得 $\xi = \theta(x)x$,即
$$f(x) = f(0) + xf'(\theta(x)x)$$

(2) 由(1)得
$$\dfrac{f'(\theta(x)x) - f'(0)}{\theta(x)x} = \dfrac{f(x) - f(0) - xf'(0)}{\theta(x)x^2}$$
由于 $\lim\limits_{x \to 0} \dfrac{f'(\theta(x)x) - f'(0)}{\theta(x)x} = f''(0)$,又应用洛必达法则,有
$$\lim_{x \to 0} \dfrac{f(x) - f(0) - xf'(0)}{x^2} = \lim_{x \to 0} \dfrac{f'(x) - f'(0)}{2x} = \dfrac{1}{2}f''(0)$$
所以 $\lim\limits_{x \to 0} \theta(x) = \dfrac{1}{2}$.

例 4.7(全国 2007) 设函数 $f(x)$ 在 $(0, +\infty)$ 上具有二阶导数,且 $f''(x) > 0$,令 $u_n = f(n)(n = 1, 2, \cdots)$,则下列结论正确的是 ( )

(A) 若 $u_1 > u_2$,则 $\{u_n\}$ 必收敛 (B) 若 $u_1 > u_2$,则 $\{u_n\}$ 必发散

(C) 若 $u_1 < u_2$,则 $\{u_n\}$ 必收敛 (D) 若 $u_1 < u_2$,则 $\{u_n\}$ 必发散

解析 此题可用图形求解. 因 $f''(x) > 0$,所以曲线 $y = f(x)$ 是凹的. 由图 3.3 与图 3.4 看出,若 $u_1 > u_2$,则 $\{u_n\}$ 可能收敛,也可能发散. 由图 3.5 看出,若 $u_1 < u_2$,则 $\{u_n\}$ 必发散,所以只有(D) 正确.

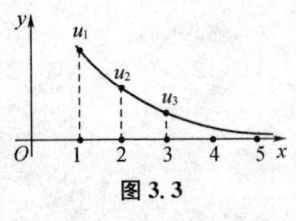

图 3.3

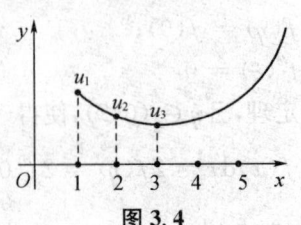

图 3.4

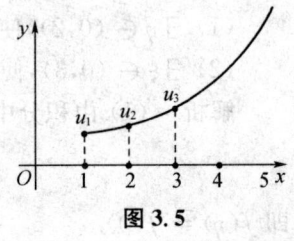

图 3.5

下面给出(D)的证明：令 $u_2-u_1=k$，则 $k>0$. 应用拉格朗日中值定理，$\exists \xi_1 \in (1,2)$，使得 $u_2-u_1=f(2)-f(1)=f'(\xi_1)(2-1)$，所以 $f'(\xi_1)=k>0$. 任取正整数 n，在区间 $[2,n]$ 上再应用拉格朗日中值定理，$\exists \xi_2 \in (2,n)$，使得
$$u_n-u_2=f(n)-f(2)=f'(\xi_2)(n-2)$$
由于 $f''(x)>0$，所以 $f'(x)$ 严格增加，$f'(\xi_2)>f'(\xi_1)=k$，于是 $u_n>u_2+k(n-2) \Rightarrow \lim_{n\to\infty} u_n=+\infty$，即数列 $\{u_n\}$ 必发散.

例 4.8（南大 2008） 设 $\varphi(x)$ 在 $[x_1,x_2]$ 上可导，且 $x_1 x_2>0$，证明：在 (x_1,x_2) 内至少存在一点 η，使得 $\dfrac{x_1\varphi(x_2)-x_2\varphi(x_1)}{x_1-x_2}=\varphi(\eta)-\eta\varphi'(\eta)$.

解析 令 $F(x)=\dfrac{\varphi(x)}{x}$，$G(x)=\dfrac{1}{x}$，应用柯西中值定理，$\exists \eta \in (x_1,x_2)$，使得

$$\frac{F(x_2)-F(x_1)}{G(x_2)-G(x_1)}=\frac{F'(\eta)}{G'(\eta)} \Rightarrow \frac{\dfrac{\varphi(x_2)}{x_2}-\dfrac{\varphi(x_1)}{x_1}}{\dfrac{1}{x_2}-\dfrac{1}{x_1}}=\frac{\dfrac{\eta\varphi'(\eta)-\varphi(\eta)}{\eta^2}}{-\dfrac{1}{\eta^2}}$$

化简即得

$$\frac{x_1\varphi(x_2)-x_2\varphi(x_1)}{x_1-x_2}=\varphi(\eta)-\eta\varphi'(\eta)$$

例 4.9（南大 2004） 设 $f(x)$ 在 $(0,1)$ 上二阶可导，且 $f(0)=f(1)=1$，$\min\limits_{x\in[0,1]}\{f(x)\}=0$，证明：

(1) 存在 $x_0 \in (0,1)$，使得 $f(x_0)=f'(x_0)=0$；

(2) 设 $x \in (0,1)$，$x \neq x_0$，则在 x 与 x_0 之间存在 ξ，使得 $f''(\xi)=\dfrac{2f(x)}{(x-x_0)^2}$.

解析 (1) 应用最值定理与取极值的必要条件可知存在 $x_0 \in (0,1)$，使得
$$f(x_0)=f'(x_0)=0$$

(2) 将 $f(x)$ 在 x_0 处展为一阶泰勒公式，有
$$f(x)=f(x_0)+f'(x_0)(x-x_0)+\frac{1}{2!}f''(\xi)(x-x_0)^2=\frac{1}{2!}f''(\xi)(x-x_0)^2$$

即 $f''(\xi)=\dfrac{2f(x)}{(x-x_0)^2}$，这里 ξ 介于 x 与 x_0 之间.

例 4.10（南大 2002） 设 $f(x)$ 在 $[-1,1]$ 上二阶可导，且 $f(-1)=f(1)=1$，$\max\limits_{x\in[-1,1]}\{f(x)\}=2$，求证：存在 $\xi \in (-1,1)$，使得 $f''(\xi) \leq -2$.

解析 应用最值定理与取极值的必要条件可知存在 $x_0 \in (-1,1)$，使得 $f(x_0)=2$，$f'(x_0)=0$. 将 $f(x)$ 在 x_0 处展为一阶泰勒公式，有
$$f(x)=f(x_0)+f'(x_0)(x-x_0)+\frac{1}{2!}f''(\eta)(x-x_0)^2=2+\frac{1}{2!}f''(\eta)(x-x_0)^2$$

这里 η 介于 x 与 x_0 之间. 在此式中分别取 $x=-1$ 与 $x=1$ 得

$$f(-1) = 2 + \frac{1}{2!}f''(\xi_1)(1+x_0)^2 = 1, \quad f(1) = 2 + \frac{1}{2!}f''(\xi_2)(1-x_0)^2 = 1$$

(1) 若 $x_0 = 0$,则 $f''(\xi_1) = f''(\xi_2) = -2$;

(2) 若 $-1 < x_0 < 0$,则 $f''(\xi_1) < -2$;

(3) 若 $0 < x_0 < 1$,则 $f''(\xi_2) < -2$.

得证.

例 4.11(全国 2011) 函数 $f(x) = \ln|(x-1)(x-2)(x-3)|$ 的驻点的个数是 ( )

(A) 0   (B) 1   (C) 2   (D) 3

解析 **方法 I** 由于

$$f'(x) = \frac{1}{x-1} + \frac{1}{x-2} + \frac{1}{x-3}, \quad f''(x) = -\frac{1}{(x-1)^2} - \frac{1}{(x-2)^2} - \frac{1}{(x-3)^2} < 0$$

所以 $f'(x)$ 在 $(-\infty,1),(1,2),(2,3),(3,+\infty)$ 分别严格减少. 因为

$$f'(-\infty) = 0, \quad f'(1-) = -\infty, \quad f'(1+) = +\infty, \quad f'(2-) = -\infty$$
$$f'(2+) = +\infty, \quad f'(3-) = -\infty, \quad f'(3+) = +\infty, \quad f'(+\infty) = 0$$

所以 $f'(x)$ 在 $(1,2)$ 上恰有一个零点,在 $(2,3)$ 上也恰有一个零点. 即函数 $f(x)$ 恰有两个驻点.

方法 II 记 $g(x) = (x-1)(x-2)(x-3)$,则

$$f(x) = \ln|g(x)|, \quad f'(x) = \frac{g'(x)}{g(x)}$$

所以 $f'(x)$ 与 $g'(x)$ 有相同的零点. 在区间 $[1,2],[2,3]$ 上分别应用罗尔定理可知 $g'(x)$ 在 $(1,2),(2,3)$ 内至少各有一个零点. 又 $g'(x)$ 是二次多项式,它最多有两个零点,所以 $g'(x)$ 恰有两个零点,即函数 $f'(x)$ 恰有两个零点,于是函数 $f(x)$ 恰有两个驻点.

例 4.12(全国 2011) 曲线 $y = (x-1)(x-2)^2(x-3)^3(x-4)^4$ 的一个拐点是 ( )

(A) $(1,0)$ (B) $(2,0)$ (C) $(3,0)$ (D) $(4,0)$

解析 **方法 I** 令 $F(x) = (x-1)(x-2)^2(x-3)^3(x-4)^4$.

(1) 在 $x=1$ 处,令 $f(x) = (x-2)^2(x-3)^3(x-4)^4$,则 $F(x) = (x-1)f(x)$. 由于 $F''(1) = 2f'(1) > 0$,所以 $(1,0)$ 不是 $y = F(x)$ 的拐点.

(2) 在 $x=2$ 处,令 $g(x) = (x-1)(x-3)^3(x-4)^4$,则 $F(x) = (x-2)^2 g(x)$. 由于 $F''(2) = 2g(2) < 0$,所以 $(2,0)$ 不是 $y = F(x)$ 的拐点.

(3) 在 $x=3$ 处,令 $h(x) = (x-1)(x-2)^2(x-4)^4$,则 $F(x) = (x-3)^3 h(x)$. 由于 $F''(3) = 0, F'''(3) = 6h(3) \neq 0$,所以 $(3,0)$ 是 $y = F(x)$ 的拐点.

(4) 在 $x=4$ 处,令 $l(x) = (x-1)(x-2)^2(x-3)^3$,则 $F(x) = (x-4)^4 l(x)$. 由于 $F''(4) = 0, F'''(4) = 0, F^{(4)}(4) = 24l(4) > 0$,应用 $F''(x)$ 在 $x=4$ 的泰勒公

式,即
$$F''(x) = F''(4) + F'''(4)(x-4) + \frac{1}{2!}F^{(4)}(\xi)(x-4)^2 = \frac{1}{2!}F^{(4)}(\xi)(x-4)^2$$
所以存在 $x = 4$ 的去心邻域,其内 $F''(x)$ 取正值,故 $(4,0)$ 不是 $y = F(x)$ 的拐点.

方法 Ⅱ 设 $F(x) = (x-a)^n f(x), n = 1, 2, \cdots, f(x) \in C, f(a) > 0$(或 < 0),则由 $f(x)$ 的连续性和 $f(x)$ 在 $x = a$ 的邻域的保号性,可得曲线 $y = F(x)$ 与 $y = (x-a)^n$ 在 $x = a$ 的邻域的单调性与凹凸性相同(或相反).

(1) 在 $x = 1$ 处, $F(x) = (x-1)f(x), f(x) = (x-2)^2(x-3)^3(x-4)^4$, $f(1) < 0$,且 $(1,0)$ 显然不是 $y = x - 1$ 的拐点,所以 $(1,0)$ 不是 $y = F(x)$ 的拐点.

(2) 在 $x = 2$ 处, $F(x) = (x-2)^2 g(x), g(x) = (x-1)(x-3)^3(x-4)^4$, $g(2) < 0$,且 $(2,0)$ 显然不是 $y = (x-2)^2$ 的拐点,所以 $(2,0)$ 不是 $y = F(x)$ 的拐点.

(3) 在 $x = 3$ 处, $F(x) = (x-3)^3 h(x), h(x) = (x-1)(x-2)^2(x-4)^4$, $h(3) > 0$,且 $(3,0)$ 显然是 $y = (x-3)^3$ 的拐点,所以 $(3,0)$ 是 $y = F(x)$ 的拐点.

(4) 在 $x = 4$ 处, $F(x) = (x-4)^4 l(x), l(x) = (x-1)(x-2)^2(x-3)^3$, $l(4) > 0$,且 $(4,0)$ 显然不是 $y = (x-4)^4$ 的拐点,所以 $(4,0)$ 不是 $y = F(x)$ 的拐点.

注意:在本题中,若欲求函数
$$y = (x-1)(x-2)^2(x-3)^3(x-4)^4$$
拐点的个数,可应用上述方法 Ⅱ 画出此函数的简图(见图 3.6),从图中曲线的凹凸性可看出共有 6 个拐点.

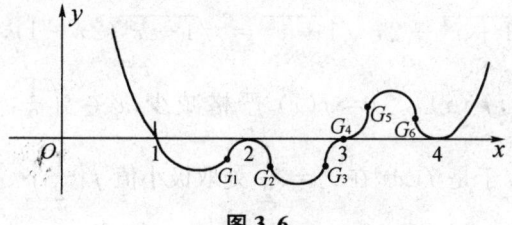

图 3.6

例 4.13(南大 1996) 设 $f(x) = x^3(1-x)^3$,求 $f'''(x)$ 在 $(0,1)$ 内零点的个数.

解析 **方法 Ⅰ** $f(x) = (x-x^2)^3, f'(x) = 3(x-x^2)^2(1-2x)$,由
$$f''(x) = 6(x-x^2)(1-2x)^2 - 6(x-x^2)^2 = 6x(1-x)(5x^2-5x+1) = 0$$
解得 $x = 0, \frac{1}{2} - \frac{\sqrt{5}}{10}, \frac{1}{2} + \frac{\sqrt{5}}{10}, 1$. 在区间 $\left[0, \frac{1}{2} - \frac{\sqrt{5}}{10}\right], \left[\frac{1}{2} - \frac{\sqrt{5}}{10}, \frac{1}{2} + \frac{\sqrt{5}}{10}\right]$ 以及 $\left[\frac{1}{2} + \frac{\sqrt{5}}{10}, 1\right]$ 上分别应用罗尔定理,则 $f'''(x)$ 在其中至少各有一个零点,即 $f'''(x)$ 在 $(0,1)$ 内至少有三个零点. 又 $f'''(x)$ 是三次多项式,它最多有三个零点,故 $f'''(x)$ 在 $(0,1)$ 内恰有三个零点.

方法Ⅱ 设 $f(x)=(x-a)^n g(x), n=1,2,\cdots, g(x)\in C, g(a)>0$(或$<0$),则由 $g(x)$ 的连续性和 $g(x)$ 在 $x=a$ 的邻域的保号性,可得曲线 $y=f(x)$ 与 $y=(x-a)^n$ 在 $x=a$ 的邻域的单调性与凹凸性相同(或相反).

(1) 在 $x=1$ 处, $f(x)=(1-x)^3 g(x), g(x)=x^3, g(1)=1>0$,且 $(1,0)$ 显然是 $y=(1-x)^3$ 的拐点,所以 $(1,0)$ 是 $y=f(x)$ 的拐点,即 $f''(1)=0$.

(2) 在 $x=0$ 处, $f(x)=x^3 h(x), h(x)=(1-x)^3, h(0)=1>0$,且 $(0,0)$ 显然是 $y=x^3$ 的拐点,所以 $(0,0)$ 是 $y=f(x)$ 的拐点,即 $f''(0)=0$.

(3) 由于 $f(0)=f(1)$,在 $[0,1]$ 上应用罗尔定理,$\exists c\in(0,1)$,使得 $f'(c)=0$. 由于 $f'(0)=f'(c)=f'(1)=0$,在 $[0,c]$ 与 $[c,1]$ 上分别应用罗尔定理,$\exists \xi_1\in(0,c), \xi_2\in(c,1)$,使得 $f''(\xi_1)=0, f''(\xi_2)=0$.

(4) 由于 $f''(0)=f''(\xi_1)=f''(\xi_2)=f''(1)=0$,在 $[0,\xi_1], [\xi_1,\xi_2], [\xi_2,1]$ 上分别应用罗尔定理,$\exists \eta_1\in(0,\xi_1), \eta_2\in(\xi_1,\xi_2)$ 和 $\eta_3\in(\xi_2,1)$,使得 $f'''(\eta_1)=0, f'''(\eta_2)=0, f'''(\eta_3)=0$. 即 $f'''(x)$ 在 $(0,1)$ 内至少有三个零点.

(5) 因为 $f'''(x)$ 是三次多项式,它最多有三个零点.

综上可得,$f'''(x)$ 在 $(0,1)$ 内恰有三个零点.

例 4.14(全国 2015) 已知函数 $f(x)=\int_x^1 \sqrt{1+t^2}\,dt+\int_1^{x^2}\sqrt{1+t}\,dt$,求 $f(x)$ 零点的个数.

解析 由函数 $f(x)$ 的表达式显然有 $f(1)=0$,且

$$f'(x)=-\sqrt{1+x^2}+2x\sqrt{1+x^2}=\sqrt{1+x^2}(2x-1),\quad f'\left(\frac{1}{2}\right)=0$$

$x\in\left(-\infty,\frac{1}{2}\right)$ 时,$f'(x)<0\Rightarrow f(x)$ 严格减少;$x\in\left(\frac{1}{2},+\infty\right)$ 时,$f'(x)>0\Rightarrow f(x)$ 严格增加. 于是 $f(x)$ 在 $x=\frac{1}{2}$ 处取极小值 $f\left(\frac{1}{2}\right)<f(1)=0$. 由于

$$f(-1)=\int_{-1}^1\sqrt{1+t^2}\,dt+\int_1^1\sqrt{1+t}\,dt=\int_{-1}^1\sqrt{1+t^2}\,dt>0$$

应用零点定理与严格单调性可得,$f(x)$ 在 $\left(-1,\frac{1}{2}\right)$ 上有唯一的零点,在 $\left(\frac{1}{2},1\right]$ 上有唯一的零点 $x=1$,并且由严格单调性可得,$f(x)$ 在 $(-\infty,-1)$ 与 $(1,+\infty)$ 上没有零点,所以 $f(x)$ 恰有两个零点.

例 4.15(全国 2014) 设 $p(x)=a+bx+cx^2+dx^3$,当 $x\to 0$ 时,若 $p(x)-\tan x$ 是比 x^3 高阶的无穷小,则下列选项中错误的是 ( )

(A) $a=0$ (B) $b=1$ (C) $c=0$ (D) $d=\dfrac{1}{6}$

解析 记 $f(x)=\tan x$,则

$$f'(x)=\sec^2 x,\quad f''(x)=2\sec^2 x\tan x=2(\tan x+\tan^3 x)$$

$$f'''(x) = 2(\sec^2 x + 3\tan^2 x \sec^2 x) = 2\sec^2 x(1 + 3\tan^2 x)$$

所以 $f(0) = 0, f'(0) = 1, f''(0) = 0, f'''(0) = 2$,应用马克劳林公式有

$$\tan x = f(x) = f(0) + f'(0)x + \frac{1}{2!}f''(0)x^2 + \frac{1}{3!}f'''(0)x^3 + o(x^3)$$

$$= x + \frac{1}{3}x^3 + o(x^3)$$

于是

$$p(x) - \tan x = a + bx + cx^2 + dx^3 - x - \frac{1}{3}x^3 + o(x^3)$$

$$= a + (b-1)x + cx^2 + \left(d - \frac{1}{3}\right)x^3 + o(x^3)$$

因此 $a = 0, b = 1, c = 0, d = \frac{1}{3}$,所以(D) 错误.

例 4.16(全国 2013) 设函数 $f(x) = \ln x + \frac{1}{x}$.

(1) 求 $f(x)$ 的最小值;

(2) 设数列 $\{x_n\}$ 满足 $\ln x_n + \frac{1}{x_{n+1}} < 1$,证明 $\lim_{n\to\infty} x_n$ 存在,并求此极限.

解析 (1) 由题可得 $f'(x) = \frac{x-1}{x^2}$,令 $f'(x) = 0$,解得 $f(x)$ 的唯一驻点 $x = 1$. 又 $f''(1) = \frac{2-x}{x^3}\Big|_{x=1} = 1 > 0$,故 $f(1) = 1$ 是唯一极小值,即最小值.

(2) 由(1) 知 $\ln x + \frac{1}{x} \geqslant 1$,从而有 $\ln x_n + \frac{1}{x_{n+1}} < 1 \leqslant \ln x_n + \frac{1}{x_n}$,于是 $x_n < x_{n+1}$,即数列 $\{x_n\}$ 单调增加. 又由 $\ln x_n + \frac{1}{x_{n+1}} < 1$,得 $\ln x_n < 1$,故 $x_n < e$. 从而数列 $\{x_n\}$ 有上界,应用单调有界准则得 $\{x_n\}$ 收敛. 令 $\lim_{n\to\infty} x_n = a$,在不等式 $\ln x_n + \frac{1}{x_{n+1}} < 1$ 两边取极限,得 $\ln a + \frac{1}{a} \leqslant 1$. 因 $\ln a + \frac{1}{a} \geqslant 1$,故 $\ln a + \frac{1}{a} = 1$,于是 $a = 1$,即 $\lim_{n\to\infty} x_n = 1$.

例 4.17(全国 2014) 设函数 $y = f(x)$ 由方程 $y^3 + xy^2 + x^2y + 6 = 0$ 确定,求 $f(x)$ 的极值.

解析 原方程两边对 x 求导数得

$$(3y^2 + 2xy + x^2)y' + y^2 + 2xy = 0 \tag{1}$$

此式中令 $y' = 0$,解得 $y = 0$(不合原方程) 或 $y = -2x$. 将 $y = -2x$ 代入原方程可得驻点 $x = 1$,此时 $y = -2$. 将(1) 式两边对 x 求导数得

$$(3y^2 + 2xy + x^2)'y' + (3y^2 + 2xy + x^2)y'' + 2yy' + 2y + 2xy' = 0$$

此式中令 $x = 1, y = -2, y' = 0$,解得 $y''(1) = \frac{4}{9} > 0$,所以 $f(1) = -2$ 是极小值.

例 4.18(全国 2000) 若 $\lim\limits_{x\to 0}\dfrac{\sin 6x - xf(x)}{x^3} = 0$,则 $\lim\limits_{x\to 0}\dfrac{6-f(x)}{x^2} = $ (   )

(A) 0　　　　　　(B) 6　　　　　　(C) 36　　　　　　(D) ∞

解析　由于

$$\lim_{x\to 0}\frac{\sin 6x - xf(x)}{x^3} = \lim_{x\to 0}\frac{\sin 6x - 6x + 6x - xf(x)}{x^3}$$

$$= \lim_{x\to 0}\frac{\sin 6x - 6x}{x^3} + \lim_{x\to 0}\frac{6x - xf(x)}{x^3}$$

$$= \lim_{x\to 0}\frac{6(\cos 6x - 1)}{3x^2} + \lim_{x\to 0}\frac{6-f(x)}{x^2}$$

$$= 2\lim_{x\to 0}\frac{-6\sin 6x}{2x} + \lim_{x\to 0}\frac{6-f(x)}{x^2}$$

$$= 2\lim_{x\to 0}\frac{-36x}{2x} + \lim_{x\to 0}\frac{6-f(x)}{x^2}$$

$$= -36 + \lim_{x\to 0}\frac{6-f(x)}{x^2} = 0$$

所以 $\lim\limits_{x\to 0}\dfrac{6-f(x)}{x^2} = 36.$

例 4.19(南大 2009)　求 $\lim\limits_{x\to 0}\dfrac{\tan 2x - 2\tan x}{\sin 3x - 3\sin x}.$

解析　应用洛必达法则,则

$$原式 = \lim_{x\to 0}\frac{2\sec^2 2x - 2\sec^2 x}{3\cos 3x - 3\cos x} = \lim_{x\to 0}\frac{2}{3}\cdot\frac{(\cos x - \cos 2x)(\cos x + \cos 2x)}{(\cos 3x - \cos x)\cos^2 x \cos^2 2x}$$

$$= \lim_{x\to 0}\frac{4}{3}\cdot\frac{\cos x - \cos 2x}{\cos 3x - \cos x} = \frac{4}{3}\lim_{x\to 0}\frac{-\sin x + 2\sin 2x}{-3\sin 3x + \sin x}$$

$$= \frac{4}{3}\lim_{x\to 0}\frac{-\cos x + 4\cos 2x}{-9\cos 3x + \cos x} = -\frac{1}{2}$$

例 4.20(全国 2011)　求极限 $\lim\limits_{x\to 0}\dfrac{\sqrt{1+2\sin x} - x - 1}{x\ln(1+x)}.$

解析　应用等价无穷小因子代换法则与洛必达法则,则

$$原式 = \lim_{x\to 0}\frac{\sqrt{1+2\sin x} - x - 1}{x^2} = \lim_{x\to 0}\frac{\dfrac{\cos x}{\sqrt{1+2\sin x}} - 1}{2x}$$

$$= \lim_{x\to 0}\frac{\cos x - \sqrt{1+2\sin x}}{2x} \cdot \frac{1}{\sqrt{1+2\sin x}}$$

$$= \lim_{x\to 0}\frac{-\sin x - \dfrac{\cos x}{\sqrt{1+2\sin x}}}{2} = -\frac{1}{2}$$

例 4.21（全国 2012） 计算 $\lim\limits_{x\to 0}\dfrac{e^{x^2}-e^{2-2\cos x}}{x^4}$.

解析 应用等价无穷小因子代换法则与洛必达法则，则

$$\text{原式}=\lim_{x\to 0}\dfrac{e^{2-2\cos x}(e^{x^2-(2-2\cos x)}-1)}{x^4}=\lim_{x\to 0}\dfrac{x^2-(2-2\cos x)}{x^4}$$

$$=\lim_{x\to 0}\dfrac{2x-2\sin x}{4x^3}=\lim_{x\to 0}\dfrac{2-2\cos x}{12x^2}=\lim_{x\to 0}\dfrac{2\sin x}{24x}=\dfrac{1}{12}$$

例 4.22（南大 2011） $\lim\limits_{x\to 0}\left(\dfrac{\tan x-x}{x-\sin x}\right)^{\arctan\left(\cot x-\frac{1}{x}\right)}=$ _____.

解析 本题是幂指函数 $u(x)^{v(x)}$ 型式，不是未定式. 应用洛必达法则，有

$$\lim_{x\to 0}u(x)=\lim_{x\to 0}\dfrac{\tan x-x}{x-\sin x}=\lim_{x\to 0}\dfrac{\sec^2 x-1}{1-\cos x}=\lim_{x\to 0}\dfrac{1-\cos^2 x}{\dfrac{x^2}{2}\cos^2 x}=\lim_{x\to 0}\dfrac{\sin^2 x}{\dfrac{x^2}{2}\cos^2 x}=2$$

$$\lim_{x\to 0}v(x)=\lim_{x\to 0}\arctan\left(\cot x-\dfrac{1}{x}\right)=\arctan\left(\lim_{x\to 0}\left(\dfrac{x\cos x-\sin x}{x\sin x}\right)\right)$$

$$=\arctan\left(\lim_{x\to 0}\left(\dfrac{x\cos x-\sin x}{x^2}\right)\right)=\arctan\left(\lim_{x\to 0}\left(\dfrac{-x\sin x}{2x}\right)\right)$$

$$=\arctan 0=0$$

于是

$$\lim_{x\to 0}\left(\dfrac{\tan x-x}{x-\sin x}\right)^{\arctan\left(\cot x-\frac{1}{x}\right)}=\lim_{x\to 0}u(x)^{v(x)}=2^0=1$$

例 4.23（全国 1998） 求 $\lim\limits_{n\to\infty}\left(n\tan\dfrac{1}{n}\right)^{n^2}$ $(n\in\mathbf{N}^*)$.

解析 为了应用洛必达法则，先对 $x\to 0+$ 求下面的极限：

$$\lim_{x\to 0+}\left(\dfrac{\tan x}{x}\right)^{\frac{1}{x^2}}=\lim_{x\to 0+}\left(1+\dfrac{\tan x-x}{x}\right)^{\frac{x}{\tan x-x}\cdot\frac{\tan x-x}{x^3}}=\exp\left(\lim_{x\to 0+}\dfrac{\tan x-x}{x^3}\right)$$

$$=\exp\left(\lim_{x\to 0+}\dfrac{\sec^2 x-1}{3x^2}\right)=\exp\left(\lim_{x\to 0+}\dfrac{\sin^2 x}{3x^2\cos^2 x}\right)=\exp\left(\dfrac{1}{3}\right)$$

取 $x=\dfrac{1}{n}$，即得

$$\lim_{n\to\infty}\left(n\tan\dfrac{1}{n}\right)^{n^2}=e^{\frac{1}{3}}$$

例 4.24（全国 2010） 求极限 $\lim\limits_{x\to+\infty}(x^{\frac{1}{x}}-1)^{\frac{1}{\ln x}}$.

解析 当 $x\to+\infty$ 时，$\dfrac{\ln x}{x}\to 0^+$，应用洛必达法则，则

$$\text{原式}=\exp\left(\lim_{x\to+\infty}\dfrac{\ln(e^{\frac{\ln x}{x}}-1)}{\ln x}\right)=\exp\left(\lim_{x\to+\infty}\dfrac{xe^{\frac{\ln x}{x}}}{e^{\frac{\ln x}{x}}-1}\cdot\dfrac{1-\ln x}{x^2}\right)$$

$$= \exp\left(\lim_{x\to +\infty} \frac{1}{\frac{\ln x}{x}} \cdot \frac{1-\ln x}{x}\right) = \exp\left(\lim_{x\to +\infty} \frac{1-\ln x}{\ln x}\right) = e^{-1}.$$

例 4.25（全国 2012） 已知函数 $f(x) = \frac{1+x}{\sin x} - \frac{1}{x}$，记 $a = \lim_{x\to 0} f(x)$.

(1) 求 a 的值；

(2) 若 $x \to 0$ 时，$f(x) - a$ 与 x^k 是同阶无穷小，求常数 k 的值.

解析 **方法 I** 应用等价无穷小因子代换与洛必达法则.

(1) $a = \lim_{x\to 0} f(x) = \lim_{x\to 0} \frac{x + x^2 - \sin x}{x \sin x} = \lim_{x\to 0} \frac{x + x^2 - \sin x}{x^2}$

$$= \lim_{x\to 0} \frac{1 + 2x - \cos x}{2x} = \lim_{x\to 0} \frac{2 + \sin x}{2} = 1.$$

(2) 因为

$$\lim_{x\to 0} \frac{f(x) - 1}{x^k} = \lim_{x\to 0} \frac{x + x^2 - \sin x - x\sin x}{x^{k+2}}$$

$$= \lim_{x\to 0} \frac{1 + 2x - \cos x - \sin x - x\cos x}{(k+2)x^{k+1}}$$

$$= \lim_{x\to 0} \frac{2 + \sin x - 2\cos x + x\sin x}{(k+2)(k+1)x^k}$$

$$= \lim_{x\to 0} \frac{\cos x + 3\sin x + x\cos x}{(k+2)(k+1)kx^{k-1}}.$$

上式右端的分子的极限为 1，所以上式右端有非零极限的充要条件是 $k = 1$，且此时 $\lim_{x\to 0} \frac{f(x) - 1}{x^k} = \frac{1}{6}$. 故 $k = 1$ 为所求.

方法 II 应用 $\sin x$ 的马克劳林展式 $\sin x = x - \frac{1}{3!}x^3 + o(x^4)$.

(1) 根据题意，得

$$a = \lim_{x\to 0} f(x) = \lim_{x\to 0} \frac{x + x^2 - \sin x}{x \sin x}$$

$$= \lim_{x\to 0} \frac{x + x^2 - \left(x - \frac{1}{6}x^3 + o(x^4)\right)}{x^2} = 1.$$

(2) 因为

$$f(x) - 1 = \frac{x + x^2 - \left(x - \frac{1}{6}x^3 + o(x^4)\right)}{x \sin x} - 1$$

$$= \frac{1}{6}x + o(x^2) \sim \frac{1}{6}x \quad (x \to 0).$$

所以 $k = 1$.

例 4.26(南大 2007) 构造适当的辅助函数证明:$e^\pi > \pi^e$.

解析 令 $f(x) = \dfrac{\ln x}{x}$,则

$$f'(x) = \dfrac{1-\ln x}{x^2} < 0 \quad (x > e)$$

所以 $x > e$ 时,$f(x)$ 严格减少 $\Rightarrow f(e) > f(\pi)$,即得

$$\dfrac{\ln e}{e} > \dfrac{\ln \pi}{\pi} \Leftrightarrow \pi \ln e > e \ln \pi \Leftrightarrow e^\pi > \pi^e$$

例 4.27(南大 2005) 设 a,b 为实数,证明:

$$\dfrac{|a+b|}{1+|a+b|} \leqslant \dfrac{|a|}{1+|a|} + \dfrac{|b|}{1+|b|}$$

解析 令 $f(x) = \dfrac{x}{1+x}, x \geqslant 0$,则 $f'(x) = \dfrac{1}{(1+x)^2} > 0$,所以 $f(x)$ 在 $x \geqslant 0$ 时严格增加. 因为

$$|a+b| \leqslant |a|+|b| \leqslant |a|+|b|+|ab|$$

所以 $f(|a+b|) \leqslant f(|a|+|b|+|ab|)$,于是

$$\dfrac{|a+b|}{1+|a+b|} \leqslant \dfrac{|a|+|b|+|ab|}{1+|a|+|b|+|ab|} \leqslant \dfrac{|a|+|b|+2|ab|}{1+|a|+|b|+|ab|}$$
$$= \dfrac{|a|}{1+|a|} + \dfrac{|b|}{1+|b|}$$

例 4.28(全国 2012) 证明:$x\ln\dfrac{1+x}{1-x} + \cos x \geqslant 1 + \dfrac{x^2}{2}$ $(-1 < x < 1)$.

解析 令 $f(x) = x\ln\dfrac{1+x}{1-x} + \cos x - 1 - \dfrac{x^2}{2}(-1 < x < 1)$,则 $f(0) = 0$. 又

$$f'(x) = \ln\dfrac{1+x}{1-x} + x\left(\dfrac{1}{1+x} + \dfrac{1}{1-x}\right) - \sin x - x$$

$$f''(x) = \dfrac{4}{1-x^2} + \left(\dfrac{2x}{1-x^2}\right)^2 - (\cos x + 1)$$

由于 $-1 < x < 1$,所以 $\dfrac{4}{1-x^2} \geqslant 4, \left(\dfrac{2x}{1-x^2}\right)^2 \geqslant 0, -2 \leqslant -(\cos x + 1) < -1$,于是 $f''(x) > 0 \Rightarrow f'(x)$ 严格增加. 又 $f'(0) = 0$,所以 $x > 0$ 时 $f'(x) > 0$,$x < 0$ 时 $f'(x) < 0$. 故 $x > 0$ 时,$f(x)$ 严格增加;$x < 0$ 时,$f(x)$ 严格减少.

由此可得 $|x| < 1$ 时,$f(x) \geqslant f(0) = 0$,即原不等式成立.

例 4.29(全国 2015) 已知函数 $f(x)$ 在区间 $[a,+\infty)$ 上具有二阶导数,$f(a) = 0, f'(x) > 0, f''(x) > 0$,设 $b > a$,曲线 $y = f(x)$ 在点 $(b, f(b))$ 处的切线与 x 轴的交点是 $(x_0, 0)$. 证明:$a < x_0 < b$.

解析 曲线 $y = f(x)$ 在点 $(b, f(b))$ 处的切线方程为

$$y - f(b) = f'(b)(x-b)$$

令 $y=0$，得 $x_0 = b - \dfrac{f(b)}{f'(b)}$. 由于 $f'(x) > 0, f''(x) > 0$，所以在 $[a, +\infty)$ 上，$f(x)$ 与 $f'(x)$ 都严格增加，于是 $f(b) > f(a) = 0$，因此 $x_0 = b - \dfrac{f(b)}{f'(b)} < b$. 下面证明 $x_0 = b - \dfrac{f(b)}{f'(b)} > a$，这等价于证明 $bf'(b) - f(b) - af'(b) > 0$. 令

$$F(x) = xf'(x) - f(x) - af'(x) \quad (x \geqslant a)$$

则

$$\begin{aligned}F'(x) &= f'(x) + xf''(x) - f'(x) - af''(x)\\ &= (x-a)f''(x) > 0 \quad (x > a)\end{aligned}$$

所以 $F(x)$ 在 $[a, +\infty)$ 上严格增，于是

$$F(b) = bf'(b) - f(b) - af'(b) > F(a) = -f(a) = 0$$

例 4.30（全国 2007） 曲线 $y = \dfrac{1}{x} + \ln(1 + e^x)$ 的渐近线的条数为（　　）

(A) 0　　　　　(B) 1　　　　　(C) 2　　　　　(D) 3

解析 因为

$$\lim_{x \to 0} y = \lim_{x \to 0}\left(\dfrac{1}{x} + \ln(1 + e^x)\right) = \infty$$

所以 $x = 0$ 是一条垂直渐近线；因为

$$\lim_{x \to +\infty} y = \lim_{x \to +\infty}\left(\dfrac{1}{x} + \ln(1 + e^x)\right) = +\infty, \quad \lim_{x \to -\infty} y = \lim_{x \to -\infty}\left(\dfrac{1}{x} + \ln(1 + e^x)\right) = 0$$

所以 $y = 0$ 是一条水平渐近线；因为

$$\lim_{x \to +\infty} \dfrac{y}{x} = \lim_{x \to +\infty}\left(\dfrac{1}{x^2} + \dfrac{\ln(1 + e^x)}{x}\right) = 1$$

$$\lim_{x \to +\infty}(y - x) = \lim_{x \to +\infty}\left(\dfrac{1}{x} + \ln(1 + e^x) - x\right) = 0 + \lim_{x \to +\infty}\ln\dfrac{1 + e^x}{e^x}$$

$$= \ln\left(\lim_{x \to +\infty}\dfrac{1 + e^x}{e^x}\right) = 0$$

所以 $y = x$ 是一条斜渐近线.

于是曲线共有 3 条渐近线.

专题 4 不定积分

4.1 重要概念与基本方法

1 原函数与不定积分基本概念

(1) 若 $F'(x) = f(x)$,则称 $F(x)$ 是 $f(x)$ 的一个原函数.

(2) 若 $F(x)$ 是 $f(x)$ 的一个原函数,则不定积分 $\int f(x)\mathrm{d}x \stackrel{\text{def}}{=} F(x) + C$,这里 $F(x) + C$ 表示 $f(x)$ 的全体原函数.

(3) 不定积分的性质.

$$\int f'(x)\mathrm{d}x = f(x) + C, \quad \left(\int f(x)\mathrm{d}x\right)' = f(x)$$

2 积分基本公式

$$\int x^\lambda \mathrm{d}x = \frac{1}{\lambda+1}x^{\lambda+1} + C \quad (\lambda \neq -1), \quad \int \frac{1}{x}\mathrm{d}x = \ln|x| + C$$

$$\int a^x \mathrm{d}x = \frac{1}{\ln a}a^x + C, \quad \int e^x \mathrm{d}x = e^x + C$$

$$\int \cos x \mathrm{d}x = \sin x + C, \quad \int \sin x \mathrm{d}x = -\cos x + C$$

$$\int \sec^2 x \mathrm{d}x = \tan x + C, \quad \int \csc^2 x \mathrm{d}x = -\cot x + C$$

$$\int \sec x \tan x \mathrm{d}x = \sec x + C, \quad \int \csc x \cot x \mathrm{d}x = -\csc x + C$$

$$\int \sec x \mathrm{d}x = \ln|\sec x + \tan x| + C, \quad \int \csc x \mathrm{d}x = \ln|\csc x - \cot x| + C$$

$$\int \frac{1}{\sqrt{a^2-x^2}}\mathrm{d}x = \arcsin\frac{x}{a} + C, \quad \int \frac{1}{\sqrt{a^2-x^2}}\mathrm{d}x = -\arccos\frac{x}{a} + C$$

$$\int \frac{1}{a^2+x^2}\mathrm{d}x = \frac{1}{a}\arctan\frac{x}{a} + C, \quad \int \frac{1}{a^2+x^2}\mathrm{d}x = -\frac{1}{a}\text{arccot}\frac{x}{a} + C$$

$$\int \frac{1}{\sqrt{x^2 \pm a^2}}\mathrm{d}x = \ln|x + \sqrt{x^2 \pm a^2}| + C, \quad \int \frac{1}{a^2-x^2}\mathrm{d}x = \frac{1}{2a}\ln\left|\frac{a+x}{a-x}\right| + C$$

3 不定积分的基本计算方法

定理 1(第一换元积分法) 若 $\int f(x)\mathrm{d}x = F(x)+C$,则

$$\int f(\varphi(x))\varphi'(x)\mathrm{d}x = \int f(u)\mathrm{d}u = F(u)+C = F(\varphi(x))+C$$

注：在应用换元积分法时，常用的凑微分公式有

$$\frac{1}{\sqrt{x}}\mathrm{d}x = 2\mathrm{d}\sqrt{x}, \quad \frac{1}{x}\mathrm{d}x = \mathrm{d}\ln x, \quad \frac{1}{x^2}\mathrm{d}x = -\mathrm{d}\frac{1}{x}, \quad x\mathrm{d}x = \frac{1}{2}\mathrm{d}x^2$$

$$\mathrm{e}^x\mathrm{d}x = \mathrm{d}\mathrm{e}^x, \quad \cos x\mathrm{d}x = \mathrm{d}\sin x, \quad \sin x\mathrm{d}x = -\mathrm{d}\cos x$$

$$\frac{1}{\cos^2 x}\mathrm{d}x = \mathrm{d}\tan x, \quad \frac{1}{\sin^2 x}\mathrm{d}x = -\mathrm{d}\cot x$$

$$\frac{x}{1+x^2}\mathrm{d}x = \frac{1}{2}\mathrm{d}\ln(1+x^2), \quad \frac{x}{1-x^2}\mathrm{d}x = -\frac{1}{2}\mathrm{d}\ln(1-x^2)$$

$$\frac{x}{\sqrt{1+x^2}}\mathrm{d}x = \mathrm{d}\sqrt{1+x^2}, \quad \frac{x}{\sqrt{1-x^2}}\mathrm{d}x = -\mathrm{d}\sqrt{1-x^2}$$

$$(1+\ln x)\mathrm{d}x = \mathrm{d}(x\ln x), \quad \frac{1}{\sqrt{1+x^2}}\mathrm{d}x = \mathrm{d}\ln(x+\sqrt{1+x^2})$$

定理 2(第二换元积分法) 若 $\int f(\varphi(t))\varphi'(t)\mathrm{d}t = F(t)+C$,且 $x = \varphi(t)$ 有反函数 $t = \varphi^{-1}(x)$,则有

$$\int f(x)\mathrm{d}x = \int f(\varphi(t))\varphi'(t)\mathrm{d}t = F(t)+C = F(\varphi^{-1}(x))+C$$

定理 3(分部积分法)

$$\int u(x)\mathrm{d}v(x) = u(x)v(x) - \int v(x)\mathrm{d}u(x)$$

这里假设上述积分中被积函数皆可积.

注：当被积函数是三角函数(反三角函数)、指数函数、对数函数、幂函数中两个乘积形式时，通常采用分部积分法计算.

4 一些常用函数的积分技巧

(1) 有理函数(有理分式)的积分.

① 将有理假分式用多项式除法分解为一个多项式与一个真分式的和；
② 将有理真分式分解为若干部分分式的和，这些部分分式的形式是

$$\frac{A_1}{x-a}, \quad \frac{A_3 x + A_4}{x^2+px+q} \quad (p^2 < 4q)$$

$$\frac{A_2}{(x-a)^k} \quad (k=2,3,\cdots), \quad \frac{A_3 x + A_4}{(x^2+px+q)^k} \quad (p^2 < 4q, k=2,3,\cdots)$$

③ 对多项式与每个部分分式分别积分.

(2) 三角函数有理式的积分.

① 首先考虑换元积分法与分部积分法,大部分题目能够解决;

② 用万能代换,令 $\tan \frac{x}{2} = t$,则

$$\sin x = \frac{2t}{1+t^2}, \quad \cos x = \frac{1-t^2}{1+t^2}, \quad \tan x = \frac{2t}{1-t^2}, \quad dx = \frac{2}{1+t^2}dt$$

可将三角函数有理式化为有理函数的积分.

(3) 简单的无理函数的积分:作适当的换元变换,消去根号,化为有理函数的积分.

4.2 《大学数学教程》习题选解

例 2.1(习题 3.1 A 3.18)   求 $\int \frac{\cos x}{\sqrt{2\cos 2x - 1}} dx$.

解析   应用第一换元积分法,则

原式 $= \int \frac{\cos x}{\sqrt{1-4\sin^2 x}} dx = \frac{1}{2} \int \frac{d(2\sin x)}{\sqrt{1-4\sin^2 x}} = \frac{1}{2}\arcsin(2\sin x) + C$

例 2.2(习题 3.1 A 3.19)   求 $\int \frac{x^3}{\sqrt{1-x^2}} dx$.

解析   **方法 I**

原式 $= -\frac{1}{2}\int \frac{x^2}{\sqrt{1-x^2}} d(1-x^2) = \frac{1}{2}\int \left(\sqrt{1-x^2} - \frac{1}{\sqrt{1-x^2}}\right) d(1-x^2)$

$= \frac{1}{2}\int \sqrt{1-x^2}\, d(1-x^2) - \frac{1}{2}\int \frac{1}{\sqrt{1-x^2}} d(1-x^2)$

$= \frac{1}{3}(1-x^2)^{\frac{3}{2}} - (1-x^2)^{\frac{1}{2}} + C$

方法 II   令 $x = \sin t \left(-\frac{\pi}{2} < t < \frac{\pi}{2}\right)$,则

原式 $= \int \frac{\sin^3 t}{\cos t} \cdot \cos t\, dt = \int \sin^3 t\, dt = -\int (1-\cos^2 t) d\cos t$

$= -\cos t + \frac{1}{3}\cos^3 t + C = \frac{1}{3}(1-x^2)^{\frac{3}{2}} - (1-x^2)^{\frac{1}{2}} + C$

例 2.3(习题 3.1 A 3.20)   求 $\int \frac{1}{x\sqrt{x^2-1}} dx$ $(x > 1)$.

解析   **方法 I**   应用第二换元积分法,令 $x = \sec t \left(0 < t < \frac{\pi}{2}\right)$,则

$$原式 = \int \frac{1}{\sec t \cdot \tan t} \sec t \cdot \tan t \, dt = \int 1 \, dt = t + C = \arccos \frac{1}{x} + C$$

方法 Ⅱ 应用第二换元积分法，令 $\sqrt{x^2-1} = t$，则 $x = \sqrt{t^2+1}\,(t \geqslant 0)$，$dx = \frac{t}{\sqrt{t^2+1}} dt$，有

$$原式 = \int \frac{1}{t^2+1} dt = \arctan t + C = \arctan \sqrt{x^2-1} + C$$

例 2.4（习题 3.1 A 4.6） 求 $\int x^2 \arctan x \, dx$.

解析
$$\begin{aligned}
原式 &= \frac{1}{3} \int \arctan x \, dx^3 = \frac{1}{3}\left(x^3 \arctan x - \int \frac{x^3}{1+x^2} dx\right) \\
&= \frac{1}{3}\left(x^3 \arctan x - \frac{1}{2} \int \frac{x^2}{1+x^2} dx^2\right) \\
&= \frac{1}{3}\left(x^3 \arctan x - \frac{1}{2} \int \frac{x^2+1-1}{1+x^2} dx^2\right) \\
&= \frac{1}{3} x^3 \arctan x - \frac{1}{6} \int dx^2 + \frac{1}{6} \int \frac{1}{1+x^2} dx^2 \\
&= \frac{1}{3} x^3 \arctan x - \frac{1}{6} x^2 + \frac{1}{6} \ln(1+x^2) + C
\end{aligned}$$

例 2.5（习题 3.1 A 4.7） 求 $\int x^3 e^{x^2} dx$.

解析
$$\begin{aligned}
原式 &= \frac{1}{2} \int x^2 \, de^{x^2} = \frac{1}{2}\left(x^2 e^{x^2} - \int e^{x^2} \cdot 2x \, dx\right) \\
&= \frac{1}{2}\left(x^2 e^{x^2} - \int de^{x^2}\right) = \frac{1}{2} x^2 e^{x^2} - \frac{1}{2} e^{x^2} + C
\end{aligned}$$

例 2.6（习题 3.1 A 4.11） 求 $\int \sin(\ln x) \, dx$.

解析 令 $\ln x = t$，则 $x = e^t$，故

$$\begin{aligned}
原式 &= \int \sin t \, de^t = \sin t \cdot e^t - \int e^t \cdot \cos t \, dt \\
&= \sin t \cdot e^t - \int \cos t \, de^t \\
&= \sin t \cdot e^t - \cos t \cdot e^t - \int e^t \cdot \sin t \, dt
\end{aligned}$$

所以

$$\begin{aligned}
原式 &= \int e^t \cdot \sin t \, dt = \frac{1}{2}(\sin t \cdot e^t - \cos t \cdot e^t) + C \\
&= \frac{x}{2}[\sin(\ln x) - \cos(\ln x)] + C
\end{aligned}$$

例 2.7(习题 3.1 A 7.6)　求 $\int \dfrac{1}{(1+x^2)(1+x+x^2)}\mathrm{d}x$.

解析　令
$$\dfrac{1}{(1+x^2)(1+x+x^2)} = \dfrac{Ax+B}{1+x^2} + \dfrac{Dx+E}{1+x+x^2}$$
$$= \dfrac{(B+E)+(A+B+D)x+(A+B+E)x^2+(A+D)x^3}{(1+x^2)(1+x+x^2)}$$

推出 $B+E=1, A+B+D=0, A+B+E=0, A+D=0$，解得 $A=-1, B=0, D=1, E=1$，于是

$$\text{原式} = -\int \dfrac{x}{1+x^2}\mathrm{d}x + \int \dfrac{x+1}{1+x+x^2}\mathrm{d}x = -\dfrac{1}{2}\ln(1+x^2) + \dfrac{1}{2}\int \dfrac{2x+1+1}{1+x+x^2}\mathrm{d}x$$
$$= -\dfrac{1}{2}\ln(1+x^2) + \dfrac{1}{2}\ln(1+x+x^2) + \dfrac{1}{2}\int \dfrac{1}{1+x+x^2}\mathrm{d}x$$
$$= -\dfrac{1}{2}\ln(1+x^2) + \dfrac{1}{2}\ln(1+x+x^2) + \dfrac{1}{2}\int \dfrac{1}{\left(x+\dfrac{1}{2}\right)^2 + \left(\dfrac{\sqrt{3}}{2}\right)^2}\mathrm{d}x$$
$$= \dfrac{1}{2}\ln \dfrac{x^2+x+1}{1+x^2} + \dfrac{\sqrt{3}}{3}\arctan \dfrac{2x+1}{\sqrt{3}} + C$$

例 2.8(习题 3.1 A 7.7)　求 $\int \dfrac{1}{\mathrm{e}^{2x}(1+\mathrm{e}^x)}\mathrm{d}x$.

解析　令 $\mathrm{e}^x = t$，则 $x = \ln t$，故

$$\text{原式} = \int \dfrac{1}{t^3(1+t)}\mathrm{d}t = \int \dfrac{1+t-t}{t^3(1+t)}\mathrm{d}t$$
$$= \int \dfrac{1}{t^3}\mathrm{d}t - \int \dfrac{1}{t^2(1+t)}\mathrm{d}t = \int \dfrac{1}{t^3}\mathrm{d}t - \int \dfrac{1+t-t}{t^2(1+t)}\mathrm{d}t$$
$$= \int \dfrac{1}{t^3}\mathrm{d}t - \int \dfrac{1}{t^2}\mathrm{d}t + \int \dfrac{1}{t(1+t)}\mathrm{d}t$$
$$= \int \dfrac{1}{t^3}\mathrm{d}t - \int \dfrac{1}{t^2}\mathrm{d}t + \int \dfrac{1}{t}\mathrm{d}t - \int \dfrac{1}{t+1}\mathrm{d}t$$
$$= -\dfrac{1}{2}t^{-2} + t^{-1} + \ln|t| - \ln|t+1| + C$$
$$= -\dfrac{1}{2}\mathrm{e}^{-2x} + \mathrm{e}^{-x} + x - \ln(1+\mathrm{e}^x) + C$$

例 2.9(习题 3.1 A 8.3)　求 $\int \dfrac{1}{2-\cos^2 x}\mathrm{d}x$.

解析　应用换元积分法，令 $t = \tan x$，则 $\cos 2x = \dfrac{1-t^2}{1+t^2}, \mathrm{d}x = \dfrac{1}{1+t^2}\mathrm{d}t$，有

$$\text{原式} = \int \dfrac{1}{2 - \dfrac{1+\cos 2x}{2}}\mathrm{d}x = \int \dfrac{2}{3-\cos 2x}\mathrm{d}x = \int \dfrac{2}{3-\dfrac{1-t^2}{1+t^2}} \cdot \dfrac{1}{1+t^2}\mathrm{d}t$$

$$= \int \frac{1}{1+2t^2} dt = \frac{1}{\sqrt{2}} \int \frac{1}{1+(\sqrt{2}t)^2} d(\sqrt{2}t) = \frac{1}{\sqrt{2}} \arctan(\sqrt{2}t) + C$$

$$= \frac{1}{\sqrt{2}} \arctan(\sqrt{2}\tan x) + C$$

例 2.10(习题 3.1 A 8.4) 求 $\int \frac{\sin^4 x}{\cos^2 x} dx$.

解析 原式 $= \int \frac{(1-\cos^2 x)^2}{\cos^2 x} dx = \int \frac{1-2\cos^2 x + \cos^4 x}{\cos^2 x} dx$

$$= \int \frac{1}{\cos^2 x} dx - 2\int dx + \int \cos^2 x\, dx$$

$$= \int \sec^2 x\, dx - 2x + \int \left(\frac{1}{2} + \frac{1}{2}\cos 2x\right) dx$$

$$= \tan x - 2x + \frac{1}{2}x + \frac{1}{4}\sin 2x + C$$

$$= \tan x - \frac{3}{2}x + \frac{1}{4}\sin 2x + C$$

例 2.11(习题 3.1 A 9.3) 求 $\int \frac{x}{\sqrt{x-x^2}} dx$.

解析 应用换元积分法,有

$$\text{原式} = \frac{1}{2}\int \frac{2x-1+1}{\sqrt{x-x^2}} dx = -\frac{1}{2}\int \frac{1}{\sqrt{x-x^2}} d(x-x^2) + \frac{1}{2}\int \frac{1}{\sqrt{x-x^2}} dx$$

$$= -\sqrt{x-x^2} + \frac{1}{2}\int \frac{1}{\sqrt{\frac{1}{4}-\left(x-\frac{1}{2}\right)^2}} dx$$

$$= -\sqrt{x-x^2} + \frac{1}{2}\int \frac{1}{\sqrt{1-(2x-1)^2}} d(2x-1)$$

$$= -\sqrt{x-x^2} + \frac{1}{2}\arcsin(2x-1) + C$$

例 2.12(习题 3.1 B 1.2) 求 $\int \frac{\ln(1+x) - \ln x}{x(1+x)} dx$.

解析 应用换元积分法,则

$$\text{原式} = \int (\ln(1+x) - \ln x)\left(\frac{1}{x} - \frac{1}{1+x}\right) dx$$

$$= \int (\ln(1+x) - \ln x) d(\ln x - \ln(1+x))$$

$$= -\frac{1}{2}(\ln(1+x) - \ln x)^2 + C = -\frac{1}{2}\ln^2 \frac{1+x}{x} + C$$

例 2.13(习题 3.1 B 1.3) 求 $\int e^{2x}(1+\tan x)^2 dx$.

解析 **方法 I**

$$原式 = \int e^{2x}(1+\tan^2 x + 2\tan x)dx = \int e^{2x}d(\tan x) + 2\int e^{2x}\cdot \tan x dx$$

$$= e^{2x}\tan x - 2\int e^{2x}\cdot \tan x dx + 2\int e^{2x}\cdot \tan x dx$$

$$= e^{2x}\tan x + C$$

方法 II 直接对原式用分部积分法,则

$$原式 = \frac{1}{2}\int (1+\tan x)^2 de^{2x} = \frac{1}{2}e^{2x}(1+\tan x)^2 - \int e^{2x}(1+\tan x)\sec^2 x dx$$

$$= \frac{1}{2}e^{2x}(1+\tan x)^2 - \frac{1}{2}\int \sec^2 x d(e^{2x}) - \int e^{2x}\tan x \sec^2 x dx$$

$$= \frac{1}{2}e^{2x}(1+\tan x)^2 - \frac{1}{2}e^{2x}\sec^2 x + \frac{1}{2}\int e^{2x}2\sec^2 x \tan x dx - \int e^{2x}\tan x \sec^2 x dx$$

$$= \frac{1}{2}e^{2x}(1+\tan x)^2 - \frac{1}{2}e^{2x}\sec^2 x + C$$

$$= e^{2x}\tan x + C$$

例 2.14(习题 3.1 B 1.4) 求 $\int \dfrac{1-\ln x}{(x-\ln x)^2}dx$.

解析 因为 $d\dfrac{\ln x}{x} = \dfrac{1-\ln x}{x^2}dx$,令 $\dfrac{\ln x}{x} = u$,则

$$原式 = \int \frac{1-\ln x}{x^2}\frac{1}{\left(1-\dfrac{\ln x}{x}\right)^2}dx = \int \frac{1}{(1-u)^2}du = \frac{1}{1-u} + C$$

$$= \frac{1}{1-\dfrac{\ln x}{x}} + C = \frac{x}{x-\ln x} + C$$

例 2.15(习题 3.1 B 1.6) 求 $\int \dfrac{1}{1+\sqrt{x}+\sqrt{1+x}}dx$.

解析 **方法 I** 分子、分母同乘 $1+\sqrt{x}-\sqrt{1+x}$,则

$$原式 = \int \frac{1+\sqrt{x}-\sqrt{1+x}}{2\sqrt{x}}dx = \int \frac{1}{2\sqrt{x}}dx + \frac{1}{2}\int dx - \frac{1}{2}\int \sqrt{\frac{1+x}{x}}dx$$

$$= \sqrt{x} + \frac{1}{2}x - \frac{1}{2}\int \sqrt{\frac{1+x}{x}}dx \quad \left(令 \sqrt{\frac{1+x}{x}} = t\right)$$

$$= \sqrt{x} + \frac{1}{2}x - \frac{1}{2}\int t d\left(\frac{1}{t^2-1}\right) = \sqrt{x} + \frac{1}{2}x - \frac{1}{2}\left(\frac{t}{t^2-1} - \int \frac{1}{t^2-1}dt\right)$$

$$= \sqrt{x} + \frac{1}{2}x - \frac{1}{2}\sqrt{x(1+x)} - \frac{1}{4}\ln\left|\frac{1+t}{1-t}\right| + C$$

$$= \sqrt{x} + \frac{1}{2}x - \frac{1}{2}\sqrt{x(1+x)} - \frac{1}{4}\ln\left|\frac{\sqrt{x}+\sqrt{1+x}}{\sqrt{x}-\sqrt{1+x}}\right| + C$$

方法 Ⅱ　令 $\sqrt{x}+\sqrt{1+x}=t$,则 $\dfrac{1}{\sqrt{x}+\sqrt{1+x}}=\dfrac{1}{t}$,即 $\sqrt{1+x}-\sqrt{x}=\dfrac{1}{t}$,

故 $2\sqrt{x}=t-\dfrac{1}{t}$,$x=\dfrac{1}{4}\left(t-\dfrac{1}{t}\right)^2$,于是

$$\text{原式}=\int\dfrac{1}{1+t}\dfrac{1}{2}\left(t-\dfrac{1}{t}\right)\left(1+\dfrac{1}{t^2}\right)\mathrm{d}t=\dfrac{1}{2}\int\left(1-\dfrac{1}{t}-\dfrac{1}{t^3}+\dfrac{1}{t^2}\right)\mathrm{d}t$$

$$=\dfrac{1}{2}\left(t-\ln t+\dfrac{1}{2t^2}-\dfrac{1}{t}\right)+C$$

$$=\dfrac{1}{2}(\sqrt{x}+\sqrt{1+x})-\dfrac{1}{2}\ln(\sqrt{x}+\sqrt{1+x})$$

$$+\dfrac{1}{4}(\sqrt{1+x}-\sqrt{x})^2-\dfrac{1}{2}(\sqrt{1+x}-\sqrt{x})+C$$

$$=\sqrt{x}-\dfrac{1}{2}\ln(\sqrt{x}+\sqrt{1+x})+\dfrac{x}{2}-\dfrac{1}{2}\sqrt{x(1+x)}+C_1$$

例 2.16(习题 3.1 B 1.7)　求 $\displaystyle\int\dfrac{x\mathrm{e}^x}{\sqrt{\mathrm{e}^x-1}}\mathrm{d}x$.

解析　先应用分部积分法,有

$$\text{原式}=\int\dfrac{x}{\sqrt{\mathrm{e}^x-1}}\mathrm{d}(\mathrm{e}^x-1)=\int x\mathrm{d}(2\sqrt{\mathrm{e}^x-1})=2x\sqrt{\mathrm{e}^x-1}-2\int\sqrt{\mathrm{e}^x-1}\mathrm{d}x$$

对于上式右端的第二项,应用换元积分法,令 $\sqrt{\mathrm{e}^x-1}=t$,则 $x=\ln(t^2+1)$,且 $\mathrm{d}x=\dfrac{2t}{t^2+1}\mathrm{d}t$,有

$$\int\sqrt{\mathrm{e}^x-1}\mathrm{d}x=\int\dfrac{2t^2}{t^2+1}\mathrm{d}t=2\int 1\mathrm{d}t-2\int\dfrac{1}{t^2+1}\mathrm{d}t=2t-2\arctan t-\dfrac{C}{2}$$

$$=2\sqrt{\mathrm{e}^x-1}-2\arctan\sqrt{\mathrm{e}^x-1}-\dfrac{C}{2}$$

于是

$$\text{原式}=2x\sqrt{\mathrm{e}^x-1}-4\sqrt{\mathrm{e}^x-1}+4\arctan\sqrt{\mathrm{e}^x-1}+C$$

4.3　往年期中与期末试题解析

例 3.1(98-99(Ⅰ)期末)　求 $\displaystyle\int(\cos x+\sqrt{x}\sec x)^2\mathrm{d}x$.

解析　原式 $=\displaystyle\int(\cos^2 x+2\sqrt{x}+x\sec^2 x)\mathrm{d}x$

$$=\int\dfrac{1+\cos 2x}{2}\mathrm{d}x+2\int\sqrt{x}\mathrm{d}x+\int x\mathrm{d}\tan x$$

$$= \frac{1}{2}x + \frac{1}{4}\sin 2x + \frac{4}{3}x^{\frac{3}{2}} + x\tan x - \int \tan x \mathrm{d}x$$

$$= \frac{1}{2}x + \frac{1}{4}\sin 2x + \frac{4}{3}x^{\frac{3}{2}} + x\tan x + \int \frac{1}{\cos x}\mathrm{d}\cos x$$

$$= \frac{1}{2}x + \frac{1}{4}\sin 2x + \frac{4}{3}x^{\frac{3}{2}} + x\tan x + \ln|\cos x| + C$$

例 3.2(03-04(Ⅰ)期末)　求 $\int \cos x \cdot \sqrt{\mathrm{e}^{\sin x} - 1}\mathrm{d}x$.

解析　令 $u = \sqrt{\mathrm{e}^{\sin x} - 1}$，则 $\sin x = \ln(u^2 + 1)$，$\cos x \mathrm{d}x = \frac{2u}{u^2 + 1}\mathrm{d}u$，故

$$\text{原式} = 2\int \frac{u^2}{u^2+1}\mathrm{d}u = 2\int \left(1 - \frac{1}{u^2+1}\right)\mathrm{d}u = 2u - 2\arctan u + C$$

$$= 2\sqrt{\mathrm{e}^{\sin x} - 1} - 2\arctan \sqrt{\mathrm{e}^{\sin x} - 1} + C$$

例 3.3(12-13(Ⅰ)期末)　求 $\int \frac{\arcsin x}{\sqrt{(1-x^2)^3}}\mathrm{d}x$.

解析　应用第二换元积分法，令 $x = \sin t \left(-\frac{\pi}{2} < t < \frac{\pi}{2}\right)$，则

$$\text{原式} = \int \frac{t}{\cos^3 t}\cos t \mathrm{d}t = \int \frac{t}{\cos^2 t}\mathrm{d}t = \int t \mathrm{d}\tan t$$

$$= \tan t \cdot t - \int \tan t \mathrm{d}t = \tan t \cdot t - \int \frac{\sin t}{\cos t}\mathrm{d}t$$

$$= \tan t \cdot t + \int \frac{1}{\cos t}\mathrm{d}\cos t = \tan t \cdot t + \ln|\cos t| + C$$

$$= \frac{x}{\sqrt{1-x^2}}\arcsin x + \ln \sqrt{1-x^2} + C$$

例 3.4(05-06(Ⅰ)期末)　求 $\int x\ln \frac{1+x}{1-x}\mathrm{d}x$.

解析　原式 $= \frac{1}{2}x^2 \ln \frac{1+x}{1-x} - \int \frac{x^2}{1-x^2}\mathrm{d}x = \frac{1}{2}x^2 \ln \frac{1+x}{1-x} + \int \left(1 - \frac{1}{1-x^2}\right)\mathrm{d}x$

$$= \frac{1}{2}x^2 \ln \frac{1+x}{1-x} + x - \int \frac{1}{1-x^2}\mathrm{d}x$$

$$= \frac{1}{2}x^2 \ln \frac{1+x}{1-x} + x - \frac{1}{2}\int \left(\frac{1}{1-x} + \frac{1}{1+x}\right)\mathrm{d}x$$

$$= \frac{1}{2}x^2 \ln \frac{1+x}{1-x} + x - \frac{1}{2}(\ln|1+x| - \ln|1-x|) + C$$

$$= \frac{1}{2}x^2 \ln \frac{1+x}{1-x} + x - \frac{1}{2}\ln \left|\frac{1+x}{1-x}\right| + C$$

例 3.5(09-10(Ⅰ)期末)　求 $\int \tan^6 x \sec^4 x \mathrm{d}x$.

解析 原式 $= \int \tan^6 x(1+\tan^2 x) \mathrm{d}\tan x = \dfrac{1}{7}\tan^7 x + \dfrac{1}{9}\tan^9 x + C$

例 3.6(10-11(Ⅰ)期末) 求 $\int \dfrac{\sin x}{1+\sin x}\mathrm{d}x$.

解析 **方法Ⅰ** 原式 $= \int \left(1 - \dfrac{1}{1+\sin x}\right)\mathrm{d}x = x - \int \dfrac{1}{1+\sin x}\mathrm{d}x$

$$= x - \int \dfrac{1-\sin x}{\cos^2 x}\mathrm{d}x = x - \tan x + \sec x + C$$

方法Ⅱ 原式 $= x - \int \dfrac{1}{1+\sin x}\mathrm{d}x = x - \int \dfrac{1}{\left(\cos\dfrac{x}{2}+\sin\dfrac{x}{2}\right)^2}\mathrm{d}x$

$$= x - \int \dfrac{2}{\left(1+\tan\dfrac{x}{2}\right)^2}\mathrm{d}\left(1+\tan\dfrac{x}{2}\right)$$

$$= x + \dfrac{2}{1+\tan\dfrac{x}{2}} + C$$

方法Ⅲ 原式 $= x - \int \dfrac{1}{1+\sin x}\mathrm{d}x = x - \int \dfrac{1}{1+\cos\left(\dfrac{\pi}{2}-x\right)}\mathrm{d}x$

$$= x - \int \dfrac{1}{2\cos^2\left(\dfrac{\pi}{4}-\dfrac{x}{2}\right)}\mathrm{d}x$$

$$= x + \tan\left(\dfrac{\pi}{4}-\dfrac{x}{2}\right) + C$$

例 3.7(12-13(Ⅰ)期末) 求 $\int \dfrac{1}{1+3\sin^2 x}\mathrm{d}x$.

解析 应用换元积分法,令 $t = \tan x$,则 $\cos 2x = \dfrac{1-t^2}{1+t^2}$,$\mathrm{d}x = \dfrac{1}{1+t^2}\mathrm{d}t$,有

$$\text{原式} = \int \dfrac{1}{1+3\dfrac{1-\cos 2x}{2}}\mathrm{d}x = \int \dfrac{2}{5-3\cos 2x}\mathrm{d}x$$

$$= \int \dfrac{2}{5-3\dfrac{1-t^2}{1+t^2}} \cdot \dfrac{1}{1+t^2}\mathrm{d}t = \int \dfrac{1}{1+4t^2}\mathrm{d}t$$

$$= \dfrac{1}{2}\int \dfrac{1}{1+(2t)^2}\mathrm{d}(2t) = \dfrac{1}{2}\arctan(2t) + C$$

$$= \dfrac{1}{2}\arctan(2\tan x) + C$$

例 3.8(11-12(Ⅰ)期末) 求 $\int |x-1|\mathrm{d}x$.

解析 当 $x > 1$ 时,有

$$原式 = \int (x-1)dx = \frac{1}{2}(x-1)^2 + C$$

当 $x < 1$ 时,有

$$原式 = \int (1-x)dx = -\frac{1}{2}(x-1)^2 + C_1$$

在两式中令 $x = 1$,得 $C = C_1$. 故

$$\int |x-1|dx = \begin{cases} \frac{1}{2}(x-1)^2 + C & (x \geqslant 1); \\ -\frac{1}{2}(x-1)^2 + C & (x < 1) \end{cases}$$

4.4 历年硕士生入学试题解析

例 4.1(南大 2004) 求 $\int \frac{x^2}{1-x^4}dx$.

解析 将被积函数分解为部分分式,应用积分公式,则

$$原式 = \int \frac{x^2}{(1-x^2)(1+x^2)}dx = \frac{1}{2}\int \left(\frac{1}{1-x^2} - \frac{1}{1+x^2}\right)dx$$

$$= \frac{1}{4}\ln\left|\frac{1+x}{1-x}\right| - \frac{1}{2}\arctan x + C$$

例 4.2(南大 2005) 求 $\int \frac{x^4+1}{x^6+1}dx$.

解析 将被积函数分解为部分分式,应用换元积分公式,则

$$原式 = \int \frac{(x^4-x^2+1)+x^2}{(x^2+1)(x^4-x^2+1)}dx = \int \frac{1}{1+x^2}dx + \frac{1}{3}\int \frac{1}{1+(x^3)^2}dx^3$$

$$= \arctan x + \frac{1}{3}\arctan x^3 + C$$

例 4.3(南大 2001) $\int \frac{\tan x}{1-\tan^2 x}dx = $ _____.

解析 应用换元积分法,则

$$原式 = \int \frac{\sin x \cos x}{1-2\sin^2 x}dx = -\frac{1}{4}\int \frac{1}{1-2\sin^2 x}d(1-2\sin^2 x)$$

$$= -\frac{1}{4}\ln|1-2\sin^2 x| + C$$

例 4.4(全国 2011) 求不定积分 $\int \frac{\arcsin\sqrt{x} + \ln x}{\sqrt{x}}dx$.

解析 应用分部积分法,有

$$\text{原式} = 2\int(\arcsin\sqrt{x} + \ln x)\mathrm{d}\sqrt{x}$$

$$= 2\sqrt{x}(\arcsin\sqrt{x} + \ln x) - \int \frac{\mathrm{d}x}{\sqrt{1-x}} - 2\int \frac{\mathrm{d}x}{\sqrt{x}}$$

$$= 2\sqrt{x}(\arcsin\sqrt{x} + \ln x) + 2\sqrt{1-x} - 4\sqrt{x} + C$$

例 4.5(南大 2006) 求 $\int \dfrac{x\ln(1+\sqrt{1+x^2})}{\sqrt{1+x^2}}\mathrm{d}x.$

解析 应用分部积分方法,则

$$\text{原式} = \int \ln(1+\sqrt{1+x^2})\mathrm{d}\sqrt{1+x^2} \quad (\diamondsuit \sqrt{1+x^2} = t)$$

$$= \int \ln(1+t)\mathrm{d}t = t\ln(1+t) - \int \frac{t}{1+t}\mathrm{d}t$$

$$= t\ln(1+t) - t + \ln(1+t) + C$$

$$= (t+1)\ln(1+t) - t + C$$

$$= (1+\sqrt{1+x^2})\ln(1+\sqrt{1+x^2}) - \sqrt{1+x^2} + C$$

例 4.6(南大 2003) $\int \cot^6 x \mathrm{d}x = \underline{\qquad}.$

解析 应用换元积分法,则

$$\text{原式} = \int \cot^4 x(\csc^2 x - 1)\mathrm{d}x$$

$$= -\int \cot^4 x \mathrm{d}\cot x - \int \cot^2 x(\csc^2 x - 1)\mathrm{d}x$$

$$= -\int \cot^4 x \mathrm{d}\cot x + \int \cot^2 x \mathrm{d}\cot x + \int(\csc^2 x - 1)\mathrm{d}x$$

$$= -\frac{1}{5}\cot^5 x + \frac{1}{3}\cot^3 x - \cot x - x + C$$

例 4.7(南大 2008) 计算 $I = \int x^3(\ln x)^4 \mathrm{d}x.$

解析 多次采用分部积分法,则

$$I = \int x^3(\ln x)^4 \mathrm{d}x = \frac{1}{4}\int(\ln x)^4 \mathrm{d}x^4 = \frac{1}{4}x^4(\ln x)^4 - \int x^3(\ln x)^3 \mathrm{d}x$$

$$= \frac{1}{4}x^4(\ln x)^4 - \frac{1}{4}\int(\ln x)^3 \mathrm{d}x^4$$

$$= \frac{1}{4}x^4(\ln x)^4 - \frac{1}{4}x^4(\ln x)^3 + \frac{3}{4}\int x^3(\ln x)^2 \mathrm{d}x$$

$$= \frac{1}{4}x^4(\ln x)^4 - \frac{1}{4}x^4(\ln x)^3 + \frac{3}{16}\int(\ln x)^2 \mathrm{d}x^4$$

$$= \frac{1}{4}x^4(\ln x)^4 - \frac{1}{4}x^4(\ln x)^3 + \frac{3}{16}x^4(\ln x)^2 - \frac{3}{8}\int x^3(\ln x)\mathrm{d}x$$

$$= \frac{1}{4}x^4(\ln x)^4 - \frac{1}{4}x^4(\ln x)^3 + \frac{3}{16}x^4(\ln x)^2 - \frac{3}{32}\int(\ln x)\mathrm{d}x^4$$

$$= \frac{1}{4}x^4(\ln x)^4 - \frac{1}{4}x^4(\ln x)^3 + \frac{3}{16}x^4(\ln x)^2 - \frac{3}{32}x^4\ln x + \frac{3}{32}\int x^3\mathrm{d}x$$

$$= \frac{1}{4}x^4(\ln x)^4 - \frac{1}{4}x^4(\ln x)^3 + \frac{3}{16}x^4(\ln x)^2 - \frac{3}{32}x^4\ln x + \frac{3}{128}x^4 + C$$

$$= \frac{1}{4}x^4\left[(\ln x)^4 - (\ln x)^3 + \frac{3}{4}(\ln x)^2 - \frac{3}{8}\ln x + \frac{3}{32}\right] + C$$

例 4.8(南大 2002) $\int \frac{1}{x^2\sqrt{1+4x^2}}\mathrm{d}x = \underline{\qquad}$.

解析 令 $x = \frac{1}{2}\tan t$,应用换元积分法,则

$$\text{原式} = 2\int \frac{\cos t}{\sin^2 t}\mathrm{d}t = -\frac{2}{\sin t} + C = -\frac{\sqrt{1+4x^2}}{x} + C$$

例 4.9(南大 2004) 求 $\int \frac{1}{x\sqrt{x^{12}-1}}\mathrm{d}x$.

解析 令 $x^{12} = t = 1 + u^2$,应用换元积分法,则

$$\text{原式} = \frac{1}{12}\int \frac{1}{x^{12}\sqrt{x^{12}-1}}\mathrm{d}x^{12} = \frac{1}{12}\int \frac{1}{t\sqrt{t-1}}\mathrm{d}t = \frac{1}{6}\int \frac{1}{1+u^2}\mathrm{d}u$$

$$= \frac{1}{6}\arctan u + C = \frac{1}{6}\arctan\sqrt{x^{12}-1} + C$$

例 4.10(南大 2009) 求 $I = \int \frac{c\sin x + d\cos x}{a\sin x + b\cos x}\mathrm{d}x$,其中 $a^2 + b^2 \neq 0$.

解析 令 $c\sin x + d\cos x = m(a\cos x - b\sin x) + n(a\sin x + b\cos x)$,解得 $m = \frac{ad-bc}{a^2+b^2}, n = \frac{ac+bd}{a^2+b^2}$. 所以

$$I = \int \frac{m(a\sin x + b\cos x)' + n(a\sin x + b\cos x)}{a\sin x + b\cos x}\mathrm{d}x$$

$$= m\ln|a\sin x + b\cos x| + nx + C$$

$$= \frac{ad-bc}{a^2+b^2}\ln|a\sin x + b\cos x| + \frac{ac+bd}{a^2+b^2}x + C$$

例 4.11(全国 2009) 求 $\int \ln\left(1 + \sqrt{\frac{x+1}{x}}\right)\mathrm{d}x$ $(x > 0)$.

解析 令 $\sqrt{\frac{x+1}{x}} = t$,则 $x = \frac{1}{t^2-1}(t > 1)$,采用换元积分法,所以

$$\text{原式} = \int \ln(1+t)\mathrm{d}\left(\frac{1}{t^2-1}\right)$$

$$= \frac{\ln(1+t)}{t^2-1} - \int \frac{1}{(t^2-1)(1+t)}\mathrm{d}t$$

$$= \frac{\ln(1+t)}{t^2-1} - \frac{1}{4}\int\Big(\frac{1}{t-1} - \frac{1}{t+1} - \frac{2}{(t+1)^2}\Big)\mathrm{d}t$$

$$= \frac{\ln(1+t)}{t^2-1} + \frac{1}{4}\ln\frac{t+1}{t-1} - \frac{1}{2(t+1)} + C$$

$$= x\ln\Big(1+\sqrt{\frac{x+1}{x}}\Big) + \frac{1}{2}\ln(\sqrt{1+x}+\sqrt{x})$$

$$-\frac{1}{2}\frac{\sqrt{x}}{\sqrt{1+x}+\sqrt{x}} + C$$

例 4.12（南大 2005） 求 $\int \frac{\mathrm{e}^x(1+x)}{(1-x\mathrm{e}^x)^2}\mathrm{d}x$.

解析 采用换元积分法，则

$$\text{原式} = \int \frac{1}{(1-x\mathrm{e}^x)^2}\mathrm{d}(x\mathrm{e}^x) = -\int \frac{1}{(1-x\mathrm{e}^x)^2}\mathrm{d}(1-x\mathrm{e}^x) = \frac{1}{1-x\mathrm{e}^x} + C$$

例 4.13（南大 2006） 求 $\int \frac{1+x}{x(1+x\mathrm{e}^x)}\mathrm{d}x$.

解析 采用换元积分法，则

$$\text{原式} = \int \frac{(1+x)\mathrm{e}^x}{x\mathrm{e}^x(1+x\mathrm{e}^x)}\mathrm{d}x = \int \frac{1}{x\mathrm{e}^x(1+x\mathrm{e}^x)}\mathrm{d}(x\mathrm{e}^x)$$

$$= \int \frac{1}{t(1+t)}\mathrm{d}t \quad (\text{令 } t = x\mathrm{e}^x)$$

$$= \int\Big(\frac{1}{t} - \frac{1}{1+t}\Big)\mathrm{d}t = \ln\Big|\frac{t}{1+t}\Big| + C = \ln\Big|\frac{x\mathrm{e}^x}{1+x\mathrm{e}^x}\Big| + C$$

例 4.14（南大 2007） 已知 $f'(\ln x) = \frac{x\ln x}{(1+\ln x)^2}$，求 $f(x)$.

解析 令 $\ln x = t \Rightarrow f'(t) = \frac{t\mathrm{e}^t}{(1+t)^2}$，于是 $f'(x) = \frac{x\mathrm{e}^x}{(1+x)^2}$，积分得

$$f(x) = \int \frac{x\mathrm{e}^x}{(1+x)^2}\mathrm{d}x = -\int x\mathrm{e}^x \mathrm{d}\frac{1}{1+x} = -\frac{x\mathrm{e}^x}{1+x} + \int \frac{1}{1+x}\mathrm{d}(x\mathrm{e}^x)$$

$$= -\frac{x\mathrm{e}^x}{1+x} + \int \mathrm{e}^x \mathrm{d}x = \frac{\mathrm{e}^x}{1+x} + C$$

例 4.15（南大 2002） 设 $f(x)$ 满足

$$\int \mathrm{e}^x f(x)\mathrm{d}x = -\ln(1+\mathrm{e}^x) + C$$

求 $\int f(x)\mathrm{d}x$.

解析 原式两边求导得 $f(x) = \frac{-1}{1+\mathrm{e}^x}$，于是

$$\int f(x)\mathrm{d}x = -\int \frac{1}{1+\mathrm{e}^x}\mathrm{d}x = \int \frac{-\mathrm{e}^{-x}}{1+\mathrm{e}^{-x}}\mathrm{d}x = \ln(1+\mathrm{e}^{-x}) + C$$

例 4.16(南大 2007) 设 $f(\sin^2 x) = \dfrac{x}{\sin x}$,求 $I = \displaystyle\int \dfrac{\sqrt{x}}{\sqrt{1-x}} f(x) \mathrm{d}x$.

解析 令 $\sin^2 x = t$,则 $f(t) = \dfrac{\arcsin \sqrt{t}}{\sqrt{t}}$,于是 $f(x) = \dfrac{\arcsin \sqrt{x}}{\sqrt{x}}$,所以

$$I = \int \dfrac{\arcsin \sqrt{x}}{\sqrt{1-x}} \mathrm{d}x = -2 \int \arcsin \sqrt{x} \, \mathrm{d} \sqrt{1-x}$$

$$= -2\sqrt{1-x} \arcsin \sqrt{x} + 2 \int \dfrac{\sqrt{1-x}}{\sqrt{1-x}} \cdot \dfrac{1}{2\sqrt{x}} \mathrm{d}x$$

$$= -2\sqrt{1-x} \arcsin \sqrt{x} + 2\sqrt{x} + C$$

专题 5 定 积 分

5.1 重要概念与基本方法

1 定积分的定义

(1) 函数 $f(x)$ 定义在区间 $[a,b]$ 上,将 $[a,b]$ 分割为 n 个小区间 $[x_{i-1},x_i]$ $(i=1,2,\cdots,n; a=x_0, b=x_n)$,记 $\Delta x_i = x_i - x_{i-1}$,$\lambda = \max\limits_{1 \leqslant i \leqslant n}\{\Delta x_i\}$,$\forall \xi_i \in [x_{i-1},x_i]$,则

$$\int_a^b f(x)\mathrm{d}x \stackrel{\text{def}}{=} \lim_{\lambda \to 0} \sum_{i=1}^n f(\xi_i)\Delta x_i = A$$

这里常数 A 与 $[a,b]$ 的分割无关,与点 ξ_i 的选取无关.

(2) 利用定积分的定义,可将下列形式的极限化为定积分来计算其值:

$$\lim_{n \to \infty}(f(x_1) + f(x_2) + \cdots + f(x_n))\frac{b-a}{n} = \int_a^b f(x)\mathrm{d}x$$

这里 $x_i = a + i\dfrac{b-a}{n}$ $(i=1,2,\cdots,n)$.

(3) 函数 $f(x)$ 满足下列条件之一时是可积的:① $f(x) \in C[a,b]$;② $f(x)$ 在 $[a,b]$ 上有界,且只有有限个间断点.

(4) 函数 $f(x)$ 在区间 $[a,b]$ 上可积的必要条件是 $f(x)$ 在区间 $[a,b]$ 上有界.

2 定积分的主要性质(假设下列定积分的被积函数皆可积)

定理 1(保号性) 若 $f(x) \leqslant g(x)$,$\forall x \in [a,b]$,则 $\int_a^b f(x)\mathrm{d}x \leqslant \int_a^b g(x)\mathrm{d}x$.

定理 2(可加性) 对任意的 a,b,c,有 $\int_a^b f(x)\mathrm{d}x = \int_a^c f(x)\mathrm{d}x + \int_c^b f(x)\mathrm{d}x$.

定理 3(第一积分中值定理) 设 $f(x) \in C[a,b]$,则 $\exists \xi \in (a,b)$,使得

$$\int_a^b f(x)\mathrm{d}x = f(\xi)(b-a)$$

定理 4(第二积分中值定理) 设 $f(x), g(x) \in C[a,b]$,$g(x) \geqslant 0$(或 $\leqslant 0$),则 $\exists \xi \in (a,b)$,使得

$$\int_a^b f(x)g(x)\mathrm{d}x = f(\xi)\int_a^b g(x)\mathrm{d}x$$

定理 5（奇偶、对称性） 设 $f(x)$ 是奇函数或偶函数，积分区间为对称区间 $[-a,a]$，则

$$\int_{-a}^a f(x)\mathrm{d}x = \begin{cases} 0 & (f(x) \text{ 为奇函数}); \\ 2\int_0^a f(x)\mathrm{d}x & (f(x) \text{ 为偶函数}) \end{cases}$$

定理 6 设 $f(x)$ 是周期为 T 的周期函数，则 $\int_a^{a+nT} f(x)\mathrm{d}x = n\int_0^T f(x)\mathrm{d}x$.

3 变限的定积分

定理 1（原函数存在定理） 设 $f(x)$ 连续，则

$$\left(\int_a^x f(x)\mathrm{d}x\right)' = \left(\int_a^x f(t)\mathrm{d}t\right)' = f(x)$$

定理 2 设 $f(x)$ 连续，$\varphi(x),\psi(x)$ 可导，则

$$\left(\int_{\psi(x)}^{\varphi(x)} f(x)\mathrm{d}x\right)' = \left(\int_{\psi(x)}^{\varphi(x)} f(t)\mathrm{d}t\right)' = \varphi'(x)f(\varphi(x)) - \psi'(x)f(\psi(x))$$

4 定积分的基本计算方法

定理 1（牛顿-莱布尼茨公式） 设 $f(x) \in C[a,b]$，$F(x)$ 是 $f(x)$ 的一个原函数，则

$$\int_a^b f(x)\mathrm{d}x = F(x)\Big|_a^b$$

定理 2（换元积分公式） 设 $f(x) \in C[a,b]$，$\varphi'(t)$ 在 $[\alpha,\beta]$（或 $[\beta,\alpha]$）上连续，且 $\varphi(\alpha) = a,\varphi(\beta) = b, \varphi'(t) \neq 0$，则

$$\int_a^b f(x)\mathrm{d}x = \int_\alpha^\beta f(\varphi(t))\varphi'(t)\mathrm{d}t$$

定理 3（分部积分公式） 设 $u(x),v(x)$ 在区间 $[a,b]$ 上连续可导，则

$$\int_a^b u(x)\mathrm{d}v(x) = u(x)v(x)\Big|_a^b - \int_a^b v(x)\mathrm{d}u(x)$$

5 介绍两个定积分计算技巧

(1) 设 $I = \int_a^b f_1(x)\mathrm{d}x$，取 $x = \varphi(t)$，若能求得

$$\int_a^b f_1(x)\mathrm{d}x = \int_a^b f_2(t)\mathrm{d}t = \int_a^b f_2(x)\mathrm{d}x$$

则

$$I = \frac{1}{2}\int_a^b [f_1(x) + f_2(x)]\mathrm{d}x$$

(2) 设 $f(x)$ 在 $[-a,a]$ 上可积,应用(1)与定积分的奇偶、对称性得
$$\int_{-a}^{a}f(x)\mathrm{d}x=\frac{1}{2}\int_{-a}^{a}[f(x)+f(-x)]\mathrm{d}x=\int_{0}^{a}[f(x)+f(-x)]\mathrm{d}x$$

5.2 《大学数学教程》习题选解

例 2.1(习题 3.2 A 9.4) 利用洛必达法则求极限 $\lim\limits_{x\to 0}\int_{\frac{\pi}{2}}^{x}\frac{\mathrm{e}^{xt}-1}{x^2 t}\mathrm{d}t$.

解析 令 $xt=u$,应用洛必达法则,则

$$\lim_{x\to 0}\int_{\frac{\pi}{2}}^{x}\frac{\mathrm{e}^{xt}-1}{x^2 t}\mathrm{d}t=\lim_{x\to 0}\frac{\int_{\frac{\pi}{2}}^{x}\frac{\mathrm{e}^{xt}-1}{xt}\mathrm{d}(xt)}{x^2}=\lim_{x\to 0}\frac{\int_{\frac{\pi}{2}}^{x^2}\frac{\mathrm{e}^{u}-1}{u}\mathrm{d}u}{x^2}$$

$$=\lim_{x\to 0}\frac{\frac{\mathrm{e}^{x^2}-1}{x^2}\cdot 2x-\frac{\mathrm{e}^{\frac{1}{2}x^2}-1}{\frac{1}{2}x^2}\cdot x}{2x}$$

$$=\lim_{x\to 0}\left(\frac{\mathrm{e}^{x^2}-1}{x^2}-\frac{\mathrm{e}^{\frac{1}{2}x^2}-1}{x^2}\right)=1-\frac{1}{2}=\frac{1}{2}$$

例 2.2(习题 3.2 A 10.10) 求定积分 $\int_{0}^{a}x^2\sqrt{a^2-x^2}\mathrm{d}x$.

解析 令 $x=a\sin t$,运用换元积分法,则

$$\text{原式}=\int_{0}^{\frac{\pi}{2}}a^3\sin^2 t\cos t\mathrm{d}(a\sin t)=\int_{0}^{\frac{\pi}{2}}a^4\sin^2 t\cos^2 t\mathrm{d}t$$

$$=a^4\int_{0}^{\frac{\pi}{2}}(\sin^2 t-\sin^4 t)\mathrm{d}t=a^4\int_{0}^{\frac{\pi}{2}}\left(\frac{1-\cos 2t}{2}-\left(\frac{1-\cos 2t}{2}\right)^2\right)\mathrm{d}t$$

$$=a^4\int_{0}^{\frac{\pi}{2}}\left(\frac{1}{8}-\frac{1}{8}\cos 4t\right)\mathrm{d}t=\frac{1}{16}\pi a^4$$

例 2.3(习题 3.2 A 10.12) 求定积分 $\int_{0}^{3}\frac{x}{1+\sqrt{1+x}}\mathrm{d}x$.

解析 将分母有理化,则

$$\text{原式}=\int_{0}^{3}\frac{x(1-\sqrt{1+x})}{(1+\sqrt{1+x})(1-\sqrt{1+x})}\mathrm{d}x$$

$$=\int_{0}^{3}(\sqrt{1+x}-1)\mathrm{d}x=\int_{0}^{3}\sqrt{1+x}\mathrm{d}x-\int_{0}^{3}1\mathrm{d}x$$

$$=\frac{2}{3}(1+x)^{\frac{3}{2}}\bigg|_{0}^{3}-3=\frac{16}{3}-\frac{2}{3}-3=\frac{5}{3}$$

例 2.4(习题 3.2 A 10.15) 求定积分 $\int_{0}^{\sqrt{3}}x\arctan x\mathrm{d}x$.

解析 运用分部积分法,则

$$原式 = \int_0^{\sqrt{3}} \arctan x \, d\left(\frac{1}{2}x^2\right) = \arctan x \cdot \frac{1}{2}x^2 \Big|_0^{\sqrt{3}} - \int_0^{\sqrt{3}} \frac{1}{2}x^2 \, d(\arctan x)$$

$$= \arctan x \cdot \frac{1}{2}x^2 \Big|_0^{\sqrt{3}} - \frac{1}{2}\int_0^{\sqrt{3}} \frac{x^2}{1+x^2} dx = \frac{2}{3}\pi - \frac{\sqrt{3}}{2}$$

例 2.5 (习题 3.2 A 10.18) 求 $\int_{\frac{1}{e}}^{e} \sqrt{(\ln x)^2} \, dx$.

解析 根据对数函数的性质,将原定积分化为两个定积分的和,分别分部积分,则

$$原式 = \int_1^e \ln x \, dx - \int_{\frac{1}{e}}^1 \ln x \, dx = \ln x \cdot x \Big|_1^e - \int_1^e x \, d\ln x - \ln x \cdot x \Big|_{\frac{1}{e}}^1 + \int_{\frac{1}{e}}^1 x \, d\ln x$$

$$= e - \int_1^e 1 \, dx + \ln \frac{1}{e} \cdot \frac{1}{e} + \int_{\frac{1}{e}}^1 1 \, dx$$

$$= e - (e-1) - \frac{1}{e} + 1 - \frac{1}{e} = 2 - \frac{2}{e}$$

例 2.6 (习题 3.2 A 11.3) 已知 $f \in C$,求函数 $y = \int_a^x f(x+t) \, dt$ 的导数.

解析 令 $x+t = u$,$y = \int_a^x f(x+t) \, d(x+t) = \int_{a+x}^{2x} f(u) \, du$,应用变上限积分求导公式,有

$$y' = f(2x)(2x)' - f(a+x)(a+x)' = 2f(2x) - f(a+x)$$

例 2.7 (习题 3.2 A 11.4) 求函数 $\int_0^y e^{x^2} dx + \int_0^x \cos x^2 \, dx = x^2$ 的导数.

解析 应用隐函数求导法则,方程两边求导得 $e^{y^2} \cdot y'(x) + \cos x^2 = 2x$,所以

$$y'(x) = (2x - \cos x^2) \cdot e^{-y^2}$$

例 2.8 (习题 3.2 A 12) 求函数 $y(x) = \int_0^x e^x \sin x \, dx$ 在 $[0, 2\pi]$ 上的极值与最值.

解析 因为 $y'(x) = e^x \sin x$,驻点为 $x_0 = \pi$,并且当 $x \in (0, \pi)$ 时,$y'(x) > 0$;当 $x \in (\pi, 2\pi)$ 时,$y'(x) < 0$. 所以 $y(x)$ 在 $(0, \pi)$ 上严格增,在 $(\pi, 2\pi)$ 上严格减,$x_0 = \pi$ 为极大值点. 因为

$$y(x) = -\int_0^x e^x \, d\cos x = -e^x \cos x \Big|_0^x + \int_0^x \cos x \, de^x$$

$$= 1 - e^x \cos x + \int_0^x e^x \, d\sin x$$

$$= 1 - e^x \cos x + e^x \sin x \Big|_0^x - \int_0^x e^x \sin x \, dx$$

$$= 1 - e^x \cos x + e^x \sin x - y(x)$$

所以 $y(x) = \frac{1}{2} + \frac{1}{2}e^x(\sin x - \cos x)$，于是极大值为 $y(\pi) = \frac{1}{2}(e^\pi + 1)$. 由于
$$y(0) = \frac{1}{2} + \frac{1}{2}(-1) = 0, \quad y(2\pi) = \frac{1}{2} + \frac{1}{2}e^{2\pi}(-1) = \frac{1}{2} - \frac{1}{2}e^{2\pi}$$
因此所求最值为
$$\max_{[0,2\pi]} y(x) = \max\{y(0), y(\pi), y(2\pi)\} = \max\left\{0, \frac{1}{2}(e^\pi + 1), \frac{1}{2}(1 - e^{2\pi})\right\}$$
$$= \frac{1}{2}(e^\pi + 1)$$
$$\min_{[0,2\pi]} y(x) = \min\{y(0), y(\pi), y(2\pi)\} = \min\left\{0, \frac{1}{2}(e^\pi + 1), \frac{1}{2}(1 - e^{2\pi})\right\}$$
$$= \frac{1}{2}(1 - e^{2\pi})$$

例 2.9（习题 3.2 A 13） 设 $f \in C$.

(1) 若 f 为奇函数，求证：$\int_0^x f(t)dt$ 为偶函数，且 $f(x)$ 的任一原函数为偶函数；

(2) 若 f 为偶函数，求证：$\int_0^x f(t)dt$ 为奇函数，且 $f(x)$ 的其他原函数都不是奇函数.

解析 (1) 因为 $f(x)$ 为奇函数，所以 $f(-x) = -f(x)$. 设 $\Phi(x) = \int_0^x f(t)dt$，运用换元积分法，可知
$$\Phi(-x) = \int_0^{-x} f(t)dt = \int_0^{-x}[-f(-t)]dt = \int_0^{-x} f(-t)d(-t)$$
$$= \int_0^x f(u)du = \int_0^x f(t)dt = \Phi(x)$$
因此 $\Phi(x)$ 为偶函数. 假设 $F(x)$ 为 $f(x)$ 的任意一个原函数，则必存在 $C_0 \in \mathbf{R}(C_0 \neq 0)$，使得 $F(x) = \Phi(x) + C_0$，于是
$$F(-x) = \Phi(-x) + C_0 = \Phi(x) + C_0 = F(x)$$
因此 $F(x)$ 为偶函数.

(2) 因为 $f(x)$ 为偶函数，所以 $f(-x) = f(x)$. 设 $\Phi(x) = \int_0^x f(t)dt$，则
$$\Phi(-x) = \int_0^{-x} f(t)dt = \int_0^{-x} f(-t)dt = -\int_0^{-x} f(-t)d(-t)$$
$$= -\int_0^x f(u)du = -\Phi(x)$$
因此 $\Phi(x)$ 为奇函数. 假设 $F(x)$ 为 $f(x)$ 的其他任意一个原函数，则必存在 $C_0 \in \mathbf{R}(C_0 \neq 0)$，使得 $F(x) = \Phi(x) + C_0$，于是 $F(0) = \Phi(0) + C_0 = C_0 \neq 0$，因此 $F(x)$ 不为奇函数.

例 2.10(习题 3.2 A 14) 设 $f \in C$,求证:
$$\int_0^\pi xf(\sin x)\mathrm{d}x = \frac{\pi}{2}\int_0^\pi f(\sin x)\mathrm{d}x = \pi\int_0^{\frac{\pi}{2}} f(\sin x)\mathrm{d}x$$

解析 令 $x = \pi - t$,运用换元积分法,则
$$\int_0^\pi xf(\sin x)\mathrm{d}x = \int_\pi^0 (\pi - t)f(\sin(\pi - t))\mathrm{d}(\pi - t)$$
$$= -\int_\pi^0 (\pi - t)f(\sin t)\mathrm{d}t = \int_0^\pi (\pi - x)f(\sin x)\mathrm{d}x$$
$$= \pi\int_0^\pi f(\sin x)\mathrm{d}x - \int_0^\pi xf(\sin x)\mathrm{d}x$$

因此,$\int_0^\pi xf(\sin x)\mathrm{d}x = \frac{\pi}{2}\int_0^\pi f(\sin x)\mathrm{d}x.$

运用积分的可加性以及换元积分法,可得
$$\int_0^\pi xf(\sin x)\mathrm{d}x = \int_0^{\frac{\pi}{2}} xf(\sin x)\mathrm{d}x + \int_{\frac{\pi}{2}}^\pi xf(\sin x)\mathrm{d}x \quad (\text{第二项中令 } t = \pi - x)$$
$$= \int_0^{\frac{\pi}{2}} xf(\sin x)\mathrm{d}x + \int_{\frac{\pi}{2}}^0 (\pi - t)f(\sin(\pi - t))\mathrm{d}(\pi - t)$$
$$= \int_0^{\frac{\pi}{2}} xf(\sin x)\mathrm{d}x + \int_0^{\frac{\pi}{2}} (\pi - t)f(\sin t)\mathrm{d}t$$
$$= \int_0^{\frac{\pi}{2}} xf(\sin x)\mathrm{d}x + \int_0^{\frac{\pi}{2}} \pi f(\sin x)\mathrm{d}x - \int_0^{\frac{\pi}{2}} xf(\sin x)\mathrm{d}x$$
$$= \pi\int_0^{\frac{\pi}{2}} f(\sin x)\mathrm{d}x$$

例 2.11(习题 3.2 A 16) 设 $f \in C[a,b], f(x) > 0$,且
$$F(x) = \int_a^x f(x)\mathrm{d}x - \int_x^b \frac{1}{f(x)}\mathrm{d}x$$

求证:(1) $\forall x \in [a,b], F'(x) \geqslant 2$;
(2) $F(x)$ 在 (a,b) 内恰有一个零点.

解析 (1) 因为 $F(x) = \int_a^x f(x)\mathrm{d}x + \int_b^x \frac{1}{f(x)}\mathrm{d}x$,所以 $\forall x \in [a,b]$,有
$$F'(x) = f(x) + \frac{1}{f(x)} \geqslant 2\sqrt{f(x) \cdot \frac{1}{f(x)}} = 2$$

(2) 因为 $F(x)$ 在 $[a,b]$ 上连续,又因为
$$F(a) = \int_a^a f(x)\mathrm{d}x - \int_a^b \frac{1}{f(x)}\mathrm{d}x = -\int_a^b \frac{1}{f(x)}\mathrm{d}x < 0$$
$$F(b) = \int_a^b f(x)\mathrm{d}x + \int_b^b \frac{1}{f(x)}\mathrm{d}x = \int_a^b f(x)\mathrm{d}x > 0$$

根据零点定理,$F(x)$ 在 (a,b) 内至少有一个零点. 又由(1)知 $F(x)$ 在 $[a,b]$ 上严格

增,所以 $F(x)$ 在 (a,b) 内恰有一个零点.

例 2.12(习题 3.2 B 2) 设 $a<b$,求 $\int_a^b x|x|\,\mathrm{d}x$.

解析 (1) 若 $0<a<b$,则
$$\int_a^b x|x|\,\mathrm{d}x = \int_a^b x^2 \mathrm{d}x = \frac{1}{3}(b^3-a^3)$$

(2) 若 $a\leqslant 0<b$,由积分的可加性,有
$$\int_a^b x|x|\,\mathrm{d}x = \int_0^b x^2 \mathrm{d}x - \int_a^0 x^2 \mathrm{d}x = \frac{1}{3}(a^3+b^3)$$

(3) 若 $a<b\leqslant 0$,则
$$\int_a^b x|x|\,\mathrm{d}x = -\int_a^b x^2 \mathrm{d}x = \frac{1}{3}(a^3-b^3)$$

例 2.13(习题 3.2 B 3) 设 $f\in C$,试证明:
$$\int_a^x\left(\int_a^t f(x)\mathrm{d}x\right)\mathrm{d}t = \int_a^x (x-t)f(t)\mathrm{d}t$$

解析 令 $F(t)=\int_a^t f(x)\mathrm{d}x$,则 $F'(t)=f(t)$,于是
$$\int_a^x\left(\int_a^t f(x)\mathrm{d}x\right)\mathrm{d}t = \int_a^x F(t)\mathrm{d}t = tF(t)\Big|_a^x - \int_a^x tF'(t)\mathrm{d}t = xF(x) - \int_a^x tf(t)\mathrm{d}t$$
$$= x\int_a^x f(x)\mathrm{d}x - \int_a^x tf(t)\mathrm{d}t = x\int_a^x f(t)\mathrm{d}t - \int_a^x tf(t)\mathrm{d}t$$
$$= \int_a^x (x-t)f(t)\mathrm{d}t$$

例 2.14(习题 3.2 B 4) 设 $n\in\mathbf{N}$,求 $I_n=\int_0^\pi x\sin^n x\,\mathrm{d}x$.

解析 令 $x=u+\frac{\pi}{2}$,运用换元积分法,则
$$I_n = \int_{-\frac{\pi}{2}}^{\frac{\pi}{2}}\left(u+\frac{\pi}{2}\right)\sin^n\left(u+\frac{\pi}{2}\right)\mathrm{d}u = \int_{-\frac{\pi}{2}}^{\frac{\pi}{2}}\left(u+\frac{\pi}{2}\right)\cos^n u\,\mathrm{d}u$$
$$= \int_{-\frac{\pi}{2}}^{\frac{\pi}{2}} u\cos^n u\,\mathrm{d}u + \int_{-\frac{\pi}{2}}^{\frac{\pi}{2}}\frac{\pi}{2}\cos^n u\,\mathrm{d}u$$

因为 $u\cos^n u$ 为奇函数,$\cos^n u$ 为偶函数,所以 $I_n = \pi\int_0^{\frac{\pi}{2}}\cos^n u\,\mathrm{d}u$.

不妨设 $J_n = \int_0^{\frac{\pi}{2}}\cos^n u\,\mathrm{d}u$,易得
$$J_1 = \int_0^{\frac{\pi}{2}}\cos u\,\mathrm{d}u = 1, \quad J_2 = \int_0^{\frac{\pi}{2}}\cos^2 u\,\mathrm{d}u = \int_0^{\frac{\pi}{2}}\frac{1+\cos 2u}{2}\mathrm{d}u = \frac{\pi}{4}$$

当 $n>2$ 时,有

$$J_n = \int_0^{\frac{\pi}{2}} \cos^{n-1}u \, d\sin u = \cos^{n-1}u \cdot \sin u \Big|_0^{\frac{\pi}{2}} - \int_0^{\frac{\pi}{2}} \sin u \, d\cos^{n-1}u$$

$$= -(n-1)\int_0^{\frac{\pi}{2}} \sin u \cos^{n-2}u(-\sin u)du = (n-1)\int_0^{\frac{\pi}{2}} \sin^2 u \cos^{n-2}u \, du$$

$$= (n-1)\int_0^{\frac{\pi}{2}} (1-\cos^2 u)\cos^{n-2}u \, du = (n-1)J_{n-2} - (n-1)J_n$$

即当 $n > 2$ 时，$J_n = \dfrac{n-1}{n}J_{n-2}$，故

$$J_{2k} = \frac{2k-1}{2k}J_{2k-2} = \frac{2k-1}{2k} \cdot \frac{2k-3}{2k-2}J_{2k-4} = \cdots = \frac{2k-1}{2k}\frac{2k-3}{2k-2}\cdots\frac{3}{4}J_2$$

$$= \frac{(2k-1)!!}{(2k)!!}\frac{\pi}{2}$$

$$J_{2k+1} = \frac{2k}{2k+1}J_{2k-1} = \frac{2k}{2k+1} \cdot \frac{2k-2}{2k-1}J_{2k-3} = \cdots = \frac{2k}{2k+1}\frac{2k-2}{2k-1}\cdots\frac{2}{3}J_1$$

$$= \frac{(2k)!!}{(2k+1)!!}$$

所以 $I_1 = \pi, I_2 = \dfrac{\pi^2}{4}, n > 2$ 时，有

$$I_n = \begin{cases} \dfrac{(2k-1)!!}{(2k)!!}\dfrac{\pi^2}{2} & (n=2k); \\ \dfrac{(2k)!!}{(2k+1)!!}\pi & (n=2k+1) \end{cases}$$

例 2.15(习题 3.2 B 5)　设 $f \in C[a,b], \int_a^b f(x)dx = 0, \int_a^b xf(x)dx = 0$，求证：$f(x)$ 在 (a,b) 内至少有两个零点。

解析　令 $F(x) = \int_a^x f(t)dt$，则 $F'(x) = f(x)$，且 $F(a) = F(b) = 0$，应用分部积分法及积分中值定理，$\exists \xi \in (a,b)$，使得

$$\int_a^b xf(x)dx = \int_a^b xF'(x)dx = \int_a^b xdF(x) = xF(x)\Big|_a^b - \int_a^b F(x)dx$$

$$= -\int_a^b F(x)dx = -F(\xi)(b-a) = 0$$

所以，$F(\xi) = 0$。在 $[a,\xi]$ 和 $[\xi,b]$ 上分别对 $F(x)$ 使用罗尔定理，可得 $\exists \xi_1 \in (a,\xi)$ 和 $\xi_2 \in (\xi,b)$，使得 $F'(\xi_1) = f(\xi_1) = 0, F'(\xi_2) = f(\xi_2) = 0$。

5.3　往年期中与期末试题解析

例 3.1(12-13(Ⅰ)期末)　求 $\lim\limits_{n\to\infty}\left(\dfrac{n}{n^2+1} + \dfrac{n}{n^2+2^2} + \cdots + \dfrac{n}{n^2+n^2}\right)$。

解析 化为定积分计算,则

$$原式 = \lim_{n\to\infty}\sum_{k=1}^{n}\frac{1}{1+\left(\frac{k}{n}\right)^2}\frac{1}{n} = \int_0^1 \frac{1}{1+x^2}\mathrm{d}x = \arctan x\Big|_0^1 = \frac{\pi}{4}$$

例 3.2(11-12(Ⅰ)期末)　求极限 $\lim\limits_{n\to\infty}\int_0^1 x^n \mathrm{e}^x \sin nx\,\mathrm{d}x$.

解析　运用定积分的保号性,有

$$0 \leqslant \left|\int_0^1 x^n \mathrm{e}^x \sin nx\,\mathrm{d}x\right| \leqslant \int_0^1 |x^n \mathrm{e}^x \sin nx|\,\mathrm{d}x \leqslant \int_0^1 x^n \mathrm{e}\,\mathrm{d}x$$

因为 $\int_0^1 x^n \mathrm{e}\,\mathrm{d}x = \dfrac{\mathrm{e}}{n+1} \to 0 (n\to\infty)$,根据夹逼准则,得

$$\lim_{n\to\infty}\int_0^1 x^n \mathrm{e}^x \sin nx\,\mathrm{d}x = 0$$

例 3.3(04-05(Ⅰ)期末)　计算积分 $\int_{\frac{1}{2}}^{\frac{3}{2}} \dfrac{1}{\sqrt{|x-x^2|}}\mathrm{d}x$.

解析　将原定积分化为两个定积分的和,分别应用换元积分法,则

$$原式 = \int_{\frac{1}{2}}^{1} \frac{1}{\sqrt{x-x^2}}\mathrm{d}x + \int_{1}^{\frac{3}{2}} \frac{1}{\sqrt{x^2-x}}\mathrm{d}x$$

$$= \int_{\frac{1}{2}}^{1} \frac{1}{\sqrt{\frac{1}{4}-\left(x-\frac{1}{2}\right)^2}}\mathrm{d}x + \int_{1}^{\frac{3}{2}} \frac{1}{\sqrt{\left(x-\frac{1}{2}\right)^2-\frac{1}{4}}}\mathrm{d}x$$

$$= \arcsin(2x-1)\Big|_{\frac{1}{2}}^{1} + \ln\left[\left(x-\frac{1}{2}\right)+\sqrt{\left(x-\frac{1}{2}\right)^2-\frac{1}{4}}\right]\Big|_{1}^{\frac{3}{2}}$$

$$= \frac{\pi}{2} + \ln(2+\sqrt{3})$$

例 3.4(05-06(Ⅰ)期末)　计算积分 $\int_{-\frac{\pi}{2}}^{\frac{\pi}{2}}\left(\dfrac{x\sin^2 x}{(1+\cos^2 x)^2} + \dfrac{\sqrt{\sin^6 x}}{1+\cos^2 x}\right)\mathrm{d}x$.

解析　因 $\dfrac{x\sin^2 x}{(1+\cos^2 x)^2}$ 为奇函数,应用奇偶、对称性,则

$$原式 = \int_{-\frac{\pi}{2}}^{\frac{\pi}{2}} \frac{\sqrt{\sin^6 x}}{1+\cos^2 x}\mathrm{d}x = \int_{-\frac{\pi}{2}}^{\frac{\pi}{2}} \frac{|\sin^3 x|}{1+\cos^2 x}\mathrm{d}x = -2\int_0^{\frac{\pi}{2}} \frac{1-\cos^2 x}{1+\cos^2 x}\mathrm{d}\cos x$$

$$= 2\int_0^1 \frac{1-t^2}{1+t^2}\mathrm{d}t = 2\int_0^1 \left(-1 + \frac{2}{1+t^2}\right)\mathrm{d}t$$

$$= 2(-t + 2\arctan t)\Big|_0^1 = \pi - 2$$

例 3.5(12-13(Ⅰ)期末)　(1) 设 $f(x),g(x)$ 在 $[-a,a]$ 上连续,$g(x)$ 是偶函数,$f(x)+f(-x) \equiv A$(A 为常数),证明:$\int_{-a}^{a} f(x)g(x)\mathrm{d}x = A\int_0^a g(x)\mathrm{d}x$;

(2) 求 $\int_{-\frac{\pi}{2}}^{\frac{\pi}{2}} \cos x \arctan(e^x) dx$.

解析 (1) 由题意,有

$$\int_{-a}^{a} f(x)g(x)dx = \int_{-a}^{a} (A - f(-x))g(x)dx$$
$$= A\int_{-a}^{a} g(x)dx - \int_{-a}^{a} f(-x)g(x)dx$$

令 $x = -t$,因为 $g(x)$ 是偶函数,所以

$$\int_{-a}^{a} f(-x)g(x)dx = -\int_{a}^{-a} f(t)g(-t)dt = \int_{-a}^{a} f(t)g(t)dt$$

则

$$\int_{-a}^{a} f(x)g(x)dx = 2A\int_{0}^{a} g(x)dx - \int_{-a}^{a} f(t)g(t)dt$$

$$\int_{-a}^{a} f(x)g(x)dx = A\int_{0}^{a} g(x)dx$$

(2) 令 $f(x) = \arctan(e^x)$,$g(x) = \cos x$,显然 $g(x)$ 是偶函数. 下面我们先证明 $f(x) + f(-x) = \arctan(e^x) + \arctan(e^{-x}) \equiv A$(常数),不妨设

$$F(x) = \arctan(e^x) + \arctan(e^{-x})$$

则 $F'(x) = \dfrac{e^x}{1+(e^x)^2} + \dfrac{-e^{-x}}{1+(e^{-x})^2} = \dfrac{e^x}{1+e^{2x}} + \dfrac{-e^x}{1+e^{2x}} = 0$,所以 $F(x) \equiv A$(常数). 取 $x = 0$,则有 $F(0) = \arctan(1) + \arctan(1) = \dfrac{\pi}{2} = A$,即 $\arctan(e^x) + \arctan(e^{-x}) = \dfrac{\pi}{2}$. 再根据第(1)题,得

$$\int_{-\frac{\pi}{2}}^{\frac{\pi}{2}} \cos x \arctan(e^x) dx = \frac{\pi}{2} \int_{0}^{\frac{\pi}{2}} \cos x dx = \frac{\pi}{2} \sin x \Big|_{0}^{\frac{\pi}{2}} = \frac{\pi}{2}$$

例 3.6(11-12(Ⅰ)期末) 计算积分 $\int_{0}^{2\pi} \sqrt{1 - \sin 2x} dx$.

解析 将原定积分化为三个定积分的和,分别积分,则

$$原式 = \int_{0}^{\frac{\pi}{4}} (\cos x - \sin x) dx + \int_{\frac{\pi}{4}}^{\frac{5\pi}{4}} (\sin x - \cos x) dx + \int_{\frac{5\pi}{4}}^{2\pi} (\cos x - \sin x) dx$$

$$= (\sin x + \cos x) \Big|_{0}^{\frac{\pi}{4}} + (-\cos x - \sin x) \Big|_{\frac{\pi}{4}}^{\frac{5\pi}{4}} + (\sin x + \cos x) \Big|_{\frac{5\pi}{4}}^{2\pi}$$

$$= (\sqrt{2} - 1) + (\sqrt{2} + \sqrt{2}) + (1 + \sqrt{2}) = 4\sqrt{2}$$

例 3.7(11-12(Ⅰ)期末) 设 $f(x) = \int_{1}^{\sqrt{x}} e^{-t^2} dt$,求 $\int_{0}^{1} \dfrac{f(x)}{\sqrt{x}} dx$.

解析 因 $f(1) = 0$,$f'(x) = \dfrac{e^{-x}}{2\sqrt{x}}$,应用分部积分法,则

$$\int_0^1 \frac{f(x)}{\sqrt{x}}\mathrm{d}x = 2\int_0^1 f(x)\mathrm{d}\sqrt{x} = 2f(x)\sqrt{x}\Big|_0^1 - 2\int_0^1 \sqrt{x}\,\mathrm{d}f(x)$$

$$= 2f(1) - 0 - 2\int_0^1 \frac{\sqrt{x}\,\mathrm{e}^{-x}}{2\sqrt{x}}\mathrm{d}x$$

$$= 0 - \int_0^1 \mathrm{e}^{-x}\mathrm{d}x = \mathrm{e}^{-1} - 1$$

例 3.8(09-10(Ⅰ)期中) 设 $f(x) = \int_1^x \frac{\sin(xt)}{t}\mathrm{d}t$,求 $\int_0^1 xf(x)\mathrm{d}x$.

解析 令 $u = xt$,则

$$f(x) = \int_x^{x^2} \frac{\sin u}{u}\mathrm{d}u, \quad f(1) = 0, \quad f'(x) = \frac{2\sin x^2}{x} - \frac{\sin x}{x}$$

运用分部积分法,则

$$\int_0^1 xf(x)\mathrm{d}x = \frac{1}{2}\int_0^1 f(x)\mathrm{d}x^2 = \frac{1}{2}f(x)x^2\Big|_0^1 - \frac{1}{2}\int_0^1 x^2\mathrm{d}f(x)$$

$$= \frac{1}{2}f(1) - 0 - \frac{1}{2}\int_0^1 x^2 f'(x)\mathrm{d}x$$

$$= 0 - \frac{1}{2}\int_0^1 x^2\left(\frac{2\sin x^2}{x} - \frac{\sin x}{x}\right)\mathrm{d}x$$

$$= \frac{1}{2}\int_0^1 (x\sin x - 2x\sin x^2)\mathrm{d}x$$

$$= -\frac{1}{2}\int_0^1 x\mathrm{d}\cos x - \frac{1}{2}\int_0^1 \sin x^2\,\mathrm{d}x^2$$

$$= -\frac{1}{2}x\cos x\Big|_0^1 + \frac{1}{2}\int_0^1 \cos x\,\mathrm{d}x + \frac{1}{2}\cos x^2\Big|_0^1$$

$$= -\frac{1}{2}\cos 1 + \frac{1}{2}\sin 1 + \frac{1}{2}\cos 1 - \frac{1}{2} = \frac{1}{2}\sin 1 - \frac{1}{2}$$

例 3.9(11-12(Ⅰ)期末) 已知函数 $f(x)$ 在区间 $(-\infty, +\infty)$ 上连续,并且有 $\lim\limits_{x\to 0}\frac{f(x)}{x} = 2$,设 $\varphi(x) = \int_0^1 f(xt)\mathrm{d}t$,求 $\varphi'(x)$ 并讨论 $\varphi'(x)$ 在 $x = 0$ 的连续性.

解析 令 $u = xt$,当 $x \neq 0$ 时,有

$$\varphi(x) = \frac{1}{x}\int_0^x f(u)\mathrm{d}u$$

则

$$\varphi'(x) = -\frac{1}{x^2}\int_0^x f(u)\mathrm{d}u + \frac{1}{x}f(x)$$

当 $x = 0$ 时,$\varphi(0) = 0$,应用导数的定义和洛必达法则,有

$$\varphi'(0) = \lim_{x\to 0}\frac{\varphi(x) - \varphi(0)}{x} = \lim_{x\to 0}\frac{\varphi(x) - 0}{x} = \lim_{x\to 0}\frac{\int_0^x f(u)\mathrm{d}u}{x^2} \xrightarrow{\frac{0}{0}} \lim_{x\to 0}\frac{f(x)}{2x} = 1$$

由于

$$\lim_{x\to 0}\varphi'(x) = \lim_{x\to 0}\left(-\frac{1}{x^2}\int_0^x f(u)\mathrm{d}u + \frac{1}{x}f(x)\right) = \lim_{x\to 0}\frac{f(x)}{x} - \lim_{x\to 0}\frac{\int_0^x f(u)\mathrm{d}u}{x^2}$$

$$\stackrel{\frac{0}{0}}{=} 2 - \lim_{x\to 0}\frac{f(x)}{2x} = 2 - 1 = 1 = \varphi'(0)$$

所以 $\varphi'(x)$ 在 $x = 0$ 连续.

例 3.10(06-07(Ⅰ)期末) 已知 $f'(\ln x) = \dfrac{x\ln x}{(1+\ln x)^2}, f(0)=1$,求 $f(1)$.

解析 令 $\ln x = t$,则 $f'(t) = \dfrac{\mathrm{e}^t t}{(1+t)^2}$,两边从 0 到 1 积分得

$$f(1) - f(0) = \int_0^1 \frac{\mathrm{e}^t t}{(1+t)^2}\mathrm{d}t = \int_0^1 \frac{\mathrm{e}^t(1+t) - \mathrm{e}^t}{(1+t)^2}\mathrm{d}t$$

$$= \int_0^1 \mathrm{d}\frac{\mathrm{e}^t}{1+t} = \frac{\mathrm{e}^t}{1+t}\bigg|_0^1 = \frac{\mathrm{e}}{2} - 1$$

于是 $f(1) = \dfrac{\mathrm{e}}{2}$.

例 3.11(07-08(Ⅰ)期末) 已知
$$f(x) = \begin{cases} x^2 & (0 \leqslant x < 1); \\ 1 & (1 \leqslant x \leqslant 2) \end{cases}$$

设 $F(x) = \displaystyle\int_0^x f(t)\mathrm{d}t \ (0 \leqslant x \leqslant 2)$,求 $F(x)$.

解析 当 $0 \leqslant x < 1$ 时

$$F(x) = \int_0^x t^2 \mathrm{d}t = \frac{1}{3}t^3 \bigg|_0^x = \frac{1}{3}x^3$$

当 $1 \leqslant x \leqslant 2$ 时

$$F(x) = \int_0^1 f(t)\mathrm{d}t + \int_1^x f(t)\mathrm{d}t = \int_0^1 t^2 \mathrm{d}t + \int_1^x 1 \mathrm{d}t = \frac{1}{3} + (x-1) = x - \frac{2}{3}$$

例 3.12(07-08(Ⅰ)期末) 已知 $f(x)$ 在区间 $[0,+\infty)$ 上可导,$f(0) = 0$,且其反函数为 $g(x)$,若 $\displaystyle\int_0^{f(x)} g(t)\mathrm{d}t = x^2 \mathrm{e}^x$,求 $f(x)$.

解析 对 $\displaystyle\int_0^{f(x)} g(t)\mathrm{d}t = x^2 \mathrm{e}^x$ 两边同时求导,可得 $g(f(x))f'(x) = (x^2 \mathrm{e}^x)'$,因为 $f(x)$ 的反函数为 $g(x)$,上式化为

$$xf'(x) = (x^2 \mathrm{e}^x)' = (x^2 + 2x)\mathrm{e}^x$$

因此 $f'(x) = (2+x)\mathrm{e}^x$,积分得

$$f(x) = \int_0^x (2+t)\mathrm{e}^t \mathrm{d}t + f(0) = (\mathrm{e}^t + t\mathrm{e}^t)\bigg|_0^x + 0 = \mathrm{e}^x + x\mathrm{e}^x - 1$$

例 3.13 (03 - 04(Ⅰ)期末)   若 $f(x)$ 在 $(-\infty,+\infty)$ 上连续,且
$$F(x)=\int_0^1(x^2-2x^2t)f(xt)\mathrm{d}t.$$
证明:若 $f(x)$ 在 $(-\infty,+\infty)$ 内为减函数,则 $F(x)$ 在 $(-\infty,+\infty)$ 内为增函数.

解析   令 $u=xt$,则
$$F(x)=\int_0^x(x-2u)f(u)\mathrm{d}u=x\int_0^xf(u)\mathrm{d}u-2\int_0^xuf(u)\mathrm{d}u.$$
应用变限积分的求导公式与积分中值定理,有
$$F'(x)=\int_0^xf(u)\mathrm{d}u-xf(x)=x(f(\xi)-f(x))\quad(\xi\text{ 介于 }0\text{ 和 }x\text{ 之间}).$$
因 $f(x)$ 在 $(-\infty,+\infty)$ 内为减函数,所以 $x>0$ 时,$f(\xi)>f(x)$,则 $F'(x)>0$;$x<0$ 时,$f(\xi)<f(x)$,则 $F'(x)>0$. 且 $F'(0)=0$,所以 $\forall x\in\mathbf{R}$,有 $F'(x)\geqslant 0$,故 $F(x)$ 在 $(-\infty,+\infty)$ 内为增函数.

例 3.14 (04 - 05(Ⅰ)期末)   设 $f(x)=\int_0^x\mathrm{e}^{t^6}(2t^3-t^2-2t+1)\mathrm{d}t$.

(1) 求 $f'(x)=0$ 的根;

(2) 证明:$f''(x)=0$ 在 $(-1,1)$ 上至少有两个实根.

解析   (1) 因为
$$f'(x)=\mathrm{e}^{x^6}(2x^3-x^2-2x+1)=\mathrm{e}^{x^6}(x+1)(x-1)(2x-1).$$
所以 $f'(x)=0$ 有三个不同的实根 $x_1=-1,x_2=1,x_3=\dfrac{1}{2}$.

(2) $f'(x)$ 在区间 $\left[-1,\dfrac{1}{2}\right]$ 与 $\left[\dfrac{1}{2},1\right]$ 上显然可导,且有 $f'(-1)=f'\left(\dfrac{1}{2}\right)=f'(1)=0$,在这两个区间上分别应用罗尔定理,$\exists\xi_1\in\left(-1,\dfrac{1}{2}\right)$ 和 $\xi_2\in\left(\dfrac{1}{2},1\right)$,使得 $f''(\xi_1)=f''(\xi_2)=0$,即 $f''(x)=0$ 在 $(-1,1)$ 上至少有两个实根.

例 3.15 (04 - 05(Ⅰ)期末)   证明:方程 $\displaystyle\int_0^x\frac{\ln(2+t)}{2-t}\mathrm{d}t=\frac{1}{4}x^2+\ln^2 2-\frac{1}{4}$ 在 $(0,1)$ 内有且仅有一个根.

解析   设
$$F(x)=\int_0^x\frac{\ln(2+t)}{2-t}\mathrm{d}t-\left(\frac{1}{4}x^2+\ln^2 2-\frac{1}{4}\right)\quad(0\leqslant x\leqslant 1).$$
则
$$F(0)=-\left(\ln^2 2-\frac{1}{4}\right)<0.$$
又根据积分中值定理,$\exists\xi\in(0,1)$,使得
$$F(1)=\ln(2+\xi)\int_0^1\frac{1}{2-t}\mathrm{d}t-\ln^2 2=\ln(2+\xi)\ln 2-\ln^2 2>\ln^2 2-\ln^2 2=0$$

则根据零点定理可知,$F(x)$ 在 $(0,1)$ 内至少有一个零点.

因为

$$F'(x) = \frac{\ln(2+x)}{2-x} - \frac{1}{2}x = \frac{\ln(2+x) - x + \frac{1}{2}x^2}{2-x} > \frac{\ln(1+x) - x + \frac{1}{2}x^2}{2-x}$$

设 $G(x) = \ln(1+x) - x + \frac{1}{2}x^2$,则

$$G'(x) = \frac{1}{1+x} - 1 + x = \frac{x^2}{1+x} > 0$$

于是当 $x \in (0,1)$ 时,$G(x)$ 严格增,$G(x) > G(0) = 0$. 所以 $F'(x) > 0$,故 $F(x)$ 在 $[0,1]$ 上为严格增,原方程在 $(0,1)$ 内有且仅有一个根.

5.4 历年硕士生入学试题解析

例 4.1(南大 2007) $\lim\limits_{n\to\infty} \dfrac{1 + e + e^{\frac{1}{n}} + e^{\frac{2}{n}} + \cdots + e^{\frac{n-1}{n}}}{n} = $ _____.

解析 化为定积分计算,则

$$原式 = \lim_{n\to\infty}\frac{1}{n} + \lim_{n\to\infty}\frac{e^{\frac{1}{n}} + e^{\frac{2}{n}} + \cdots + e^{\frac{n-1}{n}} + e^{\frac{n}{n}}}{n} = 0 + \int_0^1 e^x dx = e - 1$$

例 4.2(南大 2006) $\lim\limits_{n\to\infty} \dfrac{1}{2n}\left(\sin\dfrac{\pi}{n} + \sin\dfrac{2\pi}{n} + \cdots + \sin\dfrac{(n-1)\pi}{n}\right) = $ _____.

解析 化为定积分计算,则

$$原式 = \frac{1}{2\pi}\lim_{n\to\infty}\sum_{i=0}^{n-1}\sin\left(i\cdot\frac{\pi}{n}\right)\cdot\frac{\pi}{n} = \frac{1}{2\pi}\int_0^\pi \sin x dx = \frac{1}{2\pi}\cdot 2 = \frac{1}{\pi}$$

例 4.3(南大 2008) $\lim\limits_{n\to\infty}\dfrac{1}{n}\sqrt[n]{n(n+1)(n+2)\cdots(2n-1)} = $ _____.

解析 令

$$x_n = \frac{1}{n}\sqrt[n]{n(n+1)(n+2)\cdots(2n-1)} = \sqrt[n]{\left(1+\frac{1}{n}\right)\left(1+\frac{2}{n}\right)\cdots\left(1+\frac{n-1}{n}\right)}$$

两边取对数,再化为定积分计算,则

$$\ln x_n = \ln\sqrt[n]{\left(1+\frac{1}{n}\right)\left(1+\frac{2}{n}\right)\cdots\left(1+\frac{n-1}{n}\right)} = \sum_{i=0}^{n-1}\ln\left(1+\frac{i}{n}\right)\frac{1}{n}$$

$$\lim_{n\to\infty}(\ln x_n) = \lim_{n\to\infty}\sum_{i=0}^{n-1}\ln\left(1+\frac{i}{n}\right)\frac{1}{n} = \int_0^1 \ln(1+x) dx$$

$$= x\ln(1+x)\Big|_0^1 - \int_0^1 \frac{x}{1+x}dx$$

$$= \ln 2 - 1 + \ln(1+x)\Big|_0^1 = 2\ln 2 - 1$$

所以原式 $= \dfrac{4}{e}$.

例 4.4（全国 1998） 求 $\lim\limits_{n\to\infty}\left\{\dfrac{\sin\dfrac{\pi}{n}}{n+1}+\dfrac{\sin\dfrac{2\pi}{n}}{n+\dfrac{1}{2}}+\cdots+\dfrac{\sin\dfrac{n\pi}{n}}{n+\dfrac{1}{n}}\right\}$.

解析 令 $x_n = \dfrac{\sin\dfrac{\pi}{n}}{n+1}+\dfrac{\sin\dfrac{2\pi}{n}}{n+\dfrac{1}{2}}+\cdots+\dfrac{\sin\dfrac{n\pi}{n}}{n+\dfrac{1}{n}}$，构造夹逼不等式

$$\dfrac{\sin\dfrac{\pi}{n}}{n+1}+\dfrac{\sin\dfrac{2\pi}{n}}{n+1}+\cdots+\dfrac{\sin\dfrac{n\pi}{n}}{n+1} \leqslant x_n \leqslant \dfrac{\sin\dfrac{\pi}{n}}{n}+\dfrac{\sin\dfrac{2\pi}{n}}{n}+\cdots+\dfrac{\sin\dfrac{n\pi}{n}}{n}$$

两端的极限化为定积分计算，有

$$\lim_{n\to\infty}\left\{\dfrac{\sin\dfrac{\pi}{n}}{n+1}+\dfrac{\sin\dfrac{2\pi}{n}}{n+1}+\cdots+\dfrac{\sin\dfrac{n\pi}{n}}{n+1}\right\}$$

$$=\dfrac{1}{\pi}\lim_{n\to\infty}\dfrac{n}{n+1}\left(\sin\dfrac{\pi}{n}+\sin\dfrac{2\pi}{n}+\cdots+\sin\dfrac{n\pi}{n}\right)\dfrac{\pi}{n}$$

$$=\dfrac{1}{\pi}\int_0^\pi \sin x\,dx = \dfrac{2}{\pi}$$

$$\lim_{n\to\infty}\left\{\dfrac{\sin\dfrac{\pi}{n}}{n}+\dfrac{\sin\dfrac{2\pi}{n}}{n}+\cdots+\dfrac{\sin\dfrac{n\pi}{n}}{n}\right\}$$

$$=\dfrac{1}{\pi}\lim_{n\to\infty}\left(\sin\dfrac{\pi}{n}+\sin\dfrac{2\pi}{n}+\cdots+\sin\dfrac{n\pi}{n}\right)\dfrac{\pi}{n}$$

$$=\dfrac{1}{\pi}\int_0^\pi \sin x\,dx = \dfrac{2}{\pi}$$

应用夹逼准则，则原式 $= \dfrac{2}{\pi}$.

例 4.5（南大 2009） $\lim\limits_{n\to\infty}\sum\limits_{i=1}^{n}\dfrac{\pi\sin\dfrac{i\pi}{2n}}{n\left(\sin\dfrac{i\pi}{2n}+\cos\dfrac{i\pi}{2n}\right)} = \underline{\qquad}$.

解析 化为定积分计算，则

$$原式 = 2\lim_{n\to\infty}\sum_{i=1}^{n}\dfrac{\sin\dfrac{i\pi}{2n}}{\sin\dfrac{i\pi}{2n}+\cos\dfrac{i\pi}{2n}}\cdot\dfrac{\pi}{2n} = 2\int_0^{\frac{\pi}{2}}\dfrac{\sin x}{\sin x+\cos x}dx$$

令 $x = \dfrac{\pi}{2}-t$，则

$$\int_0^{\frac{\pi}{2}} \frac{\sin x}{\sin x + \cos x}\mathrm{d}x = \int_0^{\frac{\pi}{2}} \frac{\cos t}{\cos t + \sin t}\mathrm{d}t = \int_0^{\frac{\pi}{2}} \frac{\cos x}{\sin x + \cos x}\mathrm{d}x$$

所以

$$\text{原式} = \int_0^{\frac{\pi}{2}} \frac{\sin x + \cos x}{\sin x + \cos x}\mathrm{d}x = \frac{\pi}{2}$$

例 4.6(南大 1997) 设

$$f(x) = \begin{cases} \lim_{n\to\infty} \frac{1}{n}\left[1 + \cos\frac{x}{n} + \cos\frac{2x}{n} + \cdots + \cos\frac{(n-1)x}{n}\right] & (x \neq 0); \\ 1 & (x = 0) \end{cases}$$

试讨论 $f(x)$ 在 $x = 0$ 的连续性与可导性.

解析 当 $x > 0$ 时,化为定积分计算,则

$$f(x) = \frac{1}{x}\lim_{n\to\infty}\sum_{i=0}^{n-1}\left(\cos\frac{ix}{n}\right)\frac{x}{n} = \frac{1}{x}\int_0^x \cos x\mathrm{d}x = \frac{\sin x}{x}$$

当 $x < 0$ 时,化为定积分计算,则

$$f(x) = \lim_{n\to\infty}\frac{1}{n}\left[\cos\frac{(n-1)x}{n} + \cos\frac{(n-2)x}{n} + \cdots + \cos\frac{x}{n} + 1\right]$$

$$= \frac{1}{-x}\lim_{n\to\infty}\sum_{i=1}^{n}\left(\cos\frac{(n-i)x}{n}\right)\frac{-x}{n} = \frac{1}{-x}\int_x^0 \cos x\mathrm{d}x = \frac{\sin x}{x}$$

由于 $\lim_{x\to 0}f(x) = \lim_{x\to 0}\frac{\sin x}{x} = 1 = f(0)$,所以 $f(x)$ 在 $x = 0$ 处连续. 由于

$$\lim_{x\to 0}\frac{f(x) - f(0)}{x} = \lim_{x\to 0}\frac{\frac{\sin x}{x} - 1}{x} = \lim_{x\to 0}\frac{\sin x - x}{x^2}$$

$$= \lim_{x\to 0}\frac{\cos x - 1}{2x} = \lim_{x\to 0}\frac{-\sin x}{2} = 0$$

所以 $f(x)$ 在 $x = 0$ 处可导,且 $f'(0) = 0$.

例 4.7(全国 2012) 设 $I_k = \int_0^{k\pi} e^{x^2}\sin x\mathrm{d}x(k = 1,2,3)$,则有 ( )

(A) $I_1 < I_2 < I_3$ \qquad (B) $I_3 < I_2 < I_1$

(C) $I_2 < I_3 < I_1$ \qquad (D) $I_2 < I_1 < I_3$

解析 由函数 $y = e^{x^2}\sin x$ 的简图(见图 5.1)可以看出:它在区间 $(0,\pi)$ 上取正值,在区间 $(\pi,2\pi)$ 上取负值,在区间 $(2\pi,3\pi)$ 上取正值,其振幅一个比一个大得多. 设曲线与 x 轴所围的三块图形的面积分别为 S_1, S_2, S_3,则 $S_1 < S_2 < S_3$. 应用定积分的几何意义得

$$I_1 = \int_0^\pi e^{x^2}\sin x\mathrm{d}x = S_1 > 0$$

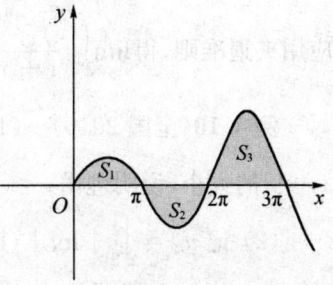

图 5.1

$$I_2 = \int_0^{2\pi} e^{x^2} \sin x \, dx = S_1 - S_2 < 0$$

$$I_3 - I_1 = \int_\pi^{3\pi} e^{x^2} \sin x \, dx = S_3 - S_2 > 0$$

于是 $I_2 < I_1 < I_3$，故选(D).

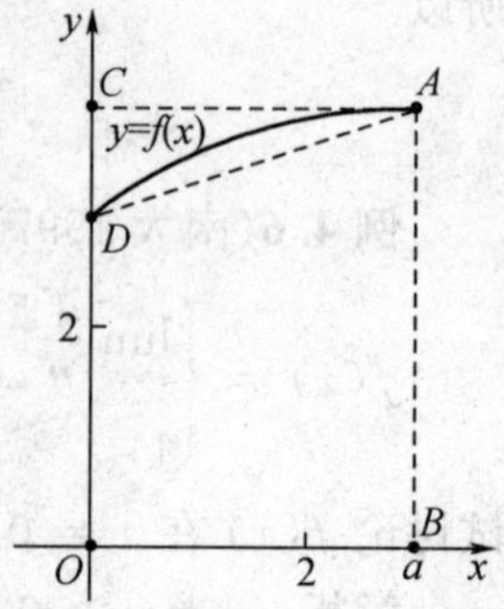

例 4.8(全国 2008)　如图 5.2 所示，曲线段的方程为 $y = f(x)$，函数 $f(x)$ 在区间 $[0, a]$ 上有连续的导数，则定积分 $\int_0^a x f'(x) \, dx =$　　　　　( )

(A) 曲边梯形 $ABOD$ 的面积
(B) 梯形 $ABOD$ 的面积
(C) 曲边三角形 ACD 的面积
(D) 三角形 ACD 的面积

图 5.2

解析　由于
$$\int_0^a x f'(x) \, dx = \int_0^a x \, df(x) = x f(x) \Big|_0^a - \int_0^a f(x) \, dx = a f(a) - \int_0^a f(x) \, dx$$

因为 $a f(a)$ 表示矩形 $ABOC$ 的面积，$\int_0^a f(x) \, dx$ 表示曲边梯形 $ABOD$ 的面积，所以 $a f(a) - \int_0^a f(x) \, dx$ 表示曲边三角形 ACD 的面积. 即选(C)

例 4.9(南大 2003)　证明：$\lim\limits_{n\to\infty} \int_0^1 \dfrac{x^n}{1+x} dx = 0$.

解析　应用定积分的保号性，有
$$\int_0^1 \frac{x^n}{2} dx < \int_0^1 \frac{x^n}{1+x} dx < \int_0^1 x^n \, dx$$

两端积分后取极限，当 $n \to \infty$ 时
$$\int_0^1 \frac{x^n}{2} dx = \frac{1}{2(n+1)} x^{n+1} \Big|_0^1 = \frac{1}{2(n+1)} \to 0$$

$$\int_0^1 x^n \, dx = \frac{1}{(n+1)} x^{n+1} \Big|_0^1 = \frac{1}{n+1} \to 0$$

应用夹逼准则，得 $\lim\limits_{n\to\infty} \int_0^1 \dfrac{x^n}{1+x} dx = 0$.

例 4.10(全国 2010)　(1) 比较 $\int_0^1 |\ln t| (\ln(1+t))^n dt$ 与 $\int_0^1 t^n |\ln t| \, dt (n = 1, 2, \cdots)$ 的大小，说明理由；

(2) 记 $u_n = \int_0^1 |\ln t| (\ln(1+t))^n dt (n = 1, 2, \cdots)$，求极限 $\lim\limits_{n\to\infty} u_n$.

解析　(1) 设 $f(t) = \ln(1+t) - t$，则

$$f'(t) = \frac{1}{1+t} - 1 = \frac{-t}{1+t} < 0 \quad (0 < t < 1)$$

所以 $f(t)$ 单调减少，$f(t) < f(0) = 0$，即有

$$\ln(1+t) \leqslant t \quad (0 \leqslant t \leqslant 1) \Rightarrow |\ln t|(\ln(1+t))^n \leqslant |\ln t| t^n \quad (0 \leqslant t \leqslant 1)$$

应用定积分的保向性得

$$\int_0^1 |\ln t|(\ln(1+t))^n \mathrm{d}t \leqslant \int_0^1 t^n |\ln t| \mathrm{d}t$$

(2) 由(1) 知 $0 \leqslant u_n \leqslant \int_0^1 t^n |\ln t| \mathrm{d}t$. 当 $n \to \infty$ 时

$$\int_0^1 t^n |\ln t| \mathrm{d}t = -\int_0^1 t^n \ln t \mathrm{d}t = -\frac{1}{n+1}\int_0^1 \ln t \mathrm{d}t^{n+1}$$

$$= -\frac{1}{n+1}\left(t^{n+1}\ln t \Big|_{0+}^1 - \int_0^1 t^n \mathrm{d}t\right) = \frac{1}{n+1}\int_0^1 t^n \mathrm{d}t$$

$$= \frac{1}{(n+1)^2} \to 0$$

应用夹逼准则，得 $\lim\limits_{n\to\infty} u_n = 0$.

例 4.11（全国 2008） (1) 证明积分中值定理：若函数 $f(x)$ 在闭区间 $[a,b]$ 上连续，则至少存在一点 $\eta \in [a,b]$，使得 $\int_a^b f(x)\mathrm{d}x = f(\eta)(b-a)$；

(2) 若函数 $\varphi(x)$ 具有二阶导数，且满足 $\varphi(2) > \varphi(1), \varphi(2) > \int_2^3 \varphi(x)\mathrm{d}x$，则至少存在一点 $\xi \in (1,3)$，使得 $\varphi''(\xi) < 0$.

解析 (1) 设函数 $f(x)$ 在 $[a,b]$ 上的最大值与最小值分别为 M 与 m，则 $m \leqslant f(x) \leqslant M, x \in [a,b]$. 由定积分的保向性，有

$$m(b-a) \leqslant \int_a^b f(x)\mathrm{d}x \leqslant M(b-a), \quad \text{即} \quad m \leqslant \frac{1}{b-a}\int_a^b f(x)\mathrm{d}x \leqslant M$$

应用连续函数的介值定理，$\exists \eta \in [a,b]$，使得

$$f(\eta) = \frac{1}{b-a}\int_a^b f(x)\mathrm{d}x, \quad \text{即} \quad \int_a^b f(x)\mathrm{d}x = f(\eta)(b-a)$$

(2) 由(1) 的结论，$\exists \eta \in [2,3]$，使得 $\int_2^3 \varphi(x)\mathrm{d}x = \varphi(\eta)(3-2) = \varphi(\eta)$. 又由 $\varphi(2) > \int_2^3 \varphi(x)\mathrm{d}x = \varphi(\eta)$ 知 $2 < \eta \leqslant 3$，又 $\varphi(1) < \varphi(2), \varphi(2) > \varphi(\eta)$，对 $\varphi(x)$ 在区间 $[1,2]$ 与 $[2,\eta]$ 上分别应用拉格朗日中值定理，$\exists \xi_1 \in (1,2), \xi_2 \in (2,\eta) \subset (2,3)$，使得

$$\varphi'(\xi_1) = \frac{\varphi(2)-\varphi(1)}{2-1} > 0, \quad \varphi'(\xi_2) = \frac{\varphi(\eta)-\varphi(2)}{\eta-2} < 0$$

在 $[\xi_1,\xi_2]$ 上对函数 $\varphi'(x)$ 应用拉格朗日中值定理，$\exists \xi \in (\xi_1,\xi_2) \subset (1,3)$，使得

$$\varphi''(\xi) = \frac{\varphi'(\xi_2) - \varphi'(\xi_1)}{\xi_2 - \xi_1} < 0$$

例 4.12(全国 1999,2005) 设 $f(x)$ 连续,$F'(x) = f(x)$,则 (   )

(A) $f(x)$ 为奇函数 $\Leftrightarrow F(x)$ 为偶函数

(B) $f(x)$ 为偶函数 $\Leftrightarrow F(x)$ 为奇函数

(C) $f(x)$ 为周期函数 $\Leftrightarrow F(x)$ 为周期函数

(D) $f(x)$ 为单调函数 $\Leftrightarrow F(x)$ 为单调函数

解析 **必要性** (A) 正确. 设 $f(x)$ 为奇函数,它的全体原函数为
$$F(x) = \int_0^x f(t)dt + C$$

令 $t = -u$,则
$$F(-x) = \int_0^{-x} f(t)dt + C = -\int_0^x f(-u)du + C = \int_0^x f(u)du + C = F(x)$$

所以 $F(x)$ 为偶函数.

(B) 错误. 反例:$f(x) = \cos x, F(x) = \sin x + 1$.

(C) 错误. 反例:$f(x) = \cos x + 1, F(x) = \sin x + x$.

(D) 错误. 反例:$f(x) = 2x, F(x) = x^2$.

充分性 (A) 正确. 设 $F(x)$ 为偶函数,由于
$$F(-x) = F(x) \Rightarrow -F'(-x) = F'(x) \Rightarrow F'(-x) = -F'(x)$$

所以 $f(x) = F'(x)$ 为奇函数.

(B) 正确. 设 $F(x)$ 为奇函数,由于
$$F(-x) = -F(x) \Rightarrow -F'(-x) = -F'(x) \Rightarrow F'(-x) = F'(x)$$

所以 $f(x) = F'(x)$ 为偶函数.

(C) 正确. 设 $F(x)$ 为周期函数,由于
$$F(x+T) = F(x) \Rightarrow F'(x+T) = F'(x)$$

所以 $f(x) = F'(x)$ 为周期函数.

(D) 错误. 反例:$F(x) = x^3, f(x) = 3x^2$.

综上可知,作为充分必要条件,只有(A) 正确.

例 4.13(全国 2007) 函数 $y = f(x)$ 的图形如图 5.3 所示,$F(x) = \int_0^x f(t)dt$,则下列结论正确的是 (   )

(A) $F(3) = -\dfrac{3}{4}F(-2)$

(B) $F(3) = \dfrac{5}{4}F(2)$

(C) $F(-3) = \dfrac{3}{4}F(2)$

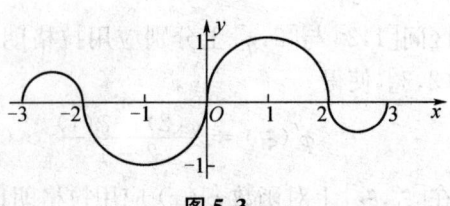

图 5.3

(D) $F(-3)=-\dfrac{5}{4}F(-2)$

解析 $f(x)$ 为奇函数,则 $F(x)$ 为偶函数. 应用定积分的几何意义,有
$$F(-2)=F(2)=\dfrac{\pi}{2}, \quad F(-3)=F(3)=\dfrac{\pi}{2}-\dfrac{\pi}{2}\left(\dfrac{1}{2}\right)^2=\dfrac{3}{8}\pi$$
因为这四个数皆为正数,所以 (A), (D) 错误. 由于 $\dfrac{F(3)}{F(2)}=\dfrac{F(-3)}{F(2)}=\dfrac{3}{4}$, 所以只有 (C) 正确.

例 4.14(全国 2009) 已知函数 $y=f(x)$ 在区间 $[-1,3]$ 上的图形如图 5.4 所示,试作出函数 $F(x)=\displaystyle\int_0^x f(t)\mathrm{d}t$ 的图形.(注:原题为选择题)

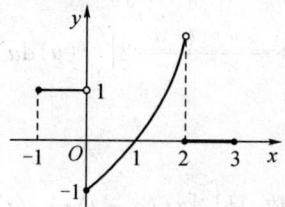

图 5.4　　　　　　　图 5.5

解析 当 $-1\leqslant x\leqslant 0$ 时,有
$$F(x)=\int_0^x f(t)\mathrm{d}t=-\int_x^0 1\mathrm{d}t=x$$
当 $0<x\leqslant 1$ 时,有
$$F(x)=\int_0^x f(t)\mathrm{d}t<0$$
当 $1<x\leqslant 2$ 时,$F(x)=\displaystyle\int_0^x f(t)\mathrm{d}t$ 严格单调增加,且
$$F(2)=\int_0^2 f(t)\mathrm{d}t>0$$
当 $2<x\leqslant 3$ 时,有
$$F(x)=\int_0^2 f(t)\mathrm{d}t+\int_2^x 0\mathrm{d}t=F(2)$$
所以 $y=F(x)$ 的大致图形如图 5.5 所示.

例 4.15(全国 2008) 设 $f(x)$ 是连续函数.

(1) 利用定义证明函数 $F(x)=\displaystyle\int_0^x f(t)\mathrm{d}t$ 可导,且 $F'(x)=f(x)$;

(2) 当 $f(x)$ 是以 2 为周期的周期函数时,证明函数
$$G(x)=2\int_0^x f(t)\mathrm{d}t-x\int_0^2 f(t)\mathrm{d}t$$
也是以 2 为周期的周期函数.

解析 （1）对任意的 x，由于 f 是连续函数，应用积分中值定理，有

$$\lim_{\Delta x \to 0} \frac{F(x+\Delta x) - F(x)}{\Delta x} = \lim_{\Delta x \to 0} \frac{\int_0^{x+\Delta x} f(t)\mathrm{d}t - \int_0^x f(t)\mathrm{d}t}{\Delta x}$$

$$= \lim_{\Delta x \to 0} \frac{\int_x^{x+\Delta x} f(t)\mathrm{d}t}{\Delta x} = \lim_{\Delta x \to 0} \frac{f(\xi)\Delta x}{\Delta x} = \lim_{\Delta x \to 0} f(\xi)$$

其中，ξ 介于 x 与 $x+\Delta x$ 之间. 当 $\Delta x \to 0$ 时，$\xi \to x$，所以 $\lim\limits_{\Delta x \to 0} f(\xi) = f(x)$，于是函数 $F(x)$ 在 x 处可导，且 $F'(x) = f(x)$.

（2）根据题意，有

$$G(x+2) - G(x) = \left(2\int_0^{x+2} f(t)\mathrm{d}t - (x+2)\int_0^2 f(t)\mathrm{d}t\right) - \left(2\int_0^x f(t)\mathrm{d}t - x\int_0^2 f(t)\mathrm{d}t\right)$$

$$= 2\int_x^{x+2} f(t)\mathrm{d}t - 2\int_0^2 f(t)\mathrm{d}t \xrightarrow{\diamondsuit u = t-x} 2\int_0^2 f(u)\mathrm{d}u - 2\int_0^2 f(t)\mathrm{d}t$$

$$= 0$$

即函数 $G(x)$ 是以 2 为周期的周期函数.

例 4.16（南大 2006） 设 $f(x)$ 为连续函数，且 $\int_0^x [tf(x-t) - f(t)]\mathrm{d}t = x$，求 $f(x)$.

解析 令 $x - t = u$，则原式化为

$$x\int_0^x f(u)\mathrm{d}u - \int_0^x uf(u)\mathrm{d}u - \int_0^x f(t)\mathrm{d}t = x$$

方程两边求导得 $\int_0^x f(t)\mathrm{d}t - f(x) = 1$，再两边求导得 $f'(x) = f(x)$，由此解得 $f(x) = C\mathrm{e}^x$. 又 $f(0) = -1$，解得 $C = -1$，于是 $f(x) = -\mathrm{e}^x$.

例 4.17（南大 2007） 设 $f(x)$ 是区间 $\left[0, \dfrac{\pi}{4}\right]$ 上的单调、可导函数，且满足

$$\int_0^{f(x)} f^{-1}(t)\mathrm{d}t = \int_0^x t \frac{\cos t - \sin t}{\sin t + \cos t}\mathrm{d}t$$

其中 f^{-1} 是 f 的反函数，求 $f(x)$.

解析 原式两边对 x 求导，得

$$f'(x) f^{-1}(f(x)) = x \frac{\cos x - \sin x}{\sin x + \cos x} \Rightarrow f'(x) = \frac{\cos x - \sin x}{\sin x + \cos x}$$

积分得

$$f(x) = \int \frac{\cos x - \sin x}{\sin x + \cos x}\mathrm{d}x = \ln|\sin x + \cos x| + C$$

在原式中令 $x = 0 \Rightarrow \int_0^{f(0)} f^{-1}(t)\mathrm{d}t = 0$，由于 $f^{-1}(t)$ 是单调函数，故 $f(0) = 0$. 在上式中令 $x = 0$，可得 $C = 0$，于是 $f(x) = \ln|\sin x + \cos x|$.

例 4.18(南大 2009)　已知 $\lim\limits_{x\to 0}\dfrac{\int_0^x t\arctan(at)\mathrm{d}t}{\mathrm{e}^{\sin^3 x}-1}=1$，则 $a=$ ＿＿＿＿＿．

解析　应用洛必达法则，有

$$\lim_{x\to 0}\frac{\int_0^x t\arctan(at)\mathrm{d}t}{\mathrm{e}^{\sin^3 x}-1}=\lim_{x\to 0}\frac{\int_0^x t\arctan(at)\mathrm{d}t}{x^3}=\lim_{x\to 0}\frac{x\arctan(ax)}{3x^2}=\frac{a}{3}=1$$

所以 $a=3$．

例 4.19(南大 2001)　设 $f(x)$ 连续，$f(0)=0$，$f'(0)=1$，求 $\lim\limits_{x\to 0}\dfrac{1}{x^3}\int_0^x f(xt)\mathrm{d}t$．

解析　令 $xt=u$，应用洛必达法则，有

$$\lim_{x\to 0}\frac{1}{x^3}\int_0^x f(xt)\mathrm{d}t=\lim_{x\to 0}\frac{1}{x^4}\int_0^{x^2} f(u)\mathrm{d}u=\lim_{x\to 0}\frac{2xf(x^2)}{4x^3}$$

$$=\frac{1}{2}\lim_{x\to 0}\frac{f(x^2)-f(0)}{x^2}=\frac{1}{2}f'(0)=\frac{1}{2}$$

例 4.20(全国 2005)　设 $f(x)$ 连续，$f(x)\neq 0$，求

$$\lim_{x\to 0}\frac{\int_0^x (x-t)f(t)\mathrm{d}t}{x\int_0^x f(x-t)\mathrm{d}t}$$

解析　在上式分母中令 $x-t=u$，再应用洛必达法则和积分中值定理，则

$$\text{原式}=\lim_{x\to 0}\frac{x\int_0^x f(t)\mathrm{d}t-\int_0^x tf(t)\mathrm{d}t}{x\int_0^x f(u)\mathrm{d}u}=\lim_{x\to 0}\frac{\int_0^x f(t)\mathrm{d}t}{\int_0^x f(u)\mathrm{d}u+xf(x)}$$

$$\xrightarrow{0<\xi<x}\lim_{x\to 0}\frac{xf(\xi)}{xf(\xi)+xf(x)}=\lim_{\substack{x\to 0\\ \xi\to 0}}\frac{f(\xi)}{f(\xi)+f(x)}=\frac{f(0)}{2f(0)}=\frac{1}{2}$$

例 4.21(全国 2011)　已知函数

$$F(x)=\frac{\int_0^x \ln(1+t^2)\mathrm{d}t}{x^a}$$

设 $\lim\limits_{x\to +\infty}F(x)=\lim\limits_{x\to 0^+}F(x)=0$，试求 a 的取值范围．

解析　当 $x\to +\infty$ 时，应用洛必达法则，有

$$\lim_{x\to +\infty}F(x)=\lim_{x\to +\infty}\frac{\int_0^x \ln(1+t^2)\mathrm{d}t}{x^a}=\lim_{x\to +\infty}\frac{\ln(1+x^2)}{ax^{a-1}}$$

$$=\lim_{x\to +\infty}\frac{\dfrac{2x^2}{1+x^2}}{a(a-1)x^{a-1}}=\frac{2}{a(a-1)}\lim_{x\to +\infty}\frac{1}{x^{a-1}}$$

因为 $\lim\limits_{x\to+\infty}F(x)=0$,所以 $a>1$.

当 $x\to 0+$ 时,应用无穷小因子代换法则,有

$$\lim_{x\to 0+}F(x)=\lim_{x\to 0+}\frac{\int_0^x\ln(1+t^2)\mathrm{d}t}{x^a}=\lim_{x\to 0+}\frac{\ln(1+x^2)}{ax^{a-1}}=\lim_{x\to 0+}\frac{x^2}{ax^{a-1}}=\frac{1}{a}\lim_{x\to 0+}x^{3-a}$$

因为 $\lim\limits_{x\to 0+}F(x)=0$,所以 $a<3$.

综上可得 $1<a<3$.

例 4.22(天大 1982) 设 $f(x)$ 是周期为 T 的连续函数,证明:

$$\lim_{x\to+\infty}\frac{\int_0^x f(x)\mathrm{d}x}{x}=\frac{1}{T}\int_0^T f(x)\mathrm{d}x$$

解析 对充分大的 x,存在正整数 n 和 $t\in[0,T)$,使得 $x=nT+t$,则

$$\lim_{x\to+\infty}\frac{\int_0^x f(x)\mathrm{d}x}{x}=\lim_{n\to\infty}\frac{\int_0^{nT+t}f(x)\mathrm{d}x}{nT+t}=\lim_{n\to\infty}\frac{\int_0^{nT}f(x)\mathrm{d}x+\int_{nT}^{nT+t}f(x)\mathrm{d}x}{nT+t}$$

$$=\lim_{n\to\infty}\frac{n\int_0^T f(x)\mathrm{d}x}{nT+t}+\lim_{n\to\infty}\frac{\int_0^t f(x)\mathrm{d}x}{nT+t}$$

$$=\frac{1}{T}\int_0^T f(x)\mathrm{d}x+0=\frac{1}{T}\int_0^T f(x)\mathrm{d}x$$

例 4.23(全国 2012) $\int_0^2 x\sqrt{2x-x^2}\,\mathrm{d}x=\underline{\qquad}$

解析 令 $1-x=t$,作换元变换,并应用奇函数定积分的性质与定积分的几何意义,则

$$\int_0^2 x\sqrt{2x-x^2}\,\mathrm{d}x=-\int_1^{-1}(1-t)\sqrt{1-t^2}\,\mathrm{d}t=\int_{-1}^1\sqrt{1-t^2}\,\mathrm{d}t$$

$$=\frac{1}{2}\pi\cdot 1^2=\frac{\pi}{2}$$

例 4.24(南大 2004) 求 $\int_{-\frac{\pi}{2}}^{\frac{\pi}{2}}\frac{\mathrm{e}^x}{1+\mathrm{e}^x}\sin^4 x\,\mathrm{d}x$.

解析 因为

$$\int_{-\frac{\pi}{2}}^{\frac{\pi}{2}}\frac{\mathrm{e}^x}{1+\mathrm{e}^x}\sin^4 x\,\mathrm{d}x\xrightarrow{\text{令}x=-t}\int_{-\frac{\pi}{2}}^{\frac{\pi}{2}}\frac{\mathrm{e}^{-t}}{1+\mathrm{e}^{-t}}\sin^4 t\,\mathrm{d}t$$

$$=\int_{-\frac{\pi}{2}}^{\frac{\pi}{2}}\frac{1}{1+\mathrm{e}^t}\sin^4 t\,\mathrm{d}t=\int_{-\frac{\pi}{2}}^{\frac{\pi}{2}}\frac{1}{1+\mathrm{e}^x}\sin^4 x\,\mathrm{d}x$$

所以

$$\text{原式}=\frac{1}{2}\int_{-\frac{\pi}{2}}^{\frac{\pi}{2}}\sin^4 x\,\mathrm{d}x=\int_0^{\frac{\pi}{2}}\sin^4 x\,\mathrm{d}x$$

$$= \left(\frac{3}{8}x - \frac{1}{4}\sin 2x + \frac{1}{32}\sin 4x\right)\Big|_0^{\frac{\pi}{2}} = \frac{3}{16}\pi$$

例 4.25(南大 2008) $\int_0^{\frac{\pi}{2}} \frac{e^{\sin x}}{e^{\sin x} + e^{\cos x}} dx = \underline{\qquad}$.

解析 原式 $= \int_0^{\frac{\pi}{2}} \frac{e^{\sin x} + e^{\cos x} - e^{\cos x}}{e^{\sin x} + e^{\cos x}} dx = \frac{\pi}{2} - \int_0^{\frac{\pi}{2}} \frac{e^{\cos x}}{e^{\sin x} + e^{\cos x}} dx$

$$\xrightarrow{\diamondsuit x = \frac{\pi}{2} - t} \frac{\pi}{2} - \int_0^{\frac{\pi}{2}} \frac{e^{\sin t}}{e^{\cos t} + e^{\sin t}} dt$$

$$= \frac{\pi}{2} - \int_0^{\frac{\pi}{2}} \frac{e^{\sin x}}{e^{\sin x} + e^{\cos x}} dx$$

所以

$$\int_0^{\frac{\pi}{2}} \frac{e^{\sin x}}{e^{\sin x} + e^{\cos x}} dx = \frac{\pi}{4}$$

例 4.26(南大 2005) $\int_{-2}^{2} \max\{1, x^2, x^3\} dx = \underline{\qquad}$.

解析 $\int_{-2}^{2} \max\{1, x^2, x^3\} dx = \int_{-2}^{-1} x^2 dx + \int_{-1}^{1} 1 dx + \int_{1}^{2} x^3 dx$

$$= \frac{1}{3}x^3\Big|_{-2}^{-1} + 2 + \frac{1}{4}x^4\Big|_1^2$$

$$= \frac{7}{3} + 2 + \frac{15}{4} = \frac{97}{12}$$

例 4.27(南大 2009) $\int_{-\frac{1}{2}}^{\frac{1}{2}} \left(\frac{\sin x}{x^2 + 1} + \sqrt{\ln^2(1-x)}\right) dx = \underline{\qquad}$.

解析 应用奇函数的定积分性质,有

$$\int_{-\frac{1}{2}}^{\frac{1}{2}} \frac{\sin x}{x^2 + 1} dx = 0$$

所以

$$原式 = \int_{-\frac{1}{2}}^{\frac{1}{2}} \sqrt{\ln^2(1-x)} dx = \int_{-\frac{1}{2}}^{0} \ln(1-x) dx - \int_0^{\frac{1}{2}} \ln(1-x) dx$$

$$= \int_0^{\frac{1}{2}} \ln(1+x) dx - \int_0^{\frac{1}{2}} \ln(1-x) dx = \int_0^{\frac{1}{2}} \ln\frac{1+x}{1-x} dx$$

$$= x\ln\frac{1+x}{1-x}\Big|_0^{\frac{1}{2}} - 2\int_0^{\frac{1}{2}} \frac{x}{1-x^2} dx$$

$$= \frac{1}{2}\ln 3 + \ln(1-x^2)\Big|_0^{\frac{1}{2}} = \frac{3}{2}\ln 3 - 2\ln 2$$

例 4.28(南大 2010) 计算定积分 $I = \int_0^1 \frac{(1+x+x^2)e^x}{1+2x+x^2} dx$.

解析 应用分部积分法,有

$$I = -\int_0^1 (1+x+x^2)e^x d\frac{1}{1+x}$$

$$= -\frac{(1+x+x^2)e^x}{1+x}\Big|_0^1 + \int_0^1 (2+x)e^x dx$$

$$= 1 - \frac{3}{2}e + e^x(x+1)\Big|_0^1 = \frac{1}{2}e$$

例 4.29(南大 2011) 设 $\int_0^\pi \frac{\cos x}{(x+2)^2}dx = a$,则 $\int_0^{\frac{\pi}{2}} \frac{\sin x \cos x}{x+1}dx = $ _____.

解析 因为

$$\int_0^\pi \frac{\cos x}{(x+2)^2}dx = -\int_0^\pi \cos x d\frac{1}{x+2} = -\left(\frac{\cos x}{x+2}\Big|_0^\pi + \int_0^\pi \frac{\sin x}{x+2}dx\right)$$

$$= \frac{1}{2} + \frac{1}{2+\pi} - \int_0^\pi \frac{\sin x}{x+2}dx = a$$

所以 $\int_0^\pi \frac{\sin x}{x+2}dx = \frac{1}{2} + \frac{1}{2+\pi} - a$,于是

$$\int_0^{\frac{\pi}{2}} \frac{\sin x \cos x}{x+1}dx = \frac{1}{2}\int_0^{\frac{\pi}{2}} \frac{\sin 2x}{x+1}dx \xrightarrow{\diamondsuit 2x = t} \frac{1}{2}\int_0^\pi \frac{\sin t}{t+2}dt$$

$$= \frac{1}{2}\left(\frac{1}{2} + \frac{1}{2+\pi} - a\right) = \frac{4+\pi}{4(2+\pi)} - \frac{a}{2}$$

例 4.30(南大 2011) 计算 $\int_0^\pi t\sin^{2m}t \, dt$ (m 为正整数).

解析 应用分部积分公式,有

$$I_{2m} = \int_0^\pi t\sin^{2m}t \, dt = -\int_0^\pi t\sin^{2m-1}t \, d\cos t$$

$$= -t\sin^{2m-1}t \cdot \cos t\Big|_0^\pi + \int_0^\pi (\sin^{2m-1}t + (2m-1)t\sin^{2m-2}t \cdot \cos t)\cos t \, dt$$

$$= 0 + \int_0^\pi \sin^{2m-1}t \cdot \cos t \, dt + (2m-1)\int_0^\pi t\sin^{2m-2}t \, dt - (2m-1)\int_0^\pi t\sin^{2m}t \, dt$$

$$= \frac{1}{2m}\sin^{2m}t\Big|_0^\pi + (2m-1)I_{2m-2} - (2m-1)I_{2m}$$

$$= (2m-1)I_{2m-2} - (2m-1)I_{2m}$$

于是

$$I_{2m} = \frac{2m-1}{2m}I_{2m-2} = \frac{2m-1}{2m} \cdot \frac{2m-3}{2m-2} \cdot \cdots \cdot \frac{3}{4} \cdot \frac{1}{2}I_0 = \frac{(2m-1)!!}{(2m)!!} \cdot \frac{\pi^2}{2}$$

例 4.31(南大 2010) $\int_0^1 \frac{(1-x)^{2k+1}x^j}{(2k+1)!j!}dx = $ _____.

解析 逐次使用分部积分公式,则

$$\text{原式} = \int_0^1 \frac{(1-x)^{2k+1}}{(2k+1)!(j+1)!}dx^{j+1} = \frac{(1-x)^{2k+1}x^{j+1}}{(2k+1)!(j+1)!}\Big|_0^1 + \int_0^1 \frac{(1-x)^{2k}x^{j+1}}{(2k)!(j+1)!}dx$$

· 112 ·

$$= \int_0^1 \frac{(1-x)^{2k}}{(2k)!(j+2)!} \mathrm{d}x^{j+2} = \frac{(1-x)^{2k}x^{j+2}}{(2k)!(j+2)!}\Big|_0^1 + \int_0^1 \frac{(1-x)^{2k-1}x^{j+2}}{(2k-1)!(j+2)!}\mathrm{d}x$$

$$= \int_0^1 \frac{(1-x)^{2k-1}x^{j+2}}{(2k-1)!(j+2)!}\mathrm{d}x = \cdots = \int_0^1 \frac{(1-x)^1 x^{j+2k}}{1!(j+2k)!}\mathrm{d}x$$

$$= \int_0^1 \frac{(1-x)}{(j+2k+1)!}\mathrm{d}x^{j+2k+1} = \frac{(1-x)x^{j+2k+1}}{(j+2k+1)!}\Big|_0^1 + \int_0^1 \frac{x^{j+2k+1}}{(j+2k+1)!}\mathrm{d}x$$

$$= 0 + \frac{x^{j+2k+2}}{(j+2k+2)!}\Big|_0^1 = \frac{1}{(j+2k+2)!}$$

例 4.32(南大 2005) 设 $P_k(t) = \dfrac{1}{2^k k!}\dfrac{\mathrm{d}^k(t^2-1)^k}{\mathrm{d}t^k}(k=0,1,2,\cdots)$,求

$$\int_{-1}^1 P_m(t)P_n(t)\mathrm{d}t \quad (m<n)$$

解析 记 $Q(t) = \dfrac{1}{2^n n!}(t^2-1)^n = \dfrac{1}{2^n n!}(t-1)^n(t+1)^n$,则 $P_n(t) = Q^{(n)}(t)$,$Q(\pm 1)=0$. 应用莱布尼茨公式,有

$$Q^{(i)}(t) = \frac{1}{2^n n!}[n(n-1)\cdots(n-i+1)(t-1)^{n-i}(t+1)^n + \cdots$$
$$+ (t-1)^n n(n-1)\cdots(n-i+1)(t+1)^{n-i}] \quad (i=1,2,\cdots,n-1)$$

于是
$$Q^{(i)}(\pm 1) = 0 \quad (i=1,2,\cdots,n-1)$$

记 $G(t) = \dfrac{1}{2^m m!}(t^2-1)^m$,则 $P_m(t) = G^{(m)}(t)$. 由于 $G(t)$ 是 t 的 $2m$ 次多项式,$n+m>2m$,所以 $\forall t \in \mathbf{R}$ 有 $P_m^{(n)}(t) = G^{(m+n)}(t) = 0$. n 次应用分部积分法,得

$$\int_{-1}^1 P_m(t)P_n(t)\mathrm{d}t = \int_{-1}^1 P_m(t)Q^{(n)}(t)\mathrm{d}t = \int_{-1}^1 P_m(t)\mathrm{d}Q^{(n-1)}(t)$$

$$= P_m(t)Q^{(n-1)}(t)\Big|_{-1}^1 - \int_{-1}^1 P'_m(t)\mathrm{d}Q^{(n-2)}(t)$$

$$= P_m(t)Q^{(n-1)}(t)\Big|_{-1}^1 - P'_m(t)Q^{(n-2)}(t)\Big|_{-1}^1 + \int_{-1}^1 P''_m(t)\mathrm{d}Q^{(n-3)}(t)$$

$$= \cdots$$

$$= [P_m(t)Q^{(n-1)}(t) - P'_m(t)Q^{(n-2)}(t) + \cdots + (-1)^{n-1}P_m^{(n-1)}(t)Q(t)]\Big|_{-1}^1$$

$$+ (-1)^n \int_{-1}^1 P_m^{(n)}(t)Q(t)\mathrm{d}t$$

$$= 0 + (-1)^n \int_{-1}^1 G^{(m+n)}(t)Q(t)\mathrm{d}t$$

$$= 0$$

专题 6 反常积分与定积分的应用

6.1 重要概念与基本方法

1 无穷区间上的反常积分

(1) 定义:若 $f(x)$ 在任意有限区间 $[a,x]$ 上可积,$\lim\limits_{x\to+\infty}\int_a^x f(x)\mathrm{d}x = A(A\in \mathbf{R})$,则称反常积分 $\int_a^{+\infty} f(x)\mathrm{d}x$ 收敛,称 $x=+\infty$ 为奇点;否则称此反常积分发散.

(2) 基本结论:当且仅当 $p>1$ 时,反常积分 $\int_1^{+\infty}\dfrac{1}{x^p}\mathrm{d}x$ 收敛.

(3) 敛散性判别法:$x=+\infty$ 是反常积分的唯一奇点,$x\to+\infty$ 时,若
$$f(x)\sim \dfrac{1}{x^p}\quad(p>1)\quad \text{或}\quad f(x)=o\!\left(\dfrac{1}{x^p}\right)\quad(p>1)$$
则反常积分 $\int_1^{+\infty} f(x)\mathrm{d}x$ 收敛.

(4) 无穷区间上的反常积分的计算.

定理 1(广义牛顿-莱布尼茨公式) 若 $x=+\infty$ 是反常积分的唯一奇点,且有 $F'(x)=f(x)$,则
$$\int_a^{+\infty} f(x)\mathrm{d}x = F(x)\Big|_a^{+\infty}$$

定理 2(广义换元积分公式) 若 $x=+\infty$ 是反常积分的唯一奇点,$x=\varphi(t)$ 连续可导,$\varphi(\alpha)=a,\varphi(\beta)=+\infty(\beta$ 可为 $+\infty)$,则
$$\int_a^{+\infty} f(x)\mathrm{d}x = \int_\alpha^{\beta(+\infty)} f(\varphi(t))\varphi'(t)\mathrm{d}t$$

定理 3(广义分部积分公式) 设 $x=+\infty$ 是反常积分的唯一奇点,$u(x),v(x)$ 连续可导,则
$$\int_a^{+\infty} u(x)\mathrm{d}v(x) = u(x)v(x)\Big|_a^{+\infty} - \int_a^{+\infty} v(x)\mathrm{d}u(x)$$

2 无界函数的反常积分

(1) **定义 1** 若 $f(x)$ 在区间 $[a,x](a<x<b)$ 上可积,$\lim\limits_{x\to b-}\int_a^x f(x)\mathrm{d}x = A(A\in \mathbf{R})$,则称反常积分 $\int_a^b f(x)\mathrm{d}x$ 收敛,称 $x=b$ 为瑕点;否则称此反常积分发散.

定义 2 若 $f(x)$ 在区间 $[x,b](a<x<b)$ 上可积,$\lim\limits_{x\to a+}\int_x^b f(x)\mathrm{d}x = A(A\in \mathbf{R})$,则称反常积分 $\int_a^b f(x)\mathrm{d}x$ 收敛,称 $x=a$ 为瑕点;否则称此反常积分发散.

(2) 基本结论:当且仅当 $p<1$ 时,反常积分 $\int_a^b \dfrac{1}{(b-x)^p}\mathrm{d}x$ 与 $\int_a^b \dfrac{1}{(x-a)^p}\mathrm{d}x$ 收敛.

(3) 敛散性判别法.

① 若 $x=b$ 是反常积分的唯一瑕点,$x\to b-$ 时,若

$$f(x)\sim \frac{1}{(b-x)^p} \quad (p<1) \quad \text{或} \quad f(x)=o\Big(\frac{1}{(b-x)^p}\Big) \quad (p<1)$$

则反常积分 $\int_a^b f(x)\mathrm{d}x$ 收敛.

② 若 $x=a$ 是反常积分的唯一瑕点,$x\to a+$ 时,若

$$f(x)\sim \frac{1}{(x-a)^p} \quad (p<1) \quad \text{或} \quad f(x)=o\Big(\frac{1}{(x-a)^p}\Big) \quad (p<1)$$

则反常积分 $\int_a^b f(x)\mathrm{d}x$ 收敛.

(4) 无界函数的反常积分的计算(下面以 $x=b$ 是唯一瑕点的情况写出,对于 $x=a$ 是唯一瑕点的情况可类似写出).

定理 1(广义牛顿-莱布尼茨公式) 若 $x=b$ 是反常积分的唯一瑕点,$F'(x)=f(x)$,则

$$\int_a^b f(x)\mathrm{d}x = F(x)\Big|_a^{b-}$$

定理 2(广义换元积分公式) 若 $x=b$ 是反常积分的唯一瑕点,$x=\varphi(t)$ 连续可导,$\varphi(\alpha)=a,\varphi(\beta)=b(\beta$ 可为 $+\infty)$,则

$$\int_a^b f(x)\mathrm{d}x = \int_\alpha^{\beta(+\infty)} f(\varphi(t))\varphi'(t)\mathrm{d}t$$

定理 3(广义分部积分公式) 若 $x=b$ 是反常积分的唯一瑕点,$u(x),v(x)$ 连续可导,则

$$\int_a^b u(x)\mathrm{d}v(x) = u(x)v(x)\Big|_a^{b-} - \int_a^b v(x)\mathrm{d}u(x)$$

3 定积分在几何上的应用

(1) 求平面图形的面积. 首先画出平面图形,我们把图形分为三种情况(分别如图 6.1、图 6.2、图 6.3 所示):

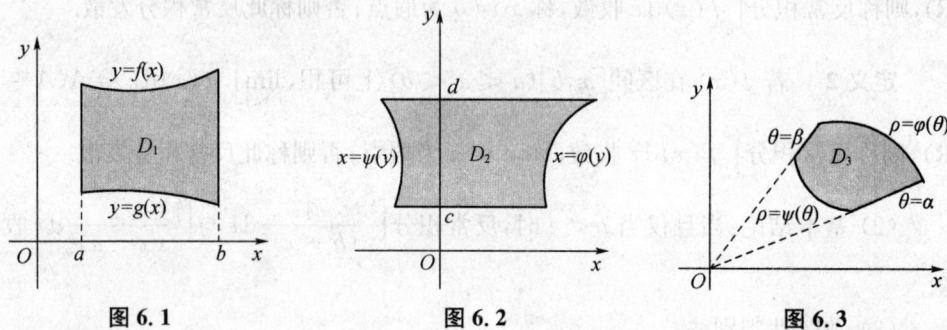

图 6.1   图 6.2   图 6.3

情况 1 图形 $D_1 = \{(x,y) \mid g(x) \leqslant y \leqslant f(x), a \leqslant x \leqslant b\}$,则面积公式为
$$S = \int_a^b (f(x) - g(x))\mathrm{d}x$$

情况 2 图形 $D_2 = \{(x,y) \mid \psi(y) \leqslant x \leqslant \varphi(y), c \leqslant y \leqslant d\}$,则面积公式为
$$S = \int_c^d (\varphi(y) - \psi(y))\mathrm{d}y$$

情况 3 图形 $D_3 = \{(\rho,\theta) \mid \psi(\theta) \leqslant \rho \leqslant \varphi(\theta), \alpha \leqslant \theta \leqslant \beta\}$,则面积公式为
$$S = \frac{1}{2}\int_\alpha^\beta (\varphi^2(\theta) - \psi^2(\theta))\mathrm{d}\theta$$

(2) 求特殊立体的体积.

情况 1 立体 Ω 满足条件:用垂直于 x 轴的平面与 Ω 的相截,其截面面积可表示为 $S(x)(a \leqslant x \leqslant b)$,则立体 Ω 的体积为
$$V = \int_a^b S(x)\mathrm{d}x$$

情况 2 若立体 Ω_1 是由图形 $D_1 = \{(x,y) \mid 0 \leqslant g(x) \leqslant y \leqslant f(x), a \leqslant x \leqslant b\}$ 绕 x 轴旋转一周生成的,则其体积为
$$V_x = \pi\int_a^b (f^2(x) - g^2(x))\mathrm{d}x$$

情况 3 若立体 Ω_2 是由图形 $D_1 = \{(x,y) \mid g(x) \leqslant y \leqslant f(x), 0 \leqslant a \leqslant x \leqslant b\}$ 绕 y 轴旋转一周生成的,则其体积为
$$V_y = 2\pi\int_a^b x(f(x) - g(x))\mathrm{d}x$$

注意:图形 D_2 绕 y 轴旋转或绕 x 轴旋转一周时,有类似于上述情况 2 与情况 3 的求体积的公式,这里不赘.

(3) 求平面曲线的弧长.

情况 1　平面曲线的方程为 $y=f(x)(a\leqslant x\leqslant b)$ 时,有弧长公式
$$s=\int_a^b\sqrt{1+(f'(x))^2}\,\mathrm{d}x$$

情况 2　平面曲线的方程为 $x=\varphi(t),y=\psi(t)(\alpha\leqslant t\leqslant\beta)$ 时,有弧长公式
$$s=\int_\alpha^\beta\sqrt{(\varphi'(t))^2+(\psi'(t))^2}\,\mathrm{d}t$$

情况 3　平面曲线的方程为 $\rho=\rho(\theta)(\alpha\leqslant\theta\leqslant\beta)$ 时,有弧长公式
$$s=\int_\alpha^\beta\sqrt{(\rho(\theta))^2+(\rho'(\theta))^2}\,\mathrm{d}\theta$$

(4) 求旋转体的侧面积.

若立体 Ω_1 是由图形 $D_1=\{(x,y)\,|\,0\leqslant y\leqslant f(x),a\leqslant x\leqslant b\}$ 绕 x 轴旋转一周生成的,则此旋转体的侧面积为
$$S=2\pi\int_a^b f(x)\sqrt{1+(f'(x))^2}\,\mathrm{d}x$$

4　定积分在物理上的应用

在物理上定积分可用于求:(1) 变力在直线方向运动时所作的功;(2) 平面图形的形心;(3) 直杆对质点的引力.

6.2　《大学数学教程》习题选解

例 2.1(习题 3.3 A 1.8)　求反常积分 $\int_0^{+\infty}\dfrac{1}{1+x+x^2}\mathrm{d}x$.

解析　应用广义换元积分公式,令 $u=x+\dfrac{1}{2}$,则

$$原式=\int_0^{+\infty}\dfrac{1}{\left(x+\dfrac{1}{2}\right)^2+\dfrac{3}{4}}\mathrm{d}\left(x+\dfrac{1}{2}\right)=\int_{\frac{1}{2}}^{+\infty}\dfrac{1}{u^2+\dfrac{3}{4}}\mathrm{d}u$$

$$=\dfrac{2}{\sqrt{3}}\arctan\dfrac{2}{\sqrt{3}}u\bigg|_{\frac{1}{2}}^{+\infty}=\dfrac{2\sqrt{3}}{9}\pi$$

例 2.2(习题 3.3 A 2.3)　求反常积分 $\int_0^2\dfrac{1}{\sqrt{|x-1|}}\mathrm{d}x$.

解析　此反常积分有一个瑕点 $x=1$,将原积分化为两个反常积分之和,则

$$原式=\int_0^1\dfrac{1}{\sqrt{1-x}}\mathrm{d}x+\int_1^2\dfrac{1}{\sqrt{x-1}}\mathrm{d}x=-2(1-x)^{\frac{1}{2}}\bigg|_0^{1^-}+2(x-1)^{\frac{1}{2}}\bigg|_{1^+}^2$$

$$=2+2=4$$

例 2.3(习题 3.3 A 2.6) 求反常积分 $\int_0^1 \sqrt{\dfrac{x}{1-x}}\,dx$.

解析 此反常积分有一个瑕点 $x=1$, 令 $t=\sqrt{\dfrac{x}{1-x}}$, 则 $x=\dfrac{t^2}{1+t^2}$. 应用广义换元积分公式和分部积分公式, 则

$$\text{原式} = \int_0^{+\infty} t\,d\dfrac{t^2}{1+t^2} = \int_0^{+\infty} t\,d\left(1-\dfrac{1}{1+t^2}\right) = -\int_0^{+\infty} t\,d\dfrac{1}{1+t^2}$$

$$= -\dfrac{t}{1+t^2}\bigg|_0^{+\infty} + \int_0^{+\infty} \dfrac{1}{1+t^2}\,dt = 0 + \arctan t\bigg|_0^{+\infty} = \dfrac{\pi}{2}$$

例 2.4(习题 3.3 B 2) 设 $f(x) = \dfrac{A}{e^x + e^{-x}}$, $\int_{-\infty}^{+\infty} f(x)\,dx = 1$, 试求:

(1) A 的值;

(2) $\int_{-\infty}^1 f(x)\,dx$.

解析 (1) 应用广义牛顿-莱布尼茨公式, 则

$$\int_{-\infty}^{+\infty} f(x)\,dx = A\int_{-\infty}^{+\infty} \dfrac{e^x}{e^{2x}+1}\,dx = A\arctan(e^x)\bigg|_{-\infty}^{+\infty} = A\left(\dfrac{\pi}{2}-0\right) = 1$$

因此 $A = \dfrac{2}{\pi}$.

(2) 应用广义牛顿-莱布尼茨公式, 则

$$\int_{-\infty}^1 f(x)\,dx = \dfrac{2}{\pi}\int_{-\infty}^1 \dfrac{1}{e^x+e^{-x}}\,dx = \dfrac{2}{\pi}\arctan(e^x)\bigg|_{-\infty}^1 = \dfrac{2}{\pi}\arctan(e)$$

例 2.5(习题 3.3 B 3) 求 $\int_0^{+\infty} \dfrac{xe^x}{(1+e^x)^2}\,dx$.

解析 应用广义分部积分公式, 则

$$\text{原式} = -\int_0^{+\infty} x\,d\dfrac{1}{1+e^x} = -\dfrac{x}{1+e^x}\bigg|_0^{+\infty} + \int_0^{+\infty} \dfrac{1}{1+e^x}\,dx = \int_0^{+\infty} \dfrac{1}{1+e^x}\,dx$$

$$= \int_0^{+\infty}\left(1-\dfrac{e^x}{1+e^x}\right)dx = [x-\ln(1+e^x)]\bigg|_0^{+\infty}$$

$$= \lim_{x\to +\infty}[x-\ln(1+e^x)] + \ln 2$$

$$= \lim_{x\to +\infty}\ln\dfrac{e^x}{1+e^x} + \ln 2 = \ln 2$$

例 2.6(习题 3.4 A 2) 求曲线 $y=x^2-4x+3$ 与其上点 $(0,3),(3,0)$ 处的切线所围图形的面积.

解析 因为 $y'=2x-4$, 所以 $y'(0)=-4$, $y'(3)=2$, 故过 $(0,3)$ 的切线为 $y=-4x+3$, 过 $(3,0)$ 的切线为 $y=2x-6$, 两条切线交于 $\left(\dfrac{3}{2},-3\right)$. 所围图形如图 6.4 所示, 图

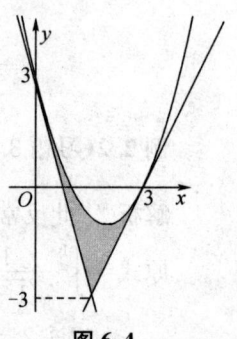

图 6.4

形面积可化为下面两个定积分之和：

$$S = \int_0^{\frac{3}{2}} [(x^2-4x+3)-(-4x+3)]dx + \int_{\frac{3}{2}}^3 [(x^2-4x+3)-(2x-6)]dx$$

$$= \int_0^{\frac{3}{2}} x^2 dx + \int_{\frac{3}{2}}^3 (x^2-6x+9)dx = \frac{1}{3}x^3\Big|_0^{\frac{3}{2}} + \left(\frac{1}{3}x^3-3x^2+9x\right)\Big|_{\frac{3}{2}}^3 = \frac{9}{4}$$

例 2.7(习题 3.4 A 4.1) 求曲线 $\sqrt{x}+\sqrt{y}=1$ 的弧长.

解析 由题意 $x\in[0,1]$, $y=(1-\sqrt{x})^2$, 应用弧长公式, 并令 $x=u^2(u\geqslant 0)$, 则

$$s=\int_0^1 \sqrt{1+(1-x^{-\frac{1}{2}})^2}dx = 2\int_0^1 \sqrt{2u^2-2u+1}du = \sqrt{2}\int_0^1 \sqrt{(2u-1)^2+1}du$$

令 $2u-1=\tan t$, 则 $s=\frac{\sqrt{2}}{2}\int_{-\frac{\pi}{4}}^{\frac{\pi}{4}} \sec^3 t dt = \sqrt{2}\int_0^{\frac{\pi}{4}} \sec^3 t dt$. 记 $\int_0^{\frac{\pi}{4}} \sec^3 t dt = A$, 则

$$A = \int_0^{\frac{\pi}{4}} \sec t d\tan t = \sec t \tan t\Big|_0^{\frac{\pi}{4}} - \int_0^{\frac{\pi}{4}} \tan^2 t \sec t dt$$

$$= \sqrt{2} - \int_0^{\frac{\pi}{4}} \sec^3 t dt + \int_0^{\frac{\pi}{4}} \sec t dt$$

$$= \sqrt{2} - A + \ln|\sec x + \tan x|\Big|_0^{\frac{\pi}{4}}$$

$$= \sqrt{2} - A + \ln|\sqrt{2}+1|$$

于是 $A = \frac{\sqrt{2}}{2} + \frac{1}{2}\ln(\sqrt{2}+1)$, 因此所求曲线的弧长为 $s = 1 + \frac{\sqrt{2}}{2}\ln(\sqrt{2}+1)$.

例 2.8(习题 3.4 A 7) 设 D 为 $y=\frac{1}{2}x^2$ 与 $y=2$ 所围的平面图形.

(1) 某立体以 D 为底, 垂直于 y 轴的截面为等边三角形, 求立体的体积;
(2) 某立体以 D 为底, 垂直于 x 轴的截面为等边三角形, 求立体的体积.

解析 化为定积分的计算.

(1) $V = \int_0^2 \sigma(y)dy = \int_0^2 \sqrt{2y}\sqrt{2y}\sqrt{3}dy = 2\sqrt{3}\int_0^2 y dy = 4\sqrt{3}$

(2) $V = \int_{-2}^2 \sigma(x)dx = \int_{-2}^2 \left[\left(2-\frac{1}{2}x^2\right)\frac{1}{2}\right]^2\sqrt{3}dx$

$$= \frac{\sqrt{3}}{2}\left(4x+\frac{1}{20}x^5-\frac{2}{3}x^3\right)\Big|_0^2 = \frac{32}{15}\sqrt{3}$$

例 2.9(习题 3.4 A 10) 在曲线 $y=x^2(x\geqslant 0)$ 上某点处作切线, 若该曲线、切线以及 x 轴所围图形面积为 $\frac{1}{12}$, 求切线方程, 并求此图形绕 x 轴旋转一周的旋转体的体积.

解析 设切点为 (x_0,x_0^2), 则曲线过 (x_0,x_0^2) 的切线方程为 $y-x_0^2=2x_0(x-$

x_0),所围图形如图 6.5 所示,面积为

$$\int_0^{x_0} x^2 dx - \frac{1}{4}x_0^3 = \frac{1}{12}x_0^3 = \frac{1}{12}$$

解得 $x_0 = 1$,于是切线方程为 $y = 2x - 1$.

切线与 x 轴交点为 $\left(\frac{1}{2}, 0\right)$,故所求旋转体体积为

$$V = \pi \int_0^1 x^4 dx - \frac{1}{3}\pi \cdot 1^2 \cdot \frac{1}{2} = \frac{1}{30}\pi$$

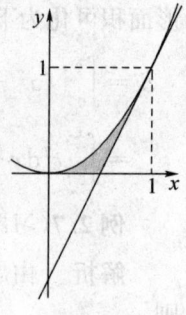

图 6.5

例 2.10(习题 3.4 B 2) 求 $y = \cos x \left(|x| \leqslant \frac{\pi}{2}\right)$ 与 x 轴所围平面图形分别绕 x 轴与绕 y 轴旋转一周的旋转体的体积.

解析 应用旋转体体积的公式,绕 x 轴时,有

$$V = 2\pi \int_0^{\frac{\pi}{2}} \cos^2 x\, dx = \pi \int_0^{\frac{\pi}{2}} (1 + \cos 2x)dx = \frac{\pi^2}{2}$$

绕 y 轴时,有

$$V = 2\pi \int_0^{\frac{\pi}{2}} x \cos x\, dx = 2\pi \int_0^{\frac{\pi}{2}} x\, d\sin x = 2\pi \left(x\sin x \Big|_0^{\frac{\pi}{2}} - \int_0^{\frac{\pi}{2}} \sin x\, dx\right) = \pi^2 - 2\pi$$

例 2.11(习题 3.4 B 3) 一立体的底面为椭圆 $\frac{x^2}{a^2} + \frac{y^2}{b^2} = 1 (a > b > 0)$,垂直于长轴的截面为等边三角形,求该立体的体积.

解析 应用截面面积可求立体的体积公式,截面面积为 $\sqrt{3}b^2\left(1 - \frac{x^2}{a^2}\right)$,故

$$V = \int_{-a}^{a} \sqrt{3}b^2\left(1 - \frac{x^2}{a^2}\right)dx = 2\sqrt{3}b^2\left(x - \frac{x^3}{3a^2}\right)\Big|_0^a = \frac{4\sqrt{3}}{3}ab^2$$

例 2.12(习题 3.4 B 4) 已知一平面图形由 $x^2 + y^2 \leqslant 2x$ 与 $y \geqslant x$ 确定,求此图形绕 $x = 2$ 旋转一周的旋转体体积..

解析 由 $x^2 + y^2 \leqslant 2x$ 与 $y \geqslant x$ 确定的平面图形如图 6.6 所示,应用微元法,有

$$V = \pi \int_0^1 ((1 - \sqrt{1-y^2} - 2)^2 - (y-2)^2)dy$$
$$= \pi \int_0^1 (2\sqrt{1-y^2} - 2y^2 + 4y - 2)dy$$
$$= \pi \left(2 \cdot \frac{1}{4}\pi \cdot 1^2 - \frac{2}{3} + 2 - 2\right) = \frac{\pi^2}{2} - \frac{2}{3}\pi$$

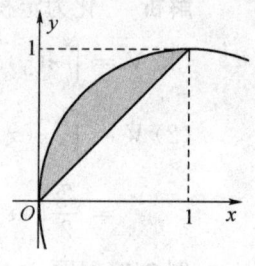

图 6.6

例 2.13(习题 3.4 B 5) 求由 $0 \leqslant \theta \leqslant \alpha \left(0 < \alpha < \frac{\pi}{2}\right), 0 \leqslant \rho \leqslant R(R > 0)$ 所确定的平面图形绕极轴旋转一周的旋转体的体积.

解析 如图 6.7 所示,转化为直角坐标系,此体积可化为一个圆锥体积和一

段圆弧绕 x 轴旋转的旋转体体积之和,即

$$V = \frac{1}{3}\pi R^3 \cos\alpha \sin^2\alpha + \pi \int_{R\cos\alpha}^{R} (R^2 - x^2) dx$$

$$= \frac{2}{3}\pi R^3 - \pi R^3 \cos\alpha + \frac{1}{3}\pi R^3 \cos^3\alpha + \frac{1}{3}\pi R^3 \cos\alpha \sin^2\alpha$$

$$= \frac{2}{3}\pi R^3 (1 - \cos\alpha)$$

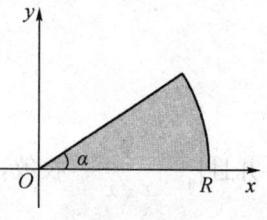

图 6.7

例 2.14(习题 3.4 B 6) 求下列曲线绕 x 轴旋转一周的旋转体的侧面积:

(1) $y^2 = 2px$ $(0 \leqslant x \leqslant a)$;

(2) $x = a(t - \sin t), y = a(1 - \cos t)$ $(0 \leqslant t \leqslant 2\pi)$.

解析 (1) 由 $y^2(x) = 2px$,两边同时求导,可得 $y'(x) = \dfrac{p}{y(x)}$,化为定积分,则

$$S = 2\pi \int_0^a y(x) \sqrt{1 + \frac{p^2}{y^2(x)}} dx = 2\pi \int_0^a \sqrt{2px + p^2} dx$$

$$= \frac{2\pi}{3p}(2px + p^2)^{\frac{3}{2}} \Big|_0^a = \frac{2}{3}\pi \left[\sqrt{p}(2a + p)^{\frac{3}{2}} - p^2\right]$$

(2) 根据题意,有

$$S = 2\pi \int_0^{2\pi} a(1 - \cos t) \sqrt{a^2(1 - \cos t)^2 + a^2 \sin^2 t}\, dt$$

$$= -16\pi a^2 \int_0^{2\pi} \left(1 - \cos^2 \frac{t}{2}\right) d\cos \frac{t}{2}$$

$$= -16\pi a^2 \left(\cos \frac{t}{2} - \frac{1}{3}\cos^3 \frac{t}{2}\right)\Big|_0^{2\pi} = \frac{64}{3}\pi a^2$$

6.3 往年期中与期末试题解析

例 3.1(11-12(Ⅰ)期末) 已知 $\int_0^{+\infty} \dfrac{\sin x}{x} dx = \dfrac{\pi}{2}$,求 $\int_0^{+\infty} \dfrac{\sin^2 x}{x^2} dx$.

解析 应用分部积分法,令 $u = 2x$,有

$$\int_0^{+\infty} \frac{\sin^2 x}{x^2} dx = -\int_0^{+\infty} \sin^2 x\, d\frac{1}{x} = -\left(\frac{1}{x}\sin^2 x \Big|_0^{+\infty} - \int_0^{+\infty} \frac{2\sin x \cos x}{x} dx\right)$$

$$= \int_0^{+\infty} \frac{\sin 2x}{2x} d(2x) = \int_0^{+\infty} \frac{\sin u}{u} du = \frac{\pi}{2}$$

例 3.2(06-07(Ⅱ)期末) 讨论反常积分 $\int_1^{+\infty} \dfrac{\ln\left(1 + \dfrac{1}{x}\right)}{\sqrt{x}} dx$ 的敛散性.

解析 $x = +\infty$ 是唯一奇点,$x \to +\infty$ 时,有

$$\frac{\ln\left(1+\frac{1}{x}\right)}{\sqrt{x}} \sim \frac{1}{x\sqrt{x}}$$

并且 $\int_1^{+\infty} \frac{1}{x\sqrt{x}} dx$ 收敛，所以 $\int_1^{+\infty} \frac{\ln\left(1+\frac{1}{x}\right)}{\sqrt{x}} dx$ 收敛.

例 3.3（06-07(Ⅱ)期末） 讨论反常积分 $\int_1^{+\infty} \frac{\sin\frac{1}{x}}{2+\sqrt{x}} dx$ 的敛散性.

解析 $x=+\infty$ 是唯一奇点，$x \to +\infty$ 时，$\frac{\sin\frac{1}{x}}{2+\sqrt{x}} \sim \frac{1}{x\sqrt{x}}$，并且 $\int_1^{+\infty} \frac{1}{x\sqrt{x}} dx$ 收敛，所以 $\int_1^{+\infty} \frac{\sin\frac{1}{x}}{2+\sqrt{x}} dx$ 收敛.

例 3.4（09-10(Ⅱ)期末） 讨论反常积分 $\int_0^{+\infty} \frac{1+x^2}{1-x^2+x^4} dx$ 的敛散性，若收敛，计算其值.

解析 $x=+\infty$ 是唯一奇点，$x \to +\infty$ 时，$\frac{1+x^2}{1-x^2+x^4} \sim \frac{1}{x^2}$，所以原反常积分收敛. 应用广义换元积分公式，有

$$\int_0^{+\infty} \frac{1+x^2}{1-x^2+x^4} dx = \int_0^{+\infty} \frac{1+\frac{1}{x^2}}{x^2-1+\frac{1}{x^2}} dx = \int_0^{+\infty} \frac{d\left(x-\frac{1}{x}\right)}{\left(x-\frac{1}{x}\right)^2+1}$$

$$= \int_{-\infty}^{+\infty} \frac{1}{u^2+1} du = \arctan u \Big|_{-\infty}^{+\infty} = \pi$$

例 3.5（04-05(Ⅱ)期末） 讨论反常积分

$$\int_0^{+\infty} \frac{x(\ln x)^k}{2+x^2} dx \quad (k \in (-\infty, +\infty))$$

的敛散性.

解析 此反常积分有一个奇点 $x=+\infty$，一个瑕点 $x=0$，将反常积分化为

$$\int_0^{+\infty} \frac{x(\ln x)^k}{2+x^2} dx = \int_0^1 \frac{x(\ln x)^k}{2+x^2} dx + \int_1^{+\infty} \frac{x(\ln x)^k}{2+x^2} dx$$

因为

$$\lim_{x \to 0+} \frac{\frac{x(\ln x)^k}{2+x^2}}{\frac{1}{\sqrt{x}}} = \lim_{x \to 0+} \frac{x^{\frac{3}{2}}(\ln x)^k}{2+x^2} = 0 \quad (k \in (-\infty, +\infty))$$

并且 $\int_0^1 \frac{1}{\sqrt{x}}\mathrm{d}x$ 收敛,所以 $\int_0^1 \frac{x(\ln x)^k}{2+x^2}\mathrm{d}x$ 对于 $k \in (-\infty,+\infty)$ 均收敛.

当 $x \to +\infty$ 时, $\frac{x(\ln x)^k}{2+x^2} \sim \frac{(\ln x)^k}{x}$,所以 $\int_1^{+\infty} \frac{x(\ln x)^k}{2+x^2}\mathrm{d}x$ 与 $\int_1^{+\infty} \frac{(\ln x)^k}{x}\mathrm{d}x$ 的敛散性相同. 又

$$\int_1^{+\infty} \frac{(\ln x)^k}{x}\mathrm{d}x = \begin{cases} \left.\frac{(\ln x)^{k+1}}{k+1}\right|_1^{+\infty} = 0 & (k<-1); \\ \left.\frac{(\ln x)^{k+1}}{k+1}\right|_1^{+\infty} = +\infty & (k>-1); \\ \left.\ln\ln x\right|_1^{+\infty} = +\infty & (k=-1) \end{cases}$$

综上所述,原反常积分在 $k<-1$ 时收敛,在 $k \geqslant -1$ 时发散.

例 3.6(08-09(Ⅰ)期末) 已知曲线 $y=ax^2$ 与曲线 $y=\ln x$ 相切.
(1) 求 a 的值;
(2) 求两曲线与 x 轴所围图形的面积.

解析 (1) 切点处曲线 $y=ax^2$ 与曲线 $y=\ln x$ 切线相同,设切点为 (x_0,y_0) ,则有 $2ax_0 = \frac{1}{x_0}$, $ax_0^2 = \ln x_0$,解得 $a = \frac{1}{2\mathrm{e}}$,且 $x_0 = \sqrt{\mathrm{e}}$, $y_0 = \frac{1}{2}$.

(2) 曲线 $y = \frac{1}{2\mathrm{e}}x^2$ 与曲线 $y = \ln x$ 与 x 轴所围图形(如图 6.8 所示)的面积为

$$S = \int_0^{\frac{1}{2}}(\mathrm{e}^y - \sqrt{2\mathrm{e}y})\mathrm{d}y = \left.\left(\mathrm{e}^y - \frac{2\sqrt{2\mathrm{e}}}{3}y^{\frac{3}{2}}\right)\right|_0^{\frac{1}{2}}$$
$$= \frac{2}{3}\sqrt{\mathrm{e}} - 1$$

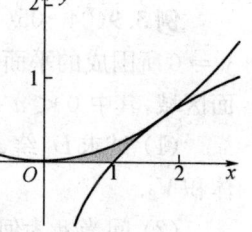

图 6.8

例 3.7(13-14(Ⅰ)期末) 设函数 $f(x)$ 的定义域和值域都是区间 $[0,1]$,并且函数具有连续的一阶导数, $f'(x)$ 是单调减函数, $f(0) = f(1) = 0$.证明:由方程 $y=f(x)(0 \leqslant x \leqslant 1)$ 所确定的曲线弧的长度不超过 3.

解析 由于可导函数 $f(x)$ 的定义域和值域都是区间 $[0,1]$,且 $f(0) = f(1) = 0$,由最值定理和费马引理知,存在 $x_0 \in (0,1)$,使得 $f(x_0)=1$ 为最大值且 $f'(x_0)=0$.又 $f'(x)$ 是单调减函数,所以当 $0 \leqslant x < x_0$ 时, $f'(x)>0$,有
$$1+(f'(x))^2 \leqslant 1 + 2f'(x) + (f'(x))^2 = (1+f'(x))^2$$
当 $x_0 < x \leqslant 1$ 时, $f'(x)<0$,有
$$1+(f'(x))^2 \leqslant 1 - 2f'(x) + (f'(x))^2 = (1-f'(x))^2$$
从而由方程 $y=f(x)(0 \leqslant x \leqslant 1)$ 所确定的曲线弧的长度
$$l = \int_0^1 \sqrt{1+(f'(x))^2}\mathrm{d}x = \int_0^{x_0}\sqrt{1+(f'(x))^2}\mathrm{d}x + \int_{x_0}^1 \sqrt{1+(f'(x))^2}\mathrm{d}x$$

$$\leqslant \int_0^{x_0} \sqrt{(1+f'(x))^2}\,\mathrm{d}x + \int_{x_0}^1 \sqrt{(1-f'(x))^2}\,\mathrm{d}x$$
$$= \int_0^{x_0} (1+f'(x))\,\mathrm{d}x + \int_{x_0}^1 (1-f'(x))\,\mathrm{d}x$$
$$= x_0 + f(x_0) - f(0) + (1-x_0) - (f(1)-f(x_0)) = 3$$

例 3.8(04-05(Ⅰ)期末)　设曲线 Γ 的极坐标方程为
$$\rho(\theta) = a(1+\cos\theta) \quad (0 \leqslant \theta \leqslant \pi, a > 0)$$
求 Γ 绕着极轴旋转一周所得旋转曲面的面积.

解析　曲线 Γ 的参数方程为
$$x = \rho(\theta)\cos\theta = a(1+\cos\theta)\cos\theta, \quad y = \rho(\theta)\sin\theta = a(1+\cos\theta)\sin\theta$$
则所求旋转曲面的面积为
$$S = 2\pi\int_0^\pi \rho(\theta)\sin\theta\,\sqrt{\rho^2(\theta)+(\rho'(\theta))^2}\,\mathrm{d}\theta$$
$$= 2\pi\int_0^\pi a(1+\cos\theta)\sin\theta\,\sqrt{2a^2(1+\cos\theta)}\,\mathrm{d}\theta$$
$$= 8\pi a^2\int_0^\pi \cos^3\frac{\theta}{2}\sin\theta\,\mathrm{d}\theta$$
$$= 16\pi a^2\int_0^\pi \cos^4\frac{\theta}{2}\sin\frac{\theta}{2}\,\mathrm{d}\theta = \frac{32}{5}\pi a^2$$

例 3.9(04-05(Ⅰ)期末)　设 D_1 是由抛物线 $y=2x^2$ 和直线 $x=a, x=2$ 及 $y=0$ 所围成的平面区域, D_2 是由抛物线 $y=2x^2$ 和直线 $x=a, y=0$ 所围成的平面区域, 其中 $0 < a < 2$.

(1) 试求 D_1 绕 x 轴旋转而成的旋转体体积 V_1 和 D_2 绕 y 轴旋转而成的旋转体体积 V_2.

(2) 问当 a 为何值时, V_1+V_2 取得最大值?试求此最大值.

解析　(1) 区域 D_1 和 D_2 如图 6.9 所示. 应用求旋转体体积的公式, 绕 x 轴时, 有
$$V_1 = \pi\int_a^2 (2x^2)^2\,\mathrm{d}x = \frac{4}{5}\pi x^5\bigg|_a^2 = \frac{4}{5}\pi(32-a^5)$$

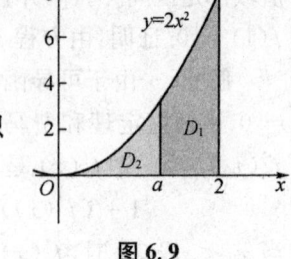

图 6.9

而 D_2 绕 y 轴时, V_2 可化为一个圆柱的体积和旋转体体积之差, 即
$$V_2 = \pi a^2 \cdot 2a^2 - \pi\int_0^{2a^2} \frac{y}{2}\,\mathrm{d}y = 2\pi a^4 - \pi a^4 = \pi a^4$$

(2) 根据(1)得
$$V_1+V_2 = \frac{4}{5}\pi(32-a^5) + \pi a^4, \quad (V_1+V_2)' = 4\pi(a^3-a^4)$$

令 $(V_1+V_2)'=0$, 可得 $a=1$ 是唯一驻点. 当 $1<a<2$ 时, $(V_1+V_2)'<0$, 即 V_1

$+V_2$ 在 $(1,2)$ 上单调减少；当 $0<a<1$ 时，$(V_1+V_2)'>0$，即 V_1+V_2 在 $(0,1)$ 单调增加. 所以 $a=1$ 是极大值（最大值）点，V_1+V_2 在 $a=1$ 时取得最大值 $\dfrac{129}{5}\pi$.

例 3.10（11-12（Ⅰ）期末） 已知抛物线 $y=px^2+qx\,(p<0,q>0)$ 在第一象限和直线 $x+y=5$ 相切，设此抛物线与 x 轴所围成的平面图形的面积为 S.

(1) 当 p,q 为何值时 S 达到最大值？

(2) 试求 S 的最大值.

解析 抛物线上任一点的斜率 $y'=2px+q$，直线 $x+y=5$ 的斜率为 -1，设切点为 (x_0,y_0)，则
$$2px_0+q=-1,\quad px_0^2+qx_0=5-x_0$$
解得
$$x_0=\dfrac{-1-q}{2p},\quad p=-\dfrac{1}{20}(1+q)^2$$

抛物线 $y=px^2+qx$ 交 x 轴于 $(0,0)$ 和 $\left(-\dfrac{q}{p},0\right)$，应用定积分求面积，则
$$S=\int_0^{-\frac{q}{p}}(px^2+qx)\mathrm{d}x=\left(\dfrac{1}{3}px^3+\dfrac{1}{2}qx^2\right)\Big|_0^{-\frac{q}{p}}=\dfrac{q^3}{6p^2}=\dfrac{200q^3}{3(1+q)^4}$$

令 $S'(q)=\dfrac{200q^2(3-q)}{3(1+q)^5}=0$，可得 $q=3$ 是唯一驻点. 由于 $0<q<3$ 时，$S'(q)>0$，$q>3$ 时，$S'(q)<0$，所以 $q=3$ 为极大值（最大值）点，即当 $q=3,p=-\dfrac{4}{5}$ 时 S 取最大值 $\dfrac{225}{32}$.

6.4 历年硕士生入学试题解析

例 4.1（南大 2011） 求 $\displaystyle\int_0^{+\infty}\dfrac{1}{(x^2+2)(x^2+3)}\mathrm{d}x$.

解析 应用广义牛顿-莱布尼茨公式，则
$$原式=\int_0^{+\infty}\left(\dfrac{1}{x^2+2}-\dfrac{1}{x^2+3}\right)\mathrm{d}x=\dfrac{1}{\sqrt{2}}\arctan\dfrac{x}{\sqrt{2}}\Big|_0^{+\infty}-\dfrac{1}{\sqrt{3}}\arctan\dfrac{x}{\sqrt{3}}\Big|_0^{+\infty}$$
$$=\dfrac{\pi}{2}\left(\dfrac{1}{\sqrt{2}}-\dfrac{1}{\sqrt{3}}\right)$$

例 4.2（南大 2007） $\displaystyle\int_0^{+\infty}\dfrac{\ln x}{1+x^2}\mathrm{d}x=$ _____.

解析 此反常积分有一个奇点 $x=+\infty$，一个瑕点 $x=0$，故
$$\int_0^{+\infty}\dfrac{\ln x}{1+x^2}\mathrm{d}x=\int_0^1\dfrac{\ln x}{1+x^2}\mathrm{d}x+\int_1^{+\infty}\dfrac{\ln x}{1+x^2}\mathrm{d}x$$

令 $x = \dfrac{1}{t}$，则

$$\int_0^1 \dfrac{\ln x}{1+x^2}\mathrm{d}x = \int_{+\infty}^1 \dfrac{-\ln t}{1+t^{-2}}\cdot\left(-\dfrac{1}{t^2}\right)\mathrm{d}t = -\int_1^{+\infty}\dfrac{\ln t}{1+t^2}\mathrm{d}t = -\int_1^{+\infty}\dfrac{\ln x}{1+x^2}\mathrm{d}x$$

由于 $x\to+\infty$ 时，$f(x) = \dfrac{\ln x}{1+x^2} = o\left(\dfrac{1}{x^{3/2}}\right)$，所以 $\int_1^{+\infty}\dfrac{\ln x}{1+x^2}\mathrm{d}x$ 收敛，于是

$$\int_0^{+\infty}\dfrac{\ln x}{1+x^2}\mathrm{d}x = 0$$

例 4.3（全国 2008） 计算 $\int_0^1 \dfrac{x^2\arcsin x}{\sqrt{1-x^2}}\mathrm{d}x$.

解析 由于 $\lim\limits_{x\to 1^-}\dfrac{x^2\arcsin x}{\sqrt{1-x^2}} = +\infty$，所以 $x=1$ 是反常积分的瑕点. 令 $x=\sin t$，$t\in\left[0,\dfrac{\pi}{2}\right)$，应用广义换元积分公式，则

$$原式 = \int_0^{\frac{\pi}{2}}\dfrac{t\sin^2 t}{\cos t}\cos t\,\mathrm{d}t = \int_0^{\frac{\pi}{2}}t\sin^2 t\,\mathrm{d}t = \int_0^{\frac{\pi}{2}}\left(\dfrac{t}{2} - \dfrac{t\cos 2t}{2}\right)\mathrm{d}t$$

$$= \dfrac{t^2}{4}\bigg|_0^{\frac{\pi}{2}} - \dfrac{1}{4}\int_0^{\frac{\pi}{2}}t\,\mathrm{d}\sin 2t = \dfrac{\pi^2}{16} - \dfrac{1}{8}\cos 2t\bigg|_0^{\frac{\pi}{2}} = \dfrac{\pi^2}{16} + \dfrac{1}{4}$$

例 4.4（全国 2010） 设 m,n 为正整数，反常积分 $\int_0^1 \dfrac{\sqrt[m]{\ln^2(1-x)}}{\sqrt[n]{x}}\mathrm{d}x$ 的敛散性

( )

(A) 仅与 m 的取值有关 (B) 仅与 n 的取值有关
(C) 与 m,n 的取值都有关 (D) 与 m,n 的取值都无关

解析 反常积分可能的瑕点是 $x=0$ 与 $x=1$. 当 $x\to 0+$ 时，有

$$f(x) = \dfrac{\sqrt[m]{\ln^2(1-x)}}{\sqrt[n]{x}} \sim \dfrac{x^{\frac{2}{m}}}{x^{\frac{1}{n}}} = \dfrac{1}{x^p},\quad p = \dfrac{1}{n} - \dfrac{2}{m}$$

因为 $\dfrac{1}{n} < 1 + \dfrac{2}{m}$，即 $p<1$，于是 $\int_0^{\frac{1}{2}}f(x)\mathrm{d}x$ 收敛.

当 $x\to 1-$ 时，令 $t=1-x$，则 $t\to 0+$. 由于

$$(1-x)^{\frac{1}{2}}f(x) = (1-x)^{\frac{1}{2}}\dfrac{\sqrt[m]{\ln^2(1-x)}}{\sqrt[n]{x}} \sim (t^{\frac{m}{4}}\ln t)^{\frac{2}{m}} \to 0$$

所以 $\int_{\frac{1}{2}}^1 f(x)\mathrm{d}x$ 收敛.

于是原反常积分收敛，且与 m,n 都无关. 故选（D）.

例 4.5（全国 2013） 设函数

$$f(x) = \begin{cases} \dfrac{1}{(x-1)^{\alpha-1}} & (1<x<\mathrm{e}); \\ \dfrac{1}{x\ln^{\alpha+1}x} & (x\geqslant \mathrm{e}) \end{cases}$$

若反常积分 $\int_1^{+\infty} f(x)\mathrm{d}x$ 收敛，则 ( )

(A) $\alpha < -2$ (B) $\alpha > 2$
(C) $-2 < \alpha < 0$ (D) $0 < \alpha < 2$

解析 反常积分

$$\int_1^{+\infty} f(x)\mathrm{d}x = \int_1^{\mathrm{e}} \frac{1}{(x-1)^{\alpha-1}}\mathrm{d}x + \int_{\mathrm{e}}^{+\infty} \frac{1}{x\ln^{\alpha+1}x}\mathrm{d}x$$

收敛，其充要条件是上式右端两项皆收敛。其中第一项有瑕点 $x=1$，第二项有奇点 $x=+\infty$。对于右端第一项，令 $x-1=t$，则

$$\int_1^{\mathrm{e}} \frac{1}{(x-1)^{\alpha-1}}\mathrm{d}x = \int_0^{\mathrm{e}-1} \frac{1}{t^{\alpha-1}}\mathrm{d}t$$

此式收敛的充要条件是 $\alpha-1 < 1$，即 $\alpha < 2$。对于右端第二项，应用广义换元积分公式，有

$$\int_{\mathrm{e}}^{+\infty} \frac{1}{x\ln^{\alpha+1}x}\mathrm{d}x = \begin{cases} -\dfrac{1}{\alpha(\ln x)^\alpha}\Big|_{\mathrm{e}}^{+\infty} = \dfrac{1}{\alpha} & (\alpha > 0); \\ -\dfrac{1}{\alpha(\ln x)^\alpha}\Big|_{\mathrm{e}}^{+\infty} = \infty & (\alpha < 0); \\ \ln(\ln x)\Big|_{\mathrm{e}}^{+\infty} = +\infty & (\alpha = 0) \end{cases}$$

综上即得 $0 < \alpha < 2$。故选 (D)。

例 4.6（全国 2010） 求函数 $f(x) = \int_1^{x^2}(x^2-t)\mathrm{e}^{-t^2}\mathrm{d}t$ 的单调区间与极值。

解析 函数 $f(x)$ 的定义域为 $(-\infty, +\infty)$，由于

$$f(x) = x^2\int_1^{x^2}\mathrm{e}^{-t^2}\mathrm{d}t - \int_1^{x^2}t\mathrm{e}^{-t^2}\mathrm{d}t$$

$$f'(x) = 2x\int_1^{x^2}\mathrm{e}^{-t^2}\mathrm{d}t + 2x^3\mathrm{e}^{-x^4} - 2x^3\mathrm{e}^{-x^4} = 2x\int_1^{x^2}\mathrm{e}^{-t^2}\mathrm{d}t$$

所以 $f(x)$ 的驻点为 $x = -1, 0, 1$。列表讨论如下：

x	$(-\infty,-1)$	-1	$(-1,0)$	0	$(0,1)$	1	$(1,+\infty)$
$f'(x)$	$-$	0	$+$	0	$-$	0	$+$
$f(x)$	↘	极小	↗	极大	↘	极小	↗

故 $f(x)$ 的单调增区间为 $(-1,0)$ 及 $(1,+\infty)$，单调减区间为 $(-\infty,-1)$ 及 $(0,1)$；极小值为 $f(-1) = f(1) = 0$，极大值为 $f(0) = \int_0^1 t\mathrm{e}^{-t^2}\mathrm{d}t = \dfrac{1}{2}\left(1 - \dfrac{1}{\mathrm{e}}\right)$。

例 4.7（全国 2008） 设函数 $f(x) = \int_0^1 |t(t-x)|\mathrm{d}t\ (0 < x < 1)$，求 $f(x)$ 的极值、单调区间及曲线 $y = f(x)$ 的凹凸区间。

解析 分区间积分得
$$f(x) = \int_0^x t(x-t)\mathrm{d}t + \int_x^1 t(t-x)\mathrm{d}t = \frac{1}{3}x^3 - \frac{x}{2} + \frac{1}{3}$$

由 $f'(x) = x^2 - \frac{1}{2} = 0$，得 $x = \frac{\sqrt{2}}{2}, x = -\frac{\sqrt{2}}{2}$（舍去）. 因 $f''(x) = 2x > 0 (0 < x < 1)$，故 $x = \frac{\sqrt{2}}{2}$ 为 $f(x)$ 的极小值点，极小值为 $f\left(\frac{\sqrt{2}}{2}\right) = \frac{1}{3}\left(1 - \frac{\sqrt{2}}{2}\right)$，且曲线 $y = f(x)$ 在 $\left(0, \frac{\sqrt{2}}{2}\right)$ 内单调递减，在 $\left(\frac{\sqrt{2}}{2}, 1\right)$ 内单调递增. $y = f(x)$ 在 $(0,1)$ 内是凹的.

例 4.8（全国 2014） 设函数 $f(x), g(x)$ 在区间 $[a,b]$ 上连续，且 $f(x)$ 单调增加，$0 \leqslant g(x) \leqslant 1$，证明：

(1) $0 \leqslant \int_a^x g(x)\mathrm{d}x \leqslant x - a, \ x \in [a,b]$；

(2) $\int_a^{a+\int_a^b g(t)\mathrm{d}t} f(x)\mathrm{d}x \leqslant \int_a^b f(x)g(x)\mathrm{d}x.$

解析 (1) 应用积分中值定理，$\exists \xi \in (a,x)$，使得
$$\int_a^x g(x)\mathrm{d}x = g(\xi)(x-a), \ 0 \leqslant g(\xi) \leqslant 1 \Rightarrow 0 \leqslant \int_a^x g(x)\mathrm{d}x \leqslant x-a$$

(2) 记
$$F(x) = \int_a^x f(x)g(x)\mathrm{d}x - \int_a^{a+\int_a^x g(t)\mathrm{d}t} f(x)\mathrm{d}x \quad (a \leqslant x \leqslant b)$$

应用变上限积分的求导数公式得
$$F'(x) = f(x)g(x) - g(x)f\left(a + \int_a^x g(t)\mathrm{d}t\right) = g(x)\left(f(x) - f\left(a + \int_a^x g(t)\mathrm{d}t\right)\right)$$

因 $f(x)$ 单调增加，$a \leqslant a + \int_a^x g(t)\mathrm{d}t \leqslant a + (x-a) = x$，所以 $F'(x) \geqslant 0$，故 $F(x)$ 单调增加，因此 $F(x) \geqslant F(a) = 0$. 即原不等式成立.

例 4.9（全国 2012） 由曲线 $y = \frac{\pi}{x}$ 和直线 $y = x$ 及 $y = 4x$ 在第一象限中围成的平面图形的面积为_____.

解析 图形如图 6.10 所示，图中点 A, B, C 的坐标分别为 $A\left(\frac{\sqrt{\pi}}{2}, 2\sqrt{\pi}\right), B\left(\frac{\sqrt{\pi}}{2}, \frac{\sqrt{\pi}}{2}\right), C(\sqrt{\pi}, \sqrt{\pi})$. 三角形 AOB 的面积为

$$S_1 = \frac{1}{2}\left(2\sqrt{\pi} - \frac{\sqrt{\pi}}{2}\right) \cdot \frac{\sqrt{\pi}}{2} = \frac{3}{8}\pi$$

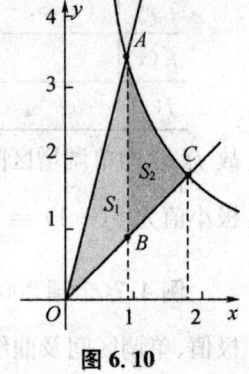

图 6.10

曲边三角形 ABC 的面积为
$$S_2 = \int_{\sqrt{\frac{\pi}{2}}}^{\sqrt{\pi}} \left(\frac{\pi}{x} - x\right) dx = \left(\pi \ln x - \frac{1}{2}x^2\right)\Big|_{\sqrt{\frac{\pi}{2}}}^{\sqrt{\pi}} = \pi \ln 2 - \frac{3}{8}\pi$$
于是所求平面图形的面积为 $S_1 + S_2 = \pi \ln 2$.

例 4.10(全国 2012) 已知曲线 $L: \begin{cases} x = f(t) \\ y = \cos t \end{cases}, \left(0 \leqslant t \leqslant \frac{\pi}{2}\right)$,其中函数 $f(t)$ 具有连续导数,且 $f(0) = 0, f'(t) > 0 \left(0 < t < \frac{\pi}{2}\right)$,若曲线 L 的切线与 x 轴交点到切点的距离恒为 1,求函数 $f(t)$ 的表达式,并求此曲线 L 与 x 轴及 y 轴所围无界区域的面积.

解析 切线方程为 $y - \cos t = \frac{-\sin t}{f'(t)}(x - f(t))$,令 $y = 0$,解得 $x = f(t) + f'(t)\cot t$,由题意得
$$(f'(t)\cot t)^2 + \cos^2 t = 1 \Rightarrow f'(t) = \sec t - \cos t$$
积分得
$$f(t) = \ln|\sec t + \tan t| - \sin t + C$$
由 $f(0) = 0$,得 $C = 0$,于是
$$f(t) = \ln|\sec t + \tan t| - \sin t$$
且所求区域的面积为
$$S = \int_0^{+\infty} y \, dx = \int_0^{\frac{\pi}{2}} y(t) \, dx(t) = \int_0^{\frac{\pi}{2}} \cos t \, df(t)$$
$$= \int_0^{\frac{\pi}{2}} \cos t(\sec t - \cos t) dt = \int_0^{\frac{\pi}{2}} \sin^2 t \, dt = \frac{\pi}{4}$$

例 4.11(全国 2014) 设函数 $f(x) = \frac{x}{1+x}, x \in [0,1]$. 定义函数列:
$$f_1(x) = f(x), \quad f_2(x) = f(f_1(x)), \quad \cdots, \quad f_n(x) = f(f_{n-1}(x))$$
记 S_n 是由曲线 $y = f_n(x)$,直线 $x = 1$ 及 x 轴所围图形的面积,求极限 $\lim_{n \to \infty} n S_n$.

解析 根据题意,有
$$f_1(x) = \frac{x}{1+x}, \quad f_2(x) = \frac{\frac{x}{1+x}}{1 + \frac{x}{1+x}} = \frac{x}{1+2x}$$
归纳假设 $f_k(x) = \frac{x}{1+kx}$,则
$$f_{k+1}(x) = \frac{\frac{x}{1+kx}}{1 + \frac{x}{1+kx}} = \frac{x}{1+(k+1)x}$$

于是有 $f_n(x) = \dfrac{x}{1+nx}$ ($\forall n \in \mathbf{N}^*$). 因此
$$S_n = \dfrac{1}{n}\int_0^1 \dfrac{nx+1-1}{1+nx}\mathrm{d}x = \dfrac{1}{n}\Big(1 - \dfrac{1}{n}\ln(1+nx)\Big)\Big|_0^1$$
$$= \dfrac{1}{n}\Big(1 - \dfrac{1}{n}\ln(1+n)\Big)$$

所以
$$\lim_{n\to\infty} nS_n = \lim_{n\to\infty}\Big(1 - \dfrac{1}{n}\ln(1+n)\Big) = 1 + 0 = 1$$

例 4.12（全国 2011） 曲线 $y = \int_0^x \tan t\,\mathrm{d}t\,\Big(0 \leqslant t \leqslant \dfrac{\pi}{4}\Big)$ 的弧长 $s = $ _____.

解析 直接应用弧长公式，有
$$s = \int_0^{\frac{\pi}{4}} \sqrt{1+(y')^2}\,\mathrm{d}x = \int_0^{\frac{\pi}{4}} \sqrt{1+\tan^2 x}\,\mathrm{d}x$$
$$= \int_0^{\frac{\pi}{4}} \sec x\,\mathrm{d}x = \ln|\sec x + \tan x|\,\Big|_0^{\frac{\pi}{4}}$$
$$= \ln(1+\sqrt{2})$$

例 4.13（全国 2012） 过点 $(0,1)$ 作曲线 $L: y = \ln x$ 的切线，切点为 A，又 L 与 x 轴交于 B 点，区域 D 由 L 与直线 AB 围成，求区域 D 的面积及 D 绕 x 轴旋转一周所得旋转体的体积。

解析 如图 6.11 所示，设点 A 的坐标为 $(a, \ln a)$，则 $\dfrac{\ln a - 1}{a - 0} = (\ln x)'\Big|_{x=a} = \dfrac{1}{a}$，解得 $a = \mathrm{e}^2$. 所以点 A 的坐标为 $(\mathrm{e}^2, 2)$. 直线 BA 的方程为 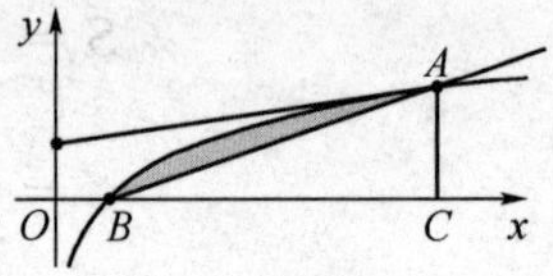
$$y = \dfrac{2}{\mathrm{e}^2 - 1}(x - 1)$$

图 6.11

区域 D 的面积为
$$S = \int_1^{\mathrm{e}^2}\Big(\ln x - \dfrac{2}{\mathrm{e}^2-1}(x-1)\Big)\mathrm{d}x$$
$$= x(\ln x - 1)\Big|_1^{\mathrm{e}^2} - \dfrac{1}{\mathrm{e}^2-1}(x-1)^2\Big|_1^{\mathrm{e}^2}$$
$$= \mathrm{e}^2 + 1 - (\mathrm{e}^2 - 1) = 2$$

所求旋转体的体积为
$$V = \pi\int_1^{\mathrm{e}^2}\ln^2 x\,\mathrm{d}x - \dfrac{1}{3}\pi\cdot 2^2(\mathrm{e}^2 - 1)$$
$$= \pi x(\ln^2 x - 2\ln x + 2)\Big|_1^{\mathrm{e}^2} - \dfrac{4}{3}\pi(\mathrm{e}^2 - 1)$$

$$= 2\pi(e^2 - 1) - \frac{4}{3}\pi(e^2 - 1)$$
$$= \frac{2}{3}\pi(e^2 - 1)$$

例 4.14(全国 2011)　一容器的内侧是由图 6.12 中曲线绕 y 轴旋转一周而成的曲面,该曲线由
$$x^2 + y^2 = 2y\left(y \geqslant \frac{1}{2}\right) \quad 与 \quad x^2 + y^2 = 1\left(y \leqslant \frac{1}{2}\right)$$
连接而成(长度单位为 m).

(1) 求容器的容积;

(2) 若将容器内盛满的水从容器顶部全部抽出,至少需要做多少功?(重力加速度为 g m/s^2,水的密度为 10^3 kg/m^3)

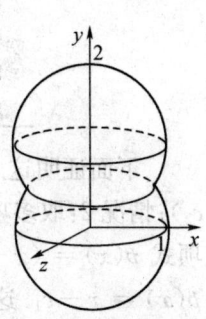

图 6.12

解析　(1) 因为容器关于 $y = \frac{1}{2}$ 对称,所以容器的容积为
$$V = 2 \cdot \pi \int_{-1}^{\frac{1}{2}} x^2 \mathrm{d}y = 2\pi \int_{-1}^{\frac{1}{2}} (1 - y^2) \mathrm{d}y = \frac{9\pi}{4} (\mathrm{m}^3)$$

(2) 应用微元法,所作的功为
$$W = 10^3 g\pi \int_{-1}^{\frac{1}{2}} (1 - y^2)(2 - y) \mathrm{d}y + 10^3 g\pi \int_{\frac{1}{2}}^{2} (2y - y^2)(2 - y) \mathrm{d}y$$
$$= \frac{153 \times 10^3}{64} g\pi + \frac{63 \times 10^3}{64} g\pi = \frac{27 \times 10^3}{8} g\pi (\mathrm{J})$$

例 4.15(南大 2010)　设 $f(x)$ 在 $[a,b]$ 上连续,且 $\int_a^b f(x)\mathrm{d}x = \int_a^b xf(x)\mathrm{d}x = \int_a^b x^2 f(x)\mathrm{d}x = 0$,求证: $f(x)$ 在 (a,b) 内至少有三个零点.

解析　因 $f(x)$ 在 $[a,b]$ 上连续,令 $F(x) = \int_a^x f(t)\mathrm{d}t$,则 $F(a) = F(b) = 0$,且 $F'(x) = f(x)$,应用积分中值定理,$\exists c \in (a,b)$,使得
$$\int_a^b xf(x)\mathrm{d}x = xF(x)\Big|_a^b - \int_a^b F(x)\mathrm{d}x$$
$$= -F(c)(b - a) = 0$$
所以 $F(c) = 0$. 对 $F(x)$ 在 $[a,c]$ 与 $[c,b]$ 上分别应用罗尔定理,$\exists c_1 \in (a,c)$,$\exists c_2 \in (c,b)$,使得
$$F'(c_1) = f(c_1) = 0, \quad F'(c_2) = f(c_2) = 0$$
即 $f(x)$ 在 (a,b) 内至少有两个零点.

假设 $f(x)$ 在 (a,b) 内恰有两个零点 $c_1, c_2 (a < c_1 < c_2 < b)$,则 $f(x)$ 取值的符号有下列六种情况:

情况	函数	(a,c_1)	c_1	(c_1,c_2)	c_2	(c_2,b)
1		$+$	0	$-$	0	$+$
2		$+$	0	$+$	0	$-$
3	$f(x)$	$+$	0	$-$	0	$-$
4		$-$	0	$+$	0	$-$
5		$-$	0	$-$	0	$+$
6		$-$	0	$+$	0	$+$

下面证明这六种情况皆不可能发生. 情况 1:取多项式 $p(x)=(x-c_1)(x-c_2)$;情况 2:取多项式 $p(x)=c_2-x$;情况 3:取多项式 $p(x)=c_1-x$;情况 4:取多项式 $p(x)=(x-c_1)(c_2-x)$;情况 5:取多项式 $p(x)=x-c_2$;情况 6:取多项式 $p(x)=x-c_1$. 这里多项式为一次或二次多项式,由题意得

$$\int_a^b p(x)f(x)\mathrm{d}x = 0$$

另一方面,由于这些多项式在区间 $(a,c_1),(c_1,c_2),(c_2,b)$ 内的取值符号与 $f(x)$ 在这些区间上的取值符号完全相同,于是在 $(a,c_1),(c_1,c_2),(c_2,b)$ 内 $p(x)f(x)$ 皆取正值,且 $p(x)f(x)$ 在 $[a,b]$ 上连续,所以

$$\int_a^b p(x)f(x)\mathrm{d}x > 0$$

从而导出了矛盾,所以 $f(x)$ 在 (a,b) 内至少有 3 个零点.

例 4.16(南大 2010)　计算 $\lim\limits_{n\to\infty}\left[\dfrac{(2n)!!}{(2n-1)!!}\right]^2 \dfrac{1}{2n+1}$.

解析　应用公式

$$\int_0^{\frac{\pi}{2}}\sin^{2n}x\,\mathrm{d}x = \frac{(2n-1)!!}{(2n)!!}\cdot\frac{\pi}{2}, \quad \int_0^{\frac{\pi}{2}}\sin^{2n+1}x\,\mathrm{d}x = \frac{(2n)!!}{(2n+1)!!}$$

当 $0<x<\dfrac{\pi}{2}$ 时,$\sin^{2n+1}x<\sin^{2n}x<\sin^{2n-1}x$,应用定积分的保号性,可得

$$\int_0^{\frac{\pi}{2}}\sin^{2n+1}x\,\mathrm{d}x < \int_0^{\frac{\pi}{2}}\sin^{2n}x\,\mathrm{d}x < \int_0^{\frac{\pi}{2}}\sin^{2n-1}x\,\mathrm{d}x$$

$$\Rightarrow \frac{(2n)!!}{(2n+1)!!} < \frac{(2n-1)!!}{(2n)!!}\cdot\frac{\pi}{2} < \frac{(2n-2)!!}{(2n-1)!!}$$

$$\Rightarrow \frac{(2n-1)!!}{(2n-2)!!} < \frac{(2n)!!}{(2n-1)!!}\cdot\frac{2}{\pi} < \frac{(2n+1)!!}{(2n)!!}$$

$$\Rightarrow \frac{\pi}{2}\cdot\frac{2n}{2n+1} < \left(\frac{(2n)!!}{(2n-1)!!}\right)^2 \frac{1}{2n+1} < \frac{\pi}{2}$$

因为 $\lim\limits_{n\to\infty}\dfrac{\pi}{2}\cdot\dfrac{2n}{2n+1}=\dfrac{\pi}{2}$,应用夹逼准则得 $\lim\limits_{n\to\infty}\left[\dfrac{(2n)!!}{(2n-1)!!}\right]^2 \dfrac{1}{2n+1}=\dfrac{\pi}{2}$.

注:此题极限的结论称为瓦里斯公式.

例 4.17(全国 2007) 设 D 是位于曲线 $y=\sqrt{x}a^{-\frac{x}{2a}}(a>1,0\leqslant x<+\infty)$ 下方、x 轴上方的无界区域.

(1) 求区域 D 绕 x 轴旋转一周的旋转体的体积 $V(a)$.

(2) 当 a 为何值时 $V(a)$ 最小?并求此最小值.

解析 (1) $V(a)=\pi\int_0^{+\infty}y^2\mathrm{d}x=\pi\int_0^{+\infty}xa^{-\frac{x}{a}}\mathrm{d}x=-\frac{a\pi}{\ln a}\int_0^{+\infty}x\mathrm{d}a^{-\frac{x}{a}}$

$=-\frac{a\pi}{\ln a}\left(xa^{-\frac{x}{a}}\Big|_0^{+\infty}-\int_0^{+\infty}a^{-\frac{x}{a}}\mathrm{d}x\right)$

$=-\frac{a\pi}{\ln a}\left(0+\frac{a}{\ln a}a^{-\frac{x}{a}}\Big|_0^{+\infty}\right)=\frac{a^2\pi}{(\ln a)^2}$

(2) 由 $V'(a)=2\pi\frac{a}{\ln a}\cdot\frac{\ln a-1}{(\ln a)^2}=0\Rightarrow a=\mathrm{e}$. 由于 $1<a<\mathrm{e}$ 时,$V'(a)<0$,$a>\mathrm{e}$ 时,$V'(a)>0$,所以 $V(\mathrm{e})=\pi\mathrm{e}^2$ 为极小值.因驻点唯一,故 $V(\mathrm{e})=\pi\mathrm{e}^2$ 也是最小值.

专题 7 空间解析几何

7.1 重要概念与基本方法

1 向量代数

(1) 向量的基本概念.

向量的坐标表示式：$a=(a_1,a_2,a_3)$；向量的代数表示式：$a=a_1 i+a_2 j+a_3 k$；

向量的模：$|a|=\sqrt{a_1^2+a_2^2+a_3^2}$；$a^0$ 向量：$a^0=\left(\dfrac{a_1}{|a|},\dfrac{a_2}{|a|},\dfrac{a_3}{|a|}\right)$；

向量的方向余弦：$\cos\alpha=\dfrac{a_1}{|a|}$，$\cos\beta=\dfrac{a_2}{|a|}$，$\cos\gamma=\dfrac{a_3}{|a|}$；

连接两点 $P(a_1,a_2,a_3),Q(b_1,b_2,b_3)$ 的向量 $\overrightarrow{PQ}=(b_1-a_1,b_2-a_2,b_3-a_3)$.

(2) 向量的运算. 设 $a=(a_1,a_2,a_3),b=(b_1,b_2,b_3),c=(c_1,c_2,c_3)$.

① 向量的加法：
$$\overrightarrow{AB}+\overrightarrow{BC}=\overrightarrow{AC} \quad \text{（三角形法则）}$$
$$a+b=(a_1+b_1,a_2+b_2,a_3+b_3)$$

② 向量的内积（数量积）：
$$a\cdot b=|a|\cdot|b|\cos\langle a,b\rangle, \quad a\cdot b=|a|\operatorname{Prj}_a b$$
$$a\cdot b=a_1 b_1+a_2 b_2+a_3 b_3$$

③ 向量的向量积：

$a\times b=c$，$|c|=|a|\cdot|b|\sin\langle a,b\rangle$，$c\perp a,c\perp b$，$a,b,c$ 组成右手系

$$a\times b=\begin{vmatrix} i & j & k \\ a_1 & a_2 & a_3 \\ b_1 & b_2 & b_3 \end{vmatrix}=\left(\begin{vmatrix} a_2 & a_3 \\ b_2 & b_3 \end{vmatrix},\begin{vmatrix} a_3 & a_1 \\ b_3 & b_1 \end{vmatrix},\begin{vmatrix} a_1 & a_2 \\ b_1 & b_2 \end{vmatrix}\right)$$

④ 三向量的混合积：
$$[a,b,c]=a\times b\cdot c=\begin{vmatrix} a_1 & a_2 & a_3 \\ b_1 & b_2 & b_3 \\ c_1 & c_2 & c_3 \end{vmatrix}$$

(3) 向量运算的应用.

① 两向量平行的判别: $a \parallel b \Leftrightarrow \dfrac{a_1}{b_1} = \dfrac{a_2}{b_2} = \dfrac{a_3}{b_3}$.

② 两向量垂直的判别: $a \perp b \Leftrightarrow a_1 b_1 + a_2 b_2 + a_3 b_3 = 0$.

③ 求三角形 ABC 的面积: $S_{\triangle ABC} = \dfrac{1}{2} | \overrightarrow{AB} \times \overrightarrow{AC} |$.

④ 求平面的法向量: 在平面 Π 内任取三角形 ABC, 则平面 Π 的法向量为
$$n = \overrightarrow{AB} \times \overrightarrow{AC}$$

⑤ 求平行六面体的体积: 设过平行六面体的任一顶点的三条棱为 AB, AC, AD, 则该平行六面体的体积为 $V = | \overrightarrow{AB} \times \overrightarrow{AC} \cdot \overrightarrow{AD} |$.

2　平面的方程

(1) 点法式方程: $A(x - x_0) + B(y - y_0) + C(z - z_0) = 0$.

(2) 一般式方程: $Ax + By + Cz + D = 0$.

(3) 截距式方程: $\dfrac{x}{a} + \dfrac{y}{b} + \dfrac{z}{c} = 1$.

(4) 点到平面的距离: 点 $P(a, b, c)$ 到平面 $Ax + By + Cz + D = 0$ 的距离为
$$d = \dfrac{| Aa + Bb + Cc + D |}{\sqrt{A^2 + B^2 + C^2}}$$

3　直线的方程

(1) 点向式方程: $\dfrac{x - x_0}{m} = \dfrac{y - y_0}{n} = \dfrac{z - z_0}{p}$.

(2) 一般式方程: $\begin{cases} A_1 x + B_1 y + C_1 z + D_1 = 0, \\ A_2 x + B_2 y + C_2 z + D_2 = 0. \end{cases}$

(3) 参数式方程: $x = x_0 + mt, y = y_0 + nt, z = z_0 + pt$.

(4) 点到直线的距离: 点 $P(a, b, c)$ 到直线 $\dfrac{x - x_0}{m} = \dfrac{y - y_0}{n} = \dfrac{z - z_0}{p}$ 的距离为
$$d = \dfrac{\left| \left(\begin{vmatrix} b - y_0 & c - z_0 \\ n & p \end{vmatrix}, \begin{vmatrix} c - z_0 & a - x_0 \\ p & m \end{vmatrix}, \begin{vmatrix} a - x_0 & b - y_0 \\ m & n \end{vmatrix} \right) \right|}{\sqrt{m^2 + n^2 + p^2}}$$

4　空间曲面的方程

(1) 一般式方程: $F(x, y, z) = 0$.

(2) 特殊的空间曲面.

① 球面: $(x - a)^2 + (y - b)^2 + (z - c)^2 = R^2$.

② 柱面: 方程 $F(x, y) = 0$ 表示一柱面, 它是以曲线 $\begin{cases} z = 0, \\ F(x, y) = 0 \end{cases}$ 为准线, 母

线的方向平行于 Oz 轴.

③ 旋转曲面.

a. xy 平面上的曲线 $x = f(y^2)$ 绕 x 轴旋转一周生成的旋转曲面的方程为 $x = f(y^2 + z^2)$（即原方程中 x 项不变，y^2 项变为 $y^2 + z^2$）.

b. xy 平面上的曲线 $y = f(x^2)$ 绕 y 轴旋转一周生成的旋转曲面的方程为 $y = f(x^2 + z^2)$（即原方程中 y 项不变，x^2 项变为 $x^2 + z^2$）.

c. yz 平面上的曲线或 zx 平面上的曲线绕坐标轴旋转时，旋转曲面的方程可按上述 a, b 的方法类似地写出，这里不赘.

④ 二次曲面的标准方程.

椭球面：$\dfrac{x^2}{a^2} + \dfrac{y^2}{b^2} + \dfrac{z^2}{c^2} = 1$； 单叶双曲面：$\dfrac{x^2}{a^2} + \dfrac{y^2}{b^2} - \dfrac{z^2}{c^2} = 1$；

双叶双曲面：$\dfrac{x^2}{a^2} - \dfrac{y^2}{b^2} - \dfrac{z^2}{c^2} = 1$； 二次锥面：$\dfrac{x^2}{a^2} + \dfrac{y^2}{b^2} - \dfrac{z^2}{c^2} = 0$；

椭圆抛物面：$z = \dfrac{x^2}{a^2} + \dfrac{y^2}{b^2}$； 双曲抛物面：$z = \dfrac{x^2}{a^2} - \dfrac{y^2}{b^2}$.

(3) 空间曲面的切平面方程与法线方程.

曲面 $F(x, y, z) = 0$ 在其上点 $P(x_0, y_0, z_0)$ 处的切平面方程为

$$F'_x(P)(x - x_0) + F'_y(P)(y - y_0) + F'_z(P)(z - z_0) = 0$$

曲面 $F(x, y, z) = 0$ 在其上点 $P(x_0, y_0, z_0)$ 处的法线方程为

$$\dfrac{x - x_0}{F'_x(P)} = \dfrac{y - y_0}{F'_y(P)} = \dfrac{z - z_0}{F'_z(P)}$$

5 空间曲线的方程

(1) 一般式方程：$\begin{cases} F(x, y, z) = 0, \\ H(x, y, z) = 0. \end{cases}$

(2) 参数式方程：$x = \varphi(t), y = \psi(t), z = \omega(t)$.

(3) 空间曲线的切线方程与法平面方程.

曲线 $x = \varphi(t), y = \psi(t), z = \omega(t)$ 在其上点 $P(x_0, y_0, z_0)$（对应于 $t = t_0$）处的切线方程为

$$\dfrac{x - x_0}{\varphi'(t_0)} = \dfrac{y - y_0}{\psi'(t_0)} = \dfrac{z - z_0}{\omega'(t_0)}$$

曲线 $x = \varphi(t), y = \psi(t), z = \omega(t)$ 在其上点 $P(x_0, y_0, z_0)$（对应于 $t = t_0$）处的法平面方程为

$$\varphi'(t_0)(x - x_0) + \psi'(t_0)(y - y_0) + \omega'(t_0)(z - z_0) = 0$$

7.2 《大学数学教程》习题选解

例 2.1(习题 4.1 A 7)　已知向量 a 与 b 的夹角为 $\dfrac{\pi}{3}$，$|a|=5$，$|b|=8$，求 $|a+b|$，$|a-b|$.

解析　$|a+b| = \sqrt{(a+b)\cdot(a+b)} = \sqrt{|a|^2 + 2|a|\cdot|b|\cos\langle a,b\rangle + |b|^2}$
$\qquad\qquad = \sqrt{129}$

$|a-b| = \sqrt{(a-b)\cdot(a-b)} = \sqrt{|a|^2 - 2|a|\cdot|b|\cos\langle a,b\rangle + |b|^2} = 7$

例 2.2(习题 4.1 A 8)　已知 $A(2,5,-3)$，$B(3,-2,5)$，求定比分点 M，使得 $\overrightarrow{AM} = 3\overrightarrow{MB}$.

解析　设 $M(x,y,z)$，有
$$\overrightarrow{AM} = (x-2, y-5, z+3), \quad \overrightarrow{MB} = (3-x, -2-y, 5-z)$$
又由 $\overrightarrow{AM} = 3\overrightarrow{MB}$ 有
$$x-2 = 3(3-x), \quad y-5 = 3(-2-y), \quad z+3 = 3(5-z)$$
解得 $x = \dfrac{11}{4}$，$y = -\dfrac{1}{4}$，$z = 3$，所以定比分点 M 为 $\left(\dfrac{11}{4}, -\dfrac{1}{4}, 3\right)$.

例 2.3(习题 4.1 A 10)　已知 $a = (1,2,3)$，$b = (2,3,3)$，$c = (1,3,6)$，求 $a\cdot b$，$a\times b$，$[a,b,c]$，$a\times(b\times c)$.

解析　$\qquad\qquad a\cdot b = 1\times 2 + 2\times 3 + 3\times 3 = 17$

$a\times b = \left(\begin{vmatrix} 2 & 3 \\ 3 & 3 \end{vmatrix}, \begin{vmatrix} 3 & 1 \\ 3 & 2 \end{vmatrix}, \begin{vmatrix} 1 & 2 \\ 2 & 3 \end{vmatrix}\right) = (-3, 3, -1)$

$[a,b,c] = \begin{vmatrix} 1 & 2 & 3 \\ 2 & 3 & 3 \\ 1 & 3 & 6 \end{vmatrix} = 18 + 6 + 18 - 9 - 24 - 9 = 0$

$a\times(b\times c) = (1,2,3) \times \left(\begin{vmatrix} 3 & 3 \\ 3 & 6 \end{vmatrix}, \begin{vmatrix} 3 & 2 \\ 6 & 1 \end{vmatrix}, \begin{vmatrix} 2 & 3 \\ 1 & 3 \end{vmatrix}\right) = (1,2,3) \times (9, -9, 3)$

$\qquad = \left(\begin{vmatrix} 2 & 3 \\ -9 & 3 \end{vmatrix}, \begin{vmatrix} 3 & 1 \\ 3 & 9 \end{vmatrix}, \begin{vmatrix} 1 & 2 \\ 9 & -9 \end{vmatrix}\right) = (33, 24, -27)$

例 2.4(习题 4.1 A 12)　已知 $A(3,2,1)$，$B(2,1,3)$，$C(1,2,3)$，求 $\triangle ABC$ 的面积.

解析　因为 $\overrightarrow{AB} = (-1,-1,2)$，$\overrightarrow{AC} = (-2,0,2)$，所以 $\triangle ABC$ 的面积为
$$S = \dfrac{1}{2}|\overrightarrow{AB}\times\overrightarrow{AC}| = \dfrac{1}{2}|(-1,-1,2)\times(-2,0,2)|$$
$$= \dfrac{1}{2}|(-2,-2,-2)| = \sqrt{3}$$

例 2.5(习题 4.1 A 17) 已知 $|a|=3, |b|=4, \langle a,b \rangle = \dfrac{\pi}{3}$,求 $|(a+b) \times (a-b)|$.

解析 应用向量积的运算性质得
$$(a+b) \times (a-b) = a \times a - a \times b + b \times a - b \times b = -2a \times b$$
于是
$$|(a+b) \times (a-b)| = 2|a||b|\sin\langle a,b \rangle = 12\sqrt{3}$$

例 2.6(习题 4.1 B 3) 设 A,B,C,D 为空间四个定点,AB 的中点为 E,CD 的中点为 F,$|EF|=a$,P 为空间中任意一点,求 $(\overrightarrow{PA}+\overrightarrow{PB}) \cdot (\overrightarrow{PC}+\overrightarrow{PD})$ 的最小值,并求此时 P 点的位置.

解析 由平行四边形法则,有 $\overrightarrow{PA}+\overrightarrow{PB}=2\overrightarrow{PE}$,$\overrightarrow{PC}+\overrightarrow{PD}=2\overrightarrow{PF}$,所以
$$(\overrightarrow{PA}+\overrightarrow{PB}) \cdot (\overrightarrow{PC}+\overrightarrow{PD}) = 4\overrightarrow{PE} \cdot \overrightarrow{PF}$$

以 EF 的中点为坐标原点建立空间直角坐标系,且 $E\left(\dfrac{a}{2},0,0\right)$,$F\left(-\dfrac{a}{2},0,0\right)$,设点 $P(x,y,z)$,则 $\overrightarrow{PE}=\left(\dfrac{a}{2}-x,-y,-z\right)$,$\overrightarrow{PF}=\left(-\dfrac{a}{2}-x,-y,-z\right)$,于是
$$(\overrightarrow{PA}+\overrightarrow{PB}) \cdot (\overrightarrow{PC}+\overrightarrow{PD}) = 4\overrightarrow{PE} \cdot \overrightarrow{PF} = 4x^2+4y^2+4z^2-a^2$$

显然当 $x=y=z=0$ 时,上式右端取最小值,即当 P 为 EF 的中点时
$$\min\{(\overrightarrow{PA}+\overrightarrow{PB}) \cdot (\overrightarrow{PC}+\overrightarrow{PD})\} = -a^2$$

例 2.7(习题 4.1 B 4) 设 $a \neq 0, |b|=2, \langle a,b \rangle = \dfrac{\pi}{3}$,求 $\lim\limits_{x \to 0} \dfrac{|a+xb|-|a|}{x}$.

解析 原式 $= \lim\limits_{x \to 0} \dfrac{|a+xb|^2-|a|^2}{x(|a+xb|+|a|)}$

$= \lim\limits_{x \to 0} \dfrac{2|a| \cdot |b| \cdot \cos\langle a,b \rangle \cdot x + |b|^2 \cdot x^2}{x(|a+xb|+|a|)}$

$= \dfrac{1}{2}|b| = 1$

例 2.8(习题 4.2 A 6) 确定常数 λ,使平面 $x+\lambda y-2z=9$ 分别满足:

(1) 经过点 $(5,-4,6)$;

(2) 平行于平面 $3x+y-6z=0$;

(3) 垂直于平面 $2x+4y+3z=0$;

(4) 与原点距离等于 3.

解析 (1) 将点 $(5,-4,6)$ 代入平面方程,则 $5+\lambda \cdot (-4)-2 \cdot 6 = 9$,解得 $\lambda = -4$.

(2) 两平面平行,则两平面的法向量必平行.又其法向量分别为 $(1,\lambda,-2)$ 与 $(3,1,-6)$,所以 $\dfrac{1}{3}=\dfrac{\lambda}{1}=\dfrac{-2}{-6}$,解得 $\lambda=\dfrac{1}{3}$.

(3) 两平面垂直,则两平面的法向量必垂直. 又其法向量分别为 $(1,\lambda,-2)$ 与 $(2,4,3)$,所以 $(1,\lambda,-2) \cdot (2,4,3) = 4\lambda - 4 = 0$,解得 $\lambda = 1$.

(4) 由点到平面的距离公式有 $\dfrac{9}{\sqrt{1+\lambda^2+(-2)^2}} = 3$,解得 $\lambda = 2$ 或 -2.

例 2.9(习题 4.3 A 5) 求点 $P(5,4,2)$ 在直线 $L: \dfrac{x+1}{2} = \dfrac{y-3}{3} = \dfrac{z-1}{-1}$ 上的投影,并求点 P 到直线 L 的距离.

解析 设点 P 在直线 L 上的投影为 $P_0(x_0,y_0,z_0)$,则 $\overrightarrow{PP_0} \perp (2,3,-1)$,即
$$2(x_0-5) + 3(y_0-4) - (z_0-2) = 0$$
由 $\dfrac{x_0+1}{2} = \dfrac{y_0-3}{3} = \dfrac{z_0-1}{-1} = t_0$,得 $x_0 = -1+2t_0, y_0 = 3+3t_0, z_0 = 1-t_0$,代入上式,得 $t_0 = 1$,由此可得投影为 $P_0(1,6,0)$,点 P 到直线 L 的距离为 $|\overrightarrow{PP_0}| = 2\sqrt{6}$.

例 2.10(习题 4.3 B 3) 求异面直线 $x-3 = y-4 = -z-1$ 与 $\dfrac{x+4}{2} = \dfrac{y+1}{4} = -z$ 之间的距离,并求公垂线的方程(要求写为点向式).

解析 记公垂线为 L,两条异面直线分别为 L_1 与 L_2. 已知 L_1 与 L_2 分别经过点 $P_1(3,4,-1)$ 和 $P_2(-4,-1,0)$,方向向量分别为 $\boldsymbol{l}_1 = (1,1,-1), \boldsymbol{l}_2 = (2,4,-1)$. 记公垂线 L 的方向向量为 $\boldsymbol{l}$,可令 $\boldsymbol{l} = \boldsymbol{l}_1 \times \boldsymbol{l}_2 = (3,-1,2)$. 所以异面直线的距离为
$$d = \dfrac{|\overrightarrow{P_1P_2} \cdot \boldsymbol{l}|}{|\boldsymbol{l}|} = \dfrac{|(-7,-5,1) \cdot (3,-1,2)|}{\sqrt{9+1+4}} = \sqrt{14}$$

公垂线 L 为过 L 和 L_1 的平面与过 L 和 L_2 的平面的交线. 过 L 和 L_1 的平面的法向量为 $\boldsymbol{l} \times \boldsymbol{l}_1 = (-1,5,4)$,又过点 $P_1(3,4,-1)$,所以该平面的方程为 $x-5y-4z+13 = 0$;过 L 和 L_2 的平面的法向量为 $\boldsymbol{l} \times \boldsymbol{l}_2 = (-7,7,14) = -7(1,-1,-2)$,又过点 $P_2(-4,-1,0)$,所以该平面的方程为 $x-y-2z+3 = 0$. 于是公垂线 L 的方程为 $\begin{cases} x-5y-4z+13 = 0, \\ x-y-2z+3 = 0. \end{cases}$ 在公垂线上任取一点,譬如 $(7,0,5)$,于是公垂线 L 的点向式方程为
$$\dfrac{x-7}{3} = \dfrac{y}{-1} = \dfrac{z-5}{2}$$

例 2.11(习题 4.4 A 2) 求直线 $\begin{cases} 3x-2y = 24, \\ 3x-z = -4 \end{cases}$ 与平面 $6x+15y-10z = 31$ 的夹角.

解析 直线的方向向量 $\boldsymbol{l} = (3,-2,0) \times (3,0,-1) = (2,3,6)$,平面的法向量 $\boldsymbol{n} = (6,15,-10)$,所以直线与平面的夹角 θ 的正弦值

$$\sin\theta = |\cos\langle \boldsymbol{n},\boldsymbol{l}\rangle| = \frac{|\boldsymbol{n}\cdot\boldsymbol{l}|}{|\boldsymbol{n}|\cdot|\boldsymbol{l}|} = \frac{3}{133}$$

即直线与平面的夹角 $\theta = \arcsin\dfrac{3}{133}$.

例 2.12(习题 4.4 A 3) 求直线 $\dfrac{x-5}{-4} = \dfrac{y-1}{1} = \dfrac{z+2}{2}$ 在平面 $x+2y+4z=2$ 上的投影和投影平面的方程.

解析 已知直线的方向向量为 $\boldsymbol{l}=(-4,1,2)$,平面的法向量为 $\boldsymbol{n}=(1,2,4)$,记投影平面的法向量为 $\boldsymbol{n}_0$,则可知 $\boldsymbol{n}_0 = \boldsymbol{l}\times\boldsymbol{n} = (0,18,-9)$. 又投影平面过直线上点 $P_0(5,1,-2)$,所以所求的投影平面方程为 $2y-z=4$,投影方程为 $\begin{cases} 2y-z=4, \\ x+2y+4z=2. \end{cases}$

例 2.13(习题 4.4 A 4) 求过点 $(-1,0,4)$,平行于平面 $3x-4y+z=10$,又与直线 $\dfrac{x+1}{3} = \dfrac{y-3}{1} = \dfrac{z}{2}$ 相交的直线方程(要求写为点向式).

解析 设所求直线与已知直线的交点为 $P_0(x_0,y_0,z_0)$,则有
$$\frac{x_0+1}{3} = \frac{y_0-3}{1} = \frac{z_0}{2} = t_0 \tag{1}$$
又所求直线过点 $P_1(-1,0,4)$ 且与平面 $3x-4y+z=10$ 平行,所以 $\overrightarrow{P_1P_0}\perp\boldsymbol{n}$,即
$$3(x_0+1)-4y_0+(z_0-4)=0$$
将(1)式代入上式,解得 $t_0=\dfrac{16}{7}$,因此交点为 $P_0\left(\dfrac{41}{7},\dfrac{37}{7},\dfrac{32}{7}\right)$,所求直线的方向向量为 $\overrightarrow{P_1P_0} = \dfrac{1}{7}(48,37,4)$,于是所求直线的点向式方程为 $\dfrac{x+1}{48} = \dfrac{y}{37} = \dfrac{z-4}{4}$.

例 2.14(习题 4.4 B 1) 求通过直线
$$\frac{x-2}{6} = \frac{y+3}{1} = \frac{z+1}{3}$$
且与直线 $\begin{cases} x-y-4=0, \\ z-y+6=0 \end{cases}$ 平行的平面方程.

解析 根据题意,可知直线 $\dfrac{x-2}{6} = \dfrac{y+3}{1} = \dfrac{z+1}{3}$ 过点 $P_0(2,-3,-1)$,方向向量为 $\boldsymbol{l}_1=(6,1,3)$,直线 $\begin{cases} x-y-4=0, \\ z-y+6=0 \end{cases}$ 的方向向量为 $\boldsymbol{l}_2=(1,-1,0)\times(0,-1,1)=(-1,-1,-1)$. 记所求平面的法向量为 $\boldsymbol{n}$,可令 $\boldsymbol{n}=\boldsymbol{l}_1\times\boldsymbol{l}_2=(2,3,-5)$. 又平面过点 P_0,于是所求平面的方程为 $2x+3y-5z=0$.

例 2.15(习题 4.5 A 8) 直线 $\dfrac{x}{1} = \dfrac{y}{-1} = \dfrac{z-2}{2}$ 绕 y 轴旋转一周,求旋转曲面的方程.

解析 在旋转曲面上任取点 $P(x,y,z)$，过点 P 作平面 Π 垂直于 y 轴，则平面 Π 与 y 轴的交点为 $Q(0,y,0)$，设平面 Π 与已知直线的交点为 $P_1(x_0,y,z_0)$，则
$$|PQ|^2 = |P_1Q|^2 \Leftrightarrow x^2 + z^2 = x_0^2 + z_0^2 \tag{1}$$
由于点 $P_1(x_0,y,z_0)$ 在已知直线上，所以
$$\frac{x_0}{1} = \frac{y}{-1} = \frac{z_0-2}{2} \Leftrightarrow x_0 = -y, z_0 = 2-2y$$
将上式代入(1)式，即得所求旋转曲面的方程为 $x^2 + z^2 = y^2 + 4(1-y)^2$.

例 2.16（习题 4.5 B 1） 平面 $x-3y+z=0$ 与圆锥面 $x^2-5y^2+z^2=0$ 相交于两条直线，求这两条直线的夹角.

解析 平面与圆锥面显然都过坐标原点 $P_0(0,0,0)$. 令 $y=1$，代入 $x-3y+z=0$ 与 $x^2-5y^2+z^2=0$，可解得 $x=1, z=2$ 或 $x=2, z=1$，此两点分别记为 $P_1(1,1,2), P_2(2,1,1)$. 平面与圆锥面相交的两条直线分别由 P_0, P_1 和 P_0, P_2 确定，方向分别为 $l_1 = \overrightarrow{P_0P_1} = (1,1,2), l_2 = \overrightarrow{P_0P_2} = (2,1,1)$. 故两条直线的夹角为
$$\langle l_1, l_2 \rangle = \arccos \frac{l_1 \cdot l_2}{|l_1| \cdot |l_2|} = \arccos \frac{5}{6}$$

例 2.17（习题 4.6 A 4） 将曲线 $\begin{cases} x^2+y^2+z^2=1, \\ y=z \end{cases}$ 化为参数方程，并求此曲线在点 $P\left(\frac{\sqrt{2}}{2}, \frac{1}{2}, \frac{1}{2}\right)$ 处的切线方程与法平面方程.

解析 令 $x = \cos t$，有 $y = z = \frac{\sqrt{2}}{2}\sin t$，故曲线的参数方程为
$$x = \cos t, \quad y = \frac{\sqrt{2}}{2}\sin t, \quad z = \frac{\sqrt{2}}{2}\sin t \quad (0 \leqslant t \leqslant 2\pi)$$
由于点 $P\left(\frac{\sqrt{2}}{2}, \frac{1}{2}, \frac{1}{2}\right)$ 对应的参数为 $t = \frac{\pi}{4}$，曲线在该点的切线方向 l 与法平面的法向量 n 都为
$$\left(\frac{dx}{dt}, \frac{dy}{dt}, \frac{dz}{dt}\right)\bigg|_{t=\frac{\pi}{4}} = \left(-\sin t, \frac{\sqrt{2}}{2}\cos t, \frac{\sqrt{2}}{2}\cos t\right)\bigg|_{t=\frac{\pi}{4}} = -\frac{1}{2}(\sqrt{2}, -1, -1)$$
故所求的切线方程为 $\dfrac{x-\frac{\sqrt{2}}{2}}{\sqrt{2}} = \dfrac{y-\frac{1}{2}}{-1} = \dfrac{z-\frac{1}{2}}{-1}$，法平面方程为
$$\sqrt{2}\left(x-\frac{\sqrt{2}}{2}\right) - \left(y-\frac{1}{2}\right) - \left(z-\frac{1}{2}\right) = 0$$
即
$$\sqrt{2}x - y - z = 0$$

7.3 往年期中与期末试题解析

例 3.1(03-04(Ⅱ)期中) 设 $\boldsymbol{\alpha}=a+2b, \boldsymbol{\beta}=a+kb, |a|=2, |b|=1, a\perp b$.

(1) 若 $\boldsymbol{\alpha}\perp\boldsymbol{\beta}$,求 k 的值;

(2) 若以 $\boldsymbol{\alpha},\boldsymbol{\beta}$ 为邻边的平行四边形的面积为 6,求 k 的值.

解析 (1) 因为 $a\perp b$,故 $a\cdot b=0$,又 $|a|=2, |b|=1$,所以
$$\boldsymbol{\alpha}\cdot\boldsymbol{\beta}=(a+2b)\cdot(a+kb)=|a|^2+2k|b|^2=4+2k$$
因 $\boldsymbol{\alpha}\perp\boldsymbol{\beta}$,则 $\boldsymbol{\alpha}\cdot\boldsymbol{\beta}=0$,即 $4+2k=0$,于是 $k=-2$.

(2) 因为
$$6=|\boldsymbol{\alpha}\times\boldsymbol{\beta}|=|(a+2b)\times(a+kb)|$$
$$=|k-2||a\times b|=|2(k-2)|$$
解得 $k=-1$ 或 5.

例 3.2(07-08(Ⅱ)期中) 求以点 $A(1,1,-2), B(2,0,1), C(1,1,3)$ 和 $D(0,1,0)$ 为顶点的四面体的体积.

解析 以 A,B,C,D 为顶点的四面体体积为以 $\overrightarrow{AB}, \overrightarrow{AC}, \overrightarrow{AD}$ 为棱的平行六面体体积的 $\frac{1}{6}$,而 $\overrightarrow{AB}=(1,-1,3), \overrightarrow{AC}=(0,0,5), \overrightarrow{AD}=(-1,0,2)$,所以
$$V_{四面体ABCD}=\frac{1}{6}|[\overrightarrow{AB},\overrightarrow{AC},\overrightarrow{AD}]|=\frac{1}{6}\begin{Vmatrix}1 & -1 & 3\\ 0 & 0 & 5\\ -1 & 0 & 2\end{Vmatrix}=\frac{5}{6}$$

例 3.3(08-09(Ⅱ)期中) 设动点与 $(4,0,0)$ 的距离等于这点到平面 $x=1$ 距离的两倍,试求动点的轨迹.

解析 设动点坐标为 (x,y,z),则动点到 $(4,0,0)$ 的距离为
$$d_1=\sqrt{(x-4)^2+y^2+z^2}$$
动点到平面 $x=1$ 的距离 $d_2=|x-1|$,依题有 $d_1=2d_2$,整理即得动点轨迹为 $3x^2-y^2-z^2=12$.

例 3.4(03-04(Ⅱ)期中) 已知点 $P(1,0,-1)$ 与 $Q(3,1,2)$,在平面 $x-2y+z=12$ 上求一点 M,使得 $|PM|+|QM|$ 最小.

解析 从 P 作直线 L 垂直于平面,其方程为 $x=1+t, y=-2t, z=-1+t$,代入平面方程得 $t=2$,所以 L 与平面的交点为 $P_1(3,-4,1)$,于是点 P 关于平面的对称点为 $P_2(5,-8,3)$.连接 P_2Q,其方程为 $x=3+2t, y=1-9t, z=2+t$,代入平面方程得 $t=\frac{3}{7}$,于是所求的点 M 为 $\left(\frac{27}{7},-\frac{20}{7},\frac{17}{7}\right)$.

例 3.5(10-11(Ⅱ)期中)　设直线 L 与平面 $\Pi: 2x+y+z=1$ 垂直,并且与已知直线 $L_1: x-1=y+2=z-3$ 和 $L_2: \dfrac{x}{3}=\dfrac{y-2}{2}=z$ 都相交,求 L 的方程.

解析　直线 L_1 的参数式方程为 $x=1+t, y=-2+t, z=3+t$,直线 L_2 的参数式方程为 $x=3t, y=2+2t, z=t$. 记直线 L 与直线 L_1 和 L_2 的交点分别为 $P(1+t_1, -2+t_1, 3+t_1)$ 和 $Q(3t_2, 2+2t_2, t_2)$,则有向量 $\overrightarrow{PQ}$ 平行于平面 Π 的法向量 $\boldsymbol{n}=(2,1,1)$,所以
$$\dfrac{3t_2-t_1-1}{2}=\dfrac{2t_2-t_1+4}{1}=\dfrac{t_2-t_1-3}{1}$$
解得 $t_1=2, t_2=-7$. 从而直线的方程为
$$\dfrac{x-3}{2}=\dfrac{y}{1}=\dfrac{z-5}{1}$$

例 3.6(09-10(Ⅱ)期末)　求与直线 $L_1: \dfrac{x-1}{-1}=\dfrac{y}{2}=\dfrac{z+1}{1}$ 及 $L_2: \dfrac{x+2}{0}=\dfrac{y-1}{1}=\dfrac{z-2}{-2}$ 都平行且与它们等距的平面方程.

解析　直线 L_1 过点 $P_1(1,0,-1)$,其方向向量为 $\boldsymbol{l}_1=(-1,2,1)$;直线 L_2 过点 $P_2(-2,1,2)$,其方向向量为 $\boldsymbol{l}_2=(0,1,-2)$. 令 $\boldsymbol{n}=\boldsymbol{l}_1\times\boldsymbol{l}_2=(-5,-2,-1)$,则 $\boldsymbol{n}$ 为所求平面的法向量. 因平面经过 P_1, P_2 的中点 $P_0\left(-\dfrac{1}{2},\dfrac{1}{2},\dfrac{1}{2}\right)$,所以所求平面的方程为 $5x+2y+z+1=0$.

例 3.7(03-04(Ⅱ)期末)　求过点 $P_1(-1,0,4)$,且平行于平面 $\Pi: 3x-4y+z-10=0$,又与 $L: \dfrac{x+1}{3}=\dfrac{y-3}{1}=\dfrac{z}{2}$ 相交的直线方程.

解析　记所求直线与 L 相交于点 P_2,由 L 的方程可设 P_2 的坐标为 $(-1+3t, 3+t, 2t)$,于是 $\overrightarrow{P_1P_2}=(3t, 3+t, 2t-4)$. 又所求直线平行于 Π,Π 的法向量为 $\boldsymbol{n}=(3,-4,1)$,有 $\overrightarrow{P_1P_2}\perp\boldsymbol{n}$,故 $\overrightarrow{P_1P_2}\cdot\boldsymbol{n}=9t-4(3+t)+2t-4=0$,解得 $t=\dfrac{16}{7}$,所以 $\overrightarrow{P_1P_2}=\left(\dfrac{48}{7},\dfrac{37}{7},\dfrac{4}{7}\right)$,于是所求直线的方程为 $\dfrac{x+1}{48}=\dfrac{y}{37}=\dfrac{z-4}{4}$.

例 3.8(05-06(Ⅱ)期中)　(1) 求直线 $L: \begin{cases} -x+y+z+2=0, \\ x-y+z-1=0 \end{cases}$ 在平面 $\Pi: x+y+z=2$ 上的投影 L' 的方程,并给出 L' 的标准方程;

(2) 求原点到直线 L 的距离.

解析　(1) 直线 $L: \begin{cases} -x+y+z+2=0, \\ x-y+z-1=0 \end{cases}$ 过点 $P\left(\dfrac{3}{2},0,-\dfrac{1}{2}\right)$,方向向量为 $\boldsymbol{l}=(-1,1,1)\times(1,-1,1)=2(1,1,0)$. 于是过 L 垂直于 Π 的平面 Π' 的法向量为 $(1,1,0)\times(1,1,1)=(1,-1,0)$,所以 Π' 的方程为 $x-y=\dfrac{3}{2}$,因此投影 L' 的一

般式方程为 $L':\begin{cases} x+y+z=2, \\ x-y=\dfrac{3}{2}. \end{cases}$ 在 L' 上取点 $P'\left(\dfrac{7}{4},\dfrac{1}{4},0\right)$，$L'$ 的方向向量为 $l'=(1,1,1)\times(1,-1,0)=(1,1,-2)$，所以 L' 的标准方程为

$$\frac{x-\dfrac{7}{4}}{1}=\frac{y-\dfrac{1}{4}}{1}=\frac{z}{-2}$$

(2) 原点到直线 L 的距离为

$$d=\frac{|\overrightarrow{OP}\times l|}{|l|}=\frac{|(1,-1,3)|}{2\sqrt{2}}=\frac{\sqrt{11}}{2\sqrt{2}}=\frac{\sqrt{22}}{4}$$

例 3.9（10-11(Ⅱ)期中） 设直线 L 与平面 $\Pi:2x+y+z=1$ 垂直，并且与已知直线 $L_1:x-1=y+2=z-3$ 和 $L_2:\dfrac{x}{3}=\dfrac{y-2}{2}=z$ 都相交，求 L 的方程.

解析 由直线 L 与平面 $\Pi:2x+y+z=1$ 垂直可知直线的方向向量为 $l=(2,1,1)$. 因直线 L 与 L_1 和 L_2 相交，可设交点分别 $P(1+s,-2+s,3+s),Q(3t,2+2t,t)$，得向量 $\overrightarrow{PQ}=(3t-s-1,2t-s+4,t-s-3)$. 由 $l\ /\!/\ \overrightarrow{PQ}$，有

$$\frac{3t-s-1}{2}=\frac{2t-s+4}{1}=\frac{t-s-3}{1}$$

解得 $s=2,t=-7$. 于是交点为 $P(3,0,5),Q(-21,-12,-7)$，所以 L 的方程为

$$\frac{x-3}{2}=\frac{y}{1}=\frac{z-5}{1}$$

例 3.10（13-14(Ⅱ)期中） 求以直线 $L:\dfrac{x+2}{2}=\dfrac{y-1}{1}=\dfrac{z}{1}$ 为对称轴，半径为 2 的圆柱面方程.

解析 求以直线 L 为对称轴，半径为 2 的柱面方程，即求所有到直线 L 距离为 2 的点. 由直线 L 的方程知直线经过点 $P_0(-2,1,0)$，方向向量为 $l=(2,1,1)$. 任取柱面上点 $P(x,y,z)$，则点 P 到直线 L 的距离

$$d=\frac{|\overrightarrow{P_0P}\times l|}{|l|}=\frac{|(x+2,y-1,z)\times(2,1,1)|}{|(2,1,1)|}=2$$

所以柱面方程为

$$(x-2y+4)^2+(y-z-1)^2+(2z-x-2)^2=24$$

例 3.11（08-09(Ⅱ)期中） 求直线 $L:\dfrac{x-1}{1}=\dfrac{y}{1}=\dfrac{z-1}{-1}$ 在平面 $\Pi:x-y+2z-1=0$ 上的投影直线 L_0 的方程，并求 L_0 绕轴 y 旋转一周所成的曲面方程.

解析 直线 L 过点 $P_0(1,0,1)$，方向向量为 $l=(1,1,-1)$，平面 Π 的法向量为 $n=(1,-1,2)$，所以投影平面过点 P_0，法向量为 $n_0=l\times n=(1,-3,-2)$，得投影平面方程为 $\Pi_0:x-3y-2z+1=0$，于是投影直线的一般式方程为

$$L_0:\begin{cases} x-3y-2z+1=0, \\ x-y+2z-1=0 \end{cases}$$

化成点向式为 $L_0: \dfrac{x}{4} = \dfrac{y}{2} = \dfrac{z - \dfrac{1}{2}}{-1}$.

设 L_0 绕 y 轴旋转一周所成的曲面上的动点坐标为 $P(x,y,z)$,该点到 y 轴距离为 $d_1 = \sqrt{x^2 + z^2}$;过点 $P(x,y,z)$ 作垂直于 y 轴的平面,其与 L_0 交于点 $P_1\left(2y, y, \dfrac{1}{2}(1-y)\right)$,$P_1$ 到 y 轴距离为 $d_2 = \sqrt{4y^2 + \dfrac{1}{4}(1-y)^2}$. 因 $d_1 = d_2$,所以旋转曲面方程为

$$x^2 - \dfrac{17}{4}y^2 + z^2 + \dfrac{1}{2}y - \dfrac{1}{4} = 0$$

例 3.12(05-06(Ⅱ)期中) 求椭球面 $x^2 + 2y^2 + 2z^2 = 1$ 的切平面,使其通过直线 $\dfrac{x-1}{2} = \dfrac{y+1}{1} = \dfrac{z}{-1}$.

解析 设切点为 $P_0(x_0, y_0, z_0)$,则

$$x_0^2 + 2y_0^2 + 2z_0^2 = 1 \tag{1}$$

又直线过点 $P_1(1, -1, 0)$,方向向量为 $\boldsymbol{l} = (2, 1, -1)$,椭球面在 $P_0(x_0, y_0, z_0)$ 处的法向量为 $\boldsymbol{n} = (x_0, 2y_0, 2z_0)$,因为 $\boldsymbol{n} \perp \boldsymbol{l}$,所以

$$x_0 + y_0 - z_0 = 0 \tag{2}$$

又 $\boldsymbol{n} \perp \overrightarrow{P_0 P_1}$,所以

$$x_0 - 2y_0 = 1 \tag{3}$$

由(1),(2),(3)三式解得 $y_0 = -\dfrac{1}{6}$ 或 $y_0 = -\dfrac{1}{2}$,所以切平面有两个,切点分别为 $A\left(\dfrac{2}{3}, -\dfrac{1}{6}, \dfrac{1}{2}\right)$ 和 $B\left(0, -\dfrac{1}{2}, -\dfrac{1}{2}\right)$,切向量分别为 $\boldsymbol{n}_1 = \left(\dfrac{2}{3}, -\dfrac{1}{3}, 1\right)$ 和 $\boldsymbol{n}_2 = (0, -1, -1)$,对应的切平面为 $2x - y + 3z = 3$ 和 $y + z + 1 = 0$.

例 3.13(08-09(Ⅱ)期中) 求一平面 Π,使它通过空间曲线 $\Gamma: \begin{cases} y^2 = x, \\ z = 3(y-1) \end{cases}$ 在 $y = 1$ 处的切线,且与曲面 $\Sigma: x^2 + y^2 = 4z$ 相切.

解析 设平面 Π 与曲面 $\Sigma: x^2 + y^2 = 4z$ 的切点为 $P_0(x_0, y_0, z_0)$,有

$$x_0^2 + y_0^2 = 4z_0 \tag{1}$$

曲面在该点处切平面的法向量为 $\boldsymbol{n} = (x_0, y_0, -2)$. 空间曲线 $\Gamma: \begin{cases} y^2 = x, \\ z = 3(y-1) \end{cases}$ 在 $y=1$ 处点的坐标为 $P_1(1,1,0)$,曲线 Γ 在点 P_1 的切线的方向向量为

$$\boldsymbol{l} = (y^2, y, 3(y-1))' \Big|_{P_1} = (2y, 1, 3) \Big|_{P_1} = (2, 1, 3)$$

依题有 $\boldsymbol{n} \perp \boldsymbol{l}$,且 $\boldsymbol{n} \perp \overrightarrow{P_0 P_1}$,则

$$\boldsymbol{n} \cdot \boldsymbol{l} = 2x_0 + y_0 - 6 = 0 \tag{2}$$

$$\boldsymbol{n} \cdot \overrightarrow{P_0P_1} = x_0(1-x_0) + y_0(1-y_0) + 2z_0 = 0 \qquad (3)$$

联立(1),(2),(3)三式,解得切点为$(2,2,2)$或$\left(\dfrac{12}{5},\dfrac{6}{5},\dfrac{9}{5}\right)$,所以切平面方程为

$$x+y-z-2=0 \quad \text{或} \quad 6x+3y-5z=9.$$

7.4 历年硕士生入学试题解析

例 4.1(南大 2007) 曲面 $x^2+2y^2+3z^2=21$ 在点 $P(1,-2,2)$ 的法线方程为_____.

解析 令 $F=x^2+2y^2+3z^2-21$,则 $(F'_x,F'_y,F'_z)\big|_P=(2x,4y,6z)\big|_P=2(1,-4,6)$,故所求法线方程为 $\dfrac{x-1}{1}=\dfrac{y+2}{-4}=\dfrac{x-2}{6}$.

例 4.2(全国 2009) 椭球面 S_1 是椭圆 $\dfrac{x^2}{4}+\dfrac{y^2}{3}=1$ 绕 x 轴旋转而成,圆锥面 S_2 是由过点 $(4,0)$ 且与椭圆 $\dfrac{x^2}{4}+\dfrac{y^2}{3}=1$ 相切的直线绕 x 轴旋转而成.

(1) 求 S_1 及 S_2 的方程;
(2) 求 S_1 与 S_2 之间的立体体积.

解析 (1) 椭圆 $\dfrac{x^2}{4}+\dfrac{y^2}{3}=1$ 绕 x 轴旋转时,方程中变量 x 不变,将变量 y^2 变为 y^2+z^2,即得椭球面 S_1 的方程为 $\dfrac{x^2}{4}+\dfrac{y^2+z^2}{3}=1$.

设切点为 (x_0,y_0),则 $\dfrac{x^2}{4}+\dfrac{y^2}{3}=1$ 在 (x_0,y_0) 处的切线方程为 $\dfrac{x_0 x}{4}+\dfrac{y_0 y}{3}=1$. 将 $x=4,y=0$ 代入切线方程得 $x_0=1$,从而 $y_0=\pm\dfrac{\sqrt{3}}{2}\sqrt{4-x_0^2}=\pm\dfrac{3}{2}$. 所以切线方程为 $\dfrac{x}{4}\pm\dfrac{y}{2}=1$,为求旋转曲面的方程,将它改写为 $\left(\dfrac{x}{4}-1\right)^2=\dfrac{y^2}{4}$. 绕 x 轴旋转时,方程中变量 x 不变,将变量 y^2 变为 y^2+z^2,即得圆锥面 S_2 的方程为

$$\left(\dfrac{x}{4}-1\right)^2=\dfrac{y^2+z^2}{4}$$

即 $(x-4)^2-4y^2-4z^2=0$.

(2) 所求体积等于一个底面半径为 $\dfrac{3}{2}$,高为 3 的锥体体积与部分椭球体体积之差,故所求体积为

$$V=\dfrac{1}{3}\pi \cdot \left(\dfrac{3}{2}\right)^2 \cdot 3 - \pi\int_1^2 \dfrac{3}{4}(4-x^2)\mathrm{d}x = \dfrac{9}{4}\pi - \dfrac{5}{4}\pi = \pi$$

专题 8　多元函数微分学

8.1　重要概念与基本方法

1　二元函数的极限

(1) 二元函数极限的定义.

$\lim\limits_{\substack{x\to a\\y\to b}}f(x,y)=A$ 的"ε-δ"定义：$\forall\varepsilon>0$，$\exists\delta>0$，当 $0<\sqrt{(x-a)^2+(y-b)^2}<\delta$ 时，$|f(x,y)-A|<\varepsilon$.

(2) 求二元函数极限的方法.

① 应用一元函数求极限的等价无穷小因子代换、关于 e 的重要极限等方法求二元函数极限.

设 $\square=u(x,y)$，则 $\square\to 0$ 时，有

$\square\sim\sin\square\sim\arcsin\square\sim\tan\square\sim\arctan\square\sim e^{\square}-1\sim\ln(1+\square)$

$1-\cos\square\sim\dfrac{1}{2}\square^2$，$(1+\square)^\lambda-1\sim\lambda\square$，$\lim\limits_{\square\to 0}(1+\square)^{\frac{1}{\square}}=e$

注意：当不能化为一元函数极限处理时，求多元函数极限不能使用洛必达法则.

② 化为极坐标求极限. 如

$$\lim_{\substack{x\to 0\\y\to 0}}f(x,y)=\lim_{\rho\to 0}f(\rho\cos\theta,\rho\sin\theta)$$

③ 应用"多元无穷小量与多元有界变量的乘积仍是无穷小量"来求极限.

(3) 证明二元函数极限不存在的方法.

取两条通过点 $P(a,b)$ 的不同路径 $\varGamma_1$ 与 $\varGamma_2$，若

$$\lim_{\substack{(x,y)\in\varGamma_1\\x\to a,y\to b}}f(x,y)=A,\quad \lim_{\substack{(x,y)\in\varGamma_2\\x\to a,y\to b}}f(x,y)=B\quad(A\neq B)$$

则 $\lim\limits_{\substack{x\to a\\y\to b}}f(x,y)$ 不存在.

2　二元函数的连续性

(1) 函数连续的定义：若 $\lim\limits_{\substack{x\to a\\y\to b}}f(x,y)=f(a,b)$，则称 $f(x,y)$ 在 (a,b) 处连续.

此定义含有三个要素,且三者缺一不可:

① 等式左边是考察$(x,y) \neq (a,b)$时,要求函数$f(x,y)$在$(x,y) \to (a,b)$时有极限,记为A;

② 等式右边考察$(x,y) = (a,b)$时,要求函数$f(x,y)$有定义,函数值为$f(a,b)$;

③ 要求函数值$f(a,b)$与极限值A相等,即$f(a,b) = A$.

(2) 多元初等函数的连续性定理.

定理(多元初等函数的连续性定理)   多元初等函数在其有定义的区域上连续.

(3) 间断点:连续性的定义中,三要素至少有一条不成立时,称$(x,y) = (a,b)$为间断点.

(4) 定义在闭区间上的连续函数的重要性质:设D是平面上的有界闭域.

定理 1(有界定理)   设$f(x,y) \in C(D)$,则$f(x,y)$在D上有界.

定理 2(最值定理)   设$f(x,y) \in C(D)$,则$f(x,y)$在D上有最大值与最小值.

定理 3(介值定理)   设$f(x,y) \in C(D)$,$f(x,y)$在D上的最大值与最小值分别为M, m,$\forall \mu \in (m, M)$,则$\exists (\xi, \eta) \in D$,使得$f(\xi, \eta) = \mu$.

3　偏导数概念

(1) 函数$f(x,y)$在$(0,0)$处的两个偏导数定义为

$$f'_x(0,0) \stackrel{\text{def}}{=} \lim_{x \to 0} \frac{f(x,0) - f(0,0)}{x} = \lim_{\Box \to 0} \frac{f(\Box, 0) - f(0,0)}{\Box}$$

$$f'_y(0,0) \stackrel{\text{def}}{=} \lim_{y \to 0} \frac{f(0,y) - f(0,0)}{y} = \lim_{\Box \to 0} \frac{f(0, \Box) - f(0,0)}{\Box}$$

(2) 函数$f(x,y)$在(a,b)处的两个偏导数定义为

$$f'_x(a,b) \stackrel{\text{def}}{=} \lim_{x \to a} \frac{f(x,b) - f(a,b)}{x - a} = \lim_{\Box \to 0} \frac{f(a + \Box, b) - f(a,b)}{\Box}$$

$$f'_y(a,b) \stackrel{\text{def}}{=} \lim_{y \to b} \frac{f(a,y) - f(a,b)}{y - b} = \lim_{\Box \to 0} \frac{f(a, b + \Box) - f(a,b)}{\Box}$$

(3) 函数$f(x,y)$在(a,b)处可偏导时,$f(x,y)$在(a,b)处不一定连续.例如

$$f(x,y) = \begin{cases} \dfrac{xy}{x^2 + y^2} & ((x,y) \neq (0,0)) \\ 0 & ((x,y) = (0,0)) \end{cases}$$

此函数在$(0,0)$处不连续,但是$f'_x(0,0) = f'_y(0,0) = 0$.

(4) 函数$f(x,y)$在(a,b)处连续时,$f(x,y)$在(a,b)处不一定可偏导.例如$f(x,y) = \sqrt{x^2 + y^2}$,此函数在$(0,0)$处连续,但是$f'_x(0,0)$与$f'_y(0,0)$皆不存在.

(5) 若$f(x,y)$是多元初等函数,则可像一元函数求导数一样求偏导数.

① 求$f'_x(x,y)$时,可将$f(x,y)$中的y视为常数后对x求导数;

② 求 $f'_y(x,y)$ 时,可将 $f(x,y)$ 中的 x 视为常数后对 y 求导数.

(6) 偏导数的几何意义.

① $f'_x(a,b)$ 表示曲线 $\begin{cases} z=f(x,y), \\ y=b \end{cases}$ 在 $x=a$ 处的切线对 x 轴的斜率;

② $f'_y(a,b)$ 表示曲线 $\begin{cases} z=f(x,y), \\ x=a \end{cases}$ 在 $y=b$ 处的切线对 y 轴的斜率.

4 微分概念

(1) 可微的定义.

① 若
$$f(x,y)-f(0,0)=Ax+By+o(\sqrt{x^2+y^2})$$
则称 $f(x,y)$ 在 $(0,0)$ 处可微.

② 若
$$f(a+\Delta x,b+\Delta y)-f(a,b)=A(a,b)\Delta x+B(a,b)\Delta y+o(\rho)$$
其中 $\Delta x=x-a, \Delta y=y-b, \rho=\sqrt{(\Delta x)^2+(\Delta y)^2}$,则称 $f(x,y)$ 在 (a,b) 处可微.

③ 当 $f(x,y)$ 在 $(0,0)$ 处可微时,$f(x,y)$ 在 $(0,0)$ 处可偏导,且 $A=f'_x(0,0)$,$B=f'_y(0,0)$;当 $f(x,y)$ 在 (a,b) 处可微时,$f(x,y)$ 在 (a,b) 处可偏导,且 $A(a,b)=f'_x(a,b), B(a,b)=f'_y(a,b)$.

④ 当 $f(x,y)$ 在 (a,b) 处可微时,$f(x,y)$ 在 (a,b) 处连续.

(2) 全微分的定义.

① 当 $f(x,y)$ 在 $(0,0)$ 处可微时,称
$$\mathrm{d}f(x,y)\Big|_{(0,0)} \stackrel{\text{def}}{=} f'_x(0,0)\mathrm{d}x+f'_y(0,0)\mathrm{d}y=f'_x(0,0)x+f'_y(0,0)y$$
为函数 $f(x,y)$ 在 $(0,0)$ 处的全微分.

② 当 $f(x,y)$ 在 (a,b) 处可微时,称
$$\mathrm{d}f(x,y)\Big|_{(a,b)} \stackrel{\text{def}}{=} f'_x(a,b)\mathrm{d}x+f'_y(a,b)\mathrm{d}y$$
为函数 $f(x,y)$ 在 (a,b) 处的全微分.

③ 当 $f(x,y)$ 在 (x,y) 处可微时,称
$$\mathrm{d}f(x,y) \stackrel{\text{def}}{=} f'_x(x,y)\mathrm{d}x+f'_y(x,y)\mathrm{d}y$$
为函数 $f(x,y)$ 的全微分.

(3) 可微的一个充分条件:当 $f(x,y)$ 的两个偏导数 $f'_x(x,y)$ 和 $f'_y(x,y)$ 在 (a,b) 处皆连续时,$f(x,y)$ 在 (a,b) 处必可微.

(4) 由于多元初等函数的偏导数仍是初等函数,应用一元与多元初等函数的连续性定理可得多元初等函数在其可偏导的区域上一定是可微的,故多元初等函

数在其可偏导的区域上的全微分也一定存在.

5 多元复合函数的偏导数

(1) **定理**(链锁法则) 设 $z=f(u,v)$ 可微,$u=\varphi(x,y),v=\psi(x,y)$ 可偏导,则 $z=z(x,y)=f(\varphi(x,y),\psi(x,y))$ 可偏导,且有

$$\frac{\partial z}{\partial x}=f'_u(u,v)\Big|_{\substack{u=\varphi(x,y)\\v=\psi(x,y)}}\varphi'_x(x,y)+f'_v(u,v)\Big|_{\substack{u=\varphi(x,y)\\v=\psi(x,y)}}\psi'_x(x,y)$$

$$\frac{\partial z}{\partial y}=f'_u(u,v)\Big|_{\substack{u=\varphi(x,y)\\v=\psi(x,y)}}\varphi'_y(x,y)+f'_v(u,v)\Big|_{\substack{u=\varphi(x,y)\\v=\psi(x,y)}}\psi'_y(x,y)$$

多元复合函数的自变量一般在两个以上,特殊时也可能是一个;中间变量可能是两个以上,也可能是一个,情况比较复杂.下面列举几个,有关函数的可微性或可导性略去,只写出求偏导数(或求全导数)的方法.这些方法的要点是首先画出变量结构图.例如上述定理的变量结构图如图 8.1 所示.

(2) $z=f(x,y,u,v),u=\varphi(x,y),v=\psi(x,y)$,则偏导数为

$$\frac{\partial z}{\partial x}=f'_x+f'_u\Big|_{\substack{u=\varphi(x,y)\\v=\psi(x,y)}}\varphi'_x+f'_v\Big|_{\substack{u=\varphi(x,y)\\v=\psi(x,y)}}\psi'_x$$

$$\frac{\partial z}{\partial y}=f'_y+f'_u\Big|_{\substack{u=\varphi(x,y)\\v=\psi(x,y)}}\varphi'_y+f'_v\Big|_{\substack{u=\varphi(x,y)\\v=\psi(x,y)}}\psi'_y$$

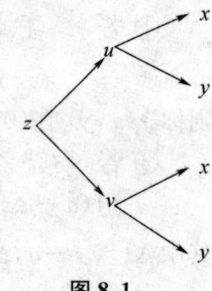

图 8.1

变量结构图如图 8.2 所示.

(3) $z=xf(u)+yg(v),u=\varphi(x,y),v=\psi(x,y)$,则偏导数为

$$\frac{\partial z}{\partial x}=f(u)+xf'(u)\Big|_{u=\varphi(x,y)}\varphi'_x+yg'(v)\Big|_{v=\psi(x,y)}\psi'_x$$

$$\frac{\partial z}{\partial y}=g(v)+xf'(u)\Big|_{u=\varphi(x,y)}\varphi'_y+yg'(v)\Big|_{v=\psi(x,y)}\psi'_y$$

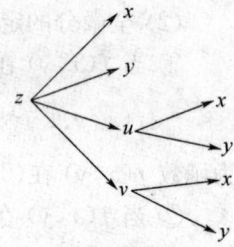

图 8.2

变量结构图如图 8.2 所示.

(4) $z=f(x,u,v),u=\varphi(x),v=\psi(x)$,则全导数为

$$\frac{\mathrm{d}z}{\mathrm{d}x}=f'_x+f'_u\Big|_{\substack{u=\varphi(x)\\v=\psi(x)}}\varphi'+f'_v\Big|_{\substack{u=\varphi(x)\\v=\psi(x)}}\psi'$$

变量结构图如图 8.3 所示.

6 多元隐函数的偏导数

定理 1(隐函数存在定理 Ⅰ) 设 $F(x,y)$ 的偏导数连续,$F'_y(x,y)\neq 0$,则存在唯一的 $y=y(x)$,使得 $F(x,y(x))=0$,且

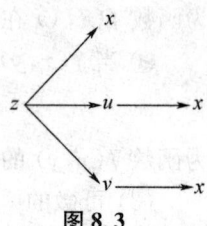

图 8.3

专题 8　多元函数微分学

$$y'(x) = -\frac{F'_x(x,y)}{F'_y(x,y)}$$

定理 2(隐函数存在定理 Ⅱ)　设 $F(x,y,z)$ 的偏导数连续,$F'_z(x,y,z) \neq 0$,则存在唯一的 $z = z(x,y)$,使得 $F(x,y,z(x,y)) = 0$,且

$$\frac{\partial z}{\partial x} = -\frac{F'_x(x,y,z)}{F'_z(x,y,z)}, \quad \frac{\partial z}{\partial y} = -\frac{F'_y(x,y,z)}{F'_z(x,y,z)}$$

7　高阶偏导数

(1) 当 $z = f(x,y)$ 的一阶偏导数 $f'_x(x,y), f'_y(x,y)$ 仍可偏导时,有四个二阶偏导数

$$\frac{\partial^2 z}{\partial x^2} = f''_{xx}(x,y), \quad \frac{\partial^2 z}{\partial x \partial y} = f''_{xy}(x,y), \quad \frac{\partial^2 z}{\partial y \partial x} = f''_{yx}(x,y), \quad \frac{\partial^2 z}{\partial y^2} = f''_{yy}(x,y)$$

(2) 四个二阶偏导数中,$\frac{\partial^2 z}{\partial x \partial y} = f''_{xy}(x,y)$ 与 $\frac{\partial^2 z}{\partial y \partial x} = f''_{yx}(x,y)$ 称为二阶混合偏导数,它们与对 x 和 y 求偏导的次序有关,不一定相等.当 $f''_{xy}(x,y)$ 与 $f''_{yx}(x,y)$ 皆连续时,则它们一定相等,即与求偏导数的次序无关.

(3) 由于二元初等函数的二阶混合偏导数仍是初等函数,应用一元与多元初等函数的连续性定理可得二元初等函数的二阶混合偏导数在其二阶混合偏导数存在的区域上,一定与求偏导数的次序无关.

(4) 对于三元以上的多元函数有与上述三条类似的结论,不再赘述.

8　二元函数的极值

(1) 必要条件:设二元函数 $z = f(x,y)$ 在 (a,b) 处可偏导,则 $f(a,b)$ 为函数 $z = f(x,y)$ 的极值的必要条件是 $f'_x(a,b) = f'_y(a,b) = 0$.

(2) 充分条件:设二元函数 $z = f(x,y)$ 在 (a,b) 处的二阶偏导数连续,$f'_x(a,b) = f'_y(a,b) = 0$,记 $A = f''_{xx}(a,b), B = f''_{xy}(a,b), C = f''_{yy}(a,b), \Delta = B^2 - AC$,则

① $\Delta < 0, A > 0$ 时,$f(a,b)$ 为函数 $z = f(x,y)$ 的极小值;

② $\Delta < 0, A < 0$ 时,$f(a,b)$ 为函数 $z = f(x,y)$ 的极大值;

③ $\Delta > 0$ 时,$f(a,b)$ 不是函数 $z = f(x,y)$ 的极值;

④ $\Delta = 0$ 时,$f(a,b)$ 不一定是函数 $z = f(x,y)$ 的极值.

9　多元函数的条件极值(拉格朗日乘数法)

(1) 求二元函数 $z = f(x,y)$ 满足条件 $\varphi(x,y) = 0$ 的极值的步骤.

① 构造拉格朗日函数 $F(x,y,\lambda) = f(x,y) + \lambda \varphi(x,y)$.

② 求函数 $F(x,y,\lambda)$ 的驻点,即由 $\begin{cases} F'_x = f'_x + \lambda \varphi'_x = 0, \\ F'_y = f'_y + \lambda \varphi'_y = 0, \\ F'_\lambda = \varphi = 0 \end{cases}$ 解得驻点

$$(x,y)=(x_0,y_0)$$

③ 根据问题的应用背景,说明 $f(x_0,y_0)$ 是所求的条件极值.

(2) 求三元函数 $u=f(x,y,z)$ 满足条件 $\varphi(x,y,z)=0$ 的极值的步骤.

① 构造拉格朗日函数 $F(x,y,z,\lambda)=f(x,y,z)+\lambda\varphi(x,y,z)$.

② 求函数 $F(x,y,z,\lambda)$ 的驻点,即由 $\begin{cases} F'_x=f'_x+\lambda\varphi'_x=0,\\ F'_y=f'_y+\lambda\varphi'_y=0,\\ F'_z=f'_z+\lambda\varphi'_z=0,\\ F'_\lambda=\varphi=0 \end{cases}$ 解得驻点

$$(x,y,z)=(x_0,y_0,z_0)$$

③ 根据问题的应用背景,说明 $f(x_0,y_0,z_0)$ 是所求的条件极值.

(3) 求三元函数 $u=f(x,y,z)$ 满足两个条件 $\varphi(x,y,z)=0,\psi(x,y,z)=0$ 的极值的步骤.

① 构造拉格朗日函数
$$F(x,y,z,\lambda,\mu)=f(x,y,z)+\lambda\varphi(x,y,z)+\mu\psi(x,y,z)$$

② 求函数 $F(x,y,z,\lambda,\mu)$ 的驻点,即由 $\begin{cases} F'_x=f'_x+\lambda\varphi'_x+\mu\psi'_x=0,\\ F'_y=f'_y+\lambda\varphi'_y+\mu\psi'_y=0,\\ F'_z=f'_z+\lambda\varphi'_z+\mu\psi'_z=0,\\ F'_\lambda=\varphi=0,\\ F'_\mu=\psi=0 \end{cases}$ 解得驻点

$$(x,y,z)=(x_0,y_0,z_0)$$

③ 根据问题的应用背景,说明 $f(x_0,y_0,z_0)$ 是所求的条件极值.

10　多元函数的最值

(1) 求二元函数 $z=f(x,y)$ 在平面的有界闭域 D 上的最值的步骤.

① 求 $f(x,y)$ 在区域 D 的内部的驻点 $(x_i,y_i)(i=1,2,\cdots,k)$.

② 设区域 D 的边界曲线方程为 $\varphi(x,y)=0$.求拉格朗日函数
$$F(x,y,\lambda)=f(x,y)+\lambda\varphi(x,y)$$
的驻点 $(x_i,y_i)(i=k+1,k+2,\cdots,m)$.当边界曲线是多条曲线围成时,这些曲线的交点为 $(x_i,y_i)(i=m+1,m+2,\cdots,n)$.

③ 所求的最值为
$$\max_{(x,y)\in D}f(x,y)=\max\{f(x_1,y_1),\cdots,f(x_k,y_k),\cdots,f(x_m,y_m),\cdots,f(x_n,y_n)\}$$
$$\min_{(x,y)\in D}f(x,y)=\min\{f(x_1,y_1),\cdots,f(x_k,y_k),\cdots,f(x_m,y_m),\cdots,f(x_n,y_n)\}$$

(2) 求三元函数 $u=f(x,y,z)$ 在空间的有界闭域 Ω 上的最值的步骤.

① 求 $f(x,y,z)$ 在区域 Ω 的内部的驻点 (x_i, y_i, z_i).

② 设区域 Ω 的边界曲面方程为 $\varphi(x,y,z) = 0$. 求拉格朗日函数
$$F(x,y,z,\lambda) = f(x,y,z) + \lambda\varphi(x,y,z)$$
的驻点 (x_j, y_j, z_j). 当边界曲面是多块曲面围成时,在这些曲面的交线上再用拉格朗日乘数法求其驻点 (x_k, y_k, z_k).

③ 所求的最值为
$$\max_{(x,y,z)\in\Omega} f(x,y,z) = \max\{f(x_i,y_i,z_i),\cdots,f(x_j,y_j,z_j),\cdots,f(x_k,y_k,z_k),\cdots\}$$
$$\min_{(x,y,z)\in\Omega} f(x,y,z) = \min\{f(x_i,y_i,z_i),\cdots,f(x_j,y_j,z_j),\cdots,f(x_k,y_k,z_k),\cdots\}$$

8.2 《大学数学教程》习题选解

例 2.1(习题 5.1 A 5) 判断函数
$$f(x,y) = \begin{cases} \dfrac{x^3+y^3}{x^2+y^2} & ((x,y) \neq (0,0)); \\ 0 & ((x,y) = (0,0)) \end{cases}$$
在点 $(0,0)$ 处的连续性.

解析 令 $x = \rho\cos\theta, y = \rho\sin\theta$,则
$$\lim_{\substack{x\to 0 \\ y\to 0}} \frac{x^3+y^3}{x^2+y^2} = \lim_{\rho\to 0}\frac{\rho^3(\cos^3\theta+\sin^3\theta)}{\rho^2} = \lim_{\rho\to 0}\rho(\cos^3\theta+\sin^3\theta) = 0$$
即 $\lim\limits_{\substack{x\to 0 \\ y\to 0}} f(x,y) = f(0,0)$,故函数 $f(x,y)$ 在 $(0,0)$ 连续.

例 2.2(习题 5.1 B 2) 求证: $\lim\limits_{\substack{x\to 0 \\ y\to 0}}\dfrac{x^2y^2}{x^2y^2+(x-y^2)}$ 不存在.

解析 沿着直线 $y = x, (x,y) \to (0,0)$ 时,有
$$\lim_{\substack{y=x \\ x\to 0}}\frac{x^2y^2}{x^2y^2+(x-y^2)} = \lim_{x\to 0}\frac{x^4}{x^4+(x-x^2)} = \lim_{x\to 0}\frac{x^3}{x^3+(1-x)} = 0$$
沿着抛物线 $y = \sqrt{x}, (x,y) \to (0,0)$ 时,有
$$\lim_{\substack{y=\sqrt{x} \\ x\to 0}}\frac{x^2y^2}{x^2y^2+(x-y^2)} = \lim_{x\to 0}\frac{x^3}{x^3+(x-x)} = 1$$
故当 $(x,y) \to (0,0)$ 时,原式极限不存在.

例 2.3(习题 5.2 A 3) 设 $z = xy + xe^{\frac{y}{x}}$,求 $x\dfrac{\partial z}{\partial x} + y\dfrac{\partial z}{\partial y} - z$.

解析 将 $z = z(x,y)$ 中的 y 视为常数,对 x 求导得
$$\frac{\partial z}{\partial x} = y + e^{\frac{y}{x}} + x\cdot e^{\frac{y}{x}}\cdot\left(-\frac{y}{x^2}\right) = y + e^{\frac{y}{x}}\left(1-\frac{y}{x}\right)$$

将 $z = z(x,y)$ 中的 x 视为常数,对 y 求导得

$$\frac{\partial z}{\partial y} = x + x \cdot e^{\frac{x}{x}} \cdot \frac{1}{x} = x + e^{\frac{x}{x}}$$

因此

$$x\frac{\partial z}{\partial x} + y\frac{\partial z}{\partial y} - z = xy + e^{\frac{x}{x}}(x-y) + xy + ye^{\frac{x}{x}} - xy - xe^{\frac{x}{x}} = xy$$

例 2.4(习题 5.3 A 3.2) 设 $f(x,y,z) = \dfrac{z}{\sqrt{x^2+y^2}}$,求 $df(3,4,5)$.

解析 因为 $f(x,y,z) = z(x^2+y^2)^{-\frac{1}{2}}$,所以

$$f'_x(x,y,z) = -xz(x^2+y^2)^{-\frac{3}{2}}, \quad f'_y(x,y,z) = -yz(x^2+y^2)^{-\frac{3}{2}}$$

$$f'_z(x,y,z) = (x^2+y^2)^{-\frac{1}{2}}$$

在点 $(3,4,5)$ 处,$f'_x(3,4,5) = -\dfrac{3}{25}, f'_y(3,4,5) = -\dfrac{4}{25}, f'_z(3,4,5) = \dfrac{1}{5}$,于是

$$df(3,4,5) = -\frac{3}{25}dx - \frac{4}{25}dy + \frac{1}{5}dz$$

例 2.5(习题 5.3 B 1) 讨论函数

$$f(x,y) = \begin{cases} \dfrac{x^2 y^2}{x^2+y^2} & ((x,y) \neq (0,0)); \\ 0 & ((x,y) = (0,0)) \end{cases}$$

在点 $(0,0)$ 处的可微性与偏导数的连续性.

解析 应用偏导数的定义,有

$$f'_x(0,0) = \lim_{x \to 0} \frac{f(x,0) - f(0,0)}{x} = \lim_{x \to 0} \frac{\frac{0}{x^2} - 0}{x} = 0$$

$$f'_y(0,0) = \lim_{y \to 0} \frac{f(0,y) - f(0,0)}{y} = \lim_{y \to 0} \frac{\frac{0}{y^2} - 0}{y} = 0$$

$f(x,y)$ 在 $(0,0)$ 的全增量为 $\Delta f(x,y) = f(x,y) - f(0,0) = \dfrac{x^2 y^2}{x^2+y^2}$,记

$$\Delta f(x,y) = f'_x(0,0)\Delta x + f'_y(0,0)\Delta y + \omega$$
$$= f'_x(0,0)x + f'_y(0,0)y + \omega = \omega$$

则 $\omega = \dfrac{x^2 y^2}{x^2+y^2}$. 令 $x = \rho\cos\theta, y = \rho\sin\theta$,得

$$\frac{\omega}{\rho} = \frac{\rho^4 \cos^2\theta \sin^2\theta}{\rho^3} = \rho\cos^2\theta\sin^2\theta \to 0 \quad (\rho \to 0)$$

故 $\omega = o(\rho)$,于是 $f(x,y)$ 在点 $(0,0)$ 处可微.

求 $f(x,y)$ 关于 x 的偏导数得

$$f'_x(x,y) = \begin{cases} \dfrac{2xy^4}{(x^2+y^2)^2} & ((x,y) \neq (0,0)); \\ 0 & ((x,y) = (0,0)) \end{cases}$$

令 $x = \rho\cos\theta, y = \rho\sin\theta$,则

$$\lim_{\substack{x \to 0 \\ y \to 0}} f'_x(x,y) = \lim_{\substack{x \to 0 \\ y \to 0}} \frac{2xy^4}{(x^2+y^2)^2} = \lim_{\rho \to 0} \frac{2\rho^5 \cos\theta\sin^4\theta}{\rho^4} = 0 = f'_x(0,0)$$

所以 $f'_x(x,y)$ 在点 $(0,0)$ 处连续. 同理可得 $f'_y(x,y)$ 在点 $(0,0)$ 处也连续.

例 2.6（习题 5.4 A 5） 设由 $u = f(x,y,z), y = \varphi(x), z = \psi(x,y)$ 确定 $u = u(x)$,这里 f, ψ 具有连续的偏导数,φ 具有连续导数,求全导数 $\dfrac{\mathrm{d}u}{\mathrm{d}x}$.

解析 由于 $y = \varphi(x)$,则 $z = z(x)$ 是由 $z = \psi(x, \varphi(x))$ 确定的函数,所以

$$\frac{\mathrm{d}y}{\mathrm{d}x} = \varphi'(x), \quad \frac{\mathrm{d}z}{\mathrm{d}x} = \psi'_x + \psi'_y \cdot \varphi'(x)$$

应用多元复合函数求全导数公式得

$$\frac{\mathrm{d}u}{\mathrm{d}x} = f'_x + f'_y \frac{\mathrm{d}y}{\mathrm{d}x} + f'_z \frac{\mathrm{d}z}{\mathrm{d}x} = f'_x + \varphi'(x) f'_y + [\psi'_x + \varphi'(x) \cdot \psi'_y] f'_z$$

例 2.7（习题 5.4 B 1） 若 $\forall \lambda \in \mathbf{R}^+$,有 $f(\lambda x, \lambda y, \lambda z) = \lambda^n f(x,y,z)$,则称 f 为 n 次齐次函数. 设 f 具有连续的偏导数,求证:f 为 n 次齐次函数的必要条件是

$$xf'_x + yf'_y + zf'_z = nf$$

解析 设 f 为 n 次齐次函数,则 $f(\lambda x, \lambda y, \lambda z) = \lambda^n f(x,y,z)$,等式两边对 λ 求导得

$$xf'_1(\lambda x, \lambda y, \lambda z) + yf'_2(\lambda x, \lambda y, \lambda z) + zf'_3(\lambda x, \lambda y, \lambda z) = n\lambda^{n-1} f(x,y,z)$$

由于 $\lambda \in \mathbf{R}^+$,故取 $\lambda = 1$,即得

$$xf'_x(x,y,z) + yf'_y(x,y,z) + zf'_z(x,y,z) = nf(x,y,z)$$

例 2.8（习题 5.4 B 2） 设由 $u = \dfrac{x+z}{y+z}, ze^z = xe^x + ye^y$ 确定 $u = u(x,y)$,试求 $\mathrm{d}u$.

解析 由题知 $z = z(x,y)$ 是由 $ze^z = xe^x + ye^y$ 确定的隐函数,令 $F(x,y,z) = xe^x + ye^y - ze^z = 0$,则

$$F'_x = (1+x)e^x, \quad F'_y = (1+y)e^y, \quad F'_z = -(1+z)e^z$$

故 $\dfrac{\partial z}{\partial x} = \dfrac{(1+x)e^x}{(1+z)e^z}, \dfrac{\partial z}{\partial y} = \dfrac{(1+y)e^y}{(1+z)e^z}$,且

$$\mathrm{d}z = \frac{(1+x)e^x}{(1+z)e^z}\mathrm{d}x + \frac{(1+y)e^y}{(1+z)e^z}\mathrm{d}y \tag{1}$$

利用一阶微分的形式不变性,有

$$\mathrm{d}u = \frac{\partial u}{\partial x}\mathrm{d}x + \frac{\partial u}{\partial y}\mathrm{d}y + \frac{\partial u}{\partial z}\mathrm{d}z = \frac{1}{y+z}\mathrm{d}x - \frac{x+z}{(y+z)^2}\mathrm{d}y + \frac{y-x}{(y+z)^2}\mathrm{d}z$$

将(1)式代入得

$$du = \left(\frac{1}{y+z} + \frac{(y-x)(1+x)}{(y+z)^2(1+z)}e^{x-z}\right)dx + \left(\frac{(y-x)(1+y)}{(y+z)^2(1+z)}e^{y-z} - \frac{x+z}{(y+z)^2}\right)dy$$

例 2.9(习题 5.4 B 3) 设 $f(x,y)$ 具有连续的二阶偏导数,试求:

(1) $\lim\limits_{h\to 0}\dfrac{f(x+h,y)+f(x-h,y)-2f(x,y)}{h^2}$;

(2) $\lim\limits_{k\to 0}\dfrac{f(x,y+k)+f(x,y-k)-2f(x,y)}{k^2}$.

解析 (1) 两次应用洛必达法则与复合函数求偏导法则,则

$$原式 = \lim_{h\to 0}\frac{f'_1(x+h,y)-f'_1(x-h,y)}{2h} = \lim_{h\to 0}\frac{f'_x(x+h,y)-f'_x(x-h,y)}{2h}$$

$$= \lim_{h\to 0}\frac{f''_{x1}(x+h,y)+f''_{x1}(x-h,y)}{2} = \lim_{h\to 0}\frac{f''_{xx}(x+h,y)+f''_{xx}(x-h,y)}{2}$$

$$= \frac{1}{2}[f''_{xx}(x,y)+f''_{xx}(x,y)] = f''_{xx}(x,y)$$

(2) 两次应用洛必达法则与复合函数求偏导法则,则

$$原式 = \lim_{k\to 0}\frac{f'_2(x,y+k)-f'_2(x,y-k)}{2k} = \lim_{k\to 0}\frac{f'_y(x,y+k)-f'_y(x,y-k)}{2k}$$

$$= \lim_{k\to 0}\frac{f''_{y2}(x,y+k)+f''_{y2}(x,y-k)}{2} = \lim_{k\to 0}\frac{f''_{yy}(x,y+k)+f''_{yy}(x,y-k)}{2}$$

$$= \frac{1}{2}[f''_{yy}(x,y)+f''_{yy}(x,y)] = f''_{yy}(x,y)$$

例 2.10(习题 5.5 A 5) 若函数 $f(x,y)$ 在点 $P_0(2,0)$ 处沿指向点 $P_1(2,-2)$ 方向的方向导数等于 1,沿指向原点方向的方向导数等于 -3,求该函数 f 在点 P_0 处沿指向点 $P_2(2,1)$ 方向的方向导数.

解析 记 $\overrightarrow{P_0P_1}=l_1, \overrightarrow{P_0O}=l_2, \overrightarrow{P_0P_2}=l_3$,则 $l_1=(0,-2), l_2=(-2,0)$, $l_3=(0,1); l_1^0=(0,-1), l_2^0=(-1,0), l_3^0=(0,1)$. 设 $f'_x(P_0)=m, f'_y(P_0)=n$,则有

$$\left.\frac{\partial f}{\partial l_1}\right|_{P_0} = m\cdot 0 + n\cdot(-1) = -n = 1, \quad \left.\frac{\partial f}{\partial l_2}\right|_{P_0} = m\cdot(-1) + n\cdot 0 = -m = -3$$

故 $m=3, n=-1$. 从而

$$\left.\frac{\partial f}{\partial l_3}\right|_{P_0} = m\cdot 0 + n\cdot 1 = -1$$

例 2.11(习题 5.5 B 1) 设函数 $f(x,y,z)$ 在点 $P_0(x_0,y_0,z_0)$ 有连续的偏导数,向量 l 的方向余弦为 $\cos\alpha, \cos\beta, \cos\gamma$,试用洛必达法则证明:

$$\left.\frac{\partial f}{\partial l}\right|_{P_0} = f'_x(P_0)\cos\alpha + f'_y(P_0)\cos\beta + f'_z(P_0)\cos\gamma$$

解析 在 P_0 沿 l 方向取点 $P(x,y,z)$,$|P_0P|=\rho$,则

$$x = x_0 + \rho\cos\alpha, \quad y = y_0 + \rho\cos\beta, \quad z = z_0 + \rho\cos\gamma$$

应用方向导数的定义与洛必达法则,有

$$\begin{aligned}
\left.\frac{\partial f}{\partial l}\right|_{P_0} &= \lim_{\rho \to 0} \frac{f(P) - f(P_0)}{|P_0P|} \\
&= \lim_{\rho \to 0} \frac{f(x_0 + \rho\cos\alpha, y_0 + \rho\cos\beta, z_0 + \rho\cos\gamma) - f(x_0, y_0, z_0)}{\rho} \\
&= \lim_{\rho \to 0}[f'_x(x_0 + \rho\cos\alpha, y_0 + \rho\cos\beta, z_0 + \rho\cos\gamma)\cos\alpha \\
&\quad + f'_y(x_0 + \rho\cos\alpha, y_0 + \rho\cos\beta, z_0 + \rho\cos\gamma)\cos\beta \\
&\quad + f'_z(x_0 + \rho\cos\alpha, y_0 + \rho\cos\beta, z_0 + \rho\cos\gamma)\cos\gamma] \\
&= f'_x(x_0, y_0, z_0)\cos\alpha + f'_y(x_0, y_0, z_0)\cos\beta + f'_z(x_0, y_0, z_0)\cos\gamma \\
&= f'_x(P_0)\cos\alpha + f'_y(P_0)\cos\beta + f'_z(P_0)\cos\gamma
\end{aligned}$$

例 2.12(习题 5.7 A 7.3)   求函数 $z = x^3 + y^3 - x^2 - 2xy - y^2$ 的极值.

解析   先求驻点,由

$$\begin{cases} \dfrac{\partial z}{\partial x} = 3x^2 - 2x - 2y = 0, \\ \dfrac{\partial z}{\partial y} = 3y^2 - 2x - 2y = 0 \end{cases}$$

解得驻点为 $P_1\left(\dfrac{4}{3}, \dfrac{4}{3}\right), P_2(0,0)$. 又

$$\frac{\partial^2 z}{\partial x^2} = 6x - 2, \quad \frac{\partial^2 z}{\partial x \partial y} = -2, \quad \frac{\partial^2 z}{\partial y^2} = 6y - 2$$

故在点 P_1 处,$A = 6, B^2 - AC = -32 < 0$,得 $z\left(\dfrac{4}{3}, \dfrac{4}{3}\right) = -\dfrac{64}{27}$ 为极小值;在点 P_2 处,$B^2 - AC = 0$,此法不能确定 $z(0,0)$ 是否为极值,下面用极值的定义来判断.

按教材中关于极值的定义,若存在点 $(0,0)$ 的去心邻域 $\overset{\circ}{U}_\delta(0,0)$,使得 $\forall (x,y) \in \overset{\circ}{U}_\delta(0,0)$,有 $z(x,y) < z(0,0) (> z(0,0))$,则称 $z(0,0)$ 为极大值(极小值).(注:此为严格极值)

由于在 $y = -x$ 上 $z(x,y) \equiv 0$,所以 $z(0,0) = 0$ 既不是极大值,也不是极小值.

若极值的定义改为若存在点 $(0,0)$ 的去心邻域 $\overset{\circ}{U}_\delta(0,0)$,使得 $\forall (x,y) \in \overset{\circ}{U}_\delta(0,0)$,有 $z(x,y) \leqslant z(0,0) (\geqslant z(0,0))$,则称 $z(0,0)$ 为极大值(极小值).(注:此为广义极值)按此定义,下面证明 $z(0,0) = 0$ 不是极值.

① 在 $y = 0$ 上,$\forall x_0 \in (0,1)$ 有 $z(x_0, 0) = x_0^2(x_0 - 1) < 0$;

② 在 $y = -kx (0 < k < 1)$ 上,取

$$x_1 = \frac{2(1-k)^2}{1-k^3}, \quad y_1 = -\frac{2k(1-k)^2}{1-k^3}$$

这里 $x_1 > 0$,且

$$\lim_{k\to 1^-}x_1 = \lim_{k\to 1^-}\frac{2(1-k)^2}{1-k^3} = \lim_{k\to 1^-}\frac{2(1-k)}{1+k+k^2} = 0, \quad \lim_{k\to 1^-}y_1 = \lim_{k\to 1^-}(-kx_1) = 0$$

$$z(x_1,y_1) = x_1^3 - k^3x_1^3 - (x_1-kx_1)^2 = (1-k^3)x_1^2\left(x_1 - \frac{(1-k)^2}{1-k^3}\right)$$

$$= (1-k^3)x_1^2\frac{(1-k)^2}{1-k^3} = x_1^2(1-k)^2 > 0$$

于是在 $P_2(0,0)$ 的任意小邻域中,既存在点 $(x_0,0)$,使得 $z(x_0,0) < 0$;也存在点 (x_1,y_1),使得 $z(x_1,y_1) > 0$. 所以 $z(0,0) = 0$ 不是极值.

例 2.13(习题 5.7 B 1) 试求空间曲面 $x^2 - y^2 = 3z$ 的切平面,使之通过点 $(0,0,-1)$,且与直线 $\dfrac{x-1}{2} = \dfrac{y+1}{1} = \dfrac{z}{2}$ 平行.

解析 设所求切平面在曲面 $x^2 - y^2 = 3z$ 上的切点为 $P(x_0,y_0,z_0)$,则

$$x_0^2 - y_0^2 = 3z_0 \tag{1}$$

令 $F(x,y,z) = x^2 - y^2 - 3z$,则 $F'_x = 2x, F'_y = -2y, F'_z = -3$,所以法向量 $\boldsymbol{n} = (2x_0, -2y_0, -3)$,于是所求切平面为

$$2x_0(x-x_0) - 2y_0(y-y_0) - 3(z-z_0) = 0$$

代入坐标 $(0,0,-1)$ 得

$$-2x_0^2 + 2y_0^2 + 3(1+z_0) = 0 \tag{2}$$

又所求切平面与已知直线平行,故法向量 $\boldsymbol{n}$ 与直线的方向向量 $\boldsymbol{l} = (2,1,2)$ 垂直,即有

$$\boldsymbol{n} \cdot \boldsymbol{l} = 4x_0 - 2y_0 - 6 = 0 \tag{3}$$

联立(1),(2),(3) 三式解得 $x_0 = 2, y_0 = 1, z_0 = 1$,故所求切平面为

$$4x - 2y - 3z = 3$$

例 2.14(习题 5.7 B 2) 周长为 $2l$ 的三角形,绕其一边旋转,试设计三条边的长,使其旋转体体积最大.

解析 设三角形的三边长分别为 x,y,z,则 $x+y+z = 2l$. 设绕 x 边旋转,且 x 边上的高为 h,则旋转体体积为 $V = \dfrac{\pi}{3}h^2x$. 根据三角形面积公式,有 $S = \dfrac{1}{2}xh = \sqrt{l(l-x)(l-y)(l-z)}$,由此式解出 h,代入体积表达式得

$$V = \frac{4}{3}\pi l \cdot \frac{(l-x)(l-y)(l-z)}{x}$$

由于 $2l = x+y+z > z+z$,故 $0 < z < l$,同理 $0 < x < l, 0 < y < l$. 考虑函数

$$U = \ln\frac{(l-x)(l-y)(l-z)}{x}$$

则 U 与 V 同时取到最大值,故只需求函数 $U(x,y,z)$ 在约束条件 $x+y+z = 2l$ 下的最大值. 应用拉格朗日乘数法,令

$$F = \ln(l-x) + \ln(l-y) + \ln(l-z) - \ln x + \lambda(x+y+z-2l)$$

由

$$\begin{cases} F'_x = -\dfrac{1}{l-x} - \dfrac{1}{x} + \lambda = 0, \\ F'_y = -\dfrac{1}{l-y} + \lambda = 0, \\ F'_z = -\dfrac{1}{l-z} + \lambda = 0, \\ F'_\lambda = x+y+z-2l = 0 \end{cases}$$

解得 $x = \dfrac{l}{2}, y = z = \dfrac{3}{4}l$,此时旋转体体积为 $\dfrac{\pi}{12}l^3$.

根据问题的实际意义及驻点的唯一性可知,当三角形三边长分别为 $\dfrac{l}{2}, \dfrac{3}{4}l$, $\dfrac{3}{4}l$,且绕边长为 $\dfrac{l}{2}$ 的边旋转时,所得旋转体的体积最大.

例 2.15(习题 5.7 B 3) 求函数 $u = xyz$ 在条件 $x+y+z = a(x \geqslant 0, y \geqslant 0, z \geqslant 0)$ 下的最大值,并证明不等式 $\dfrac{x+y+z}{3} \geqslant \sqrt[3]{xyz}$.

解析 应用拉格朗日乘数法,令

$$F = xyz + \lambda(x+y+z-a)$$

由

$$\begin{cases} F'_x = yz + \lambda = 0, \\ F'_y = xz + \lambda = 0, \\ F'_z = xy + \lambda = 0, \\ F'_\lambda = x+y+z-a = 0 \end{cases}$$

解得唯一驻点 $\left(\dfrac{a}{3}, \dfrac{a}{3}, \dfrac{a}{3}\right)$.由于在题设所给平面的边界上 $u = xyz = 0$,故函数 u 在点 $\left(\dfrac{a}{3}, \dfrac{a}{3}, \dfrac{a}{3}\right)$ 处取最大值 $\dfrac{a^3}{27}$,从而有

$$xyz \leqslant \left(\dfrac{a}{3}\right)^3 = \left(\dfrac{x+y+z}{3}\right)^3$$

两边开三次方,即得 $\dfrac{x+y+z}{3} \geqslant \sqrt[3]{xyz}$.

8.3 往年期中与期末试题解析

例 3.1(05-06(Ⅱ)期中)　求极限
$$\lim_{(x,y)\to(0,0)}(x^2+y^2)^{\frac{1}{2}(x^2+y^2)}\cos\left(3x+4y+\frac{\pi}{3}\right)$$

解析　令 $x^2+y^2=t$,则
$$原式=\lim_{t\to 0+}t^{\frac{t}{2}}\cdot\cos\frac{\pi}{3}=\frac{1}{2}\exp\left(\lim_{t\to 0+}\frac{t}{2}\ln t\right)$$
$$=\frac{1}{2}\exp\left(\lim_{t\to 0+}\frac{\ln t}{\frac{2}{t}}\right)\stackrel{\frac{\infty}{\infty}}{=}\frac{1}{2}\exp\left(\lim_{t\to 0+}\frac{\frac{1}{t}}{-\frac{2}{t^2}}\right)=\frac{1}{2}$$

例 3.2(08-09(Ⅱ)期中)　求极限 $\displaystyle\lim_{(x,y)\to(0+,0+)}\frac{\ln(1+x)+\ln(1+y)}{x+y}$.

解析　
$$原式=\lim_{(x,y)\to(0+,0+)}\frac{\ln(1+x+y+xy)}{x+y}=\lim_{(x,y)\to(0+,0+)}\frac{x+y+xy}{x+y}$$
$$=\lim_{(x,y)\to(0+,0+)}\left(1+\frac{1}{\frac{1}{x}+\frac{1}{y}}\right)=1$$

例 3.3(09-10(Ⅰ)期中)　求极限 $\displaystyle\lim_{(x,y)\to(0,0)}\frac{\sqrt{(1+4x^2)(1+6y^2)}-1}{2x^2+3y^2}$.

解析　
$$原式=\lim_{(x,y)\to(0,0)}\frac{\sqrt{1+4x^2+6y^2+24x^2y^2}-1}{2x^2+3y^2}$$
$$=\lim_{(x,y)\to(0,0)}\frac{2x^2+3y^2+12x^2y^2}{2x^2+3y^2}$$
$$=\lim_{(x,y)\to(0,0)}\left(1+\frac{1}{\frac{1}{6y^2}+\frac{1}{4x^2}}\right)=1$$

例 3.4(08-09(Ⅱ)期中)　设
$$f(x,y)=\frac{y}{1+xy}-\frac{1-y\sin\frac{\pi x}{y}}{\arctan x}\quad(x>0,y>0)$$

求:(1) $g(x)=\displaystyle\lim_{y\to+\infty}f(x,y)$;(2) $\displaystyle\lim_{x\to 0+}g(x)$.

解析　(1) $g(x)=\displaystyle\lim_{y\to+\infty}\left[\frac{y}{1+xy}-\frac{1-y\sin\frac{\pi x}{y}}{\arctan x}\right]$
$$=\lim_{y\to+\infty}\frac{1}{\frac{1}{y}+x}-\frac{1}{\arctan x}+\frac{1}{\arctan x}\lim_{y\to+\infty}y\sin\frac{\pi x}{y}$$

$$= \frac{1}{x} - \frac{1}{\arctan x} + \frac{1}{\arctan x} \lim_{y \to +\infty} \cdot \frac{\pi x}{y} = \frac{1}{x} - \frac{1-\pi x}{\arctan x}$$

(2) $\lim_{x \to 0^+} g(x) = \lim_{x \to 0^+} \left(\frac{1}{x} - \frac{1-\pi x}{\arctan x} \right) = \lim_{x \to 0^+} \frac{\arctan x - x + \pi x^2}{x \arctan x}$

$$= \lim_{x \to 0^+} \frac{\arctan x - x + \pi x^2}{x^2} \overset{\frac{0}{0}}{=} \lim_{x \to 0^+} \frac{\frac{1}{1+x^2} - 1}{2x} + \pi$$

$$= \lim_{x \to 0^+} \frac{-x}{2(1+x^2)} + \pi = \pi$$

例 3.5 (08-09(Ⅱ)期中)　设 f 是定义在 $\mathbf{R}^2$ 上的二元函数,若当点 (x,y) 沿任意直线趋于原点时,相应的函数值极限都存在且相等,此二元函数在原点极限一定存在吗?若一定存在,请给出证明;若不一定存在,请举出一个反例.

解析　不一定存在. 例如函数 $f(x,y) = \dfrac{x^3 y^2}{(x^2+y^4)^2}$, 当点 (x,y) 沿直线 $y = kx$ 趋向于原点时,有

$$\lim_{\substack{y=kx \\ x \to 0}} f(x,y) = \lim_{x \to 0} \frac{k^2 x}{(1+k^4 x^2)^2} = \frac{0}{1} = 0$$

当点 (x,y) 沿 y 轴趋向于原点时,有

$$\lim_{\substack{x=0 \\ y \to 0}} f(x,y) = \lim_{y \to 0} \frac{0}{y^8} = 0$$

因 $y = kx$ 与 $x = 0$ 包含了通过原点的任意直线,所以点 (x,y) 沿任意直线趋向于原点时,函数 $f(x,y)$ 的极限均为零.

又当点 (x,y) 沿抛物线 $y = \sqrt{x}$ 趋向于原点时,有

$$\lim_{\substack{y=\sqrt{x} \\ x \to 0^+}} f(x,y) = \lim_{x \to 0^+} \frac{x^4}{(2x^2)^2} = \frac{1}{4}$$

由于点 (x,y) 沿不同路径趋向于原点时函数有不同的极限值,所以该函数在原点处极限不存在.

例 3.6 (07-08(Ⅱ)期中)　设

$$f(x,y) = \begin{cases} \sqrt{x^2+y^2} + \dfrac{x^2 y}{x^4+y^2} & ((x,y) \neq (0,0)); \\ 0 & ((x,y) = (0,0)) \end{cases}$$

试讨论 $f(x,y)$ 在点 $(0,0)$ 处的连续性、可偏导性与可微性.

解析　沿着 x 轴,$(x,y) \to (0,0)$ 时,有

$$\lim_{\substack{y=0 \\ x \to 0}} f(x,y) = \lim_{x \to 0} \left(\sqrt{x^2} + \frac{0}{x^4} \right) = 0$$

沿着抛物线 $y = x^2$,$(x,y) \to (0,0)$ 时,有

$$\lim_{\substack{y=x^2\\x\to 0}} f(x,y) = \lim_{x\to 0}\left(\sqrt{x^2+x^4}+\frac{x^4}{2x^4}\right)=\frac{1}{2}$$

故 $\lim\limits_{(x,y)\to(0,0)} f(x,y)$ 不存在,于是 $f(x,y)$ 在点 $(0,0)$ 处不连续.

根据偏导数定义,可知

$$f'_x(0,0) = \lim_{x\to 0}\frac{f(x,0)-f(0,0)}{x} = \lim_{x\to 0}\frac{|x|+\frac{0}{x^4}}{x} = \lim_{x\to 0}\frac{|x|}{x}$$

不存在,由此 $f(x,y)$ 在点 $(0,0)$ 处不可偏导.

由于连续与可偏导是可微的必要条件,所以 $f(x,y)$ 在点 $(0,0)$ 处也不可微.

例 3.7(06-07(Ⅱ)期中) 设

$$f(x,y)=\begin{cases}\dfrac{x-y}{\sqrt{x^2+y^2}}\ln(1+\sqrt{x^2+y^2}) & ((x,y)\neq(0,0));\\ 0 & ((x,y)=(0,0))\end{cases}$$

试讨论 $f(x,y)$ 在点 $(0,0)$ 处的连续性、可偏导性与可微性.

解析 令 $x=\rho\cos\theta, y=\rho\sin\theta$,则

$$\lim_{(x,y)\to(0,0)} f(x,y) = \lim_{\rho\to 0^+}\frac{\rho(\cos\theta-\sin\theta)}{\rho}\ln(1+\rho)=0=f(0,0)$$

故函数 $f(x,y)$ 在点 $(0,0)$ 处连续.

根据偏导数定义,有

$$f'_x(0,0) = \lim_{x\to 0}\frac{f(x,0)-f(0,0)}{x} = \lim_{x\to 0}\frac{\dfrac{x}{|x|}\ln(1+|x|)}{x}$$

$$= \lim_{x\to 0}\frac{\ln(1+|x|)}{|x|}=1$$

$$f'_y(0,0) = \lim_{y\to 0}\frac{f(0,y)-f(0,0)}{y} = \lim_{y\to 0}\frac{\dfrac{-y}{|y|}\ln(1+|y|)}{y}$$

$$= -\lim_{y\to 0}\frac{\ln(1+|y|)}{|y|}=-1$$

故 $f(x,y)$ 在点 $(0,0)$ 处可偏导.

$f(x,y)$ 在 $(0,0)$ 的全增量

$$\Delta f(x,y) = f(x,y)-f(0,0) = \frac{x-y}{\sqrt{x^2+y^2}}\ln(1+\sqrt{x^2+y^2})$$

记

$$\Delta f(x,y) = f'_x(0,0)\Delta x + f'_y(0,0)\Delta y + \omega$$
$$= f'_x(0,0)x + f'_y(0,0)y + \omega$$
$$= x - y + \omega$$

则
$$\omega = (x-y)\left[\frac{\ln(1+\sqrt{x^2+y^2})}{\sqrt{x^2+y^2}} - 1\right]$$

令 $x = \rho\cos\theta, y = \rho\sin\theta$, 由于

$$\frac{\omega}{\rho} = \frac{\rho(\cos\theta - \sin\theta)}{\rho}\left(\frac{\ln(1+\rho)}{\rho} - 1\right) \to 0 \quad (\rho \to 0+)$$

故 $\omega = o(\rho)$, 于是 $f(x,y)$ 在点 $(0,0)$ 处可微.

例 3.8(12-13(Ⅱ)期末) 设函数

$$f(x,y) = \begin{cases} x^{\frac{4}{3}}\sin\dfrac{y}{x}, & x \neq 0; \\ 0, & x = 0 \end{cases}$$

(1) 求 $f(x,y)$ 在点 $(0,0)$ 处的沿所有方向的方向导数;

(2) 求 $f(x,y)$ 的偏导数;

(3) 证明 $f(x,y)$ 是平面上的可微函数.

解析 (1) 取任意方向 $\boldsymbol{l} = (\cos\alpha, \cos\beta)$, 再取点 $P(x,y)$ 使 $\overrightarrow{OP}$ 与 $\boldsymbol{l}$ 同方向, 设 $|\overrightarrow{OP}| = \rho$, 则 $x = \rho\cos\alpha, y = \rho\cos\beta$, 得

$$\frac{\partial f}{\partial \boldsymbol{l}}(0,0) = \lim_{P \to O}\frac{f(P) - f(O)}{|\overrightarrow{OP}|} = \lim_{\rho \to 0+}\frac{f(\rho\cos\alpha, \rho\cos\beta) - f(0,0)}{\rho}$$

当 $\cos\alpha \neq 0$ 时, 有

$$\frac{\partial f}{\partial \boldsymbol{l}}(0,0) = \lim_{\rho \to 0+}\frac{(\rho\cos\alpha)^{\frac{4}{3}}\sin\dfrac{\cos\beta}{\cos\alpha}}{\rho} = \lim_{\rho \to 0+}\rho^{\frac{1}{3}}\cos^{\frac{4}{3}}\alpha\sin\frac{\cos\beta}{\cos\alpha} = 0$$

当 $\cos\alpha = 0$ 时, 有

$$\frac{\partial f}{\partial \boldsymbol{l}}(0,0) = \lim_{\rho \to 0+}\frac{0-0}{\rho} = 0$$

综上, 得 $\dfrac{\partial f}{\partial \boldsymbol{l}}(0,0) = 0$.

(2) 根据偏导数的定义, 有

$$f'_x(0,y) = \lim_{x \to 0}\frac{f(x,y) - f(0,y)}{x} = \lim_{x \to 0}\frac{x^{\frac{4}{3}}\sin\dfrac{y}{x} - 0}{x} = 0$$

$$f'_y(0,y) = \lim_{\Delta y \to 0}\frac{f(0, y+\Delta y) - f(0,y)}{\Delta y} = \lim_{\Delta y \to 0}\frac{0-0}{\Delta y} = 0$$

当 $x \neq 0$ 时, 有 $f'_x(x,y) = \dfrac{4}{3}x^{\frac{1}{3}}\sin\dfrac{y}{x} - x^{-\frac{2}{3}}y\cos\dfrac{y}{x}, f'_y(x,y) = x^{\frac{1}{3}}\cos\dfrac{y}{x}$.

(3) $f(x,y)$ 在 $(0,y)$ 的全增量

$$\Delta f(0,y) = f(\Delta x, y + \Delta y) - f(0,y) = (\Delta x)^{\frac{4}{3}}\sin\frac{y+\Delta y}{\Delta x}$$

记

$$\Delta f(0,y) = f'_x(0,y)\Delta x + f'_y(0,y)\Delta y + \omega = \omega$$

则

$$\left|\frac{\omega}{\sqrt{(\Delta x)^2 + (\Delta y)^2}}\right| = \left|\frac{(\Delta x)^{\frac{4}{3}}\sin\dfrac{y+\Delta y}{\Delta x}}{\sqrt{(\Delta x)^2 + (\Delta y)^2}}\right| \leqslant \left|\frac{(\Delta x)^{\frac{4}{3}}}{\sqrt{(\Delta x)^2 + (\Delta y)^2}}\right|$$

$$= \frac{|\Delta x|}{\sqrt{(\Delta x)^2 + (\Delta y)^2}}|\Delta x|^{\frac{1}{3}}$$

$$\leqslant |\Delta x|^{\frac{1}{3}} \to 0 \quad (\Delta x \to 0, \Delta y \to 0)$$

故 $\omega = o(\sqrt{(\Delta x)^2 + (\Delta y)^2})$，于是 $f(x,y)$ 在 $x=0$ 时可微. 当 $x \neq 0$ 时，由于 $f'_x(x,y), f'_y(x,y)$ 均连续，故 $f(x,y)$ 在 $x \neq 0$ 时可微.

综上，$f(x,y)$ 在平面上所有点处都是可微的.

例 3.9 (08-09(Ⅱ)期中) 设 $z = f(x+y, xy) + \int_{x+y}^{xy} \varphi(t)dt$，其中 f 具有二阶连续偏导数，φ 具有一阶连续导数，计算 $\dfrac{\partial^2 z}{\partial x^2} - \dfrac{\partial^2 z}{\partial y^2}$.

解析 根据复合函数求偏导法则与变限定积分的求导法则，有

$$\frac{\partial z}{\partial x} = f'_1 + yf'_2 + y\varphi(xy) - \varphi(x+y)$$

$$\frac{\partial z}{\partial y} = f'_1 + xf'_2 + x\varphi(xy) - \varphi(x+y)$$

$$\frac{\partial^2 z}{\partial x^2} = f''_{11} + yf''_{12} + y(f''_{21} + yf''_{22}) + y^2\varphi'(xy) - \varphi'(x+y)$$

$$= f''_{11} + 2yf''_{12} + y^2 f''_{22} + y^2\varphi'(xy) - \varphi'(x+y)$$

$$\frac{\partial^2 z}{\partial y^2} = f''_{11} + xf''_{12} + x(f''_{21} + xf''_{22}) + x^2\varphi'(xy) - \varphi'(x+y)$$

$$= f''_{11} + 2xf''_{12} + x^2 f''_{22} + x^2\varphi'(xy) - \varphi'(x+y)$$

于是

$$\frac{\partial^2 z}{\partial x^2} - \frac{\partial^2 z}{\partial y^2} = 2(y-x)f''_{12} + (y^2 - x^2)(f''_{22} + \varphi'(xy))$$

例 3.10 (03-04(Ⅱ)期中) 设 $z = \arctan\dfrac{y}{x} + f(x^2 - y^2, xy) + g\left(\dfrac{x^2}{y^2}\right)$，$f$ 具有二阶连续偏导数，g 具有二阶连续导数，求 $\dfrac{\partial^2 z}{\partial x \partial y}$.

解析 根据复合函数求偏导法则，有

$$\frac{\partial z}{\partial x} = \frac{1}{1 + \left(\dfrac{y}{x}\right)^2} \cdot \left(-\frac{y}{x^2}\right) + f'_1 \cdot 2x + f'_2 \cdot y + g' \cdot \frac{2x}{y^2}$$

$$= \frac{-y}{x^2+y^2} + 2xf'_1 + yf'_2 + \frac{2x}{y^2}g'$$

$$\frac{\partial^2 z}{\partial x \partial y} = \frac{y^2-x^2}{(x^2+y^2)^2} + 2x(-2yf''_{11} + xf''_{12}) + f'_2$$

$$+ y(-2yf''_{21} + xf''_{22}) - \frac{4x}{y^3}g' + \frac{2x}{y^2}g'' \cdot \left(\frac{-2x^2}{y^3}\right)$$

$$= \frac{y^2-x^2}{(x^2+y^2)^2} + f'_2 - 4xyf''_{11} + 2(x^2-y^2)f''_{12}$$

$$+ xyf''_{22} - \frac{4x}{y^5}(y^2 g' + x^2 g'')$$

例 3.11(08-09(Ⅱ)期中) 已知函数 $z = f(x,y)$ 由方程
$$x^2(y+z) - 4\sqrt{x^2+y^2+z^2} = 0$$
确定,求 z 在点 $P(-2,2,1)$ 处的全微分 $\mathrm{d}z$。

解析 令 $F(x,y,z) = x^2(y+z) - 4\sqrt{x^2+y^2+z^2}$,则

$$F'_x\Big|_P = \left(2x(y+z) - \frac{4x}{\sqrt{x^2+y^2+z^2}}\right)\Big|_P = -\frac{28}{3}$$

$$F'_y\Big|_P = \left(x^2 - \frac{4y}{\sqrt{x^2+y^2+z^2}}\right)\Big|_P = \frac{4}{3}$$

$$F'_z\Big|_P = \left(x^2 - \frac{4z}{\sqrt{x^2+y^2+z^2}}\right)\Big|_P = \frac{8}{3}$$

应用隐函数求偏导数法则得

$$\frac{\partial z}{\partial x}\Big|_P = -\frac{F'_x\big|_P}{F'_z\big|_P} = \frac{7}{2}, \quad \frac{\partial z}{\partial y}\Big|_P = -\frac{F'_y\big|_P}{F'_z\big|_P} = -\frac{1}{2}$$

于是

$$\mathrm{d}z\Big|_{(-2,2,1)} = \frac{7}{2}\mathrm{d}x - \frac{1}{2}\mathrm{d}y$$

例 3.12(08-09(Ⅱ)期中) 求函数 $u = \arctan(x^2+2y+z)$ 在点 $A(0,1,0)$ 处沿空间曲线 $\begin{cases} x^2+y^2+z^2-3x=0 \\ 2x-y-4=0 \end{cases}$ 在点 $B(2,0,\sqrt{2})$ 处的切向量的方向导数。

解析 令 $F(x,y,z) = x^2+y^2+z^2-3x, G(x,y,z) = 2x-y-4$,则

$$(F'_x, F'_y, F'_z)\Big|_B = (2x-3, 2y, 2z)\Big|_B = (1,0,2\sqrt{2})$$

$$(G'_x, G'_y, G'_z)\Big|_B = (2,-1,0)$$

故所给空间曲线在点 B 的切向量为

$$\boldsymbol{n} = (1,0,2\sqrt{2}) \times (2,-1,0) = (2\sqrt{2}, 4\sqrt{2}, -1)$$

其方向余弦为

$$\cos\alpha = \frac{2\sqrt{2}}{\sqrt{41}}, \quad \cos\beta = \frac{4\sqrt{2}}{\sqrt{41}}, \quad \cos\gamma = -\frac{1}{\sqrt{41}}$$

又

$$u'_x\Big|_A = \frac{2x}{1+(x^2+2y+z)^2}\Big|_A = 0$$

$$u'_y\Big|_A = \frac{2}{1+(x^2+2y+z)^2}\Big|_A = \frac{2}{5}$$

$$u'_z\Big|_A = \frac{1}{1+(x^2+2y+z)^2}\Big|_A = \frac{1}{5}$$

故

$$\frac{\partial u}{\partial \boldsymbol{n}} = 0 \cdot \frac{2\sqrt{2}}{\sqrt{41}} + \frac{2}{5} \cdot \frac{4\sqrt{2}}{\sqrt{41}} - \frac{1}{5} \cdot \frac{1}{\sqrt{41}} = \frac{8\sqrt{2}-1}{5\sqrt{41}}$$

例 3.13(11-12(Ⅱ)期末)　求椭球面 $\frac{x^2}{2} + y^2 + \frac{z^2}{4} = 1$ 与平面 $2x+2y+z+5=0$ 之间的最长距离与最短距离.

解析　问题即求距离平方函数 $f = \frac{(2x+2y+z+5)^2}{9}$ 在约束条件 $\frac{x^2}{2} + y^2 + \frac{z^2}{4} = 1$ 下的条件极值. 令

$$F(x,y,z,\lambda) = (2x+2y+z+5)^2 + \lambda\left(\frac{x^2}{2} + y^2 + \frac{z^2}{4} - 1\right)$$

得

$$\begin{cases} F'_x = 4(2x+2y+z+5) + \lambda x = 0, & (1) \\ F'_y = 4(2x+2y+z+5) + 2\lambda y = 0, & (2) \\ F'_z = 2(2x+2y+z+5) + \frac{1}{2}\lambda z = 0, & (3) \\ F'_\lambda = \frac{x^2}{2} + y^2 + \frac{z^2}{4} - 1 = 0 & (4) \end{cases}$$

若 $\lambda = 0$，则 $2x+2y+z+5=0$，此时所求点位于平面 $2x+2y+z+5=0$ 上，不合题意. 若 $\lambda \neq 0$，由(1),(2),(3)三式得 $x = z = 2y$，代入(4)式便得 $y = \pm\frac{1}{2}$. 令 $P_1\left(1, \frac{1}{2}, 1\right)$, $P_2\left(-1, -\frac{1}{2}, -1\right)$，则 $d(P_1) = 3$ 为所求最长距离，$d(P_2) = \frac{1}{3}$ 为所求最短距离.

例 3.14(08-09(Ⅱ)期中)　设常数 $a > 0$，平面 Π 通过点 $M(4a, -5a, 3a)$，且在三个坐标轴上的截距相等. 在平面 Π 位于第一卦限部分求一点 $P(x_0, y_0, z_0)$，

使得函数 $u(x,y,z) = \dfrac{1}{\sqrt{x} \cdot \sqrt[3]{y} \cdot z^2}$ 在 P 点处取最小值.

解析 设平面 $\Pi: \dfrac{x}{b} + \dfrac{y}{b} + \dfrac{z}{b} = 1$,代入点 $M(4a, -5a, 3a)$,得 $b = 2a$,故其方程为 $x + y + z = 2a$. 考虑函数
$$v = \ln u = -\frac{1}{2}\ln x - \frac{1}{3}\ln y - 2\ln z$$
则 v 与 u 同时取到最小值,故只需求 $v(x,y,z)$ 在约束条件 $x + y + z = 2a (x > 0, y > 0, z > 0)$ 下的最小值. 令
$$F(x,y,z,\lambda) = -\frac{1}{2}\ln x - \frac{1}{3}\ln y - 2\ln z + \lambda(x + y + z - 2a)$$
由
$$\begin{cases} F'_x = -\dfrac{1}{2x} + \lambda = 0, \\ F'_y = -\dfrac{1}{3y} + \lambda = 0, \\ F'_z = -\dfrac{2}{z} + \lambda = 0, \\ F'_\lambda = x + y + z - 2a = 0 \end{cases}$$

解得驻点为 $\left(\dfrac{6}{17}a, \dfrac{4}{17}a, \dfrac{24}{17}a\right)$. 由于驻点是唯一的,故
$$u\left(\frac{6}{17}a, \frac{4}{17}a, \frac{24}{17}a\right) = 17^{\frac{17}{6}} \cdot 3^{-\frac{5}{2}} \cdot 2^{-\frac{43}{6}} \cdot a^{-\frac{17}{6}}$$
即为所求的最小值.

例 3.15(03-04(Ⅱ)期末) 求 $u = x + y + z$ 在 $x^2 + y^2 \leqslant z \leqslant 1$ 上的最大值和最小值.

解析 由于 $\dfrac{\partial u}{\partial x} = \dfrac{\partial u}{\partial y} = \dfrac{\partial u}{\partial z} = 1$,所以 $u = x + y + z$ 在 $x^2 + y^2 < z < 1$ 内无驻点,其最大值和最小值只能在区域 $x^2 + y^2 \leqslant z \leqslant 1$ 的边界上取得.

(1) 在边界 $z = x^2 + y^2 (z < 1)$ 上,令 $F = x + y + z + \lambda_1(x^2 + y^2 - z)$,则由
$$\begin{cases} F'_x = 1 + 2\lambda_1 x = 0, \\ F'_y = 1 + 2\lambda_1 y = 0, \\ F'_z = 1 - \lambda_1 = 0, \\ F'_{\lambda_1} = x^2 + y^2 - z = 0 \end{cases}$$
解得驻点为 $P_1\left(-\dfrac{1}{2}, -\dfrac{1}{2}, \dfrac{1}{2}\right)$,此时 $u(P_1) = -\dfrac{1}{2}$.

(2) 在边界 $z = 1 (x^2 + y^2 < 1)$ 上,令 $G = x + y + z + \lambda_2(z - 1)$,由于 $G'_x = G'_y = 1 \neq 0$,故此时无驻点.

(3) 在边界 $\begin{cases} z = x^2 + y^2 \\ z = 1 \end{cases}$ 上,$u = x + y + 1$,令 $H = x + y + 1 + \lambda_3(x^2 + y^2 - 1)$,则由

$$\begin{cases} H'_x = 1 + 2\lambda_3 x = 0, \\ H'_y = 1 + 2\lambda_3 y = 0, \\ H'_{\lambda_3} = x^2 + y^2 - 1 = 0 \end{cases}$$

解得驻点 $P_2\left(-\frac{1}{\sqrt{2}}, -\frac{1}{\sqrt{2}}, 1\right)$, $P_3\left(\frac{1}{\sqrt{2}}, \frac{1}{\sqrt{2}}, 1\right)$,对应的函数值分别为

$$u(P_2) = 1 - \sqrt{2}, \quad u(P_3) = 1 + \sqrt{2}$$

比较上述三个驻点处的函数值,可得

$$u_{\max} = 1 + \sqrt{2}, \quad u_{\min} = -\frac{1}{2}$$

8.4 历年硕士生入学试题解析

例 4.1(南大 2010) 用"ε-δ"定义证明:$\lim\limits_{(x,y) \to (2,1)} (x^2 + xy + y^2) = 7$.

解析 因为

$(x^2 + xy + y^2) - 7 = (x-2)^2 + (x-2)(y-1) + (y-1)^2 + 5(x-2) + 4(y-1)$

故

$$|(x^2 + xy + y^2) - 7| \leqslant (x-2)^2 + (y-1)^2 + \frac{1}{2}[(x-2)^2 + (y-1)^2]$$
$$+ 5|x-2| + 4|y-1|$$

记 $\rho = \sqrt{(x-2)^2 + (y-1)^2}$,若 $0 < \rho < 1$,则

$$|(x^2 + xy + y^2) - 7| \leqslant \frac{3}{2}\rho^2 + 9\rho < 11\rho$$

所以 $\forall \varepsilon > 0$,存在 $\delta = \min\left\{1, \frac{\varepsilon}{11}\right\}$,当 $0 < \rho < \delta$ 时,有

$$|(x^2 + xy + y^2) - 7| < \varepsilon$$

例 4.2(全国 2012) 设函数 $f(x, y)$ 为可微函数,且对任意的 x, y,都有

$$\frac{\partial f(x,y)}{\partial x} > 0, \quad \frac{\partial f(x,y)}{\partial y} < 0$$

则使 $f(x_1, y_1) < f(x_2, y_2)$ 成立的一个充分条件是 ( )

(A) $x_1 > x_2, y_1 < y_2$ (B) $x_1 > x_2, y_1 > y_2$

(C) $x_1 < x_2, y_1 < y_2$ (D) $x_1 < x_2, y_1 > y_2$

解析 由于 $\frac{\partial f(x,y)}{\partial x} > 0$,所以 y 取常数 $y_i (i = 1, 2)$ 时,$f(x, y_i)$ 是 x 的严格

增加函数；由于 $\dfrac{\partial f(x,y)}{\partial y}<0$，所以 x 取常数 $x_i(i=1,2)$ 时，$f(x_i,y)$ 是 y 的严格减少函数. 所以当 $x_1<x_2$ 时，$f(x_1,y_1)<f(x_2,y_1)$；当 $y_1>y_2$ 时，$f(x_2,y_1)<f(x_2,y_2)$. 于是 $x_1<x_2,y_1>y_2$ 时，$f(x_1,y_1)<f(x_2,y_1)<f(x_2,y_2)$. 故选 (D).

例 4.3(南大 2009)　设

$$f(x,y)=\begin{cases} x^2+y+\dfrac{xy}{x^2+y^2} & ((x,y)\neq(0,0)); \\ 0 & ((x,y)=(0,0)) \end{cases}$$

讨论 $f(x,y)$ 在点 $(0,0)$ 处的连续性、可偏导性、可微性.

解析　因为 $\lim\limits_{\substack{y=x \\ x\to 0}}\dfrac{xy}{x^2+y^2}=\lim\limits_{x\to 0}\dfrac{x^2}{2x^2}=\dfrac{1}{2}$，$\lim\limits_{\substack{y=0 \\ x\to 0}}\dfrac{xy}{x^2+y^2}=0$，故 f 在 $(0,0)$ 不连续. 因此 f 在 $(0,0)$ 不可微. 两个偏导数存在，分别为

$$f'_x(0,0)=\lim_{x\to 0}\dfrac{f(x,0)-f(0,0)}{x}=\lim_{x\to 0}\dfrac{x^2}{x}=0$$

$$f'_y(0,0)=\lim_{y\to 0}\dfrac{f(0,y)-f(0,0)}{y}=\lim_{y\to 0}\dfrac{y}{y}=1$$

例 4.4(全国 2007)　二元函数 $f(x,y)$ 在点 $(0,0)$ 处可微的一个充分条件是
(　　)

(A) $\lim\limits_{(x,y)\to(0,0)}(f(x,y)-f(0,0))=0$

(B) $\lim\limits_{x\to 0}\dfrac{f(x,0)-f(0,0)}{x}=0$ 且 $\lim\limits_{y\to 0}\dfrac{f(0,y)-f(0,0)}{y}=0$

(C) $\lim\limits_{(x,y)\to(0,0)}\dfrac{f(x,y)-f(0,0)}{\sqrt{x^2+y^2}}=0$

(D) $\lim\limits_{x\to 0}(f'_x(x,0)-f'_x(0,0))=0$ 且 $\lim\limits_{y\to 0}(f'_y(0,y)-f'_y(0,0))=0$

解析　(A) 错误. $\lim\limits_{(x,y)\to(0,0)}(f(x,y)-f(0,0))=0$ 只表明 $f(x,y)$ 在点 $(0,0)$ 连续.

(B) 错误. $\lim\limits_{x\to 0}\dfrac{f(x,0)-f(0,0)}{x}=0$ 与 $\lim\limits_{y\to 0}\dfrac{f(0,y)-f(0,0)}{y}=0$ 只能表明 $f'_x(0,0)=0$ 与 $f'_y(0,0)=0$.

(C) 正确. 因

$$\lim_{x\to 0}\dfrac{f(x,0)-f(0,0)}{x}=\lim_{x\to 0}\dfrac{f(x,0)-f(0,0)}{\sqrt{x^2+0^2}}\cdot\dfrac{\sqrt{x^2}}{x}=0\Rightarrow f'_x(0,0)=0$$

$$\lim_{y\to 0}\dfrac{f(0,y)-f(0,0)}{y}=\lim_{y\to 0}\dfrac{f(0,y)-f(0,0)}{\sqrt{0^2+y^2}}\cdot\dfrac{\sqrt{y^2}}{y}=0\Rightarrow f'_y(0,0)=0$$

$$\lim_{(x,y)\to(0,0)}\dfrac{f(x,y)-f(0,0)-f'_x(0,0)x-f'_y(0,0)y}{\sqrt{x^2+y^2}}=\lim_{(x,y)\to(0,0)}\dfrac{f(x,y)-f(0,0)}{\sqrt{x^2+y^2}}=0$$

所以
$$f(x,y) = f(0,0) + f'_x(0,0)x + f'_y(0,0)y + o(\sqrt{x^2+y^2})$$
于是 $f(x,y)$ 在点 $(0,0)$ 处可微.

(D) 错误. $\lim\limits_{x\to 0}(f'_x(x,0) - f'_x(0,0)) = 0$ 与 $\lim\limits_{y\to 0}(f'_y(0,y) - f'_y(0,0)) = 0$ 只能表明 $f'_x(x,0)$ 在 $x=0$ 连续以及 $f'_y(0,y)$ 在 $y=0$ 连续,并不表示 $f'_x(x,y)$ 以及 $f'_y(x,y)$ 在点 $(0,0)$ 处连续.

例 4.5(全国 2012)   如果函数 $f(x,y)$ 在点 $(0,0)$ 处连续,那么下列命题正确的是 (　　)

(A) 若极限 $\lim\limits_{\substack{x\to 0\\y\to 0}}\dfrac{f(x,y)}{|x|+|y|}$ 存在,则 $f(x,y)$ 在点 $(0,0)$ 处可微

(B) 若极限 $\lim\limits_{\substack{x\to 0\\y\to 0}}\dfrac{f(x,y)}{x^2+y^2}$ 存在,则 $f(x,y)$ 在点 $(0,0)$ 处可微

(C) 若 $f(x,y)$ 在点 $(0,0)$ 处可微,则极限 $\lim\limits_{\substack{x\to 0\\y\to 0}}\dfrac{f(x,y)}{|x|+|y|}$ 存在

(D) 若 $f(x,y)$ 在点 $(0,0)$ 处可微,则极限 $\lim\limits_{\substack{x\to 0\\y\to 0}}\dfrac{f(x,y)}{x^2+y^2}$ 存在

解析   因 $\lim\limits_{\substack{x\to 0\\y\to 0}}\dfrac{f(x,y)}{x^2+y^2}$ 存在,则
$$f(0,0) = \lim_{\substack{x\to 0\\y\to 0}}f(x,y) = \lim_{\substack{x\to 0\\y\to 0}}\frac{f(x,y)}{x^2+y^2}(x^2+y^2) = 0$$
$$f'_x(0,0) = \lim_{x\to 0}\frac{f(x,0) - f(0,0)}{x} = \lim_{x\to 0}\frac{f(x,0)}{x} = \lim_{\substack{x\to 0\\y=0}}\frac{f(x,0)}{x^2+0^2}\cdot x = 0$$
$$f'_y(0,0) = \lim_{y\to 0}\frac{f(0,y) - f(0,0)}{y} = \lim_{y\to 0}\frac{f(0,y)}{y} = \lim_{\substack{x=0\\y\to 0}}\frac{f(0,y)}{0^2+y^2}\cdot y = 0$$

于是
$$\lim_{\substack{x\to 0\\y\to 0}}\frac{f(x,y) - f(0,0) - f'_x(0,0)x - f'_y(0,0)y}{\sqrt{x^2+y^2}} = \lim_{\substack{x\to 0\\y\to 0}}\frac{f(x,y)}{x^2+y^2}\cdot\sqrt{x^2+y^2} = 0$$
即
$$f(x,y) = f(0,0) + f'_x(0,0)x + f'_y(0,0)y + o(\sqrt{x^2+y^2})$$
所以 $f(x,y)$ 在点 $(0,0)$ 处可微. 故选(B).

(A) 的反例: $f(x,y) = |x| + |y|$;(C) 与(D) 的反例: $f(x,y) = x + y + 1$.

例 4.6(全国 2012)   设连续函数 $z = f(x,y)$ 满足 $\lim\limits_{\substack{x\to 0\\y\to 1}}\dfrac{f(x,y) - 2x + y - 2}{\sqrt{x^2+(y-1)^2}} = 0$,则 $\mathrm{d}z\Big|_{(0,1)} = $ _____.

解析 因为 $f(x,y)$ 在 $(0,1)$ 处连续,且 $\lim\limits_{\substack{x\to 0\\y\to 1}}\dfrac{f(x,y)-2x+y-2}{\sqrt{x^2+(y-1)^2}}=0$,所以

$$\lim_{\substack{x\to 0\\y\to 1}}(f(x,y)-2x+y-2)=0\Rightarrow \lim_{\substack{x\to 0\\y\to 1}}f(x,y)=f(0,1)=1$$

由

$$\lim_{\substack{x\to 0\\y=1}}\frac{f(x,1)-2x+1-2}{\sqrt{x^2+(1-1)^2}}=0\Rightarrow \lim_{x\to 0}\frac{f(x,1)-2x-1}{|x|}=0$$

$$\Rightarrow \lim_{x\to 0}\frac{f(x,1)-f(0,1)-2x}{x}=\lim_{x\to 0}\frac{f(x,1)-1-2x}{|x|}\cdot\frac{|x|}{x}=0$$

$$\Rightarrow f'_x(0,1)=\lim_{x\to 0}\frac{f(x,1)-f(0,1)}{x}=2$$

由

$$\lim_{\substack{x=0\\y\to 1}}\frac{f(0,y)-2\cdot 0+y-2}{\sqrt{0^2+(y-1)^2}}=0\Rightarrow \lim_{y\to 1}\frac{f(0,y)-1+(y-1)}{|y-1|}=0$$

$$\Rightarrow \lim_{y\to 1}\frac{f(0,y)-f(0,1)+(y-1)}{y-1}=\lim_{y\to 1}\frac{f(0,y)-1+(y-1)}{|y-1|}\cdot\frac{|y-1|}{y-1}=0$$

$$\Rightarrow f'_y(0,1)=\lim_{y\to 1}\frac{f(0,y)-f(0,1)}{y-1}=-1$$

又

$$\lim_{\substack{x\to 0\\y\to 1}}\frac{f(x,y)-f(0,1)-f'_x(0,1)x-f'_y(0,1)(y-1)}{\sqrt{x^2+(y-1)^2}}=\lim_{\substack{x\to 0\\y\to 1}}\frac{f(x,y)-2x+y-2}{\sqrt{x^2+(y-1)^2}}=0$$

所以 $z=f(x,y)$ 在 $(0,1)$ 处可微,且

$$\mathrm{d}z\Big|_{(0,1)}=f'_x(0,1)\mathrm{d}x+f'_y(0,1)\mathrm{d}y=2\mathrm{d}x-\mathrm{d}y$$

例 4.7(全国 2011) 设函数 $z=\left(1+\dfrac{x}{y}\right)^{\frac{x}{y}}$,则 $\mathrm{d}z\Big|_{(1,1)}=$ _____.

解析 原式变形为 $y\ln z=x(\ln(x+y)-\ln y)$,该式两边分别对 x,y 求偏导数得

$$\frac{y}{z}\frac{\partial z}{\partial x}=\ln\left(1+\frac{x}{y}\right)+\frac{x}{x+y},\quad \ln z+\frac{y}{z}\frac{\partial z}{\partial y}=\frac{-x^2}{y(x+y)}$$

令 $x=1,y=1,z=2$ 得 $\dfrac{\partial z}{\partial x}\Big|_{(1,1)}=2\ln 2+1,\dfrac{\partial z}{\partial y}\Big|_{(1,1)}=-2\ln 2-1$,于是

$$\mathrm{d}z\Big|_{(1,1)}=(2\ln 2+1)(\mathrm{d}x-\mathrm{d}y)$$

例 4.8(南大 2005) 设函数 $f(x,y)$ 可微,且 $f(1,2)=2, f'_x(1,2)=3, f'_y(1,2)=4, \varphi(x)=f(x,f(x,2x))$,求 $\varphi'(1)$.

解析 根据题意,有

$$\varphi'(x)=f'_1(x,f(x,2x))+f'_2(x,f(x,2x))\cdot(f'_1(x,2x)+2f'_2(x,2x))$$

因为 $x=1$ 时 $f(1,2)=2$,则

$$f'_1(1,f(1,2)) = f'_x(1,2) = 3, \quad f'_2(1,f(1,2)) = f'_y(1,2) = 4$$

所以
$$\varphi'(1) = f'_1(1,2) + f'_2(1,2)(f'_1(1,2) + 2f'_2(1,2))$$
$$= 3 + 4 \cdot (3 + 2 \cdot 4) = 47$$

例 4.9（全国 2008） 设 $z = z(x,y)$ 是由方程 $x^2 + y^2 - z = \varphi(x+y+z)$ 所确定的函数，其中 φ 具有二阶导数，并且 $\varphi' \neq -1$。(1) 求 dz；(2) 记 $u(x,y) = \dfrac{1}{x-y}\left(\dfrac{\partial z}{\partial x} - \dfrac{\partial z}{\partial y}\right)$，求 $\dfrac{\partial u}{\partial x}$。

解析 (1) 设 $F(x,y,z) = x^2 + y^2 - z - \varphi(x+y+z)$，应用隐函数求偏导数法则，有

$$\frac{\partial z}{\partial x} = -\frac{F'_x}{F'_z} = \frac{2x - \varphi'}{1 + \varphi'}, \quad \frac{\partial z}{\partial y} = -\frac{F'_y}{F'_z} = \frac{2y - \varphi'}{1 + \varphi'}$$

所以
$$dz = \frac{\partial z}{\partial x}dx + \frac{\partial z}{\partial y}dy = \frac{1}{1+\varphi'}[(2x - \varphi')dx + (2y - \varphi')dy]$$

(2) 由于 $u(x,y) = \dfrac{2}{1+\varphi'}$，所以

$$\frac{\partial u}{\partial x} = \frac{-2\varphi''}{(1+\varphi')^2}\left(1 + \frac{\partial z}{\partial x}\right) = -\frac{2(2x+1)\varphi''}{(1+\varphi')^3}$$

例 4.10（全国 2011） 已知函数 $f(u,v)$ 具有二阶连续偏导数，$f(1,1) = 2$ 是 $f(u,v)$ 的极值，$z = f(x+y, f(x,y))$，求 $\left.\dfrac{\partial^2 z}{\partial x \partial y}\right|_{(1,1)}$。

解析 根据题意，有
$$\frac{\partial z}{\partial x} = f'_1(x+y, f(x,y)) + f'_1(x,y) \cdot f'_2(x+y, f(x,y))$$

$$\frac{\partial^2 z}{\partial x \partial y} = f''_{11}(x+y, f(x,y)) + f''_{12}(x+y, f(x,y)) \cdot f'_2(x,y)$$
$$+ f''_{12}(x,y) \cdot f'_2(x+y, f(x,y))$$
$$+ f'_1(x,y)[f''_{21}(x+y, f(x,y)) + f''_{22}(x+y, f(x,y)) \cdot f'_2(x,y)]$$

由题意知 $f'_1(1,1) = 0, f'_2(1,1) = 0$，从而

$$\left.\frac{\partial^2 z}{\partial x \partial y}\right|_{(1,1)} = f''_{11}(2,2) + f'_2(2,2)f''_{12}(1,1)$$

例 4.11（全国 2011） 设 $F(x,y) = \displaystyle\int_0^{xy} \dfrac{\sin t}{1+t^2}dt$，则 $\left.\dfrac{\partial^2 F}{\partial x^2}\right|_{\substack{x=0 \\ y=2}} = $ _____。

解析 应用变上限积分的求导数法则，有
$$\frac{\partial F}{\partial x} = y \frac{\sin(xy)}{1+(xy)^2}, \quad \frac{\partial^2 F}{\partial x^2} = y \frac{y\cos(xy)(1+(xy)^2) - \sin(xy) \cdot 2xy^2}{(1+(xy)^2)^2}$$

所以 $\dfrac{\partial^2 F}{\partial x^2}\bigg|_{\substack{x=0\\y=2}} = 4$.

例 4.12（南大 2008） 设 $z = z(x,y)$ 由 $z + \ln z - \int_y^x \mathrm{e}^{-t^2}\mathrm{d}t = 0$ 确定，求 $\dfrac{\partial^2 z}{\partial x \partial y}$.

解析 方程两边分别对 x,y 求偏导数得

$$\frac{\partial z}{\partial x}\left(1 + \frac{1}{z}\right) - \mathrm{e}^{-x^2} = 0, \quad \frac{\partial z}{\partial y}\left(1 + \frac{1}{z}\right) + \mathrm{e}^{-y^2} = 0$$

$$\Rightarrow \frac{\partial z}{\partial x} = \frac{z\mathrm{e}^{-x^2}}{1+z}, \quad \frac{\partial z}{\partial y} = -\frac{z\mathrm{e}^{-y^2}}{1+z}$$

于是

$$\frac{\partial^2 z}{\partial x \partial y} = \frac{1}{(1+z)^2}\mathrm{e}^{-x^2}\frac{\partial z}{\partial y} = -\frac{z}{(1+z)^3}\mathrm{e}^{-(x^2+y^2)}$$

例 4.13（全国 2010） 设函数 $u = f(x,y)$ 具有二阶连续偏导数，且满足等式

$$4\frac{\partial^2 u}{\partial x^2} + 12\frac{\partial^2 u}{\partial x \partial y} + 5\frac{\partial^2 u}{\partial y^2} = 0$$

试确定 a,b 的值，使该等式在变换 $\xi = x + ay, \eta = x + by$ 下简化为 $\dfrac{\partial^2 u}{\partial \xi \partial \eta} = 0$.

解析 应用复合函数求偏导数法则，有

$$\frac{\partial u}{\partial x} = \frac{\partial u}{\partial \xi} + \frac{\partial u}{\partial \eta}, \quad \frac{\partial^2 u}{\partial x^2} = \frac{\partial^2 u}{\partial \xi^2} + 2\frac{\partial^2 u}{\partial \xi \partial \eta} + \frac{\partial^2 u}{\partial \eta^2}$$

$$\frac{\partial^2 u}{\partial x \partial y} = a\frac{\partial^2 u}{\partial \xi^2} + (a+b)\frac{\partial^2 u}{\partial \xi \partial \eta} + b\frac{\partial^2 u}{\partial \eta^2}$$

$$\frac{\partial u}{\partial y} = a\frac{\partial u}{\partial \xi} + b\frac{\partial u}{\partial \eta}, \quad \frac{\partial^2 u}{\partial y^2} = a^2\frac{\partial^2 u}{\partial \xi^2} + 2ab\frac{\partial^2 u}{\partial \xi \partial \eta} + b^2\frac{\partial^2 u}{\partial \eta^2}$$

将以上各式代入原等式，得

$$(5a^2 + 12a + 4)\frac{\partial^2 u}{\partial \xi^2} + [10ab + 12(a+b) + 8]\frac{\partial^2 u}{\partial \xi \partial \eta} + (5b^2 + 12b + 4)\frac{\partial^2 u}{\partial \eta^2} = 0$$

由题意得 $5a^2 + 12a + 4 = 0, 5b^2 + 12b + 4 = 0, 10ab + 12(a+b) + 8 \neq 0$, 解得

$$(a,b) = \left(-2, -\frac{2}{5}\right) \quad \text{或} \quad \left(-\frac{2}{5}, -2\right)$$

例 4.14（南大 2004） 设函数

$$f(x,y) = \begin{cases} \dfrac{xy(x^2 - y^2)}{x^2 + y^2} & ((x,y) \neq (0,0)); \\ 0 & ((x,y) = (0,0)) \end{cases}$$

证明：$f''_{xy}(0,0) \neq f''_{yx}(0,0)$.

解析 $f'_x(0,0) = \lim_{x \to 0}\dfrac{f(x,0) - f(0,0)}{x} = \lim_{x \to 0}\dfrac{0-0}{x} = 0$

$f'_y(0,0) = \lim_{y \to 0}\dfrac{f(0,y) - f(0,0)}{y} = \lim_{y \to 0}\dfrac{0-0}{y} = 0$

当 $y \neq 0$ 时,有

$$f'_x(0,y) = \lim_{x \to 0} \frac{f(x,y) - f(0,y)}{x} = \lim_{x \to 0} \frac{\frac{xy(x^2-y^2)}{x^2+y^2} - 0}{x} = -y$$

当 $x \neq 0$ 时,有

$$f'_y(x,0) = \lim_{y \to 0} \frac{f(x,y) - f(x,0)}{y} = \lim_{y \to 0} \frac{\frac{xy(x^2-y^2)}{x^2+y^2} - 0}{y} = x$$

故有

$$f''_{xy}(0,0) = \lim_{y \to 0} \frac{f'_x(0,y) - f'_x(0,0)}{y} = \lim_{y \to 0} \frac{-y-0}{y} = -1$$

$$f''_{yx}(0,0) = \lim_{x \to 0} \frac{f'_y(x,0) - f'_y(0,0)}{x} = \lim_{x \to 0} \frac{x-0}{x} = 1$$

所以 $f''_{xy}(0,0) \neq f''_{yx}(0,0)$.

例 4.15(南大 2007) 设 n 是曲面 $2x^2 + 3y^2 + z^2 = 6$ 在点 $P(1,1,1)$ 处的外法线向量,计算函数 $u = \dfrac{\sqrt{6x^2+8y^2}}{z}$ 在点 $P(1,1,1)$ 处沿方向 n 的方向导数.

解析 向量 $n = (2,3,1)$ 的方向余弦为

$$(\cos\alpha, \cos\beta, \cos\gamma) = \left(\frac{2}{\sqrt{14}}, \frac{3}{\sqrt{14}}, \frac{1}{\sqrt{14}}\right)$$

$$\left.\frac{\partial u}{\partial x}\right|_P = \frac{6}{\sqrt{14}}, \quad \left.\frac{\partial u}{\partial y}\right|_P = \frac{8}{\sqrt{14}}, \quad \left.\frac{\partial u}{\partial z}\right|_P = -\sqrt{14}$$

所以

$$\left.\frac{\partial u}{\partial n}\right|_P = \left.\frac{\partial u}{\partial x}\right|_P \cos\alpha + \left.\frac{\partial u}{\partial y}\right|_P \cos\beta + \left.\frac{\partial u}{\partial z}\right|_P \cos\gamma = \frac{12}{14} + \frac{24}{14} - 1 = \frac{11}{7}$$

例 4.16(全国 2014) 若

$$\int_{-\pi}^{\pi}(x - a_1\cos x - b_1\sin x)^2 dx = \min_{a,b \in \mathbf{R}}\left(\int_{-\pi}^{\pi}(x - a\cos x - b\sin x)^2 dx\right)$$

则 $a_1\cos x + b_1\sin x =$ ( )

(A) $2\sin x$　　　　(B) $2\cos x$　　　　(C) $2\pi\sin x$　　　　(D) $2\pi\cos x$

解析 记 $f(a,b) = \int_{-\pi}^{\pi}(x - a\cos x - b\sin x)^2 dx$,求偏导后应用定积分的奇、偶对称性,有

$$f'_a(a,b) = 4a\int_0^{\pi}\cos^2 x\, dx = 2a\int_0^{\pi}(1+\cos 2x)dx = 2\pi a$$

$$f'_b(a,b) = 4\int_0^{\pi}(b\sin^2 x - x\sin x)dx = 2b\int_0^{\pi}(1-\cos 2x)dx + 4\int_0^{\pi}x\,d\cos x$$

$$= 2b\left(x - \frac{1}{2}\sin 2x\right)\Big|_0^{\pi} + 4\left(x\cos x\Big|_0^{\pi} - \sin x\Big|_0^{\pi}\right) = 2(b-2)\pi$$

由 $f'_a(a,b)=0, f'_b(a,b)=0$ 解得 $a=0, b=2$. 由于 $f(a,b)$ 的最小值存在,驻点 $(a,b)=(0,2)$ 又是唯一的,所以 $a_1\cos x+b_1\sin x=2\sin x$. 故选(A).

例 4.17(全国 2011) 如果函数 $f(x)$ 具有二阶连续导数,则函数 $z=f(x)\ln f(y)$ 在点$(0,0)$ 处取得极小值的一个充分条件是 ( )

(A) $f(0)>1, f''(0)>0$　　　　　(B) $f(0)>1, f''(0)<0$

(C) $f(0)<1, f''(0)>0$　　　　　(D) $f(0)<1, f''(0)<0$

解析 函数 $z=f(x)\ln f(y)$ 在点$(0,0)$ 处取得极小值的必要条件是

$$\left.\frac{\partial z}{\partial x}\right|_{(0,0)}=f'(0)\ln f(0)=0, \quad \left.\frac{\partial z}{\partial y}\right|_{(0,0)}=f(0)\frac{f'(0)}{f(0)}=f'(0)=0$$

为了求极值,计算三个二阶偏导数:

$$A=\left.\frac{\partial^2 z}{\partial x^2}\right|_{(0,0)}=f''(0)\ln f(0), \quad B=\left.\frac{\partial^2 z}{\partial x\partial y}\right|_{(0,0)}=\frac{(f'(0))^2}{f(0)}=0$$

$$C=\left.\frac{\partial^2 z}{\partial y^2}\right|_{(0,0)}=\frac{f(0)f''(0)-(f'(0))^2}{f(0)}=f''(0)$$

所以充分条件是 $A=f''(0)\ln f(0)>0$,且 $\Delta=B^2-AC=-(f''(0))^2\ln f(0)<0$,由此可得 $f(0)>1, f''(0)>0$. 故选(A).

例 4.18(全国 2015) 已知函数 $f(x,y)$ 满足
$$f''_{xy}(x,y)=2(y+1)e^x, \quad f'_x(x,0)=(x+1)e^x, \quad f(0,y)=y^2+2y$$
求 $f(x,y)$ 的极值.

解析 方程 $f''_{xy}(x,y)=2(y+1)e^x$ 两边对 y 积分得
$$f'_x(x,y)=(y+1)^2 e^x+\varphi(x)$$
此式中令 $y=0$ 得
$$f'_x(x,0)=e^x+\varphi(x)=(x+1)e^x$$
故 $\varphi(x)=xe^x, f'_x(x,y)=[x+(y+1)^2]e^x$,此式两边对 x 积分得
$$f(x,y)=(x+y^2+2y)e^x+\psi(y)$$
此式中令 $x=0$ 得
$$f(0,y)=y^2+2y+\psi(y)=y^2+2y \Rightarrow \psi(y)=0$$
于是 $f(x,y)=(x+y^2+2y)e^x$. 由 $\begin{cases} f'_x(x,y)=[x+(y+1)^2]e^x=0, \\ f'_y(x,y)=2(y+1)e^x=0 \end{cases}$ 解得驻点为 $P(0,-1)$,因为
$$f''_{xx}(x,y)=[1+x+(y+1)^2]e^x, \quad f''_{yy}(x,y)=2e^x$$
于是
$$A=f''_{xx}(P)=1>0, \quad B=f''_{xy}(P)=0, \quad C=f''_{yy}(P)=2>0$$
$$\Delta=B^2-AC=-2<0$$
所以函数 $f(x,y)$ 在点 $P(0,-1)$ 处取极小值 $f(0,-1)=-1$.

例 4.19(全国 2015)   已知函数 $f(x,y) = x+y+xy$,曲线 $C: x^2+y^2+xy = 3$,求 $f(x,y)$ 在曲线 C 上的最大方向导数.

解析   由于函数 $f(x,y)$ 在点 (x,y) 的方向导数的最大值等于函数 $f(x,y)$ 在点 (x,y) 的梯度的模,即

$$\max \frac{\partial f}{\partial l} = |\mathbf{grad} f| = |(f'_x, f'_y)| = |(1+y, 1+x)| = \sqrt{(1+x)^2 + (1+y)^2}$$

所以欲求函数 $f(x,y)$ 在曲线 C 上的最大方向导数,只要求函数 $z(x,y) = \max \frac{\partial f}{\partial l}$ 满足条件 $\varphi(x,y) = x^2+y^2+xy-3 = 0$ 的最大值. 注意到 $z(x,y) \geq 0$,应用拉格朗日乘数法,令

$$\begin{aligned} F(x,y,\lambda) &= (z(x,y))^2 + \lambda \varphi(x,y) \\ &= (1+x)^2 + (1+y)^2 + \lambda(x^2+y^2+xy-3) \end{aligned}$$

由

$$\begin{cases} F'_x = 2(1+x) + \lambda(2x+y) = 0, \\ F'_y = 2(1+y) + \lambda(2y+x) = 0, \\ F'_\lambda = x^2+y^2+xy-3 = 0 \end{cases}$$

解得驻点为 $(1,1), (-1,-1), (-1,2), (2,-1)$. 于是函数 $f(x,y)$ 在曲线 C 上的最大方向导数为

$$\max\{z(1,1), z(-1,-1), z(-1,2), z(2,-1)\} = \max\{2\sqrt{2}, 0, 3, 3\} = 3$$

例 4.20(全国 2008)   已知曲线 $C: \begin{cases} x^2+y^2-2z^2 = 0, \\ x+y+3z = 5, \end{cases}$ 求 C 上距离 xOy 面最远的点和最近的点.

解析   点 (x,y,z) 到 xOy 面的距离为 $|z|$,故求 C 上距离 xOy 面最远点和最近点的坐标,等价于求函数 $H = z^2$ 在条件 $x^2+y^2-2z^2 = 0$ 与 $x+y+3z = 5$ 下的最大值点和最小值点. 令

$$L(x,y,z,\lambda,\mu) = z^2 + \lambda(x^2+y^2-2z^2) + \mu(x+y+3z-5)$$

由

$$\begin{cases} L'_x = 2\lambda x + \mu = 0, \\ L'_y = 2\lambda y + \mu = 0, \\ L'_z = 2z - 4\lambda z + 3\mu = 0, \\ x^2+y^2-2z^2 = 0, \\ x+y+3z = 5 \end{cases}$$

得 $x=y$,从而 $2x^2-2z^2 = 0, 2x+3z = 5$,解得驻点为 $(-5,-5,5), (1,1,1)$. 根据几何意义,曲线 C 上存在距离 xOy 面最远的点和最近的点,故所求点依次为 $(-5,-5,5)$ 和 $(1,1,1)$.

例 4.21(全国 2014) 设函数 $f(x,y)$ 满足 $\dfrac{\partial f}{\partial y}=2(y+1)$,且
$$f(y,y)=(y+1)^2-(2-y)\ln y$$
求曲线 $f(x,y)=0$ 所围图形绕 $y=-1$ 旋转一周的旋转体的体积.

解析 方程 $\dfrac{\partial f}{\partial y}=2(y+1)$ 两边对 y 积分得 $f(x,y)=(y+1)^2+\varphi(x)$,此式中令 $x=y$ 得
$$f(y,y)=(y+1)^2+\varphi(y)=(y+1)^2-(2-y)\ln y$$
故 $\varphi(y)=-(2-y)\ln y$,得 $f(x,y)=(y+1)^2-(2-x)\ln x$. 由于曲线 $(y+1)^2=(2-x)\ln x$ 过点 $(1,-1),(2,-1)$,且关于 $y=-1$ 对称,因此所求旋转体的体积为
$$V=\pi\int_1^2(y+1)^2\mathrm{d}x=-\frac{\pi}{2}\int_1^2\ln x\,\mathrm{d}(2-x)^2$$
$$=-\frac{\pi}{2}\left((2-x)^2\ln x\Big|_1^2-\int_1^2\frac{(2-x)^2}{x}\mathrm{d}x\right)$$
$$=\frac{\pi}{2}\left(4\ln x-4x+\frac{1}{2}x^2\right)\Big|_1^2=\left(2\ln 2-\frac{5}{4}\right)\pi$$

专题 9　二重积分与三重积分

9.1　重要概念与基本方法

1　二重积分的定义

(1) 函数 $f(x,y)$ 定义在平面的有界闭域 D 上，将 D 分割为 n 个小区域 D_i ($i=1,2,\cdots,n$)，记 $d_i = D_i$ 的直径，$\lambda = \max\limits_{1\leqslant i\leqslant n}\{d_i\}$，$\forall (x_i,y_i) \in D_i$，$\Delta\sigma_i = D_i$ 的面积，则二重积分

$$\iint\limits_D f(x,y)\mathrm{d}x\mathrm{d}y \stackrel{\text{def}}{=} \lim_{\lambda\to 0}\sum_{i=1}^n f(x_i,y_i)\Delta\sigma_i = A$$

这里常数 A 与 D 的分割无关，与点 (x_i,y_i) 的选取无关.

(2) 利用二重积分的定义，可将下列形式的极限化为二重积分来计算其值：

$$\lim_{n\to\infty}\sum_{i=1}^n\sum_{j=1}^n f\left(a+i\frac{b-a}{n},c+j\frac{d-c}{n}\right)\frac{(b-a)(d-c)}{n^2} = \iint\limits_D f(x,y)\mathrm{d}x\mathrm{d}y$$

这里 $D = \{(x,y) \mid a\leqslant x\leqslant b, c\leqslant y\leqslant d\}$.

(3) 函数 $f(x,y)$ 满足下列条件之一时是可积的：

① $f(x,y) \in C(D)$；

② $f(x,y)$ 在 D 上有界，且只有有限个间断点.

(4) 函数 $f(x,y)$ 在有界闭域 D 上可积的必要条件是 $f(x,y)$ 在 D 上有界.

2　二重积分的主要性质（假设下列二重积分的被积函数皆可积）

定理 1（保号性）　若 $f(x,y) \leqslant g(x,y)$，$\forall (x,y) \in D$，则

$$\iint\limits_D f(x,y)\mathrm{d}x\mathrm{d}y \leqslant \iint\limits_D g(x,y)\mathrm{d}x\mathrm{d}y$$

定理 2（可加性）　用曲线将积分区域 D 分割为 $D_1 \cup D_2$，则

$$\iint\limits_D f(x,y)\mathrm{d}x\mathrm{d}y = \iint\limits_{D_1} f(x,y)\mathrm{d}x\mathrm{d}y + \iint\limits_{D_2} f(x,y)\mathrm{d}x\mathrm{d}y$$

定理 3（积分中值定理）　设 $f(x,y) \in C(D)$，则 $\exists (\xi,\eta) \in D$，使得

$$\iint_D f(x,y)\mathrm{d}x\mathrm{d}y = f(\xi,\eta)S(D)$$

这里 $S(D)$ 表示区域 D 的面积.

定理 4(奇偶、对称性) 设 $f(x,y)$ 关于 x 是奇函数或偶函数,积分区域关于 $x=0$ 对称,则

$$\iint_D f(x,y)\mathrm{d}x\mathrm{d}y = \begin{cases} 0 & (f(x,y) \text{ 关于 } x \text{ 为奇函数}); \\ 2\iint_{D(x\geqslant 0)} f(x,y)\mathrm{d}x\mathrm{d}y & (f(x,y) \text{ 关于 } x \text{ 为偶函数}) \end{cases}$$

定理 5(奇偶、对称性) 设 $f(x,y)$ 关于 y 是奇函数或偶函数,积分区域关于 $y=0$ 对称,则

$$\iint_D f(x,y)\mathrm{d}x\mathrm{d}y = \begin{cases} 0 & (f(x,y) \text{ 关于 } y \text{ 为奇函数}); \\ 2\iint_{D(y\geqslant 0)} f(x,y)\mathrm{d}x\mathrm{d}y & (f(x,y) \text{ 关于 } y \text{ 为偶函数}) \end{cases}$$

3 二重积分的基本计算方法

(1) 化为直角坐标下的二次积分.

首先画出积分区域 D 的图形,我们把图形分为两种情况:

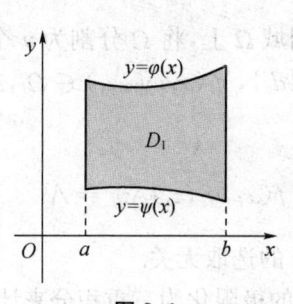

图 9.1

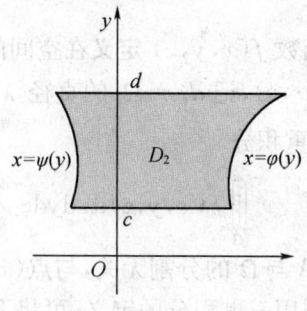

图 9.2

① 积分区域 D_1 如图 9.1 所示,则有

$$\iint_D f(x,y)\mathrm{d}x\mathrm{d}y = \int_a^b \mathrm{d}x \int_{\psi(x)}^{\varphi(x)} f(x,y)\mathrm{d}y$$

② 积分区域 D_2 如图 9.2 所示,则有

$$\iint_D f(x,y)\mathrm{d}x\mathrm{d}y = \int_c^d \mathrm{d}y \int_{\psi(y)}^{\varphi(y)} f(x,y)\mathrm{d}x$$

(2) 化为极坐标下的二次积分.

首先画出积分区域 D 的图形,我们把图形分为两种情况:

① 积分区域 D_3 如图 9.3 所示,则有

$$\iint_D f(x,y)\mathrm{d}x\mathrm{d}y = \int_\alpha^\beta \mathrm{d}\theta \int_{\psi(\theta)}^{\varphi(\theta)} f(\rho\cos\theta,\rho\sin\theta)\rho\mathrm{d}\rho$$

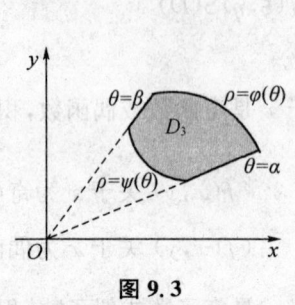
图 9.3

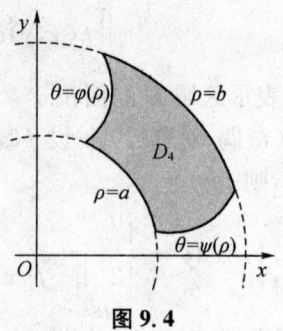
图 9.4

② 积分区域 D_4 如图 9.4 所示,则有
$$\iint_D f(x,y)\mathrm{d}x\mathrm{d}y = \int_a^b \mathrm{d}\rho \int_{\psi(\rho)}^{\varphi(\rho)} f(\rho\cos\theta,\rho\sin\theta)\rho\mathrm{d}\theta$$

4 交换二次积分的积分次序

首先将二次积分还原为二重积分,根据二次积分的四个上、下限画出积分区域 D,再改变积分次序,化为另一次序的二次积分.

5 三重积分的定义

(1) 函数 $f(x,y,z)$ 定义在空间的有界闭域 Ω 上,将 Ω 分割为 n 个小区域 Ω_i ($i=1,2,\cdots,n$),记 $d_i = \Omega_i$ 的直径,$\lambda = \max\limits_{1\leqslant i\leqslant n}\{d_i\}$,$\forall (x_i,y_i,z_i) \in \Omega_i$,$\Delta v_i = \Omega_i$ 的体积,则三重积分
$$\iiint_\Omega f(x,y,z)\mathrm{d}x\mathrm{d}y\mathrm{d}z \stackrel{\text{def}}{=} \lim_{\lambda \to 0} \sum_{i=1}^n f(x_i,y_i,z_i)\Delta v_i = A$$
这里常数 A 与 Ω 的分割无关,与点 (x_i,y_i,z_i) 的选取无关.

(2) 利用三重积分的定义,可将下列形式的极限化为三重积分来计算其值:
$$\lim_{n\to\infty}\sum_{i=1}^n\sum_{j=1}^n\sum_{k=1}^n f\left(a+i\frac{b-a}{n},c+j\frac{d-c}{n},p+k\frac{q-p}{n}\right)\frac{(b-a)(d-c)(q-p)}{n^3}$$
$$= \iiint_\Omega f(x,y,z)\mathrm{d}x\mathrm{d}y\mathrm{d}z$$
这里 $\Omega = \{(x,y,z) | a \leqslant x \leqslant b, c \leqslant y \leqslant d, p \leqslant z \leqslant q\}$.

(3) 函数 $f(x,y,z)$ 满足下列条件之一时是可积的:

① $f(x,y,z) \in C(\Omega)$;

② $f(x,y,z)$ 在 Ω 上有界,且只有有限个间断点.

(4) 函数 $f(x,y,z)$ 在有界闭域 Ω 上可积的必要条件是 $f(x,y,z)$ 在 Ω 上有界.

6 三重积分的主要性质(假设下列三重积分的被积函数皆可积)

定理 1(保号性)　若 $f(x,y,z) \leqslant g(x,y,z), \forall (x,y,z) \in \Omega$,则
$$\iiint_\Omega f(x,y,z)\mathrm{d}x\mathrm{d}y\mathrm{d}z \leqslant \iiint_\Omega g(x,y,z)\mathrm{d}x\mathrm{d}y\mathrm{d}z$$

定理 2(可加性)　用曲面将积分区域 Ω 分割为 $\Omega_1 \cup \Omega_2$,则
$$\iiint_\Omega f(x,y,z)\mathrm{d}x\mathrm{d}y\mathrm{d}z = \iiint_{\Omega_1} f(x,y,z)\mathrm{d}x\mathrm{d}y\mathrm{d}z + \iiint_{\Omega_2} f(x,y,z)\mathrm{d}x\mathrm{d}y\mathrm{d}z$$

定理 3(积分中值定理)　设 $f(x,y,z) \in C(\Omega)$,则 $\exists (\xi,\eta,\zeta) \in \Omega$,使得
$$\iiint_\Omega f(x,y,z)\mathrm{d}x\mathrm{d}y\mathrm{d}z = f(\xi,\eta,\zeta)V(\Omega)$$

这里 $V(\Omega)$ 表示区域 Ω 的体积.

定理 4(奇偶、对称性)　设 $f(x,y,z)$ 关于 x 是奇函数或偶函数,积分区域关于 $x=0$ 对称,则
$$\iiint_\Omega f(x,y,z)\mathrm{d}x\mathrm{d}y\mathrm{d}z = \begin{cases} 0 & (f(x,y,z) \text{ 关于 } x \text{ 为奇函数}); \\ 2\iiint_{\Omega(x\geqslant 0)} f(x,y,z)\mathrm{d}x\mathrm{d}y\mathrm{d}z & (f(x,y,z) \text{ 关于 } x \text{ 为偶函数}) \end{cases}$$

定理 5(奇偶、对称性)　设 $f(x,y,z)$ 关于 y 是奇函数或偶函数,积分区域关于 $y=0$ 对称,则
$$\iiint_\Omega f(x,y,z)\mathrm{d}x\mathrm{d}y\mathrm{d}z = \begin{cases} 0 & (f(x,y,z) \text{ 关于 } y \text{ 为奇函数}); \\ 2\iiint_{\Omega(y\geqslant 0)} f(x,y,z)\mathrm{d}x\mathrm{d}y\mathrm{d}z & (f(x,y,z) \text{ 关于 } y \text{ 为偶函数}) \end{cases}$$

定理 6(奇偶、对称性)　设 $f(x,y,z)$ 关于 z 是奇函数或偶函数,积分区域关于 $z=0$ 对称,则
$$\iiint_\Omega f(x,y,z)\mathrm{d}x\mathrm{d}y\mathrm{d}z = \begin{cases} 0 & (f(x,y,z) \text{ 关于 } z \text{ 为奇函数}); \\ 2\iiint_{\Omega(z\geqslant 0)} f(x,y,z)\mathrm{d}x\mathrm{d}y\mathrm{d}z & (f(x,y,z) \text{ 关于 } z \text{ 为偶函数}) \end{cases}$$

7 三重积分的基本计算方法

(1) 在直角坐标下将三重积分化为先计算一个定积分,再计算一个二重积分.

首先画出积分区域 Ω 的图形(见图 9.5),适合此方法的 Ω 在 xOy 平面上的投影为有界闭域 D,区域 Ω 夹在两曲面 $z = \psi(x,y)$ 与 $z = \varphi(x,y)$ 之间,其中 $(x,y) \in D$.则

$$\iiint_\Omega f(x,y,z)\mathrm{d}x\mathrm{d}y\mathrm{d}z = \iint_D \mathrm{d}x\mathrm{d}y \int_{\psi(x,y)}^{\varphi(x,y)} f(x,y,z)\mathrm{d}z$$

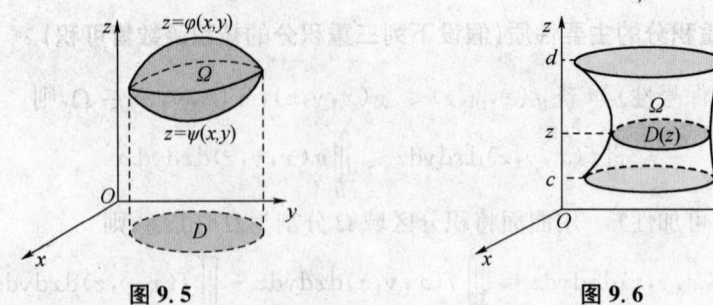

图 9.5   图 9.6

(2) 在直角坐标下将三重积分化为先计算一个二重积分,再计算一个定积分. 首先画出积分区域 Ω 的图形(见图 9.6),适合此方法的 Ω 在 z 轴上的投影为闭区间 $[c,d]$,$\forall z \in [c,d]$,过 $(0,0,z)$ 作平面 Π 平行于 xOy 平面,平面 Π 与立体 Ω 相截,截面为 $D(z)$. 则

$$\iiint\limits_{\Omega} f(x,y,z)\mathrm{d}x\mathrm{d}y\mathrm{d}z = \int_c^d \mathrm{d}z \iint\limits_{D(z)} f(x,y,z)\mathrm{d}x\mathrm{d}y$$

(3) 柱坐标计算法.

在上述情况(1)和情况(2)中,若投影域 D 或截面 $D(z)$ 是圆或扇形,则可用极坐标 (ρ,θ) 计算. 我们把三重积分化为这种对 z,ρ,θ 积分的方法叫做柱坐标计算.

(4) 球坐标计算法.

令

$$x = r\sin\varphi\cos\theta, \quad y = r\sin\varphi\sin\theta, \quad z = r\cos\varphi$$

则三重积分可化为球坐标下的三重积分,即

$$\iiint\limits_{\Omega} f(x,y,z)\mathrm{d}x\mathrm{d}y\mathrm{d}z = \iiint\limits_{\Omega} f(r\sin\varphi\cos\theta,r\sin\varphi\sin\theta,r\cos\varphi)r^2\sin\varphi\mathrm{d}r\mathrm{d}\varphi\mathrm{d}\theta$$

再在球坐标下化为三次积分.

8 重积分的应用

(1) 求平面图形的面积,有

$$S(D) = \iint\limits_D 1\mathrm{d}x\mathrm{d}y = \iint\limits_D \rho\mathrm{d}\rho\mathrm{d}\theta$$

(2) 求空间立体的体积,有

$$V(\Omega) = \iiint\limits_{\Omega} 1\mathrm{d}x\mathrm{d}y\mathrm{d}z = \iiint\limits_{\Omega} r^2\sin\varphi\mathrm{d}r\mathrm{d}\varphi\mathrm{d}\theta$$

(3) 求空间曲面的面积. 设空间曲面 Σ 在 xOy 平面上的投影为 D,则

$$S(\Sigma) = \iint\limits_D \sqrt{1+(z'_x)^2+(z'_y)^2}\mathrm{d}x\mathrm{d}y$$

(4) 应用二重积分可求平面薄片的质量与质量中心,应用三重积分可求空间

立体的质量与质量中心等.

9.2 《大学数学教程》习题选解

例 2.1(习题 6.1 A 4.3)　计算二重积分 $\iint_D \dfrac{\sin y}{y}\mathrm{d}x\mathrm{d}y, D: y \geqslant x, x \geqslant y^2$.

解析　积分区域如图 9.7 所示,将二重积分转化为先 x 后 y 的累次积分,则

$$\text{原式} = \int_0^1 \mathrm{d}y \int_{y^2}^y \dfrac{\sin y}{y}\mathrm{d}x = \int_0^1 (1-y)\sin y\,\mathrm{d}y$$

$$= (-\cos y + y\cos y - \sin y)\Big|_0^1 = 1 - \sin 1$$

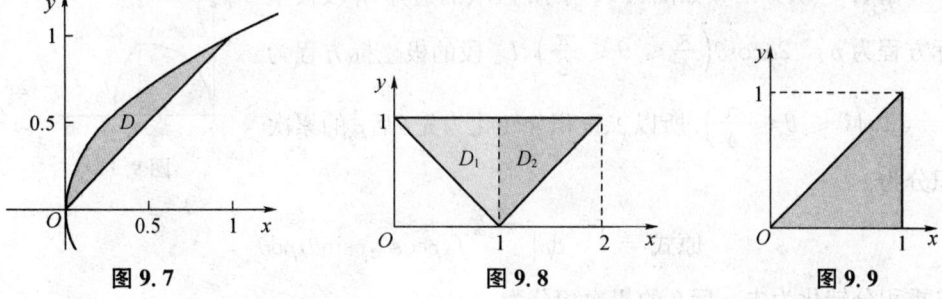

图 9.7　　　　　　　图 9.8　　　　　　　图 9.9

例 2.2(习题 6.1 A 5.2)　改变累次积分 $\int_0^1 \mathrm{d}y \int_{1-y}^{1+y} f(x,y)\mathrm{d}x$ 的次序.

解析　累次积分所对应的积分区域如图 9.8 所示,则

$$\text{原式} = \iint_{D_1} f(x,y)\mathrm{d}x\mathrm{d}y + \iint_{D_2} f(x,y)\mathrm{d}x\mathrm{d}y$$

$$= \int_0^1 \mathrm{d}x \int_{1-x}^1 f(x,y)\mathrm{d}y + \int_1^2 \mathrm{d}x \int_{x-1}^1 f(x,y)\mathrm{d}y$$

例 2.3(习题 6.1 A 6)　计算累次积分 $\int_0^1 \mathrm{d}y \int_y^1 \sin x^2 \mathrm{d}x$.

解析　累次积分所对应的二重积分区域如图 9.9 所示,改变累次积分顺序再计算有

$$\text{原式} = \int_0^1 \mathrm{d}x \int_0^x \sin x^2 \mathrm{d}y = \int_0^1 x\sin x^2 \mathrm{d}x$$

$$= -\dfrac{1}{2}\cos x^2 \Big|_0^1 = \dfrac{1}{2}(1-\cos 1)$$

例 2.4(习题 6.1 A 7.3)　计算二重积分 $\iint_D (x+y)\mathrm{d}x\mathrm{d}y, D: x^2 + y^2 \leqslant 2y$.

解析　积分区域如图 9.10 所示,D 关于 $x = 0$ 对称. 应用奇偶、对称性,再采

用极坐标计算，D 的边界的极坐标方程为 $\rho = 2\sin\theta$，于是

$$原式 = 2\iint_{D(x \geqslant 0)} y\mathrm{d}x\mathrm{d}y = 2\int_0^{\frac{\pi}{2}} \mathrm{d}\theta \int_0^{2\sin\theta} \rho^2 \sin\theta \mathrm{d}\rho$$

$$= \frac{16}{3}\int_0^{\frac{\pi}{2}} \sin^4\theta \mathrm{d}\theta$$

$$= \frac{4}{3}\int_0^{\frac{\pi}{2}}\left(\frac{3}{2} - 2\cos2\theta + \frac{1}{2}\cos4\theta\right)\mathrm{d}\theta = \pi$$

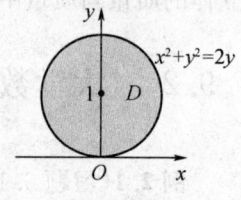

图 9.10

例 2.5（习题 6.1 A 8） 将二重积分

$$\iint_D f(x,y)\mathrm{d}x\mathrm{d}y \quad (D: x^2 + y^2 \leqslant 2a^2, x^2 + y^2 \leqslant 2ax, y \geqslant 0)$$

化为极坐标系下两种次序的累次积分．

解析 积分区域如图 9.11 所示．区域的边界 L_1 段极坐标方程为 $\rho = 2a\cos\theta\left(\frac{\pi}{4} \leqslant \theta \leqslant \frac{\pi}{2}\right)$，$L_2$ 段的极坐标方程为 $\rho = \sqrt{2}a\left(0 \leqslant \theta \leqslant \frac{\pi}{4}\right)$．所以二重积分转化为先 θ 后 ρ 的累次积分为

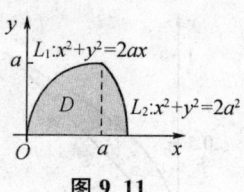

图 9.11

$$原式 = \int_0^{\sqrt{2}a} \mathrm{d}\rho \int_0^{\arccos\frac{\rho}{2a}} f(\rho\cos\theta, \rho\sin\theta)\rho\mathrm{d}\theta$$

二重积分转化为先 ρ 后 θ 的累次积分为

$$原式 = \int_0^{\frac{\pi}{4}} \mathrm{d}\theta \int_0^{\sqrt{2}a} f(\rho\cos\theta, \rho\sin\theta)\rho\mathrm{d}\rho + \int_{\frac{\pi}{4}}^{\frac{\pi}{2}} \mathrm{d}\theta \int_0^{2a\cos\theta} f(\rho\cos\theta, \rho\sin\theta)\rho\mathrm{d}\rho$$

例 2.6（习题 6.1 B 3） 求二重积分 $\iint_D (|x| + |y|)\mathrm{d}x\mathrm{d}y$，$D: |x| + |y| \leqslant 1$．

解析 积分区域如图 9.12 所示，D 关于 $x = 0$ 对称，又关于 $y = 0$ 对称，应用奇偶、对称性，设 D_1 为 D 在第一象限部分，则

$$原式 = 4\iint_{D_1} (x+y)\mathrm{d}x\mathrm{d}y = 4\int_0^1 \mathrm{d}x \int_0^{1-x} (x+y)\mathrm{d}y$$

$$= 2\int_0^1 (1-x^2)\mathrm{d}x = \frac{4}{3}$$

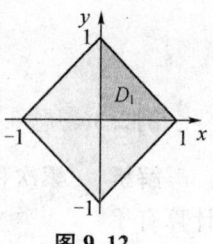

图 9.12

例 2.7（习题 6.1 B 4） 求二重积分

$$\iint_D \sqrt{a^2 - x^2 - y^2}\,\mathrm{d}x\mathrm{d}y \quad (D: (x^2+y^2)^2 \leqslant a^2(x^2-y^2))$$

解析 积分区域如图 9.13 所示，D 关于 $x = 0$ 对称，又关于 $y = 0$ 对称，应用奇偶、对称性，设 D_1 为 D 在第一象限部分，并采用极坐标系计算．D_1 边界的极坐标方程

为 $\rho = a\sqrt{\cos^2\theta - \sin^2\theta}, \theta \in \left[0, \dfrac{\pi}{4}\right]$,所以

$$原式 = 4\int_0^{\frac{\pi}{4}} d\theta \int_0^{a\sqrt{\cos^2\theta - \sin^2\theta}} \rho\sqrt{a^2 - \rho^2}\, d\rho$$

$$= \dfrac{4a^3}{3}\int_0^{\frac{\pi}{4}} (1 - 2^{\frac{3}{2}}\sin^3\theta)\, d\theta$$

$$= \dfrac{\pi a^3}{3} - \dfrac{8\sqrt{2}}{3}a^3\int_0^{\frac{\pi}{4}} \sin^3\theta\, d\theta$$

$$= a^3\left[\dfrac{\pi}{3} - \dfrac{1}{9}(16\sqrt{2} - 20)\right]$$

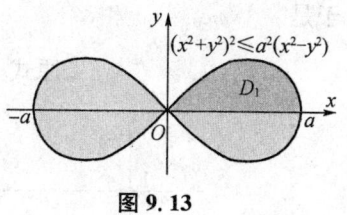

图 9.13

例 2.8(习题 6.1 B 5) 计算二重积分 $\iint_D \left(\dfrac{x^2}{a^2} + \dfrac{y^2}{b^2}\right) dxdy, D: \dfrac{x^2}{a^2} + \dfrac{y^2}{b^2} \leqslant 1$.

解析 积分区域是椭圆,采用广义极坐标系计算. 令

$$x = a\rho\cos\theta, \quad y = b\rho\sin\theta$$

则 $dxdy = ab\rho d\rho d\theta$,积分区域 D 化为单位圆域 $0 \leqslant \rho \leqslant 1$. 于是

$$原式 = \int_0^{2\pi} d\theta \int_0^1 \rho^2 ab\rho\, d\rho = 2\pi ab \dfrac{1}{4}\rho^4\Big|_0^1 = \dfrac{1}{2}\pi ab$$

例 2.9(习题 6.2 A 2.4) 计算三重积分 $\iiint_\Omega \dfrac{y\sin x}{x} dxdydz$,其中 Ω 是由 $y = \sqrt{x}, x + z = \dfrac{\pi}{2}, y = 0, z = 0$ 所围区域.

解析 积分区域如图 9.14 所示. 将三重积分转化为先 z、次 y、再 x 的累次积分,有

$$原式 = \int_0^{\frac{\pi}{2}} dx \int_0^{\sqrt{x}} dy \int_0^{\frac{\pi}{2} - x} \dfrac{y\sin x}{x} dz$$

$$= \int_0^{\frac{\pi}{2}} dx \int_0^{\sqrt{x}} \dfrac{y\left(\dfrac{\pi}{2} - x\right)\sin x}{x} dy$$

$$= \int_0^{\frac{\pi}{2}} \dfrac{1}{2}\left(\dfrac{\pi}{2} - x\right)\sin x\, dx = \dfrac{1}{2}\left(\dfrac{\pi}{2} - 1\right)$$

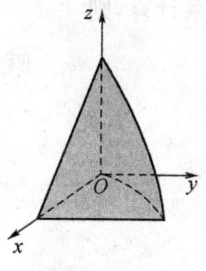

图 9.14

例 2.10(习题 6.2 A 3) 改变累次积分

$$\int_0^1 dx \int_0^x dy \int_0^{x-y} f(x, y, z)\, dz$$

的积分次序,使得先对 y,次对 x,最后对 z 积分.

解析 采用逐次交换积分次序的方法. 先交换对 y 和对 z 的次序(见图 9.15),可得

$$\int_0^x dy \int_0^{x-y} f(x, y, z)\, dz = \int_0^x dz \int_0^{x-z} f(x, y, z)\, dy$$

于是

$$原式 = \int_0^1 dx \int_0^x dz \int_0^{x-z} f(x,y,z) dy$$

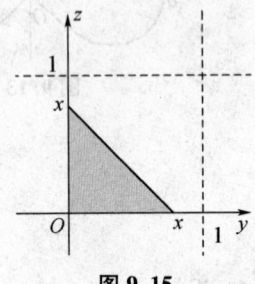

图 9.15

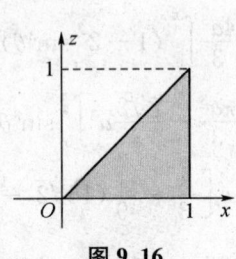

图 9.16

再交换对 x 和对 z 的积分次序(见图 9.16),可得

$$\int_0^1 dx \int_0^x dz = \int_0^1 dz \int_z^1 dx$$

于是

$$原式 = \int_0^1 dz \int_z^1 dx \int_0^{x-z} f(x,y,z) dy$$

例 2.11(习题 6.2 A 4.2) 计算三重积分 $\iiint_\Omega x \, dx dy dz$,其中 Ω 是由 $x^2+y^2=2x, z=0, z=h(h>0)$ 所围区域.

解析 积分区域如图 9.17 所示,为柱体. 选用柱面坐标系计算,则

$$原式 = \int_0^h dz \iint_D x \, dx dy$$
$$= \int_0^h dz \int_{-\frac{\pi}{2}}^{\frac{\pi}{2}} d\theta \int_0^{2\cos\theta} \rho^2 \cos\theta \, d\rho$$
$$= \frac{16}{3} \int_0^h dz \int_0^{\frac{\pi}{2}} \cos^4\theta \, d\theta = \pi h$$

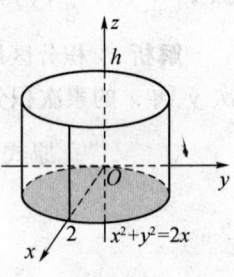

图 9.17

例 2.12(习题 6.2 A 4.5) 计算三重积分 $\iiint_\Omega \frac{1}{\sqrt{x^2+y^2+z^2}} dx dy dz$,其中 Ω 是由 $x^2+y^2+z^2 \leqslant 2z, x \geqslant 0, y \geqslant 0$ 所围区域.

解析 积分区域如图 9.18 所示,为球体在第一卦限的部分,选用球坐标系计算. 球面 $x^2+y^2+z^2=2z$ 的球坐标方程为 $r=2\cos\varphi$,于是

$$原式 = \int_0^{\frac{\pi}{2}} d\theta \int_0^{\frac{\pi}{2}} d\varphi \int_0^{2\cos\varphi} r \sin\varphi \, dr$$

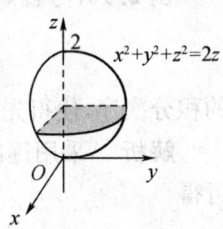

图 9.18

$$= \int_0^{\frac{\pi}{2}} \mathrm{d}\theta \int_0^{\frac{\pi}{2}} 2\cos^2\varphi \sin\varphi \mathrm{d}\varphi = \frac{\pi}{3}$$

例 2.13(习题 6.2 A 5.2)　将累次积分

$$\int_{-R}^{R} \mathrm{d}x \int_{-\sqrt{R^2-x^2}}^{\sqrt{R^2-x^2}} \mathrm{d}y \int_0^{\sqrt{R^2-x^2-y^2}} (x^2+y^2)\mathrm{d}z$$

变换为柱坐标或球坐标计算.

解析　累次积分所对应的三重积分的区域 Ω 如图 9.19 所示,为 xOy 平面上方的半球体,采用球坐标计算有

$$原式 = \iiint_\Omega (x^2+y^2)\mathrm{d}x\mathrm{d}y\mathrm{d}z = \int_0^{2\pi} \mathrm{d}\theta \int_0^{\frac{\pi}{2}} \mathrm{d}\varphi \int_0^R r^4 \sin^3\varphi \mathrm{d}r$$

$$= \frac{2}{5}\pi R^5 \left(\frac{1}{3}\cos^3\varphi - \cos\varphi\right)\Big|_0^{\frac{\pi}{2}} = \frac{4}{15}\pi R^5$$

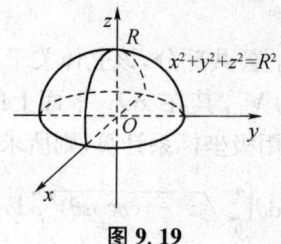

图 9.19

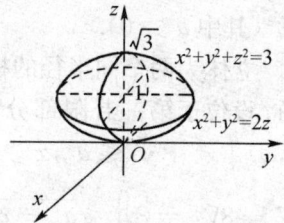

图 9.20

例 2.14(习题 6.2 B 2)　计算三重积分 $\iiint_\Omega (x+y+z)^2 \mathrm{d}x\mathrm{d}y\mathrm{d}z$,其中 Ω 是由 $x^2+y^2 \leqslant 2z, x^2+y^2+z^2 \leqslant 3$ 所围区域.

解析　积分区域 Ω 如图 9.20 所示,Ω 关于 $x=0$ 对称,又关于 $y=0$ 对称,应用奇偶、对称性,并采用柱坐标系计算,则

$$原式 = \int_0^{\sqrt{3}} \mathrm{d}z \iint_{D(z)} (x^2+y^2+z^2+2xy+2yz+2xz)\mathrm{d}x\mathrm{d}y$$

$$= \int_0^{\sqrt{3}} \mathrm{d}z \iint_{D(z)} (x^2+y^2+z^2)\mathrm{d}x\mathrm{d}y$$

$$= \int_0^1 \mathrm{d}z \int_0^{2\pi} \mathrm{d}\theta \int_0^{\sqrt{2z}} (\rho^2+z^2)\rho \mathrm{d}\rho + \int_1^{\sqrt{3}} \mathrm{d}z \int_0^{2\pi} \mathrm{d}\theta \int_0^{\sqrt{3-z^2}} (\rho^2+z^2)\rho \mathrm{d}\rho$$

$$= \frac{7}{6}\pi + \frac{2}{5}(-11+9\sqrt{3})\pi = \frac{\pi}{5}\left(18\sqrt{3} - \frac{97}{6}\right)$$

例 2.15(习题 6.2 B 3)　设 $\Omega: x^2+y^2+z^2 \leqslant 2tz, f \in C(\Omega), f(0)=0, f'(0)=1$,求

$$\lim_{t \to 0+} \frac{1}{t^4} \iiint_\Omega f(\sqrt{x^2+y^2+z^2}) \mathrm{d}x\mathrm{d}y\mathrm{d}z$$

解析 首先采用球坐标计算三重积分,有

$$\iiint_\Omega f(\sqrt{x^2+y^2+z^2})\mathrm{d}x\mathrm{d}y\mathrm{d}z = \int_0^{2\pi}\mathrm{d}\theta\int_0^{2t}\mathrm{d}r\int_0^{\arccos\frac{r}{2t}}f(r)r^2\sin\varphi\mathrm{d}\varphi$$

$$= 2\pi\int_0^{2t}f(r)r^2\left(1-\frac{r}{2t}\right)\mathrm{d}r$$

代入原式,则

$$原式 = \lim_{t\to 0^+}\frac{2\pi\int_0^{2t}f(r)r^2\left(1-\frac{r}{2t}\right)\mathrm{d}r}{t^4} = 2\pi\lim_{t\to 0^+}\left(\frac{\int_0^{2t}f(r)r^2\mathrm{d}r}{t^4} - \frac{\int_0^{2t}f(r)r^3\mathrm{d}r}{2t^5}\right)$$

再应用洛必达法则,有

$$原式 = 2\pi\lim_{t\to 0^+}\left(\frac{f(2t)\cdot 4t^2\cdot 2}{4t^3} - \frac{f(2t)\cdot 8t^3\cdot 2}{10t^4}\right) = 2\pi\left(4f'(0) - \frac{16}{5}f'(0)\right) = \frac{8}{5}\pi$$

例 2.16(习题 6.3 A 1.3) 求下列曲面所围立体区域的体积:$x^2+y^2=a^2$, $x^2+z^2=a^2$(其中 $a>0$).

解析 立体为两个同半径的柱体垂直相交的公共部分,该立体关于三个坐标平面皆对称. 设位于第一卦限部分的立体体积为 V_1,其在 xOy 平面上的投影为 $D_{xy}=\{(x,y)\mid x^2+y^2\leqslant a^2, x\geqslant 0, y\geqslant 0\}$,采用极坐标系计算,则所求体积为

$$V = 8V_1 = 8\iint_{D_{xy}}\sqrt{a^2-x^2}\mathrm{d}x\mathrm{d}y = 8\int_0^{\frac{\pi}{2}}\mathrm{d}\theta\int_0^a\sqrt{a^2-(\rho\cos\theta)^2}\rho\mathrm{d}\rho$$

$$= \frac{8}{3}a^3\int_0^{\frac{\pi}{2}}\frac{1}{\cos^2\theta}(1-\sin^3\theta)\mathrm{d}\theta = \frac{8}{3}a^3\left(\frac{\sin\theta-1}{\cos\theta}-\cos\theta\right)\Big|_0^{\frac{\pi}{2}-}$$

$$= \frac{8}{3}a^3\left(\lim_{x\to\frac{\pi}{2}^-}\frac{\sin\theta-1}{\cos\theta}+2\right) = \frac{8}{3}a^3\left(\lim_{x\to\frac{\pi}{2}^-}\frac{\cos\theta}{-\sin\theta}+2\right) = \frac{16}{3}a^3$$

例 2.17(习题 6.3 A 2.2) 求 $z=xy$ 被 $x^2+y^2=a^2$ 割下的部分曲面的面积,其中 $a>0$.

解析 所求部分曲面在 xOy 平面上的投影为 $D:x^2+y^2\leqslant a^2$,故所求面积为

$$S = \iint_D\sqrt{1+(z_x')^2+(z_y')^2}\mathrm{d}x\mathrm{d}y = \iint_D\sqrt{1+y^2+x^2}\mathrm{d}x\mathrm{d}y$$

$$= \int_0^{2\pi}\mathrm{d}\theta\int_0^a\sqrt{1+\rho^2}\rho\mathrm{d}\rho = \frac{2\pi}{3}\left[(1+a^2)^{\frac{3}{2}}-1\right]$$

例 2.18(习题 6.3 A 2.4) 求 $x^2+y^2=ax$ 位于 xOy 平面与 $z=\sqrt{x^2+y^2}$ 之间的部分曲面的面积,其中 $a>0$.

解析 **方法 Ⅰ** 所求曲面关于 $y=0$ 对称,该曲面在 xOz 平面上的投影为 $D_{zx}=\{(z,x)\mid 0\leqslant z\leqslant \sqrt{ax}, 0\leqslant x\leqslant a\}$(如图 9.21 所示),于是

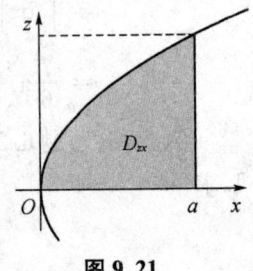

图 9.21

$$S = 2\iint_{D_{zx}} \sqrt{1+(y'_z)^2+(y'_x)^2}\,\mathrm{d}z\mathrm{d}x = a\iint_{D_{zx}} \frac{1}{\sqrt{ax-x^2}}\,\mathrm{d}z\mathrm{d}x$$

$$= a\int_0^a \mathrm{d}x \int_0^{\sqrt{ax}} \frac{1}{\sqrt{ax-x^2}}\,\mathrm{d}z = a\sqrt{a}\int_0^a \frac{1}{\sqrt{a-x}}\,\mathrm{d}x$$

$$= -2a\sqrt{a}\cdot\sqrt{a-x}\Big|_0^a = 2a^2$$

方法 II 所求曲面为柱面的一部分. 柱面在 xOy 平面上的投影为 $\Gamma: x^2+y^2 = ax$, 采用对弧长的曲线积分计算, Γ 的极坐标方程为 $\rho = a\cos\theta\left(-\frac{\pi}{2}\leqslant\theta\leqslant\frac{\pi}{2}\right)$, 弧长微元 $\mathrm{d}s = \sqrt{r^2+(r')^2}\,\mathrm{d}\theta = a\mathrm{d}\theta$, 面积微元为 $\mathrm{d}S = z\mathrm{d}s$. 于是

$$S = \int_\Gamma z\mathrm{d}s = \int_\Gamma \sqrt{x^2+y^2}\,\mathrm{d}s = \int_{-\frac{\pi}{2}}^{\frac{\pi}{2}} a^2\cos\theta\mathrm{d}\theta = 2a^2$$

9.3 往年期中与期末试题解析

例 3.1(08-09(II)期中) 计算累次积分 $\int_0^1 \mathrm{d}y \int_{\arcsin y}^{\pi-\arcsin y} \sin^3 x\mathrm{d}x$.

解析 累次积分的积分区域如图 9.22 所示, 交换累次积分次序后积分, 则

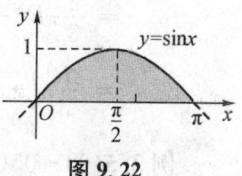

图 9.22

$$\text{原式} = \int_0^\pi \mathrm{d}x \int_0^{\sin x} \sin^3 x\mathrm{d}y = \int_0^\pi \sin^4 x\mathrm{d}x$$
$$= \frac{1}{8}\int_0^\pi (3-4\cos 2x + \cos 4x)\mathrm{d}x = \frac{3}{8}\pi$$

例 3.2(09-10(II)期末) 设 $f(x) = \int_1^x \mathrm{e}^{-y^2}\mathrm{d}y$, 求定积分 $\int_0^1 xf(x^2)\mathrm{d}x$.

解析 根据题意, 有

$$\int_0^1 xf(x^2)\mathrm{d}x = \int_0^1 \mathrm{d}x \int_1^{x^2} x\mathrm{e}^{-y^2}\mathrm{d}y = -\int_0^1 \mathrm{d}x \int_{x^2}^1 x\mathrm{e}^{-y^2}\mathrm{d}y$$

累次积分的积分区域如图 9.23 所示, 交换累次积分的次序后积分, 则

$$\text{原式} = -\int_0^1 \mathrm{d}y \int_0^{\sqrt{y}} x\mathrm{e}^{-y^2}\mathrm{d}x = -\frac{1}{2}\int_0^1 y\mathrm{e}^{-y^2}\mathrm{d}y = \frac{1}{4}(\mathrm{e}^{-1}-1)$$

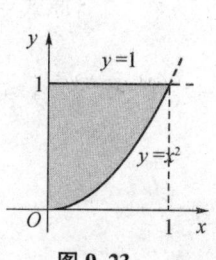

图 9.23

例 3.3(07-08(II)期中) 求 $\lim\limits_{t\to 0+} \frac{1}{t^5}\int_0^t \mathrm{d}x \int_x^t \sin(xy)\mathrm{d}y$.

解析 交换累次积分的次序, 有

$$\int_0^t \mathrm{d}x \int_x^t \sin(xy)\mathrm{d}y = \int_0^t \mathrm{d}y \int_0^y \sin(xy)\mathrm{d}x$$

由变上限积分求导公式有

$$\left(\int_0^t dy \int_0^y \sin(xy)dx\right)' = \int_0^t \sin(xt)dx$$

应用洛比达法则,有

$$原式 = \lim_{t\to 0+} \frac{1}{4t^3}\int_0^t \sin(xt)dx = \lim_{t\to 0+} \frac{1}{4t^3}\left(-\frac{1}{t}\cos(xt)\Big|_0^t\right)$$

$$= -\lim_{t\to 0+} \frac{\cos t^2 - 1}{4t^4} = -\lim_{t\to 0+} \frac{-\frac{1}{2}t^4}{4t^4} = \frac{1}{8}$$

例3.4(03-04(Ⅱ)期末) 计算 $I = \iint_D \sqrt{x^2+y^2}\,dxdy$,其中 $Rx \leqslant x^2+y^2 \leqslant R^2$.

解析 积分区域如图9.24所示,采用极坐标计算,则

$$原式 = 2\iint_{D(y\geqslant 0)} \sqrt{x^2+y^2}\,dxdy = 2\iint_{D(y\geqslant 0)} \rho^2 d\rho d\theta$$

$$= 2\int_0^\pi d\theta \int_0^R \rho^2 d\rho - 2\int_0^{\frac{\pi}{2}} d\theta \int_0^{R\cos\theta} \rho^2 d\rho$$

$$= \frac{2}{3}\pi R^3 - \frac{2}{3}R^3\left(\sin\theta - \frac{1}{3}\sin^3\theta\right)\Big|_0^{\frac{\pi}{2}}$$

$$= \frac{2R^3}{3}\left(\pi - \frac{2}{3}\right)$$

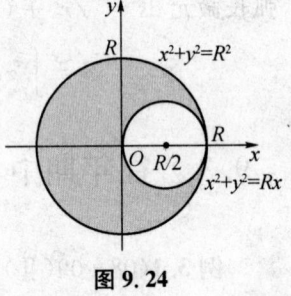

图 9.24

例3.5(04-05(Ⅱ)期中) 求 $\iint_D (x^2+y^2)dxdy$,$D: x^2+y^2 \leqslant 2x, y \geqslant x^2$.

解析 积分区域边界 $x^2+y^2 = 2x$ 的极坐标方程为 $\rho = 2\cos\theta$,边界 $y = x^2$ 的极坐标方程为 $\sin\theta = \rho\cos^2\theta$. 用 $y = x$ 将 D 分为 D_1 与 D_2(如图9.25所示),在 D_1 和 D_2 分别用直角坐标与极坐标计算,则

$$原式 = \iint_{D_1}(x^2+y^2)dxdy + \iint_{D_2}\rho^3 d\rho d\theta$$

$$= \int_0^1 dx \int_{x^2}^x (x^2+y^2)dy + \int_{\frac{\pi}{4}}^{\frac{\pi}{2}} d\theta \int_0^{2\cos\theta} \rho^3 d\rho$$

$$= \int_0^1 \left(\frac{4}{3}x^3 - x^4 - \frac{1}{3}x^6\right)dx + 4\int_{\frac{\pi}{4}}^{\frac{\pi}{2}} \cos^4\theta d\theta$$

$$= \frac{3}{35} + \left(\frac{3}{2}\theta + \sin 2\theta + \frac{1}{8}\sin 4\theta\right)\Big|_{\pi/4}^{\pi/2}$$

$$= \frac{3}{35} + \frac{3}{8}\pi - 1 = -\frac{32}{35} + \frac{3}{8}\pi$$

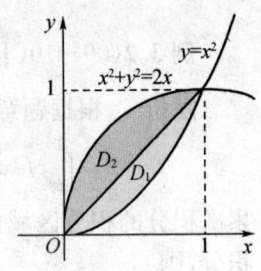

图 9.25

例3.6(07-08(Ⅱ)期中) 设函数 $f(x)$ 连续满足

$$f(t) = 2 + \iint_D f(\sqrt{x^2+y^2})\,dxdy$$

这里 $D: x^2 + y^2 \leqslant t^2$,求 $f(x)$.

解析 D 如图 9.26 所示,采用极坐标计算二重积分,则

$$\iint_D f(\sqrt{x^2+y^2})\,dxdy = \iint_D f(\rho)\rho d\rho d\theta$$
$$= \int_0^{2\pi} d\theta \int_0^t f(\rho)\rho d\rho$$
$$= 2\pi \int_0^t f(\rho)\rho d\rho$$

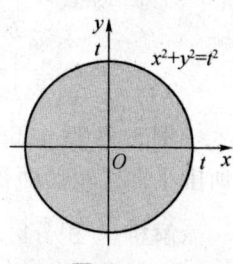

图 9.26

所以

$$f(t) = 2 + 2\pi \int_0^t f(\rho)\rho d\rho$$

两边求导得 $f(x)$ 满足微分方程

$$f'(x) = 2\pi x f(x), \quad f(0) = 2$$

解得

$$f(x) = 2e^{\pi x^2}$$

例 3.7(08-09(Ⅱ)期末) 计算二重积分 $\iint_D f(x,y)\,dxdy$,其中

$$f(x,y) = \begin{cases} \dfrac{1}{\sqrt{x^2+y^2}} & (0 \leqslant y \leqslant x, 1 \leqslant x \leqslant 2); \\ 0 & (其他) \end{cases}$$

积分区域 $D: \sqrt{2x-x^2} \leqslant y \leqslant 2, 0 \leqslant x \leqslant 2$.

解析 积分区域与函数值非零的定义域重叠部分 D' 如图 9.27 阴影部分所示,采用极坐标计算,则

$$原式 = \iint_{D'} \frac{1}{\sqrt{x^2+y^2}} dxdy = \int_0^{\frac{\pi}{4}} d\theta \int_{2\cos\theta}^{\frac{2}{\cos\theta}} d\rho$$
$$= 2\int_0^{\frac{\pi}{4}} \left(\frac{1}{\cos\theta} - \cos\theta\right) d\theta$$
$$= 2(\ln|\sec\theta + \tan\theta| - \sin\theta)\Big|_0^{\frac{\pi}{4}}$$
$$= 2\ln(\sqrt{2}+1) - \sqrt{2}$$

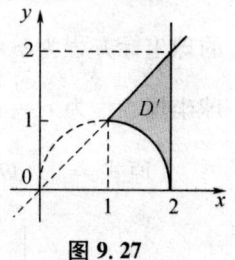

图 9.27

例 3.8(13-14(Ⅱ)期中) 计算二重积分 $\iint_D e^{\frac{y}{x+y}}\,dxdy$,其中 D 为 $y=0, x=0$,$x+y=1$ 所围区域.

解析 积分区域如图 9.28 所示,令 $u = x+y, v = y$,有 $x = u-v, y = v$,得

雅克比行列式 $J(u,v) = \begin{vmatrix} x'_u & x'_v \\ y'_u & y'_v \end{vmatrix} = \begin{vmatrix} 1 & -1 \\ 0 & 1 \end{vmatrix} = 1$,所以

$$\text{原式} = \iint\limits_{D'} e^{\frac{v}{u}} \mid J(u,v) \mid dudv = \iint\limits_{D'} e^{\frac{v}{u}} dudv$$
$$= \int_0^1 du \int_0^u e^{\frac{v}{u}} dv = \frac{1}{2}(e-1)$$

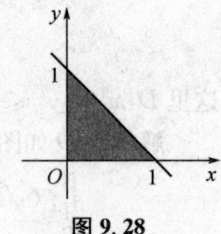

图 9.28

例 3.9(05 - 06(2) 期中) 求第一象限内由 $xy=1, xy=2, x=2y, y=2x$ 所围平面区域的面积.

解析 积分区域如图 9.29 所示,令 $u = xy, v = \frac{y}{x}$,有

$x = \sqrt{\frac{u}{v}}, y = \sqrt{uv}$,雅可比行列式为

$$J(u,v) = \begin{vmatrix} x'_u & x'_v \\ y'_u & y'_v \end{vmatrix} = \begin{vmatrix} \frac{1}{2}\sqrt{\frac{1}{uv}} & -\frac{1}{2}\sqrt{\frac{u}{v^3}} \\ \frac{1}{2}\sqrt{\frac{v}{u}} & \frac{1}{2}\sqrt{\frac{u}{v}} \end{vmatrix} = \frac{1}{2v}$$

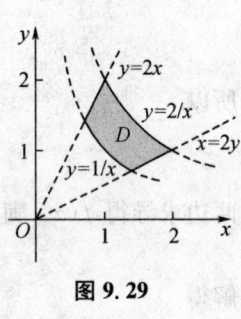

图 9.29

所求区域面积为

$$S = \iint\limits_D dxdy = \iint\limits_{D'} \mid J(u,v) \mid dudv = \iint\limits_{D'} \frac{1}{2v} dudv = \int_1^2 du \int_{\frac{1}{2}}^2 \frac{1}{2v} dv = \ln 2$$

例 3.10(05 - 06(Ⅱ) 期末) 已知 $\Omega: x^2 + y^2 \leqslant z \leqslant 1$,且 $f \in C$,试将三重积分 $\iiint\limits_{\Omega} f(x,y,z) dV$ 表示成球坐标下的三次积分(先对 r 进行积分).

解析 用圆锥面 $z = \sqrt{x^2 + y^2}$ 将积分区域 Ω 分成两块,曲面 $z = \sqrt{x^2+y^2}$ 的球坐标方程为 $\varphi = \frac{\pi}{4}$,曲面 $z=1$ 的球坐标方程为 $r = \sec\varphi$,曲面 $z = x^2+y^2$ 的球坐标方程为 $r = \cos\varphi\csc^2\varphi$,则

$$\text{原式} = \int_0^{2\pi} d\theta \int_0^{\frac{\pi}{4}} d\varphi \int_0^{\sec\varphi} f(r\sin\varphi\cos\theta, r\sin\varphi\sin\theta, r\cos\varphi) r^2 \sin\varphi dr$$
$$+ \int_0^{2\pi} d\theta \int_{\frac{\pi}{4}}^{\frac{\pi}{2}} d\varphi \int_0^{\cos\varphi\csc^2\varphi} f(r\sin\varphi\cos\theta, r\sin\varphi\sin\theta, r\cos\varphi) r^2 \sin\varphi dr$$

例 3.11(05 - 06(Ⅱ) 期中) 设 Ω 是由 $\begin{cases} x^2 = z \\ y = 0 \end{cases}$,绕 z 轴旋转一周生成的曲面与 $z = 1, z = 2$ 所围成的区域,求 $\iiint\limits_{\Omega} (x^2 + y^2 + z^2) dV$.

解析 旋转曲面的方程为 $z = x^2 + y^2$,与 xOy 平面平行的截面是圆 $x^2 + y^2 \leqslant (\sqrt{z})^2$,采用柱坐标计算有

原式 = $\int_1^2 dz \int_0^{2\pi} d\theta \int_0^{\sqrt{z}} (\rho^2 + z^2)\rho d\rho = 2\pi \int_1^2 \left(\frac{\rho^4}{4}\Big|_0^{\sqrt{z}}\right) dz + 2\pi \int_1^2 \left(z^2 \frac{\rho^2}{2}\Big|_0^{\sqrt{z}}\right) dz$

$= \frac{\pi}{2} \int_1^2 z^2 dz + \pi \int_1^2 z^3 dz = \frac{59}{12}\pi$

例 3.12(11-12(Ⅱ)期中) 计算三重积分 $I = \iiint_\Omega (x^2 + xy) dxdydz$,其中 Ω 是椭球体 $\frac{x^2}{a^2} + \frac{y^2}{b^2} + \frac{z^2}{c^2} \leqslant 1$.

解析 由题可知椭球体 Ω 关于平面 $x = 0$ 对称,xy 关于 x 为奇函数,所以 $\iiint_\Omega (xy) dxdydz = 0$. 令 $u = \frac{x}{a}, v = \frac{y}{b}, w = \frac{z}{c}$,得

$$I = \iiint_\Omega x^2 dxdydz = a^3 bc \iiint_{u^2+v^2+w^2 \leqslant 1} u^2 dudvdw$$

又根据轮换性质,有

$$\iiint_{u^2+v^2+w^2 \leqslant 1} u^2 dudvdw = \iiint_{u^2+v^2+w^2 \leqslant 1} v^2 dudvdw = \iiint_{u^2+v^2+w^2 \leqslant 1} w^2 dudvdw$$

所以

$$\iiint_{u^2+v^2+w^2 \leqslant 1} u^2 dudvdw = \frac{1}{3} \iiint_{u^2+v^2+w^2 \leqslant 1} (u^2 + v^2 + w^2) dudvdw$$

从而由球面坐标系得

$$\iiint_{u^2+v^2+w^2 \leqslant 1} u^2 dudvdw = \frac{1}{3} \int_0^\pi \int_0^{2\pi} \int_0^1 r^4 \sin\varphi drd\theta d\varphi = \frac{4}{15}\pi$$

所以 $I = \frac{4}{15}\pi a^3 bc$.

例 3.13(09-10(Ⅱ)期末) 求曲环面
$x = (b + a\cos\psi)\cos\varphi, \quad y = (b + a\cos\psi)\sin\varphi, \quad z = a\sin\psi \quad (0 < a \leqslant b)$
所围立体的体积.

解析 消去 φ 和 ψ 得 $(\sqrt{x^2 + y^2} - b)^2 + z^2 = a^2$,它是曲线 $\Gamma: \begin{cases} (x-b)^2 + z^2 = a^2 \\ y = 0 \end{cases}$,绕 z 轴旋转一周生成的旋转曲面,所以

$$V = 2\pi \int_0^a [(b + \sqrt{a^2 - z^2})^2 - (b - \sqrt{a^2 - z^2})^2] dz$$

$$= 8\pi b \int_0^a \sqrt{a^2 - z^2} dz = 2\pi^2 a^2 b$$

例 3.14(09-10(Ⅱ)期末) 设函数 $f(u)$ 连续,$\Omega_t: 0 \leqslant z \leqslant h, x^2 + y^2 \leqslant t^2$,而

$$F(t) = \iiint\limits_{\Omega_t} [z^2 + f(x^2+y^2) + \sin x + \sin y] dV$$

求 $\dfrac{dF}{dt}$ 及 $\lim\limits_{t \to 0+} \dfrac{\int_0^1 F(xt)dx}{t^2}$.

解析 由于 $\sin x$ 关于 x 为奇函数，$\sin y$ 关于 y 为奇函数，应用三重积分的奇偶、对称性，采用柱坐标计算有

$$F(t) = \iiint\limits_{\Omega_t} [z^2 + f(x^2+y^2)]dV = \int_0^{2\pi} d\theta \int_0^t \rho d\rho \int_0^h (z^2 + f(\rho^2))dz$$

$$= 2\pi \int_0^t \left(\dfrac{h^3}{3} + hf(\rho^2)\right) \rho d\rho$$

于是

$$\dfrac{dF}{dt} = 2\pi t h \left(\dfrac{h^2}{3} + f(t^2)\right)$$

$$\lim\limits_{t \to 0+} \dfrac{\int_0^1 F(xt)dx}{t^2} = \lim\limits_{t \to 0+} \dfrac{\int_0^t F(u)du}{t^3} = \lim\limits_{t \to 0+} \dfrac{F(t)}{3t^2} = \lim\limits_{t \to 0+} \dfrac{F'(t)}{6t}$$

$$= \lim\limits_{t \to 0+} \dfrac{2\pi t h \left(\dfrac{h^2}{3} + f(t^2)\right)}{6t} = \dfrac{\pi h}{3}\left(\dfrac{h^2}{3} + f(0)\right)$$

9.4 历年硕士生入学试题解析

例 4.1（全国 2009） 已知正方形 $|x| \leqslant 1, |y| \leqslant 1$ 被其两条对角线分成 4 个区域 $D_k(k=1,2,3,4)$，如果 $I_k = \iint\limits_{D_k} y\cos x dxdy$，则 $\max\limits_{1 \leqslant k \leqslant 4}\{I_k\} = $ _____.

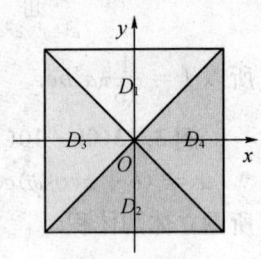

图 9.30

解析 因为函数 $f(x,y) = y\cos x$ 关于 y 是奇函数，如图 9.30 所示，区域 D_3 和 D_4 关于 $y=0$ 对称，所以 $I_3 = 0$，$I_4 = 0$；因为函数 $f(x,y) = y\cos x$ 关于 x 是偶函数，区域 D_1 与 D_2 关于 $x=0$ 对称，所以

$$I_1 = \iint\limits_{D_1} y\cos x dxdy = 2\iint\limits_{D_1(x \geqslant 0)} y\cos x dxdy$$

$$I_2 = \iint\limits_{D_2} y\cos x dxdy = 2\iint\limits_{D_2(x \geqslant 0)} y\cos x dxdy$$

又 $\forall (x,y) \in D_1(x \geqslant 0), f(x,y) \geqslant 0$；$\forall (x,y) \in D_2(x \geqslant 0), f(x,y) \leqslant 0$. 于是 $I_1 > 0, I_2 < 0$，故 $\max\limits_{1 \leqslant k \leqslant 4}\{I_k\} = I_1$.

例 4.2(全国 2012) 设区域 D 由曲线 $y=\sin x, x=\pm\dfrac{\pi}{2}, y=1$ 围成,则 $\iint\limits_{D}(x^5y-1)\mathrm{d}x\mathrm{d}y=$ (   )

(A) π (B) 2   (C) -2 (D) $-\pi$

解析 用曲线 $y=-\sin x\left(-\dfrac{\pi}{2}\leqslant x\leqslant 0\right)$ 将区域 D 分为 D_1+D_2(如图 9.31 所示),D_1 关于 $y=0$ 对称,D_2 关于 $x=0$ 对称,于是

原式 $=\iint\limits_{D_1}x^5y\mathrm{d}x\mathrm{d}y+\iint\limits_{D_2}x^5y\mathrm{d}x\mathrm{d}y-\iint\limits_{D}1\mathrm{d}x\mathrm{d}y$

$=0+0-\iint\limits_{D}1\mathrm{d}x\mathrm{d}y$

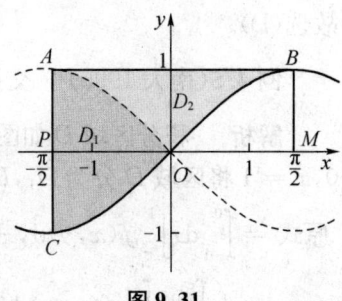

图 9.31

由于曲边三角形 OMB 的面积等于曲边三角形 OPC 的面积,所以区域 D 的面积等于矩形 $PMBA$ 的面积,所以 $\iint\limits_{D}1\mathrm{d}x\mathrm{d}y=\pi$,即原式 $=-\iint\limits_{D}1\mathrm{d}x\mathrm{d}y=-\pi$,故选(D).

例 4.3(南大 2008) 设 $f(u)$ 为连续函数,D 是由 $y=x^3, y=1, x=-1$ 所围成的区域,则 $\iint\limits_{D}x[1+yf(x^2+y^2)]\mathrm{d}x\mathrm{d}y=$ _____.

解析 用 $y=-x^3$ 将区域 D 分为 D_1+D_2(如图 9.32 所示),其中 D_1 关于 $x=0$ 对称,D_2 关于 $y=0$ 对称.则

$\iint\limits_{D}x[1+yf(x^2+y^2)]\mathrm{d}x\mathrm{d}y$

$=\iint\limits_{D_1}x\mathrm{d}x\mathrm{d}y+\iint\limits_{D_2}x\mathrm{d}x\mathrm{d}y+\iint\limits_{D_1}xyf(x^2+y^2)\mathrm{d}x\mathrm{d}y$

$+\iint\limits_{D_2}xyf(x^2+y^2)\mathrm{d}x\mathrm{d}y$

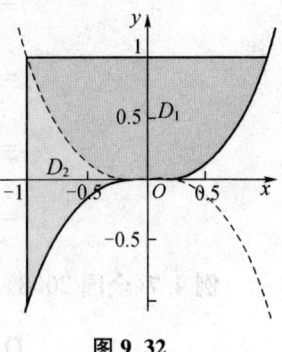

图 9.32

$=0+\iint\limits_{D_2}x\mathrm{d}x\mathrm{d}y+0+0=\int_{-1}^{0}\mathrm{d}x\int_{x^3}^{-x^3}x\mathrm{d}y=-\dfrac{2}{5}$

例 4.4(全国 2010) $\lim\limits_{n\to\infty}\sum\limits_{i=1}^{n}\sum\limits_{j=1}^{n}\dfrac{n}{(n+i)(n^2+j^2)}=$ (   )

(A) $\int_{0}^{1}\mathrm{d}x\int_{0}^{x}\dfrac{1}{(1+x)(1+y^2)}\mathrm{d}y$ (B) $\int_{0}^{1}\mathrm{d}x\int_{0}^{x}\dfrac{1}{(1+x)(1+y)}\mathrm{d}y$

(C) $\int_{0}^{1}\mathrm{d}x\int_{0}^{1}\dfrac{1}{(1+x)(1+y)}\mathrm{d}y$ (D) $\int_{0}^{1}\mathrm{d}x\int_{0}^{1}\dfrac{1}{(1+x)(1+y^2)}\mathrm{d}y$

解析 应用二重积分的定义,设 $D=\{(x,y)\mid 0\leqslant x\leqslant 1, 0\leqslant y\leqslant 1\}$,则

原式 $= \lim\limits_{n\to\infty}\sum\limits_{i=1}^{n}\sum\limits_{j=1}^{n}\dfrac{1}{1+\dfrac{i}{n}}\cdot\dfrac{1}{1+\left(\dfrac{j}{n}\right)^2}\cdot\dfrac{1}{n^2}$

$\qquad = \iint\limits_{D}\dfrac{1}{1+x}\cdot\dfrac{1}{1+y^2}\mathrm{d}x\mathrm{d}y = \int_0^1\mathrm{d}x\int_0^1\dfrac{1}{(1+x)(1+y^2)}\mathrm{d}y$

故选(D).

例 4.5(南大 1995) 交换二次积分 $\int_0^1\mathrm{d}y\int_{-\sqrt{y}}^{e^y}f(x,y)\mathrm{d}x$ 的次序.

解析 积分区域 D 如图 9.33 所示,用 $x=0,x=1$ 将区域 D 分为 D_1,D_2,D_3 三块,则

原式 $= \int_{-1}^0\mathrm{d}x\int_{x^2}^1 f(x,y)\mathrm{d}y + \int_0^1\mathrm{d}x\int_0^1 f(x,y)\mathrm{d}y$

$\qquad + \int_1^e\mathrm{d}x\int_{\ln x}^1 f(x,y)\mathrm{d}y$

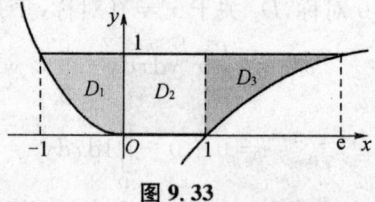

图 9.33

例 4.6(南大 2001) $\int_0^1\mathrm{d}x\int_x^{\sqrt{x}}\dfrac{\sin y}{y}\mathrm{d}y = $ _____.

解析 如图 9.34 所示,先交换积分次序,后计算,则

原式 $= \int_0^1\mathrm{d}y\int_{y^2}^{y}\dfrac{\sin y}{y}\mathrm{d}x$

$\qquad = \int_0^1(1-y)\sin y\mathrm{d}y$

$\qquad = \int_0^1(y-1)\mathrm{d}\cos y$

$\qquad = (y-1)\cos y\Big|_0^1 - \int_0^1\cos y\mathrm{d}y$

$\qquad = 1-\sin y\Big|_0^1 = 1-\sin 1$

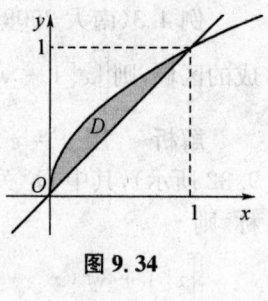

图 9.34

例 4.7(全国 2008) 计算 $\iint\limits_{D}\max\{xy,1\}\mathrm{d}x\mathrm{d}y$,其中

$$D = \{(x,y) \mid 0 \leqslant x \leqslant 2, 0 \leqslant y \leqslant 2\}$$

解析 用曲线 $xy=1$ 将区域 D 分成两个区域 D_1 和 D_2(见图 9.35),D_1 是其面积小的一块,则

原式 $= \iint\limits_{D_1}xy\mathrm{d}x\mathrm{d}y + \iint\limits_{D_2}\mathrm{d}x\mathrm{d}y$

$\qquad = \int_{\frac{1}{2}}^2\mathrm{d}x\int_{\frac{1}{x}}^2 xy\mathrm{d}y + \int_0^{\frac{1}{2}}\mathrm{d}x\int_0^2\mathrm{d}y + \int_{\frac{1}{2}}^2\mathrm{d}x\int_0^{\frac{1}{x}}\mathrm{d}y$

$\qquad = \dfrac{15}{4} - \ln 2 + 1 + 2\ln 2 = \dfrac{19}{4} + \ln 2$

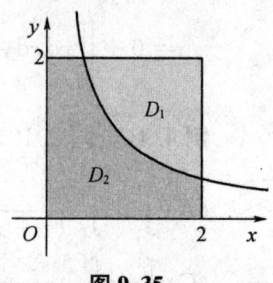

图 9.35

例 4.8（全国 2010） 计算二重积分 $\iint\limits_{D}(x+y)^3\mathrm{d}x\mathrm{d}y$，其中 D 由曲线 $x=\sqrt{1+y^2}$ 与直线 $x+\sqrt{2}y=0$ 及 $x-\sqrt{2}y=0$ 围成.

解析 积分区域如图 9.36 所示. 区域 D 关于 $y=0$ 对称，被积函数中 $3x^2y+y^3$ 关于 y 为奇函数，x^3+3xy^2 关于 y 为偶函数，设 D_1 是 D 的 $y\geqslant 0$ 的部分，则

$$\text{原式}=\iint\limits_{D}(x^3+3x^2y+3xy^2+y^3)\mathrm{d}x\mathrm{d}y$$
$$=2\iint\limits_{D_1}(x^3+3xy^2)\mathrm{d}x\mathrm{d}y$$
$$=2\int_0^1\mathrm{d}y\int_{\sqrt{2}y}^{\sqrt{1+y^2}}(x^3+3xy^2)\mathrm{d}x$$
$$=\frac{1}{2}\int_0^1(1+2y^2-3y^4)\mathrm{d}y+3\int_0^1(y^2-y^4)\mathrm{d}y=\frac{14}{15}$$

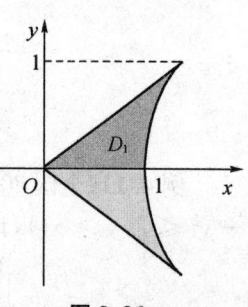

图 9.36

例 4.9（南大 2007） 设 $f(x,y)$ 连续，且 $f(x,y)=x+\iint\limits_{D}yf(u,v)\mathrm{d}u\mathrm{d}v$，其中 D 由 $v=\dfrac{1}{u},u=1,v=2$ 所围成的区域，则 $f(x,y)=$ _____.

解析 积分区域如图 9.37 所示，令 $\iint\limits_{D}f(u,v)\mathrm{d}u\mathrm{d}v=a$，则 $f(x,y)=x+ay$，于是

$$a=\iint\limits_{D}(u+av)\mathrm{d}u\mathrm{d}v=\int_{\frac{1}{2}}^1\mathrm{d}u\int_{\frac{1}{u}}^2(u+av)\mathrm{d}v$$
$$=\int_{\frac{1}{2}}^1\left(2u+(2a-1)-\frac{a}{2u^2}\right)\mathrm{d}u$$
$$=\left(u^2+(2a-1)u+\frac{a}{2u}\right)\Big|_{\frac{1}{2}}^1=\frac{1}{4}+\frac{a}{2}$$

于是 $a=\dfrac{1}{2}$，故 $f(x,y)=x+\dfrac{1}{2}y$.

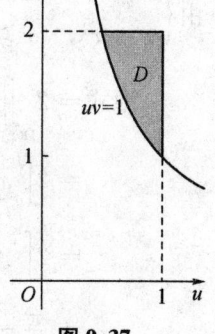

图 9.37

例 4.10（南大 2009） 设 D 是由 $y=x,y^2=x,y=2$ 所围成的平面区域，则 $\iint\limits_{D}\sin\dfrac{\pi x}{2y}\mathrm{d}x\mathrm{d}y=$ _____.

解析 积分区域如图 9.38 所示，化为先对 x 后对 y 的二次积分计算，则

$$\text{原式}=\int_1^2\mathrm{d}y\int_y^{y^2}\sin\dfrac{\pi x}{2y}\mathrm{d}x$$

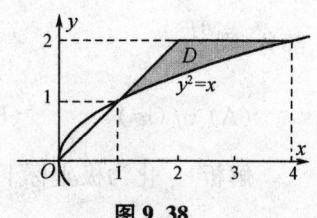

图 9.38

$$= -\frac{2}{\pi} \int_1^2 y\cos\frac{\pi x}{2y}\Big|_y^{y^2} dy$$

$$= -\frac{2}{\pi} \int_1^2 y\cos\frac{\pi y}{2} dy$$

$$= -\left(\frac{2}{\pi}\right)^3 \int_{\frac{\pi}{2}}^{\pi} t\cos t\, dt = -\left(\frac{2}{\pi}\right)^3 (t\sin t + \cos t)\Big|_{\frac{\pi}{2}}^{\pi}$$

$$= \frac{4}{\pi^3}(\pi + 2)$$

例 4.11（全国 2015） 设平面区域 $D = \{(x,y) \mid x^2 + y^2 \leqslant 2, y \geqslant x^2\}$，计算二重积分

$$\iint_D x(x+y)\,dxdy$$

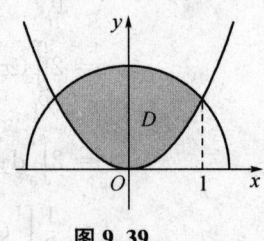

图 9.39

解析 由于区域 D 关于 $x = 0$ 对称，xy 关于 x 为奇函数，x^2 关于 x 为偶函数，应用二重积分的齐偶对称性有

$$\iint_D x(x+y)\,dxdy = \iint_D x^2\,dxdy + \iint_D xy\,dxdy$$

$$= 2\iint_{D(x\geqslant 0)} x^2\,dxdy + 0$$

由 $\begin{cases} x^2 + y^2 = 2, \\ y = x^2, \quad x \geqslant 0 \end{cases}$ 解得 $(x,y) = (1,1)$. 应用直角坐标计算上式，得

$$\text{原式} = 2\iint_{D(x\geqslant 0)} x^2\,dxdy = 2\int_0^1 dx \int_{x^2}^{\sqrt{2-x^2}} x^2\,dy = 2\int_0^1 x^2(\sqrt{2-x^2} - x^2)\,dx$$

$$= 2\int_0^1 x^2\sqrt{2-x^2}\,dx - 2\int_0^1 x^4\,dx \quad (\text{令}\ x = \sqrt{2}\sin t)$$

$$= 2\int_0^{\frac{\pi}{4}} (\sin 2t)^2\,dt - \frac{2}{5} = \int_0^{\frac{\pi}{4}} (1 - \cos 4t)\,dt - \frac{2}{5}$$

$$= \frac{\pi}{4} - \frac{2}{5}$$

例 4.12（全国 2008） 设函数 f 连续，若 $F(u,v) = \iint_D \frac{f(x^2+y^2)}{\sqrt{x^2+y^2}}dxdy$，其中区域 D 为图 9.40 中浅色阴影部分，则 $\frac{\partial F}{\partial u} =$ （　　）

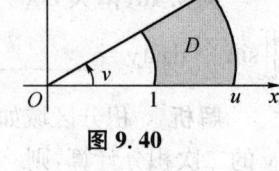

图 9.40

(A) $vf(u^2)$ 　　(B) $\frac{v}{u}f(u^2)$ 　　(C) $vf(u)$ 　　(D) $\frac{v}{u}f(u)$

解析 化为极坐标下的二次积分，有

$$F(u,v) = \iint_D \frac{f(x^2+y^2)}{\sqrt{x^2+y^2}}\mathrm{d}x\mathrm{d}y = \int_0^v \mathrm{d}\theta \int_1^u f(\rho^2)\mathrm{d}\rho = v\int_1^u f(\rho^2)\mathrm{d}\rho$$

于是 $\frac{\partial F}{\partial u} = vf(u^2)$,故选(A).

例 4.13(全国 2012) 计算二重积分 $\iint_D xy\mathrm{d}\sigma$,其中区域 D 由曲线 $r = 1+\cos\theta$ ($0 \leqslant \theta \leqslant \pi$) 与极轴围成.

解析 采用极坐标计算,有

$$\iint_D xy\mathrm{d}\sigma = \int_0^\pi \mathrm{d}\theta \int_0^{1+\cos\theta} \rho^3 \sin\theta\cos\theta \mathrm{d}\rho = \frac{1}{4}\int_0^\pi (1+\cos\theta)^4 \sin\theta\cos\theta \mathrm{d}\theta$$

应用换元积分法,令 $\cos\theta = t$,则

$$\iint_D xy\mathrm{d}\sigma = \frac{1}{4}\int_{-1}^1 (1+t)^4 t \mathrm{d}t = \frac{1}{4}\int_{-1}^1 (1+4t+6t^2+4t^3+t^4)t\mathrm{d}t$$

$$= \frac{1}{4}\int_{-1}^1 (4t+4t^3)t\mathrm{d}t = \frac{1}{2}\left(\frac{4}{3}t^3 + \frac{4}{5}t^5\right)\Big|_0^1 = \frac{16}{15}$$

例 4.14(全国 2014) 设平面区域 $D = \{(x,y) \mid 1 \leqslant x^2+y^2 \leqslant 4, x \geqslant 0, y \geqslant 0\}$,计算

$$I = \iint_D \frac{x\sin(\pi\sqrt{x^2+y^2})}{x+y}\mathrm{d}x\mathrm{d}y$$

解析 利用极坐标计算,得

$$I = \int_0^{\frac{\pi}{2}} \frac{\cos\theta}{\cos\theta+\sin\theta}\mathrm{d}\theta \int_1^2 \rho\sin(\pi\rho)\mathrm{d}\rho$$

由于

$$\int_0^{\frac{\pi}{2}} \frac{\cos\theta}{\cos\theta+\sin\theta}\mathrm{d}\theta = \frac{1}{2}\int_0^{\frac{\pi}{2}} \frac{\cos\theta+\sin\theta}{\cos\theta+\sin\theta}\mathrm{d}\theta + \frac{1}{2}\int_0^{\frac{\pi}{2}} \frac{\cos\theta-\sin\theta}{\cos\theta+\sin\theta}\mathrm{d}\theta$$

$$= \frac{\pi}{4} + \frac{1}{2}\ln|\cos\theta+\sin\theta|\Big|_0^{\frac{\pi}{2}} = \frac{\pi}{4}$$

$$\int_1^2 \rho\sin(\pi\rho)\mathrm{d}\rho = -\frac{1}{\pi}\int_1^2 \rho\mathrm{d}\cos(\pi\rho) = -\frac{1}{\pi}\left(\rho\cos(\pi\rho)\Big|_1^2 - \int_1^2 \cos(\pi\rho)\mathrm{d}\rho\right)$$

$$= -\frac{3}{\pi} + 0 = -\frac{3}{\pi}$$

于是 $I = \frac{\pi}{4}\left(-\frac{3}{\pi}\right) = -\frac{3}{4}$.

例 4.15(南大 2009) 求 $\iint_D |\sqrt{x^2+y^2}-1|\mathrm{d}x\mathrm{d}y$,这里 $D: x^2+y^2 \leqslant \sqrt{2}x$, $0 \leqslant y \leqslant x$.

解析 积分区域如图 9.41 所示,用 $\rho = 1$ 的圆将 D 分为 $D_1 \cup D_2$ (D_1 为 $\rho =$

1 的圆内部分)，则

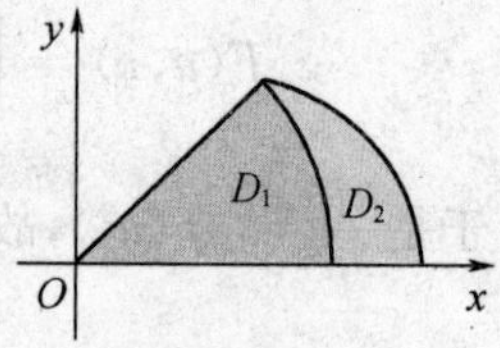

图 9.41

$$
\begin{aligned}
\text{原式} &= \iint_{D_1}(1-\rho)\rho \mathrm{d}\rho \mathrm{d}\theta - \iint_{D_2}(1-\rho)\rho \mathrm{d}\rho \mathrm{d}\theta \\
&= \iint_{D_1}(1-\rho)\rho \mathrm{d}\rho \mathrm{d}\theta - \iint_{D-D_1}(1-\rho)\rho \mathrm{d}\rho \mathrm{d}\theta \\
&= 2\iint_{D_1}(1-\rho)\rho \mathrm{d}\rho \mathrm{d}\theta - \iint_{D}(1-\rho)\rho \mathrm{d}\rho \mathrm{d}\theta \\
&= 2\int_0^{\frac{\pi}{4}} \mathrm{d}\theta \int_0^1 (1-\rho)\rho \mathrm{d}\rho - \int_0^{\frac{\pi}{4}} \mathrm{d}\theta \int_0^{\sqrt{2}\cos\theta} (1-\rho)\rho \mathrm{d}\rho \\
&= \frac{\pi}{12} - \int_0^{\frac{\pi}{4}} \left(\cos^2\theta - \frac{2\sqrt{2}}{3}\cos^3\theta\right)\mathrm{d}\theta = \frac{\pi}{12} + \left(\frac{11}{36} - \frac{\pi}{8}\right) = \frac{11}{36} - \frac{\pi}{24}
\end{aligned}
$$

例 4.16(全国 2009)　计算二重积分$\iint\limits_D (x-y)\mathrm{d}x\mathrm{d}y$，其中

$$D = \{(x,y) \mid (x-1)^2 + (y-1)^2 \leqslant 2, y \geqslant x\}$$

解析　**方法 Ⅰ**　积分区域如图 9.42 中浅色阴影所示.

图 9.42

在极坐标下 $D: 0 \leqslant \rho \leqslant 2(\sin\theta + \cos\theta), \frac{\pi}{4} \leqslant \theta \leqslant \frac{3\pi}{4}$. 故

$$
\begin{aligned}
\text{原式} &= \int_{\frac{\pi}{4}}^{\frac{3\pi}{4}} \mathrm{d}\theta \int_0^{2(\sin\theta+\cos\theta)} \rho^2(\cos\theta - \sin\theta)\mathrm{d}\rho \\
&= \frac{8}{3}\int_{\frac{\pi}{4}}^{\frac{3\pi}{4}} (\sin\theta + \cos\theta)^3 \mathrm{d}(\sin\theta + \cos\theta) \\
&= \frac{2}{3}(\sin\theta + \cos\theta)^4 \Big|_{\frac{\pi}{4}}^{\frac{3\pi}{4}} = -\frac{8}{3}
\end{aligned}
$$

方法 Ⅱ　作变换 $x = 1 + \rho\cos\theta, y = 1 + \rho\sin\theta$，则 $0 \leqslant \rho \leqslant \sqrt{2}, \frac{\pi}{4} \leqslant \theta \leqslant \frac{5\pi}{4}$，故

$$
\begin{aligned}
\text{原式} &= \int_{\frac{\pi}{4}}^{\frac{5\pi}{4}} \mathrm{d}\theta \int_0^{\sqrt{2}} \rho^2(\cos\theta - \sin\theta)\mathrm{d}\rho = \int_{\frac{\pi}{4}}^{\frac{5\pi}{4}} (\cos\theta - \sin\theta)\mathrm{d}\theta \int_0^{\sqrt{2}} \rho^2 \mathrm{d}\rho \\
&= (\sin\theta + \cos\theta)\Big|_{\frac{\pi}{4}}^{\frac{5\pi}{4}} \cdot \frac{\rho^3}{3}\Big|_0^{\sqrt{2}} = -\frac{8}{3}
\end{aligned}
$$

例 4.17(全国 2007)　设

$$
f(x,y) = \begin{cases} x^2 & (|x| + |y| \leqslant 1); \\ \dfrac{1}{\sqrt{x^2 + y^2}} & (1 \leqslant |x| + |y| \leqslant 2) \end{cases}
$$

求$\iint\limits_D f(x,y)\mathrm{d}x\mathrm{d}y$，其中 $D: \{|x| + |y| \leqslant 2\}$.

解析　积分区域如图 9.43 所示. 由于区域 D 关于 $x = 0$ 对称，$f(x,y)$ 关于 x

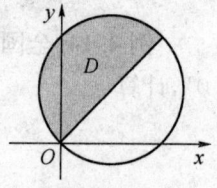

为偶函数，又区域 D 关于 $y=0$ 对称，$f(x,y)$ 关于 y 为偶函数，所以

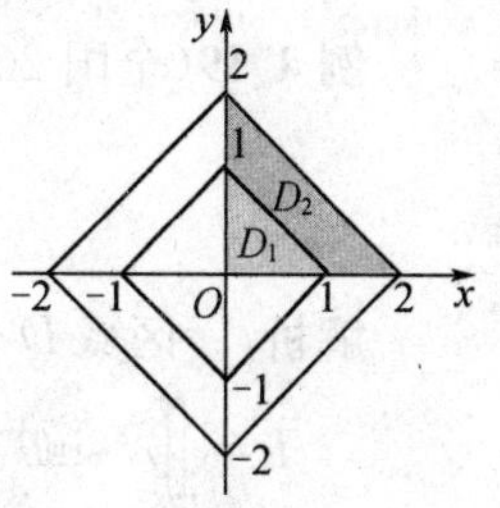

图 9.43

$$
\begin{aligned}
\text{原式}&=4\iint\limits_{D_1+D_2} f(x,y)\,\mathrm{d}x\mathrm{d}y\\
&=4\iint\limits_{D_1} x^2\,\mathrm{d}x\mathrm{d}y+4\iint\limits_{D_2}\frac{1}{\sqrt{x^2+y^2}}\mathrm{d}x\mathrm{d}y\\
&=4\iint\limits_{D_1} x^2\,\mathrm{d}x\mathrm{d}y+4\left(\iint\limits_{D_2+D_1}\frac{1}{\sqrt{x^2+y^2}}\mathrm{d}x\mathrm{d}y-\iint\limits_{D_1}\frac{1}{\sqrt{x^2+y^2}}\mathrm{d}x\mathrm{d}y\right)\\
&=4\int_0^1\mathrm{d}x\int_0^{1-x}x^2\,\mathrm{d}y+4\int_0^{\frac{\pi}{2}}\mathrm{d}\theta\int_0^{\frac{2}{\cos\theta+\sin\theta}}\mathrm{d}\rho-4\int_0^{\frac{\pi}{2}}\mathrm{d}\theta\int_0^{\frac{1}{\cos\theta+\sin\theta}}\mathrm{d}\rho\\
&=4\int_0^1 x^2(1-x)\,\mathrm{d}x+4\int_0^{\frac{\pi}{2}}\frac{2}{\cos\theta+\sin\theta}\mathrm{d}\theta-4\int_0^{\frac{\pi}{2}}\frac{1}{\cos\theta+\sin\theta}\mathrm{d}\theta\\
&=\frac{1}{3}+4\cdot\frac{\sqrt{2}}{2}\ln\left|\csc\left(\theta+\frac{\pi}{4}\right)-\cot\left(\theta+\frac{\pi}{4}\right)\right|\Bigg|_0^{\frac{\pi}{2}}=\frac{1}{3}+4\sqrt{2}\ln(1+\sqrt{2})
\end{aligned}
$$

例 4.18(全国 2012)　设 $f(x)$ 连续，则二次积分 $\int_0^{\frac{\pi}{2}}\mathrm{d}\theta\int_{2\cos\theta}^{2}f(r^2)r\,\mathrm{d}r=$ (　　)

(A) $\int_0^2\mathrm{d}x\int_{\sqrt{2x-x^2}}^{\sqrt{4-x^2}}\sqrt{x^2+y^2}\,f(x^2+y^2)\,\mathrm{d}y$

(B) $\int_0^2\mathrm{d}x\int_{\sqrt{2x-x^2}}^{\sqrt{4-x^2}}f(x^2+y^2)\,\mathrm{d}y$

(C) $\int_0^2\mathrm{d}y\int_{1+\sqrt{1-y^2}}^{\sqrt{1-y^2}}\sqrt{x^2+y^2}\,f(x^2+y^2)\,\mathrm{d}x$

(D) $\int_0^2\mathrm{d}y\int_{1+\sqrt{1-y^2}}^{\sqrt{1-y^2}}f(x^2+y^2)\,\mathrm{d}x$

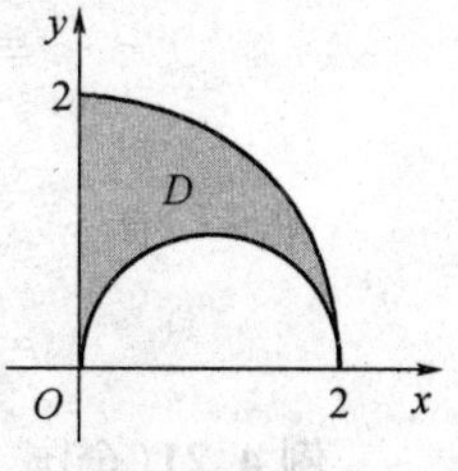

图 9.44

解析　积分区域如图 9.44 所示. 因为 $f(r^2)=f(x^2+y^2)$，$r\mathrm{d}r\mathrm{d}\theta=\mathrm{d}x\mathrm{d}y$，化为直角坐标下先对 y 后对 x 的二次积分，则

$$\text{原式}=\int_0^2\mathrm{d}x\int_{\sqrt{2x-x^2}}^{\sqrt{4-x^2}}f(x^2+y^2)\,\mathrm{d}y$$

或化为直角坐标下先对 x 后对 y 的二次积分为

$$
\begin{aligned}
\text{原式}=&\int_0^1\mathrm{d}y\int_0^{1-\sqrt{1-y^2}}f(x^2+y^2)\,\mathrm{d}x+\int_0^1\mathrm{d}y\int_{1+\sqrt{1-y^2}}^{\sqrt{4-y^2}}f(x^2+y^2)\,\mathrm{d}x\\
&+\int_1^2\mathrm{d}y\int_0^{\sqrt{4-y^2}}f(x^2+y^2)\,\mathrm{d}x
\end{aligned}
$$

故选(B).

例 4.19(全国 2010)　计算二重积分 $I = \iint_D r^2 \sin\theta \sqrt{1-r^2\cos2\theta}\,drd\theta$,其中
$$D = \left\{(r,\theta)\,\middle|\,0 \leqslant r \leqslant \sec\theta, 0 \leqslant \theta \leqslant \frac{\pi}{4}\right\}$$

解析　区域 D 化为直角坐标系为 $D' = \{(x,y)\,|\,0 \leqslant y \leqslant x, 0 \leqslant x \leqslant 1\}$,于是
$$I = \iint_D r^2 \sin\theta \sqrt{1-r^2\cos^2\theta+r^2\sin^2\theta}\,drd\theta = \iint_{D'} y \sqrt{1-x^2+y^2}\,dxdy$$
$$= \frac{1}{2}\int_0^1 dx \int_0^x \sqrt{1-x^2+y^2}\,d(1-x^2+y^2)$$
$$= \frac{1}{3}\int_0^1 (1-x^2+y^2)^{\frac{3}{2}}\bigg|_0^x dx = \frac{1}{3}\int_0^1 \left(1-(1-x^2)^{\frac{3}{2}}\right)dx$$

令 $x = \sin t$,则
$$I = \frac{1}{3} - \frac{1}{3}\int_0^{\frac{\pi}{2}} \cos^4 t\,dt = \frac{1}{3} - \frac{1}{3}\cdot\frac{3}{8}\cdot\frac{\pi}{2} = \frac{1}{3} - \frac{\pi}{16}$$

例 4.20(全国 2012)　计算二重积分 $\iint_D e^x xy\,dxdy$,其中 D 是以曲线 $y = \sqrt{x}$, $y = \frac{1}{\sqrt{x}}$ 及 y 轴为边界的无界区域.

解析　积分区域如图 9.45 所示,曲线 $y = \sqrt{x}$ 与 $y = \frac{1}{\sqrt{x}}$ 的交点为 $A(1,1)$,则

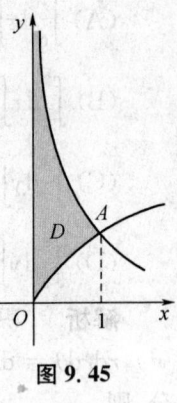

图 9.45

$$\iint_D e^x xy\,dxdy = \int_0^1 dx \int_{\sqrt{x}}^{\frac{1}{\sqrt{x}}} e^x xy\,dy = \frac{1}{2}\int_0^1 e^x x\left(\frac{1}{x} - x\right)dx$$
$$= \frac{1}{2}\int_0^1 e^x(1-x^2)dx = \frac{1}{2}\int_0^1 (1-x^2)de^x$$
$$= \frac{1}{2}(1-x^2)e^x\bigg|_0^1 + \int_0^1 e^x x\,dx$$
$$= -\frac{1}{2} + e^x(x-1)\bigg|_0^1 = \frac{1}{2}$$

例 4.21(全国 2015)　设 Ω 是由平面 $x+y+z=1$ 与三个坐标平面围成的空间区域,计算三重积分
$$\iiint_\Omega (x+2y+3z)dxdydz$$

解析　根据题意可知
$$\iiint_\Omega x\,dxdydz = \iiint_\Omega y\,dxdydz = \iiint_\Omega z\,dxdydz$$

于是

$$原式 = 6\iiint_\Omega x\,dxdydz = 6\int_0^1 dx\int_0^{1-x} dy\int_0^{1-x-y} x\,dz$$
$$= 6\int_0^1 dx\int_0^{1-x} x(1-x-y)dy = 3\int_0^1 x(1-x)^2 dx$$
$$= 3\left(\frac{1}{2} - \frac{2}{3} + \frac{1}{4}\right) = \frac{1}{4}$$

例 4.22(南大 2002) 计算积分
$$\iiint_\Omega z^3\,dxdydz \quad (\Omega: x^2+y^2+z^2 \leqslant 1, z+1 \geqslant \sqrt{x^2+y^2})$$

解析 设 $D: x^2+y^2 \leqslant 1$,采用柱坐标计算,有
$$原式 = \iint_D dxdy\int_{-1+\sqrt{x^2+y^2}}^{\sqrt{1-x^2-y^2}} z^3\,dz = \frac{1}{4}\int_0^{2\pi}d\theta\int_0^1 \rho(4\rho^3 - 8\rho^2 + 4\rho)d\rho$$
$$= \frac{\pi}{2}\left(\frac{4}{5} - 2 + \frac{4}{3}\right) = \frac{\pi}{15}$$

例 4.23(南大 2004) 设 $\Omega: a^2 \leqslant x^2+y^2+z^2 \leqslant 2az$,求 $\iiint_\Omega (x^2+y^2+z^2)dV$.

解析 采用球坐标计算,则
$$原式 = \int_0^{2\pi}d\theta\int_0^{\frac{\pi}{3}}d\varphi\int_a^{2a\cos\varphi} r^4\sin\varphi\,dr = \frac{2\pi a^5}{5}\int_0^{\frac{\pi}{3}}\sin\varphi \cdot (32\cos^5\varphi - 1)d\varphi$$
$$= \frac{2\pi a^5}{5}\left(-\frac{32}{6}\cos^6\varphi + \cos\varphi\right)\bigg|_0^{\frac{\pi}{3}} = \frac{2\pi a^5}{5}\left(\frac{21}{4} - \frac{1}{2}\right) = \frac{19}{10}\pi a^5$$

专题 10 曲线积分与曲面积分

10.1 重要概念与基本方法

1 空间曲线的弧长

设空间曲线 Γ 的方程为 $x=\varphi(t), y=\psi(t), z=\omega(t)$，这里 $\varphi,\psi,\omega\in C^{(1)}, t\in[\alpha,\beta]$，则曲线 Γ 的弧长为

$$s(\Gamma)=\int_\alpha^\beta \sqrt{(\varphi'(t))^2+(\psi'(t))^2+(\omega'(t))^2}\,\mathrm{d}t$$

其中 $\mathrm{d}s=\sqrt{(\varphi'(t))^2+(\psi'(t))^2+(\omega'(t))^2}\,\mathrm{d}t$ 称为弧长微元.

2 对弧长的曲线积分的定义与性质

(1) 函数 $f(x,y,z)$ 定义在空间可求弧长的曲线 Γ 上，将 Γ 分割为 n 个小弧段 $\Gamma_i(i=1,2,\cdots,n)$，记 $d_i=\Gamma_i$ 的直径，$\lambda=\max\limits_{1\leqslant i\leqslant n}\{d_i\}$，$\forall(x_i,y_i,z_i)\in\Gamma_i$，$\Delta s_i=\Gamma_i$ 的弧长，则对弧长的曲线积分

$$\int_\Gamma f(x,y,z)\mathrm{d}s \stackrel{\text{def}}{=} \lim_{\lambda\to 0}\sum_{i=1}^n f(x_i,y_i,z_i)\Delta s_i = A$$

这里常数 A 与 Γ 的分割无关，与点 (x_i,y_i,z_i) 的选取无关.

(2) 对弧长的曲线积分的主要性质(假设下列曲线积分的被积函数皆可积).

定理1(保号性) 若 $f(x,y,z)\leqslant g(x,y,z)$，则

$$\int_\Gamma f(x,y,z)\mathrm{d}s \leqslant \int_\Gamma g(x,y,z)\mathrm{d}s$$

定理2(可加性) 将积分曲线 Γ 分割为 $\Gamma_1\cup\Gamma_2$，则

$$\int_\Gamma f(x,y,z)\mathrm{d}s=\int_{\Gamma_1}f(x,y,z)\mathrm{d}s+\int_{\Gamma_2}f(x,y,z)\mathrm{d}s$$

定理3(奇偶、对称性) 设 $f(x,y,z)$ 关于 x 是奇函数或偶函数，积分曲线 Γ 关于 $x=0$ 对称，则

$$\int_\Gamma f(x,y,z)\mathrm{d}s=\begin{cases}0 & (f(x,y,z)\text{ 关于 }x\text{ 为奇函数});\\ 2\int_{\Gamma(x\geqslant 0)}f(x,y,z)\mathrm{d}s & (f(x,y,z)\text{ 关于 }x\text{ 为偶函数})\end{cases}$$

定理 5(奇偶、对称性) 设 $f(x,y,z)$ 关于 y 是奇函数或偶函数,积分曲线 Γ 关于 $y=0$ 对称,则

$$\int_\Gamma f(x,y,z)\mathrm{d}s = \begin{cases} 0 & (f(x,y,z) \text{ 关于 } y \text{ 为奇函数}); \\ 2\int_{\Gamma(y\geqslant 0)} f(x,y,z)\mathrm{d}s & (f(x,y,z) \text{ 关于 } y \text{ 为偶函数}) \end{cases}$$

定理 5(奇偶、对称性) 设 $f(x,y,z)$ 关于 z 是奇函数或偶函数,积分曲线 Γ 关于 $z=0$ 对称,则

$$\int_\Gamma f(x,y,z)\mathrm{d}s = \begin{cases} 0 & (f(x,y,z) \text{ 关于 } z \text{ 为奇函数}); \\ 2\int_{\Gamma(z\geqslant 0)} f(x,y,z)\mathrm{d}s & (f(x,y,z) \text{ 关于 } z \text{ 为偶函数}) \end{cases}$$

3 对弧长的曲线积分的基本计算方法

设空间曲线 Γ 的方程为 $x = \varphi(t), y = \psi(t), z = \omega(t)$,这里 $\varphi, \psi, \omega \in C^{(1)}, t \in [\alpha, \beta], f(x,y,z) \in C(\Gamma)$,则

$$\int_\Gamma f(x,y,z)\mathrm{d}s = \int_\alpha^\beta f(\varphi(t),\psi(t),\omega(t))\sqrt{(\varphi'(t))^2+(\psi'(t))^2+(\omega'(t))^2}\mathrm{d}t$$

值得注意的是,应用此公式时,沿着曲线 Γ,参数 t 从 α 一定要单调增加到 β.

4 对坐标的曲线积分的定义与性质

(1) 函数 $P(x,y,z), Q(x,y,z), R(x,y,z)$ 定义在空间有向曲线 $\widehat{AB}$ 上,将 $\widehat{AB}$ 分割为 n 个小弧段 $\Gamma_i(i=1,2,\cdots,n), d_i = \Gamma_i$ 的直径,$\lambda = \max_{1\leqslant i\leqslant n}\{d_i\}, \Delta s_i = \Gamma_i$ 的弧长,在 Γ_i 上任取点 $M_i(x_i, y_i, z_i)$,设曲线 $\widehat{AB}$ 在点 M_i 处沿着从 A 到 B 方向的单位切向量为 $(\cos\alpha_i, \cos\beta_i, \cos\gamma_i)$,记

$$\Delta x_i = \Delta s_i \cos\alpha_i, \quad \Delta y_i = \Delta s_i \cos\beta_i, \quad \Delta z_i = \Delta s_i \cos\gamma_i$$

则对坐标的曲线积分

$$\int_{\widehat{AB}} P(x,y,z)\mathrm{d}x + Q(x,y,z)\mathrm{d}y + R(x,y,z)\mathrm{d}z$$

$$\stackrel{\text{def}}{=} \lim_{\lambda\to 0}\sum_{i=1}^n P(x_i,y_i,z_i)\Delta x_i + \lim_{\lambda\to 0}\sum_{i=1}^n Q(x_i,y_i,z_i)\Delta y_i$$

$$+ \lim_{\lambda\to 0}\sum_{i=1}^n R(x_i,y_i,z_i)\Delta z_i$$

这里右端的三个极限都存在,且都与 $\widehat{AB}$ 的分割无关,与点 (x_i, y_i, z_i) 的选取无关.

(2) 对坐标的曲线积分 $\int_{\widehat{AB}} P(x,y,z)\mathrm{d}x + Q(x,y,z)\mathrm{d}y + R(x,y,z)\mathrm{d}z$ 在物理上表示变力 $\boldsymbol{F} = (P, Q, R)$ 将质点沿着曲线 $\widehat{AB}$ 从 A 运动到 B 所作的功.

(3) 对坐标的曲线积分的主要性质(假设下列曲线积分的被积函数皆可积).

定理(可加性) 将积分曲线$\widehat{AB}$分割为$\widehat{AC} \cup \widehat{CB}$,则

$$\int_{\widehat{AB}} P(x,y,z)\mathrm{d}x + Q(x,y,z)\mathrm{d}y + R(x,y,z)\mathrm{d}z$$
$$= \int_{\widehat{AC}} P(x,y,z)\mathrm{d}x + Q(x,y,z)\mathrm{d}y + R(x,y,z)\mathrm{d}z$$
$$+ \int_{\widehat{CB}} P(x,y,z)\mathrm{d}x + Q(x,y,z)\mathrm{d}y + R(x,y,z)\mathrm{d}z$$

注意:由于积分曲线$\widehat{AB}$是有向曲线,所以计算对坐标的曲线积分时不能使用像计算对弧长的曲线积分时使用的奇偶、对称性.

5 对坐标的曲线积分的基本计算方法

设空间曲线$\widehat{AB}$的方程为$x = \varphi(t), y = \psi(t), z = \omega(t)$,这里$\varphi, \psi, \omega \in C^{(1)}$, $t \in [\alpha, \beta]$, $P(x,y,z), Q(x,y,z), R(x,y,z) \in C(\Gamma)$,记

$$P(\varphi(t), \psi(t), \omega(t)) = P(t), \quad Q(\varphi(t), \psi(t), \omega(t)) = Q(t)$$
$$R(\varphi(t), \psi(t), \omega(t)) = R(t)$$

则

$$\int_{\widehat{AB}} P(x,y,z)\mathrm{d}x + Q(x,y,z)\mathrm{d}y + R(x,y,z)\mathrm{d}z$$
$$= \pm \int_\alpha^\beta (P(t)\varphi'(t) + Q(t)\psi'(t) + R(t)\omega'(t))\mathrm{d}t$$

这里±号的选取方法如下:① 当动点沿着曲线$\widehat{AB}$从点A运动到点B时,参数t从α单调增加到β,则取"+"号;② 当动点沿着曲线$\widehat{AB}$从点A运动到点B时,参数t从β单调减少到α,则取"−"号.

6 对面积的曲面积分的定义与性质

(1) 函数$f(x,y,z)$定义在空间可求面积的曲面Σ上,将Σ分割为n块小曲面$\Sigma_i (i = 1, 2, \cdots, n)$, $d_i = \Sigma_i$的直径,$\lambda = \max\limits_{1 \leqslant i \leqslant n}\{d_i\}$, $\forall (x_i, y_i, z_i) \in \Sigma_i$, $\Delta S_i = \Sigma_i$的面积,则对面积的曲面积分

$$\iint\limits_\Sigma f(x,y,z)\mathrm{d}S \stackrel{\mathrm{def}}{=} \lim_{\lambda \to 0} \sum_{i=1}^n f(x_i, y_i, z_i) \Delta S_i = A$$

这里常数A与Σ的分割无关,与点(x_i, y_i, z_i)的选取无关.

(2) 对面积的曲面积分的主要性质(假设下列曲面积分的被积函数皆可积).

定理1(保号性) 若$f(x,y,z) \leqslant g(x,y,z)$,则

$$\iint_\Sigma f(x,y,z)\mathrm{d}S \leqslant \iint_\Sigma g(x,y,z)\mathrm{d}S$$

定理 2(可加性) 将积分曲面 Σ 分割为 $\Sigma_1 \bigcup \Sigma_2$,则

$$\iint_\Sigma f(x,y,z)\mathrm{d}S = \iint_{\Sigma_1} f(x,y,z)\mathrm{d}S + \iint_{\Sigma_2} f(x,y,z)\mathrm{d}S$$

定理 3(奇偶、对称性) 设 $f(x,y,z)$ 关于 x 是奇函数或偶函数,积分曲面 Σ 关于 $x=0$ 对称,则

$$\iint_\Sigma f(x,y,z)\mathrm{d}S = \begin{cases} 0 & (f(x,y,z) \text{ 关于 } x \text{ 为奇函数}); \\ 2\iint_{\Sigma(x\geqslant 0)} f(x,y,z)\mathrm{d}S & (f(x,y,z) \text{ 关于 } x \text{ 为偶函数}) \end{cases}$$

定理 4(奇偶、对称性) 设 $f(x,y,z)$ 关于 y 是奇函数或偶函数,积分曲面 Σ 关于 $y=0$ 对称,则

$$\iint_\Sigma f(x,y,z)\mathrm{d}S = \begin{cases} 0 & (f(x,y,z) \text{ 关于 } y \text{ 为奇函数}); \\ 2\iint_{\Sigma(y\geqslant 0)} f(x,y,z)\mathrm{d}S & (f(x,y,z) \text{ 关于 } y \text{ 为偶函数}) \end{cases}$$

定理 5(奇偶、对称性) 设 $f(x,y,z)$ 关于 z 是奇函数或偶函数,积分曲面 Σ 关于 $z=0$ 对称,则

$$\iint_\Sigma f(x,y,z)\mathrm{d}S = \begin{cases} 0 & (f(x,y,z) \text{ 关于 } z \text{ 为奇函数}); \\ 2\iint_{\Sigma(z\geqslant 0)} f(x,y,z)\mathrm{d}S & (f(x,y,z) \text{ 关于 } z \text{ 为偶函数}) \end{cases}$$

7 对面积的曲面积分的基本计算方法

设空间曲面 Σ 的方程为 $z = z(x,y), (x,y) \in D$,这里 D 为 xOy 平面上的有界闭域,$f(x,y,z) \in C(\Sigma)$,则

$$\iint_\Sigma f(x,y,z)\mathrm{d}S = \iint_D f(x,y,z(x,y))\sqrt{1+(z'_x(x,y))^2+(z'_y(x,y))^2}\mathrm{d}x\mathrm{d}y$$

注意:与此公式对应的对面积的曲面积分也可化为 yOz 平面上的或 zOx 平面上的二重积分,对应的公式这里不赘.

8 对坐标的曲面积分的定义与性质

(1) 函数 $P(x,y,z), Q(x,y,z), R(x,y,z)$ 定义在空间有向曲面 Σ 上,将 Σ 分割为 n 个小曲面 $\Sigma_i (i=1,2,\cdots,n), d_i = \Sigma_i$ 的直径,$\lambda = \max\limits_{1\leqslant i\leqslant n}\{d_i\}, \Delta S_i = \Sigma_i$ 面积,在 Σ_i 上任取点 $M_i(x_i, y_i, z_i)$,设有向曲面 Σ 在点 M_i 处沿着给定法向的单位法向量为 $(\cos\alpha_i, \cos\beta_i, \cos\gamma_i)$,记

$$\Delta y_i \Delta z_i = \Delta S_i \cos\alpha_i, \quad \Delta z_i \Delta x_i = \Delta S_i \cos\beta_i, \quad \Delta x_i \Delta y_i = \Delta S_i \cos\gamma_i$$

则对坐标的曲面积分

$$\iint_{\Sigma} P(x,y,z)\mathrm{d}y\mathrm{d}z + Q(x,y,z)\mathrm{d}z\mathrm{d}x + R(x,y,z)\mathrm{d}x\mathrm{d}y$$

$$\stackrel{\text{def}}{=} \lim_{\lambda \to 0}\sum_{i=1}^{n} P(x_i,y_i,z_i)\Delta y_i\Delta z_i + \lim_{\lambda \to 0}\sum_{i=1}^{n} Q(x_i,y_i,z_i)\Delta z_i\Delta x_i$$

$$+ \lim_{\lambda \to 0}\sum_{i=1}^{n} R(x_i,y_i,z_i)\Delta x_i\Delta y_i$$

这里右端的三个极限都存在，且都与 Σ 的分割无关，与点 (x_i,y_i,z_i) 的选取无关。

(2) 对坐标的曲面积分的主要性质（假设下列曲面积分的被积函数皆可积）。

定理（可加性） 将积分曲面 Σ 分割为 $\Sigma_1 \cup \Sigma_2$，则

$$\iint_{\Sigma} P(x,y,z)\mathrm{d}y\mathrm{d}z + Q(x,y,z)\mathrm{d}z\mathrm{d}x + R(x,y,z)\mathrm{d}x\mathrm{d}y$$

$$= \iint_{\Sigma_1} P(x,y,z)\mathrm{d}y\mathrm{d}z + Q(x,y,z)\mathrm{d}z\mathrm{d}x + R(x,y,z)\mathrm{d}x\mathrm{d}y$$

$$+ \iint_{\Sigma_2} P(x,y,z)\mathrm{d}y\mathrm{d}z + Q(x,y,z)\mathrm{d}z\mathrm{d}x + R(x,y,z)\mathrm{d}x\mathrm{d}y$$

注意：由于积分曲面 Σ 是有向曲面，所以计算对坐标的曲面积分时，不要使用像计算对面积的曲面积分时使用的奇偶、对称性。

9 对坐标的曲面积分的基本计算方法

设空间曲面 Σ 的方程为 $z = z(x,y)$，$(x,y) \in D$，这里 D 为 xOy 平面上的有界闭域，$P(x,y,z),Q(x,y,z),R(x,y,z) \in C(\Sigma)$，$z(x,y) \in C^{(1)}(\Sigma)$，则

$$\iint_{\Sigma} P(x,y,z)\mathrm{d}y\mathrm{d}z + Q(x,y,z)\mathrm{d}z\mathrm{d}x + R(x,y,z)\mathrm{d}x\mathrm{d}y$$

$$= \pm\iint_{D}\Big[P(x,y,z(x,y))\Big(-\frac{\partial z}{\partial x}\Big) + Q(x,y,z(x,y))\Big(-\frac{\partial z}{\partial y}\Big)$$

$$+ R(x,y,z(x,y))\Big]\mathrm{d}x\mathrm{d}y$$

这里 ± 号的选取方法如下：① 设坐标系 Oz 轴向上，当曲面 Σ 为上侧时，取"+"号；② 设坐标系 Oz 轴向上，当曲面 Σ 为下侧时，取"−"号。

注意：与此公式对应的对坐标的曲面积分也可化为 yOz 平面上的或 zOx 平面上的二重积分，对应的公式这里不赘。

10 三大公式

(1) 格林公式

定理 1（格林公式） 设 D 是 xOy 平面上的有界闭域，D 的边界曲线 Γ 取正向

(外边界取逆时针方向,内边界取顺时针方向),$P(x,y),Q(x,y) \in C^{(1)}(D)$,则

$$\oint_\Gamma P(x,y)\mathrm{d}x + Q(x,y)\mathrm{d}y = \iint_D \left(\frac{\partial Q}{\partial x} - \frac{\partial P}{\partial y}\right)\mathrm{d}x\mathrm{d}y$$

定理 2 设 D 是 xOy 平面上的单连通域(即中间没有洞),$P(x,y),Q(x,y) \in C^{(1)}(D)$,则下列四条陈述相互等价:

① $\frac{\partial Q}{\partial x} = \frac{\partial P}{\partial y}, \forall (x,y) \in D$;

② $\int_A^B P(x,y)\mathrm{d}x + Q(x,y)\mathrm{d}y$ 与路线无关,$\forall A,B \in D$;

③ $\oint_\Gamma P(x,y)\mathrm{d}x + Q(x,y)\mathrm{d}y = 0, \forall \Gamma \subset D$;

④ 存在可微函数 $u(x,y)$,使得 $\mathrm{d}u(x,y) = P(x,y)\mathrm{d}x + Q(x,y)\mathrm{d}y$.

定理 3 若可微函数 $u(x,y)$ 满足 $\mathrm{d}u(x,y) = P(x,y)\mathrm{d}x + Q(x,y)\mathrm{d}y$,则

$$u(x,y) = \int_a^x P(x,y)\mathrm{d}x + \int_b^y Q(a,y)\mathrm{d}y + C$$

或

$$u(x,y) = \int_a^x P(x,b)\mathrm{d}x + \int_b^y Q(x,y)\mathrm{d}y + C$$

(这里的函数 $u(x,y)$ 被称为原函数或势函数)

(2)高斯公式

定理 1(高斯公式) 设 Ω 是空间的有界闭域,Ω 的边界曲面 Σ^* 取外侧(外边界取外侧,内边界取内侧),$P(x,y,z),Q(x,y,z),R(x,y,z) \in C^{(1)}(\Omega)$,则

$$\oiint_{\Sigma^*} P(x,y,z)\mathrm{d}y\mathrm{d}z + Q(x,y,z)\mathrm{d}z\mathrm{d}x + R(x,y,z)\mathrm{d}x\mathrm{d}y = \iiint_\Omega \left(\frac{\partial P}{\partial x} + \frac{\partial Q}{\partial y} + \frac{\partial R}{\partial z}\right)\mathrm{d}x\mathrm{d}y\mathrm{d}z$$

定理 2 设 Ω 是空间的体单连通域(即立体中间没有洞),$P(x,y,z),Q(x,y,z),R(x,y,z) \in C^{(1)}(\Omega)$,则下列三条陈述相互等价:

① $\frac{\partial P}{\partial x} + \frac{\partial Q}{\partial y} + \frac{\partial R}{\partial z} = 0, \forall (x,y,z) \in \Omega$;

② $\forall \Sigma_1^* \subset \Omega, \iint_{\Sigma_1^*} P(x,y,z)\mathrm{d}y\mathrm{d}z + Q(x,y,z)\mathrm{d}z\mathrm{d}x + R(x,y,z)\mathrm{d}x\mathrm{d}y$ 与曲面无关(这里 Σ_1^* 的边界固定);

③ $\oiint_{\Sigma^*} P(x,y,z)\mathrm{d}y\mathrm{d}z + Q(x,y,z)\mathrm{d}z\mathrm{d}x + R(x,y,z)\mathrm{d}x\mathrm{d}y = 0, \forall \Sigma^* \subset \Omega, \Sigma^*$ 为封闭曲面.

(3)斯托克斯公式

定理 1(斯托克斯公式) 设 Σ^* 是空间非封闭的有向曲面的某侧,Σ^* 的边界

闭曲线 Γ^+ 的方向按右手法则确定，$P(x,y,z),Q(x,y,z),R(x,y,z) \in C^{(1)}(\Sigma)$，则
$$\oint_{\Gamma^+} P\mathrm{d}x + Q\mathrm{d}y + R\mathrm{d}z = \iint_{\Sigma^*} \left(\frac{\partial R}{\partial y} - \frac{\partial Q}{\partial z}\right)\mathrm{d}y\mathrm{d}z + \left(\frac{\partial P}{\partial z} - \frac{\partial R}{\partial x}\right)\mathrm{d}z\mathrm{d}x + \left(\frac{\partial Q}{\partial x} - \frac{\partial P}{\partial y}\right)\mathrm{d}x\mathrm{d}y$$

定理 2 设 Ω 是空间的面单连通域（即曲面上没有洞），$P(x,y,z),Q(x,y,z),R(x,y,z) \in C^{(1)}(\Omega)$，则下列四条陈述相互等价：

① $\frac{\partial R}{\partial y} = \frac{\partial Q}{\partial z}, \frac{\partial P}{\partial z} = \frac{\partial R}{\partial x}, \frac{\partial Q}{\partial x} = \frac{\partial P}{\partial y}, \forall (x,y,z) \in \Omega$；

② $\int_A^B P(x,y,z)\mathrm{d}x + Q(x,y,z)\mathrm{d}y + R(x,y,z)\mathrm{d}z$ 与路线无关，$\forall A,B \in \Omega$；

③ $\oint_{\Gamma} P(x,y,z)\mathrm{d}x + Q(x,y,z)\mathrm{d}y + R(x,y,z)\mathrm{d}z = 0, \forall \Gamma \subset \Omega, \Gamma$ 为闭曲线；

④ 存在可微函数 $u(x,y,z)$，使得
$$\mathrm{d}u(x,y,z) = P(x,y,z)\mathrm{d}x + Q(x,y,z)\mathrm{d}y + R(x,y,z)\mathrm{d}z$$

定理 3 若可微函数 $u(x,y,z)$，满足
$$\mathrm{d}u(x,y) = P(x,y,z)\mathrm{d}x + Q(x,y,z)\mathrm{d}y + R(x,y,z)\mathrm{d}z$$

则
$$u(x,y,z) = \int_a^x P(x,y,z)\mathrm{d}x + \int_b^y Q(a,y,z)\mathrm{d}y + \int_c^z R(a,b,z)\mathrm{d}z + C$$

或
$$u(x,y,z) = \int_a^x P(x,b,c)\mathrm{d}x + \int_b^y Q(x,y,c)\mathrm{d}y + \int_c^z R(x,y,z)\mathrm{d}z + C$$

（这里的函数 $u(x,y,z)$ 被称为原函数或势函数）

11 三度（梯度、散度、旋度）

(1) 那布拉算子：$\nabla \stackrel{\text{def}}{=} \left(\frac{\partial}{\partial x}, \frac{\partial}{\partial y}, \frac{\partial}{\partial z}\right)$.

(2) 梯度：$\mathbf{grad}f(x,y,z) \stackrel{\text{def}}{=} \nabla f = \left(\frac{\partial f}{\partial x}, \frac{\partial f}{\partial y}, \frac{\partial f}{\partial z}\right)$.

(3) 散度：$\mathrm{div}\mathbf{F} \stackrel{\text{def}}{=} \nabla \cdot \mathbf{F} = \frac{\partial P}{\partial x} + \frac{\partial Q}{\partial y} + \frac{\partial R}{\partial z}$ （这里 $\mathbf{F} = (P,Q,R)$）.

(4) 旋度：设 $\mathbf{F} = (P,Q,R)$，则
$$\mathrm{rot}\mathbf{F} \stackrel{\text{def}}{=} \nabla \times \mathbf{F} = \left(\frac{\partial R}{\partial y} - \frac{\partial Q}{\partial z}, \frac{\partial P}{\partial z} - \frac{\partial R}{\partial x}, \frac{\partial Q}{\partial x} - \frac{\partial P}{\partial y}\right)$$

(5) 无旋场：设 $\mathbf{F} = (P,Q,R)$，则 $\mathrm{rot}\mathbf{F} = \mathbf{0} \Leftrightarrow \exists$ 可微函数 $u(x,y,z)$，使得
$$\mathrm{d}u(x,y,z) = P\mathrm{d}x + Q\mathrm{d}y + R\mathrm{d}z \Leftrightarrow \mathbf{grad}u(x,y,z) = \mathbf{F}$$

10.2 《大学数学教程》习题选解

例 2.1(习题 7.1 A 1.2)　求下列空间曲线的弧长：
$$x = e^{-t}\cos t, \quad y = e^{-t}\sin t, \quad z = e^{-t} \quad (0 \leqslant t \leqslant +\infty)$$

解析　由空间曲线弧长计算公式有
$$s = \int_\alpha^\beta \sqrt{(x'(t))^2 + (y'(t))^2 + (z'(t))^2}\, dt$$
$$= \int_0^{+\infty} \sqrt{(-e^{-t}\cos t - e^{-t}\sin t)^2 + (-e^{-t}\sin t + e^{-t}\cos t)^2 + e^{-2t}}\, dt$$
$$= \sqrt{3} \int_0^{+\infty} e^{-t}\, dt = \sqrt{3}$$

例 2.2(习题 7.1 A 2.4)　求对弧长的曲线积分 $\int_\Gamma \dfrac{z^2}{x^2+y^2}\, ds, \Gamma: x = a\cos t, y = a\sin t, z = at$ 上从点 $(a,0,0)$ 到点 $(a,0,2a\pi)$ 的一段.

解析　弧长微元为 $ds = \sqrt{(x'(t))^2 + (y'(t))^2 + (z'(t))^2}\, dt, t \in [0, 2\pi]$，于是
$$\int_\Gamma \frac{z^2}{x^2+y^2}\, ds = \int_0^{2\pi} \frac{z^2(t)}{x^2(t)+y^2(t)} \sqrt{(x'(t))^2 + (y'(t))^2 + (z'(t))^2}\, dt$$
$$= \sqrt{2} \int_0^{2\pi} at^2\, dt = \frac{8\sqrt{2}}{3}\pi^3 a$$

例 2.3(习题 7.1 A 3.2)　求对坐标的曲线积分 $\oint_\Gamma y^2\, dx - x^2\, dy, \Gamma: (x-1)^2 + (y-1)^2 = 1$，取逆时针方向.

解析　取曲线 $\Gamma: (x-1)^2 + (y-1)^2 = 1$ 的参数方程为 $x = 1 + \cos t, y = 1 + \sin t, t$ 从 0 变到 2π，于是
$$\oint_\Gamma y^2\, dx - x^2\, dy = \int_0^{2\pi} (y^2(t) x'(t) - x^2(t) y'(t))\, dt$$
$$= -\int_0^{2\pi} (2 + \sin t + \cos t + \sin^3 t + \cos^3 t)\, dt = -4\pi$$

例 2.4(习题 7.2 A 1.5)　应用格林公式计算曲线积分 $\oint_\Gamma \dfrac{x\, dy - y\, dx}{x^2 + y^2}, \Gamma: x^{\frac{2}{3}} + y^{\frac{2}{3}} = a^{\frac{2}{3}}$，取正向.

解析　记 $P = \dfrac{-y}{x^2+y^2}, Q = \dfrac{x}{x^2+y^2}$，则 $\dfrac{\partial Q}{\partial x} = \dfrac{\partial P}{\partial y} = \dfrac{y^2 - x^2}{(x^2+y^2)^2}$. 在 Γ 的内部取圆 $\Gamma_1: x^2 + y^2 = \dfrac{a^2}{4}$，顺时针方向. Γ 与 Γ_1 所围区域记为 D，则 $\Gamma \cup \Gamma_1$ 是 D 的边

界的正向，P,Q 在 D 上有连续的一阶偏导数，应用格林公式得

$$\oint_{\Gamma \cup \Gamma_1} \frac{x\mathrm{d}y - y\mathrm{d}x}{x^2 + y^2} = \iint_D \left(\frac{\partial Q}{\partial x} - \frac{\partial P}{\partial y}\right)\mathrm{d}x\mathrm{d}y = 0$$

于是

$$\oint_{\Gamma} \frac{x\mathrm{d}y - y\mathrm{d}x}{x^2 + y^2} = -\oint_{\Gamma_1} \frac{x\mathrm{d}y - y\mathrm{d}x}{x^2 + y^2} = -\int_{2\pi}^{0} (\cos^2\theta + \sin^2\theta)\mathrm{d}\theta = 2\pi$$

例 2.5(习题 7.2 A 3.3) 计算曲线积分 $\int_{\Gamma} \frac{x\mathrm{d}y - y\mathrm{d}x}{x^2 + y^2}$, $\Gamma: x = a(t - \sin t) - a\pi, y = a(1 - \cos t)$ 上从 $t = 0$ 到 $t = 2\pi$ 的一段弧.

解析 记 $P = \frac{-y}{x^2 + y^2}, Q = \frac{x}{x^2 + y^2}$, 则 $\frac{\partial Q}{\partial x} = \frac{\partial P}{\partial y} = \frac{y^2 - x^2}{(x^2 + y^2)^2}$, 所以曲线积分与积分路径无关. 当 $t = 0$ 时曲线 Γ 上的点为 $M_1(-a\pi, 0)$, $t = 2\pi$ 时曲线 Γ 上的点为 $M_2(a\pi, 0)$, 取曲线 $\Gamma_1: x = -a\pi\cos\theta, y = a\pi\sin\theta (0 \leqslant \theta \leqslant \pi)$, 则当 $\theta = 0$ 时点为 $M_1(-a\pi, 0)$, 当 $\theta = \pi$ 时点为 $M_2(a\pi, 0)$. 于是

$$\int_{\Gamma} \frac{x\mathrm{d}y - y\mathrm{d}x}{x^2 + y^2} = \int_{\Gamma_1} \frac{x\mathrm{d}y - y\mathrm{d}x}{x^2 + y^2} = -\int_0^{\pi} (\cos^2\theta + \sin^2\theta)\mathrm{d}\theta = -\pi$$

例 2.6(习题 7.2 B 1) 设 $f \in C$, Γ 是 xOy 平面上逐段光滑的单闭曲线，求证：

$$\oint_{\Gamma} f(x^2 + y^2)(x\mathrm{d}x + y\mathrm{d}y) = 0$$

解析 记 $f(u)$ 的一个原函数为 $F(u)$, 又 $x\mathrm{d}x + y\mathrm{d}y = \frac{1}{2}\mathrm{d}(x^2 + y^2)$, 所以

$$\oint_{\Gamma} f(x^2 + y^2)(x\mathrm{d}x + y\mathrm{d}y) = \frac{1}{2}\oint_{\Gamma} f(x^2 + y^2)\mathrm{d}(x^2 + y^2)$$

$$= \frac{1}{2}\oint_{\Gamma} f(u)\mathrm{d}(u) = \frac{1}{2}F(u)\Big|_{u_0}^{u_0} = 0$$

其中 $u = x^2 + y^2$, (x_0, y_0) 为曲线 Γ 上任一点, $u_0 = x_0^2 + y_0^2$.

例 2.7(习题 7.2 B 3) 设 Γ 为 xOy 平面上的光滑曲线, $P, Q \in C(\Gamma)$, 求证：

$$\left|\int_{\Gamma} P(x, y)\mathrm{d}x + Q(x, y)\mathrm{d}y\right| \leqslant sM$$

这里 s 是曲线 Γ 的弧长, $M = \max_{(x,y) \in \Gamma} \sqrt{P^2 + Q^2}$.

解析 设曲线 Γ 的顺向的单位切向量为 $\tau^0 = (\cos\alpha, \cos\beta)$, 将原式中的对坐标的曲线积分化为弧长的曲线积分, 有

$$\left|\int_{\Gamma} P(x, y)\mathrm{d}x + Q(x, y)\mathrm{d}y\right| = \left|\int_{\Gamma} (P(x, y)\cos\alpha + Q(x, y)\cos\beta)\mathrm{d}s\right|$$

对上式的被积函数应用柯西-施瓦兹不等式得

$$\left|\int_{\Gamma} (P(x, y)\cos\alpha + Q(x, y)\cos\beta)\mathrm{d}s\right|$$

$$\leqslant \int_\Gamma \sqrt{P^2+Q^2}\,\sqrt{\cos^2\alpha+\cos^2\beta}\,\mathrm{d}s = \int_\Gamma \sqrt{P^2+Q^2}\,\mathrm{d}s$$

$$\leqslant \max_{(x,y)\in\Gamma}\sqrt{P^2+Q^2}\int_\Gamma \mathrm{d}s = sM$$

于是

$$\left|\int_\Gamma P(x,y)\,\mathrm{d}x + Q(x,y)\,\mathrm{d}y\right| \leqslant sM$$

例 2.8(习题 7.3 A 1.3) 计算曲面积分 $\iint_\Sigma (x^2+y^2+z^2)\,\mathrm{d}S$,$\Sigma : x^2+y^2+z^2 = 2az\,(a \leqslant z \leqslant 2a)$.

解析 Σ 在 xOy 平面上的投影为 $D_{xy} = \{(x,y)\mid x^2+y^2 \leqslant a^2\}$,$\Sigma$ 的方程为 $z = a + \sqrt{a^2-x^2-y^2}$,$(x,y) \in D_{xy}$,于是

$$\iint_\Sigma (x^2+y^2+z^2)\,\mathrm{d}S = \iint_{D_{xy}} 2az\,\sqrt{1+(z'_x)^2+(z'_y)^2}\,\mathrm{d}x\mathrm{d}y$$

$$= 2a^2 \iint_{D_{xy}} \left(\frac{a}{\sqrt{a^2-x^2-y^2}}+1\right)\mathrm{d}x\mathrm{d}y$$

$$= 2a^2 \int_0^{2\pi}\mathrm{d}\theta \int_0^a \left(\frac{a}{\sqrt{a^2-\rho^2}}+1\right)\rho\,\mathrm{d}\rho$$

$$= 4\pi a^2\left(-a\,\sqrt{a^2-\rho^2}+\frac{1}{2}\rho^2\right)\Big|_0^a = 6\pi a^4$$

例 2.9(习题 7.3 A 2.2) 计算 $\iint_\Sigma (2x+z)\,\mathrm{d}y\mathrm{d}z + z\,\mathrm{d}x\mathrm{d}y$,$\Sigma : z = x^2+y^2\,(0 \leqslant z \leqslant 1)$,法向量与 z 轴夹角为锐角.

解析 方法 I 采用统一投影法. 因为 $\dfrac{\mathrm{d}y\mathrm{d}z}{-2x} = \dfrac{\mathrm{d}z\mathrm{d}x}{-2y} = \dfrac{\mathrm{d}x\mathrm{d}y}{1}$,$\Sigma$ 在 xOy 平面上的投影为 $D_{xy} = \{(x,y)\mid x^2+y^2 \leqslant 1\}$. 于是

$$\iint_\Sigma (2x+z)\,\mathrm{d}y\mathrm{d}z + z\,\mathrm{d}x\mathrm{d}y = \iint_\Sigma (-2x(2x+z)+z)\,\mathrm{d}x\mathrm{d}y$$

$$= \iint_{D_{xy}} (-4x^2-2x(x^2+y^2)+x^2+y^2)\,\mathrm{d}x\mathrm{d}y$$

$$= \iint_{D_{xy}} (-3x^2+y^2)\,\mathrm{d}x\mathrm{d}y$$

$$= \int_0^{2\pi}\mathrm{d}\theta \int_0^1 (-3\rho^2\cos^2\theta+\rho^2\sin^2\theta)\rho\,\mathrm{d}\rho = -\frac{\pi}{2}$$

方法 II 采用分项投影法,将原式分成两项分别计算. Σ 在 yOz 平面上的投影为 $D_{yz} = \{(y,z)\mid z \geqslant y^2, 0 \leqslant z \leqslant 1\}$,且 $\Sigma(x \geqslant 0)$ 取后侧,$\Sigma(x \leqslant 0)$ 取前侧,Σ 在 xOy 平面上的投影为 $D_{xy} = \{(x,y)\mid x^2+y^2 \leqslant 1\}$,于是

$$\iint_\Sigma (2x+z)\mathrm{d}y\mathrm{d}z = \iint_{\Sigma(x\geqslant 0)} (2x+z)\mathrm{d}y\mathrm{d}z + \iint_{\Sigma(x\leqslant 0)} (2x+z)\mathrm{d}y\mathrm{d}z$$

$$= -\iint_{D_{yz}} (2\sqrt{z-y^2}+z)\mathrm{d}y\mathrm{d}z + \iint_{D_{yz}} (-2\sqrt{z-y^2}+z)\mathrm{d}y\mathrm{d}z$$

$$= -4\iint_{D_{yz}} \sqrt{z-y^2}\,\mathrm{d}y\mathrm{d}z = -8\int_0^1 \mathrm{d}y \int_{y^2}^1 \sqrt{z-y^2}\,\mathrm{d}z$$

$$= -\frac{16}{3}\int_0^1 (1-y^2)^{\frac{3}{2}}\mathrm{d}y = -\frac{16}{3}\int_0^{\frac{\pi}{2}} \cos^4 t\,\mathrm{d}t = -\pi$$

$$\iint_\Sigma z\,\mathrm{d}x\mathrm{d}y = \iint_{D_{xy}} (x^2+y^2)\mathrm{d}x\mathrm{d}y = \int_0^{2\pi}\mathrm{d}\theta\int_0^1 \rho^3 \mathrm{d}\rho = \frac{\pi}{2}$$

于是

$$\iint_\Sigma (2x+z)\mathrm{d}y\mathrm{d}z + z\,\mathrm{d}x\mathrm{d}y = -\pi + \frac{\pi}{2} = -\frac{\pi}{2}$$

例 2.10(习题 7.3 A 2.4) 计算 $\iint_\Sigma \dfrac{x\mathrm{d}y\mathrm{d}z + z^2\mathrm{d}x\mathrm{d}y}{x^2+y^2+z^2}$，$\Sigma: x^2+y^2 = a^2 (-a \leqslant z \leqslant a)$，取外侧．

解析 曲面 Σ 的 $x \geqslant 0$ 部分取前侧，Σ 的 $x \leqslant 0$ 部分取后侧．采用分项投影法计算，因 Σ 在 xOy 平面上的投影面积为 0，在 yOz 平面上的投影为 $D_{yz} = \{(y,z) \mid -a \leqslant y \leqslant a, -a \leqslant z \leqslant a\}$，于是

$$\iint_\Sigma \frac{x\mathrm{d}y\mathrm{d}z + z^2\mathrm{d}x\mathrm{d}y}{x^2+y^2+z^2} = \iint_\Sigma \frac{x\mathrm{d}y\mathrm{d}z}{x^2+y^2+z^2}$$

$$= \iint_{\Sigma(x\geqslant 0)} \frac{x\mathrm{d}y\mathrm{d}z}{x^2+y^2+z^2} + \iint_{\Sigma(x\leqslant 0)} \frac{x\mathrm{d}y\mathrm{d}z}{x^2+y^2+z^2}$$

$$= \iint_{D_{yz}} \frac{\sqrt{a^2-y^2}}{a^2+z^2}\mathrm{d}y\mathrm{d}z - \iint_{D_{yz}} \frac{-\sqrt{a^2-y^2}}{a^2+z^2}\mathrm{d}y\mathrm{d}z$$

$$= 2\iint_{D_{yz}} \frac{\sqrt{a^2-y^2}}{a^2+z^2}\mathrm{d}y\mathrm{d}z = 8\int_0^a \sqrt{a^2-y^2}\,\mathrm{d}y \cdot \int_0^a \frac{1}{a^2+z^2}\mathrm{d}z$$

$$= 8 \cdot \frac{\pi}{4}a^2 \cdot \frac{1}{a}\arctan\frac{z}{a}\Big|_0^a = \frac{1}{2}\pi^2 a$$

例 2.11(习题 7.3 B 1) 计算曲面积分 $\iint_\Sigma \dfrac{\mathrm{e}^z \mathrm{d}x\mathrm{d}y}{\sqrt{x^2+y^2}}$，$\Sigma: z = \sqrt{x^2+y^2}$ 与 $z = 1, z = 2$ 所围立体的表面的外侧．

解析 设曲面 $\Sigma = \Sigma_1 + \Sigma_2 + \Sigma_3$，其中 $\Sigma_1 = \{(x,y,z) \mid z = \sqrt{x^2+y^2}, 1 \leqslant z \leqslant 2\}$ 为立体的侧面，在 xOy 平面上的投影为 $D_1 = \{(x,y) \mid 1 \leqslant x^2+y^2 \leqslant 4\}$，取下侧；$\Sigma_2 = \{(x,y,z) \mid x^2+y^2 \leqslant 4, z = 2\}$ 为立体的上底面，在 xOy 平面上的投

影为 $D_2 = \{(x,y) \mid x^2 + y^2 \leqslant 4\}$,取上侧;$\Sigma_3 = \{(x,y,z) \mid x^2 + y^2 \leqslant 1, z = 1\}$ 为立体的下底面,在 xOy 平面上的投影为 $D_3 = \{(x,y) \mid x^2 + y^2 \leqslant 1\}$,取下侧. 于是

$$\iint\limits_{\Sigma} \frac{e^z dxdy}{\sqrt{x^2 + y^2}} = \iint\limits_{\Sigma_1} \frac{e^z dxdy}{\sqrt{x^2 + y^2}} + \iint\limits_{\Sigma_2} \frac{e^z dxdy}{\sqrt{x^2 + y^2}} + \iint\limits_{\Sigma_3} \frac{e^z dxdy}{\sqrt{x^2 + y^2}}$$

$$= -\iint\limits_{D_1} \frac{e^{\sqrt{x^2+y^2}} dxdy}{\sqrt{x^2 + y^2}} + \iint\limits_{D_2} \frac{e^2 dxdy}{\sqrt{x^2 + y^2}} - \iint\limits_{D_3} \frac{edxdy}{\sqrt{x^2 + y^2}}$$

$$= -\int_0^{2\pi} d\theta \int_1^2 e^\rho d\rho + \int_0^{2\pi} d\theta \int_0^2 e^2 d\rho - \int_0^{2\pi} d\theta \int_0^1 ed\rho = 2\pi e^2$$

例 2.12(习题 7.3 B 2) 设 Σ 为椭球面 $\frac{x^2}{2} + \frac{y^2}{2} + z^2 = 1 (z \geqslant 0), P \in \Sigma, \Pi$ 为 Σ 在点 P 处的切平面,$\rho(x,y,z)$ 为原点到平面 Π 的距离,求 $\iint\limits_{\Sigma} \frac{z}{\rho(x,y,z)} dS$.

解析 Σ 上侧的单位法向量为

$$\boldsymbol{n}^0 = (\cos\alpha, \cos\beta, \cos\gamma) = \frac{1}{\sqrt{x^2 + y^2 + 4z^2}}(x, y, 2z) = \frac{1}{\sqrt{2}} \frac{1}{\sqrt{1+z^2}}(x, y, 2z)$$

设点 P 的坐标为 (x,y,z),则切平面的方程为 $x(X-x) + y(Y-y) + 2z(Z-z) = 0$,从而可得 $\rho(x,y,z) = \frac{x^2 + y^2 + 2z^2}{\sqrt{x^2 + y^2 + 4z^2}} = \frac{\sqrt{2}}{\sqrt{1+z^2}}$. 椭球面在 xOy 上的投影为 $D_{xy} = \{(x,y) \mid x^2 + y^2 \leqslant 2\}$,于是

$$\iint\limits_{\Sigma} \frac{z}{\rho(x,y,z)} dS = \iint\limits_{\Sigma} \frac{z}{\rho(x,y,z)} \frac{1}{\cos\gamma} dxdy = \frac{1}{2} \iint\limits_{\Sigma} (1+z^2) dxdy$$

$$= \frac{1}{2} \iint\limits_{D_{xy}} \left(2 - \frac{x^2}{2} - \frac{y^2}{2}\right) dxdy$$

$$= \frac{1}{2} \int_0^{2\pi} d\theta \int_0^{\sqrt{2}} \left(2 - \frac{\rho^2}{2}\right) \rho d\rho = \frac{3}{2}\pi$$

例 2.13(习题 7.3 B 3) 设 Σ 为下半球面 $z = -\sqrt{a^2 - x^2 - y^2}$ 的上侧,求

$$\iint\limits_{\Sigma} \frac{ax dydz + (z+a)^2 dxdy}{\sqrt{x^2 + y^2 + z^2}}$$

解析 **方法 I** 采用分项投影法. Σ 在 yOz 平面上的投影为
$$D_{yz} = \{(y,z) \mid y^2 + z^2 \leqslant a^2, z \leqslant 0\}$$
当 $x \geqslant 0$ 时取后侧,当 $x \leqslant 0$ 时取前侧;Σ 在 xOy 平面上的投影为
$$D_{xy} = \{(x,y) \mid x^2 + y^2 \leqslant a^2\}$$
取上侧. 于是

$$\iint\limits_{\Sigma} \frac{ax dydz}{\sqrt{x^2 + y^2 + z^2}} = \iint\limits_{\Sigma(x \geqslant 0)} xdydz + \iint\limits_{\Sigma(x \leqslant 0)} xdydz$$

$$= -\iint_{D_{yz}} \sqrt{a^2 - y^2 - z^2}\,\mathrm{d}y\mathrm{d}z + \iint_{D_{yz}} (-\sqrt{a^2 - y^2 - z^2})\,\mathrm{d}y\mathrm{d}z$$

$$= -2\iint_{D_{yz}} \sqrt{a^2 - y^2 - z^2}\,\mathrm{d}y\mathrm{d}z$$

$$= -2\int_{\pi}^{2\pi} \mathrm{d}\theta \int_0^a \sqrt{a^2 - \rho^2}\,\rho\mathrm{d}\rho = -\frac{2}{3}\pi a^3$$

$$\iint_{\Sigma} \frac{(z+a)^2}{\sqrt{x^2+y^2+z^2}}\,\mathrm{d}x\mathrm{d}y = \frac{1}{a}\iint_{D_{xy}} (a - \sqrt{a^2-x^2-y^2})^2\,\mathrm{d}x\mathrm{d}y$$

$$= \frac{1}{a}\int_0^{2\pi}\mathrm{d}\theta\int_0^a (a - \sqrt{a^2-\rho^2})^2 \rho\mathrm{d}\rho$$

$$= \frac{2\pi}{a}\int_0^a (2a^2 - 2a\sqrt{a^2-\rho^2} - \rho^2)\rho\mathrm{d}\rho$$

$$= \frac{2\pi}{a}\left(a^4 - \frac{2}{3}a^4 - \frac{1}{4}a^4\right) = \frac{1}{6}\pi a^3$$

所以

$$\iint_{\Sigma} \frac{ax\mathrm{d}y\mathrm{d}z + (z+a)^2\mathrm{d}x\mathrm{d}y}{\sqrt{x^2+y^2+z^2}} = -\frac{2}{3}\pi a^3 + \frac{1}{6}\pi a^3 = -\frac{1}{2}\pi a^3$$

方法 II 采用统一投影法. 因为 $\frac{\mathrm{d}y\mathrm{d}z}{x} = \frac{\mathrm{d}z\mathrm{d}x}{y} = \frac{\mathrm{d}x\mathrm{d}y}{z}$, Σ 在 xOy 平面上的投影为 $D_{xy} = \{(x,y) \mid x^2 + y^2 \leqslant a^2\}$, 取上侧, 于是

$$\text{原式} = \frac{1}{a}\iint_{\Sigma}\left(a\frac{x^2}{z} + (z+a)^2\right)\mathrm{d}x\mathrm{d}y$$

$$= \iint_{D_{xy}} \frac{x^2}{-\sqrt{a^2-x^2-y^2}}\,\mathrm{d}x\mathrm{d}y + \frac{1}{a}\iint_{D_{xy}} (a - \sqrt{a^2-x^2-y^2})^2\,\mathrm{d}x\mathrm{d}y \quad (1)$$

$$\iint_{D_{xy}} \frac{x^2}{-\sqrt{a^2-x^2-y^2}}\,\mathrm{d}x\mathrm{d}y = -\int_0^{2\pi}\cos^2\theta\,\mathrm{d}\theta \cdot \int_0^a \frac{\rho^2}{\sqrt{a^2-\rho^2}}\rho\mathrm{d}\rho \quad (\diamondsuit\ \rho = a\sin t)$$

$$= -\pi a^3 \int_0^{\frac{\pi}{2}} \sin^3 t\,\mathrm{d}t = -\pi a^3 \left(\frac{1}{3}\cos^3 t - \cos t\right)\bigg|_0^{\frac{\pi}{2}}$$

$$= -\frac{2}{3}\pi a^3$$

(1) 式中第二个积分同方法 1, 即 $\frac{1}{a}\iint_{D_{xy}} (a - \sqrt{a^2-x^2-y^2})^2\,\mathrm{d}x\mathrm{d}y = \frac{1}{6}\pi a^3$, 所以

$$\iint_{\Sigma} \frac{ax\mathrm{d}y\mathrm{d}z + (z+a)^2\mathrm{d}x\mathrm{d}y}{\sqrt{x^2+y^2+z^2}} = -\frac{2}{3}\pi a^3 + \frac{1}{6}\pi a^3 = -\frac{1}{2}\pi a^3$$

例 2.14(习题 7.4 A 1.2) 试用高斯公式计算曲面积分 $\oiint_{\Sigma} xz\mathrm{d}y\mathrm{d}z + yz\mathrm{d}z\mathrm{d}x + z\sqrt{x^2+y^2}\,\mathrm{d}x\mathrm{d}y$, Σ 为 $x^2+y^2+z^2 = a^2$, $x^2+y^2+z^2 = 4a^2$, $x^2+y^2 = z^2(z \geqslant 0)$

所围立体的表面的外侧.

解析 记 Σ 所围的立体为 Ω,其为锥体 $x^2+y^2=z^2$ 上半部分被两球面所截部分. 记 $P=xz, Q=yz, R=z\sqrt{x^2+y^2}$,应用高斯公式,并采用球坐标计算,则

$$原式 = \iiint_{\Omega}\left(\frac{\partial P}{\partial x}+\frac{\partial Q}{\partial y}+\frac{\partial R}{\partial z}\right)dxdydz = \iiint_{\Omega}(2z+\sqrt{x^2+y^2})dxdydz$$

$$= \int_0^{2\pi}d\theta\int_0^{\frac{\pi}{4}}d\varphi\int_a^{2a}(2r\cos\varphi+r\sin\varphi)r^2\sin\varphi dr = \frac{15}{16}\pi(\pi+2)a^4$$

例 2.15(习题 7.4 A 2) 设 Σ 是光滑的封闭曲面,$\boldsymbol{n}$ 是 Σ 的外法向量,$\boldsymbol{e}$ 是固定的非零向量,求 $\oiint_{\Sigma}\cos\langle\boldsymbol{n},\boldsymbol{e}\rangle dS$.

解析 设 $\boldsymbol{n}=(n_1,n_2,n_3), \boldsymbol{e}=(e_1,e_2,e_3)$,这里 e_1,e_2,e_3 为常数. 记封闭曲面 Σ 所围的立体为 Ω,则

$$\cos\langle\boldsymbol{n},\boldsymbol{e}\rangle = \frac{\boldsymbol{n}\cdot\boldsymbol{e}}{|\boldsymbol{n}|\cdot|\boldsymbol{e}|} = \boldsymbol{n}^0\cdot\frac{\boldsymbol{e}}{|\boldsymbol{e}|} = \frac{e_1}{|\boldsymbol{e}|}\cos\alpha+\frac{e_2}{|\boldsymbol{e}|}\cos\beta+\frac{e_3}{|\boldsymbol{e}|}\cos\gamma$$

应用高斯公式,则

$$原式 = \frac{1}{|\boldsymbol{e}|}\oiint_{\Sigma}(e_1\cos\alpha+e_2\cos\beta+e_3\cos\gamma)dS$$

$$= \frac{1}{|\boldsymbol{e}|}\oiint_{\Sigma}e_1 dydz+e_2 dzdx+e_3 dxdy$$

$$= \frac{1}{|\boldsymbol{e}|}\iiint_{\Omega}\left(\frac{\partial e_1}{\partial x}+\frac{\partial e_2}{\partial y}+\frac{\partial e_3}{\partial z}\right)dxdydz = 0$$

其中,Ω 为封闭曲面 Σ 所围立体.

例 2.16(习题 7.4 B 2) 设曲面 $\Sigma: \frac{x^2}{a^2}+\frac{y^2}{b^2}+\frac{z^2}{c^2}=1$ 上点 (x,y,z) 处的切平面为 Π,原点到平面 Π 的距离为 $\rho(x,y,z)$,求 $\oiint_{\Sigma}\rho(x,y,z)dS$.

解析 由题意可知曲面 $\Sigma: \frac{x^2}{a^2}+\frac{y^2}{b^2}+\frac{z^2}{c^2}=1$ 上点 (x,y,z) 处的外法向量 $\boldsymbol{n}=\left(\frac{2x}{a^2},\frac{2y}{b^2},\frac{2z}{c^2}\right)$,故点 (x,y,z) 处切平面 Π 的方程为

$$\frac{2x}{a^2}(X-x)+\frac{2y}{b^2}(Y-y)+\frac{2z}{c^2}(Z-z)=0$$

原点到平面 Π 的距离

$$\rho(x,y,z) = \frac{\frac{2x^2}{a^2}+\frac{2y^2}{b^2}+\frac{2z^2}{c^2}}{\sqrt{\frac{4x^2}{a^4}+\frac{4y^2}{b^4}+\frac{4z^2}{c^4}}} = \frac{1}{|\boldsymbol{n}|}(x,y,z)\cdot\boldsymbol{n} = x\cos\alpha+y\cos\beta+z\cos\gamma$$

所以
$$\oiint_{\Sigma} \rho(x,y,z)\mathrm{d}S = \oiint_{\Sigma}(x\cos\alpha + y\cos\beta + z\cos\gamma)\mathrm{d}S$$
$$= \oiint_{\Sigma} x\mathrm{d}y\mathrm{d}z + y\mathrm{d}z\mathrm{d}x + z\mathrm{d}x\mathrm{d}y$$
$$= 3\iiint_{\Omega}\mathrm{d}x\mathrm{d}y\mathrm{d}z = 3V = 4\pi abc$$

例 2.17(习题 7.5 B 1)　用斯托克斯公式计算曲线积分
$$\oint_{\Gamma}(y^2+z^2)\mathrm{d}x + (z^2+x^2)\mathrm{d}y + (x^2+y^2)\mathrm{d}z$$
其中 Γ 为 $x^2+y^2+z^2=2Rx$ 与 $x^2+y^2=2rx(0<r\leqslant R,z\geqslant 0)$ 的交线,从 z 轴正向看去为逆时针方向.

解析　记 $P=y^2+z^2, Q=z^2+x^2, R=x^2+y^2, \Sigma$ 为球面 $x^2+y^2+z^2=2Rx$ 位于交线 Γ 上方的部分,取上侧. 利用斯托克斯公式,则
$$原式 = \iint_{\Sigma}\left(\frac{\partial R}{\partial y}-\frac{\partial Q}{\partial z}\right)\mathrm{d}y\mathrm{d}z + \left(\frac{\partial P}{\partial z}-\frac{\partial R}{\partial x}\right)\mathrm{d}z\mathrm{d}x + \left(\frac{\partial Q}{\partial x}-\frac{\partial P}{\partial y}\right)\mathrm{d}x\mathrm{d}y$$
$$= 2\iint_{\Sigma}(y-z)\mathrm{d}y\mathrm{d}z + (z-x)\mathrm{d}z\mathrm{d}x + (x-y)\mathrm{d}x\mathrm{d}y$$

采用统一投影法计算. 设 $D=\{(x,y)\mid x^2+y^2\leqslant 2rx\}$,因为
$$\frac{\mathrm{d}y\mathrm{d}z}{x-R} = \frac{\mathrm{d}z\mathrm{d}x}{y} = \frac{\mathrm{d}x\mathrm{d}y}{z}$$
所以
$$原式 = 2\iint_{\Sigma}\left[(y-z)\frac{x-R}{z} + (z-x)\frac{y}{z} + (x-y)\right]\mathrm{d}x\mathrm{d}y$$
$$= 2R\iint_{D}\left(\frac{-y}{\sqrt{2Rx-x^2-y^2}} + 1\right)\mathrm{d}x\mathrm{d}y$$
(因为 D 关于 $y=0$ 对称,应用二重积分的奇偶、对称性)
$$= 0 + 2R\iint_{D_{xy}}1\mathrm{d}x\mathrm{d}y = 2\pi Rr^2$$

10.3　往年期中与期末试题解析

例 3.1(10-11(Ⅱ)期中)　求 $I = \oint_{C}(x^2+x)\mathrm{d}s$,其中 $C:\begin{cases}x^2+y^2+z^2=a^2,\\ x+y+z=0.\end{cases}$

解析　由于对称性,有

$$\oint_C x^2 \mathrm{d}s = \oint_C y^2 \mathrm{d}s = \oint_C z^2 \mathrm{d}s, \qquad \oint_C x \mathrm{d}s = \oint_C y \mathrm{d}s = \oint_C z \mathrm{d}s$$

所以
$$I = \oint_C (x^2 + x) \mathrm{d}s = \frac{1}{3} \oint_C (x^2 + y^2 + z^2 + x + y + z) \mathrm{d}s = \frac{a^2}{3} \oint_C \mathrm{d}s = \frac{2\pi a^3}{3}$$

例 3.2(09-10(Ⅱ)期末) 计算 $I = \int_{\widehat{AB}} \dfrac{(x-c)\mathrm{d}x + y\mathrm{d}y}{[(x-c)^2 + y^2]^{\frac{3}{2}}} (c > 0)$,其中 $\widehat{AB}$ 是沿椭圆 $\dfrac{x^2}{a^2} + \dfrac{y^2}{b^2} = 1 (a \neq c)$ 的正向从 $A(a,0)$ 到 $B(0,b)$ 的一段弧.

解析 令
$$P(x,y) = \frac{x-c}{[(x-c)^2 + y^2]^{\frac{3}{2}}}, \qquad Q(x,y) = \frac{y}{[(x-c)^2 + y^2]^{\frac{3}{2}}}$$

则
$$Q'_x = P'_y = -\frac{3(x-c)y}{[(x-c)^2 + y^2]^{\frac{5}{2}}}$$

所以原式的曲线积分与路径无关. 改变积分路径为 $\overline{AC} + \overline{CB}$,这里点 C 的坐标为 $C(a,b)$,则

$$\begin{aligned}
原式 &= \int_{\overline{AC}} P(x,y)\mathrm{d}x + Q(x,y)\mathrm{d}y + \int_{\overline{CB}} P(x,y)\mathrm{d}x + Q(x,y)\mathrm{d}y \\
&= \int_0^b \frac{y}{[(a-c)^2 + y^2]^{\frac{3}{2}}} \mathrm{d}y + \int_a^0 \frac{x-c}{[(x-c)^2 + b^2]^{\frac{3}{2}}} \mathrm{d}x \\
&= \frac{-1}{\sqrt{(a-c)^2 + y^2}} \bigg|_0^b + \frac{-1}{\sqrt{(x-c)^2 + b^2}} \bigg|_a^0 \\
&= \frac{-1}{\sqrt{(a-c)^2 + b^2}} + \frac{1}{|a-c|} + \frac{-1}{\sqrt{c^2 + b^2}} - \frac{-1}{\sqrt{(a-c)^2 + b^2}} \\
&= \frac{1}{|a-c|} - \frac{1}{\sqrt{c^2 + b^2}}
\end{aligned}$$

注意:由于 $0 < c < a$ 时,$P(x,y)$ 沿 $\overline{AO}$ 不可积,所以上述解法中改变积分路径时,不能取为 $\overline{AO} + \overline{OB}$.

例 3.3(11-12(Ⅱ)期末) 已知曲线积分 $\oint_L \dfrac{x\mathrm{d}y - y\mathrm{d}x}{f(x) + 8y^2}$ 恒等于常数 A,其中 $f(x)$ 连续可导,且 $f(1) = 1$,L 为任意包含原点 $(0,0)$ 的简单封闭曲线,取正向.

(1) 若 G 为不含原点的单连通区域,证明: $\int_C \dfrac{x\mathrm{d}y - y\mathrm{d}x}{f(x) + 8y^2}$ 与路径无关,其中 C 为完全位于 G 内的曲线;

(2) 求函数 $f(x)$ 和常数 A.

解析 (1) 如图 10.1 所示,在 G 中任取两点 A,B,从 A 到 B 任取路线 Γ_1 与

Γ_2,从 B 作曲线 L_1,使得 $L_1+\Gamma_1$ 是包含原点 $(0,0)$ 的简单封闭曲线,$L_1+\Gamma_2$ 也是包含原点 $(0,0)$ 的简单封闭曲线,则

$$\int_{L_1+\Gamma_1}\frac{x\mathrm{d}y-y\mathrm{d}x}{f(x)+8y^2}=\int_{L_1+\Gamma_2}\frac{x\mathrm{d}y-y\mathrm{d}x}{f(x)+8y^2}=A$$

由此可得

$$\int_{\Gamma_1}\frac{x\mathrm{d}y-y\mathrm{d}x}{f(x)+8y^2}=\int_{\Gamma_2}\frac{x\mathrm{d}y-y\mathrm{d}x}{f(x)+8y^2}=A-\int_{L_1}\frac{x\mathrm{d}y-y\mathrm{d}x}{f(x)+8y^2}$$

由 G 中点 A,B 的任意性,以及路线 Γ_1 与 Γ_2 的任意性,所以在 G 中,曲线积分 $\int_C\frac{x\mathrm{d}y-y\mathrm{d}x}{f(x)+8y^2}$ 与路径无关.

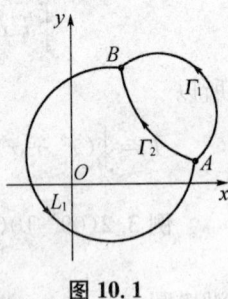

图 10.1

(2) 由(1)曲线积分 $\int_C\frac{x\mathrm{d}y-y\mathrm{d}x}{f(x)+8y^2}$ 与路径无关有 $Q'_x=P'_y$,其中

$$P(x,y)=-\frac{y}{f(x)+8y^2},\quad Q(x,y)=\frac{x}{f(x)+8y^2}$$

所以 $2f(x)=xf'(x)$,结合 $f(1)=1$ 解得 $f(x)=x^2$.

取封闭曲线 $L:x^2+8y^2=1$,取正向,应用格林公式得

$$A=\int_L\frac{x\mathrm{d}y-y\mathrm{d}x}{f(x)+8y^2}=\int_L x\mathrm{d}y-y\mathrm{d}x=\iint_D 2\mathrm{d}x\mathrm{d}y=\frac{\pi}{\sqrt{2}}$$

例 3.4(10-11(Ⅱ)期中) 设空间曲面 S 是以曲线 $C:\begin{cases}(x-2)^2+2y^2=1,\\z=2\end{cases}$ 为准线,母线平行于向量 $\boldsymbol{l}=(1,0,1)$ 的柱面.

(1) 求出空间曲面 S 的方程(用直角坐标表示);

(2) 设空间曲面 S 与球面 $x^2+y^2+z^2=1$ 的交在半空间 $z>0$ 的部分记为空间曲线 Γ,计算对弧长的曲线积分 $I=\int_\Gamma x\mathrm{d}s$.

解析 (1) 在空间曲面 S 上取动点 $P(x,y,z)$,过点 P 作母线平行于向量 $\boldsymbol{l}=(1,0,1)$,设此母线与准线的交点为 (x_0,y_0,z_0),则

$$x=x_0+t,\quad y=y_0,\quad z=z_0+t\quad(t\in\mathbf{R})$$

与 $\begin{cases}(x_0-2)^2+2y_0^2=1,\\z_0=2\end{cases}$ 联立消去参数 t,即得空间曲面 S 的方程为

$$(x-z)^2+2y^2=1$$

(2) 由 $\begin{cases}(x-z)^2+2y^2=1,\\x^2+y^2+z^2=1\end{cases}$ 消去 y,得曲线 Γ 在 xOz 平面上的投影为 $x+z=1$,于是空间曲线 Γ 是球面与平面 $x+z=1$ 的交线,它是半径为 $\frac{\sqrt{2}}{2}$ 的圆. 由于 Γ 关于 x,z 具有轮换性,所以

$$I = \int_\Gamma x\mathrm{d}s = \frac{1}{2}\int_\Gamma (x+z)\mathrm{d}s = \frac{1}{2}\int_\Gamma \mathrm{d}s = \frac{\sqrt{2}}{2}\pi$$

例 3.5(03-04(Ⅱ)期末)　计算 $\oint_C (y-z)\mathrm{d}x + (z-x)\mathrm{d}y + (x-y)\mathrm{d}z$，其中 C 为 $x^2+y^2=a^2$ 与 $\dfrac{x}{a}+\dfrac{z}{h}=1(a>0,h>0)$ 的交线，从 x 轴正向看去，此曲线为逆时针方向.

解析　记平面 $\dfrac{x}{a}+\dfrac{z}{h}=1$ 上 C 所包围的区域为 Σ，取上侧，则 Σ 的法向量为 $(h,0,a)$. 记 $P=y-z, Q=z-x, R=x-y$，应用斯托克斯公式，则

$$原式 = \iint_\Sigma \left(\frac{\partial R}{\partial y}-\frac{\partial Q}{\partial z}\right)\mathrm{d}y\mathrm{d}z + \left(\frac{\partial P}{\partial z}-\frac{\partial R}{\partial x}\right)\mathrm{d}z\mathrm{d}x + \left(\frac{\partial Q}{\partial x}-\frac{\partial P}{\partial y}\right)\mathrm{d}x\mathrm{d}y$$

$$= -2\iint_\Sigma \mathrm{d}y\mathrm{d}z + \mathrm{d}z\mathrm{d}x + \mathrm{d}x\mathrm{d}y = -2(\cos\alpha+\cos\beta+\cos\gamma)\iint_\Sigma \mathrm{d}S$$

$$= -2\left(\frac{h}{\sqrt{a^2+h^2}}+0+\frac{a}{\sqrt{a^2+h^2}}\right)\cdot \pi a\sqrt{a^2+h^2} = -2\pi a(a+h)$$

例 3.6(07-08(Ⅱ)期末)　求 $\iint_\Sigma (x^2+y^2+z^2)\mathrm{d}S$，其中 Σ 为

$$x^2+y^2+z^2=2z \quad (1\leqslant z\leqslant 2)$$

解析　Σ 的方程为 $z=1+\sqrt{1-x^2-y^2}$，它在 xOy 平面上的投影 D_{xy} 为 $x^2+y^2\leqslant 1$. 因

$$\mathrm{d}S = \sqrt{1+z_x^2+z_y^2}\,\mathrm{d}x\mathrm{d}y = \frac{1}{\sqrt{1-x^2-y^2}}\mathrm{d}x\mathrm{d}y$$

所以

$$原式 = \iint_{D_{xy}} (x^2+y^2+(1+\sqrt{1-x^2-y^2})^2) \frac{\mathrm{d}x\mathrm{d}y}{\sqrt{1-x^2-y^2}}$$

$$= \int_0^{2\pi}\mathrm{d}\theta\int_0^1 \frac{2(1+\sqrt{1-\rho^2})}{\sqrt{1-\rho^2}}\rho\,\mathrm{d}\rho = 4\pi\int_0^1 \left(\frac{\rho}{\sqrt{1-\rho^2}}+\rho\right)\mathrm{d}\rho$$

$$= 4\pi\left(-\sqrt{1-\rho^2}+\frac{\rho^2}{2}\right)\Big|_0^1 = 6\pi$$

例 3.7(09-10(Ⅱ)期中)　求曲面 $\Sigma: x^2+y^2+z^2-2ax-2ay-2az+2a^2=0$ 距平面 $x+y+z=0$ 的最近点与最远点，其中 $a>0$，并证明 $\oint\!\!\!\oint_\Sigma (x+y+z+\sqrt{3}a)^2\mathrm{d}S\geqslant 36\pi a^4$.

解析　用拉格朗日乘数法可得最近点为 $\left(a\left(1-\dfrac{1}{\sqrt{3}}\right), a\left(1-\dfrac{1}{\sqrt{3}}\right), a\left(1-\dfrac{1}{\sqrt{3}}\right)\right)$，最

远点为 $\left(a\left(1+\frac{1}{\sqrt{3}}\right), a\left(1+\frac{1}{\sqrt{3}}\right), a\left(1+\frac{1}{\sqrt{3}}\right)\right)$,所以曲面 Σ 到平面 $x+y+z=0$ 的距离 d 满足

$$d = \frac{x+y+z}{\sqrt{3}} \geqslant 3a\left(1-\frac{1}{\sqrt{3}}\right)\frac{1}{\sqrt{3}} = a(3-\sqrt{3})\frac{1}{\sqrt{3}} \Rightarrow x+y+z+\sqrt{3}a \geqslant 3a$$

于是

$$\oiint_{\Sigma}(x+y+z+\sqrt{3}a)^2 \mathrm{d}S \geqslant \oiint_{\Sigma} 9a^2 \mathrm{d}S = 36\pi a^4$$

例 3.8(10-11(Ⅱ)期末) 设 $\Omega: x^2+y^2+z^2 \leqslant 2z$,$\Sigma$ 为立体 Ω 的表面,求

$$\oiint_{\Sigma}(x^4+y^4+z^4-z^3)\mathrm{d}S$$

解析 由题可知 Σ 的外侧单位法向量为 $\boldsymbol{n}^0 = (x, y, z-1)$,又

$$\frac{\mathrm{d}y\mathrm{d}z}{x} = \frac{\mathrm{d}z\mathrm{d}x}{y} = \frac{\mathrm{d}x\mathrm{d}y}{z-1} = \mathrm{d}S$$

所以

原式 $= \oiint_{\Sigma}(x^3\cos\alpha+y^3\cos\beta+z^3\cos\gamma)\mathrm{d}S = \oiint_{\Sigma} x^3\mathrm{d}y\mathrm{d}z+y^3\mathrm{d}z\mathrm{d}x+z^3\mathrm{d}x\mathrm{d}y$

$= 3\iiint_{\Omega}(x^2+y^2+z^2)\mathrm{d}x\mathrm{d}y\mathrm{d}z = 3\int_0^{2\pi}\mathrm{d}\theta\int_0^{\frac{\pi}{2}}\mathrm{d}\varphi\int_0^{2\cos\varphi} r^4\sin\varphi\mathrm{d}r$

$= -\pi\frac{32}{5}\cos^6\varphi\Big|_0^{\frac{\pi}{2}} = \frac{32}{5}\pi$

10.4 历年硕士生入学试题解析

例 4.1(全国 2013) 设
$L_1: x^2+y^2=1$, $L_2: x^2+y^2=2$, $L_3: x^2+2y^2=2$, $L_4: 2x^2+y^2=2$
为四条逆时针方向的平面曲线. 记

$$I_i = \oint_{L_i}\left(y+\frac{y^3}{6}\right)\mathrm{d}x + \left(2x-\frac{x^3}{3}\right)\mathrm{d}y \quad (i=1,2,3,4)$$

则 $\max\{I_1, I_2, I_3, I_4\} =$ ( )

(A) I_1　　　　(B) I_2　　　　(C) I_3　　　　(D) I_4

解析 如图 10.2 所示,应用格林公式,并应用奇偶、对称性,得

$$I_1 = 4\iint_{D_1}\left(1-x^2-\frac{1}{2}y^2\right)\mathrm{d}x\mathrm{d}y$$

$$I_2 = 4\iint_{D_1+D_2+D_3+D_4+D_5}\left(1-x^2-\frac{1}{2}y^2\right)\mathrm{d}x\mathrm{d}y$$

$$I_3 = 4\iint_{D_1+D_3+D_5}\left(1-x^2-\frac{1}{2}y^2\right)\mathrm{d}x\mathrm{d}y$$

$$I_4 = 4\iint_{D_1+D_2+D_5}\left(1-x^2-\frac{1}{2}y^2\right)\mathrm{d}x\mathrm{d}y$$

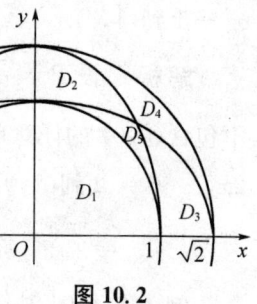

图 10.2

记 $f(x,y)=1-x^2-\frac{1}{2}y^2$，由于在区域 D_1,D_2,D_5 内，$f(x,y)>0$，所以 $I_4>I_1$；在区域 D_3,D_4 内，$f(x,y)<0$，所以 $I_4>I_2,I_4>I_3$。于是 $\max\{I_1,I_2,I_3,I_4\}=I_4$，因此选(D)。

例 4.2（全国 2008） 计算曲线积分 $\int_L \sin 2x\,\mathrm{d}x+2(x^2-1)y\,\mathrm{d}y$，其中 L 是曲线 $y=\sin x$ 上从点 $(0,0)$ 到点 $(\pi,0)$ 的一段。

解析 化为定积分计算，则

$$原式=\int_0^\pi [\sin 2x + 2(x^2-1)\sin x\cdot\cos x]\mathrm{d}x=\int_0^\pi x^2\sin 2x\,\mathrm{d}x$$

$$=-\frac{x^2}{2}\cos 2x\Big|_0^\pi+\int_0^\pi x\cos 2x\,\mathrm{d}x$$

$$=-\frac{\pi^2}{2}+\frac{x}{2}\sin 2x\Big|_0^\pi-\frac{1}{2}\int_0^\pi \sin 2x\,\mathrm{d}x=-\frac{\pi^2}{2}$$

例 4.3（南大 2005） 设曲线 $y=x(t-x)(t>0)$ 与 x 轴的交点为原点 O 与 A，$\overset{\frown}{OA}$ 为自原点 O 经 $y=x(t-x)$ 到 A 的路线，若

$$I(t)=\int_{\overset{\frown}{OA}}\left(1-y-\frac{\cos y}{1+x}\right)\mathrm{d}x+(2+x+\sin y\cdot\ln(1+x))\mathrm{d}y$$

求 t 值，使 $I(t)$ 取最大值。

解析 记 $P=1-y-\frac{\cos y}{1+x}$，$Q=2+x+\sin y\cdot\ln(1+x)$，应用格林公式，则

$$I(t)=\oint_{\overset{\frown}{OA}+\overline{AO}}P\mathrm{d}x+Q\mathrm{d}y-\int_{\overline{AO}}P\mathrm{d}x+Q\mathrm{d}y=-\iint_D 2\mathrm{d}x\mathrm{d}y+\int_0^t\left(1-\frac{1}{1+x}\right)\mathrm{d}x$$

$$=-2\int_0^t x(t-x)\mathrm{d}x+t-\ln(1+t)=-\frac{1}{3}t^3+t-\ln(1+t)\quad(t>0)$$

由 $I'(t)=\frac{-t^3-t^2+t}{1+t}=0\Rightarrow t_0=\frac{1}{2}(-1+\sqrt{5})$（驻点唯一），因为 $I''(t_0)=-2t_0+\frac{1}{(1+t_0)^2}=\frac{5-3\sqrt{5}}{2}<0$，所以 $t=\frac{1}{2}(-1+\sqrt{5})$ 时 $I(t)$ 取极大值，即最大值。

例 4.4（南大 2009） 求 $\int_\Gamma \frac{(x-y)\mathrm{d}y-(2x+y)\mathrm{d}x}{2x^2+y^2}$，其中 Γ 是 $(-1,0)$ 经 $y=$

x^2-1 到 $(1,0)$.

解析 设 $P=\dfrac{-2x-y}{2x^2+y^2}, Q=\dfrac{x-y}{2x^2+y^2}$，因 $Q'_x=P'_y=\dfrac{y^2-2x^2+4xy}{(2x^2+y^2)^2}$，则在不包含 $(0,0)$ 的任意单连通区域上，曲线积分与路线无关. 取 Γ_1 是由点 $(-1,0)$ 经 $2x^2+y^2=2$ 到 $(1,0)$，令 $x=\cos\theta, y=\sqrt{2}\sin\theta$，则

$$\text{原式}=\int_{\Gamma_1}Pdx+Qdy=\int_\pi^{2\pi}\dfrac{\sqrt{2}}{2}d\theta=\dfrac{\sqrt{2}}{2}\pi$$

例 4.5（全国 2012） 已知 L 是第一象限中从点 $(0,0)$ 沿圆周 $x^2+y^2=2x$ 到点 $(2,0)$，再沿圆周 $x^2+y^2=4$ 到点 $(0,2)$ 的曲线段，计算曲线积分

$$J=\int_L 3x^2 ydx+(x^3+x-2y)dy$$

解析 积分路径 L 如图 10.3 所示. 记 $L_1:x=0$ 上从 $A(0,2)$ 到 $O(0,0)$ 的一段，设 L 与 L_1 所围的平面区域为 D，令 $P=3x^2 y, Q=x^3+x-2y$，在区域 D 上应用格林公式，并应用定积分的几何意义，则

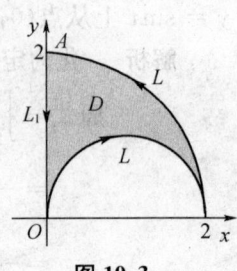

图 10.3

$$J=\oint_{L+L_1}Pdx+Qdy-\int_{L_1}Pdx+Qdy$$
$$=\iint_D(Q'_x-P'_y)dxdy+\int_0^2 Q(0,y)dy$$
$$=\iint_D(3x^2+1-3x^2)dxdy+\int_0^2(-2y)dy$$
$$=\dfrac{1}{4}\pi\cdot 2^2-\dfrac{1}{2}\pi\cdot 1^2-4=\dfrac{\pi}{2}-4$$

例 4.6（南大 2006） 设 Γ 为曲线 $(x-1)^2+(y-1)^2=a^2(a\neq\sqrt{2})$，取逆时针方向，计算 $\oint_\Gamma\dfrac{xdy-ydx}{9x^2+y^2}$.

解析 记 $P=\dfrac{-y}{9x^2+y^2}, Q=\dfrac{x}{9x^2+y^2}$，则 $\dfrac{\partial Q}{\partial x}=\dfrac{\partial P}{\partial y}=\dfrac{y^2-9x^2}{(9x^2+y^2)^2}$.

(1) 当 $0<a<\sqrt{2}$ 时，在 Γ 所包围的区域 D 内，$P,Q\in C^{(1)}$，应用格林公式，则

$$\text{原式}=\iint_D\left(\dfrac{\partial Q}{\partial x}-\dfrac{\partial P}{\partial y}\right)dxdy=0$$

(2) 当 $a>\sqrt{2}$ 时，作椭圆 $\Gamma_\varepsilon:9x^2+y^2=\varepsilon^2$（取逆时针方向），$\varepsilon$ 充分小，使得 Γ_ε 所包围的区域 D_ε 包含在区域 D 内，则

$$\text{原式}=\oint_{\Gamma_\varepsilon}\dfrac{xdy-ydx}{9x^2+y^2}=\dfrac{1}{\varepsilon^2}\oint_{\Gamma_\varepsilon}xdy-ydx$$
$$=\dfrac{1}{\varepsilon^2}\iint_{D_\varepsilon}2dxdy=\dfrac{1}{\varepsilon^2}\dfrac{2\pi}{3}\varepsilon^2=\dfrac{2\pi}{3}$$

例 4.7(南大 2007) 受力 $\boldsymbol{F}$ 作用,质点 P 沿着以 AB 为直径的半圆周从 $A(1,2)$ 运动到 $B(3,4)$(见图 10.4), $\boldsymbol{F}$ 的大小等于 P 与原点的距离,其方向垂直于 OP,且与 y 轴正向的夹角为锐角,求力 $\boldsymbol{F}$ 对质点所作的功.

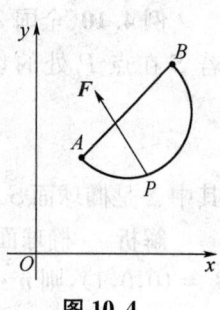

图 10.4

解析 $\boldsymbol{F}=(-y,x)$,直线 AB 的方程为 $y=x+1$,力对质点所作的功为

$$W=\int_{\widehat{AB}}-y\mathrm{d}x+x\mathrm{d}y=\oint_{\widehat{AB}+\overline{BA}}-y\mathrm{d}x+x\mathrm{d}y-\int_{\overline{BA}}-y\mathrm{d}x+x\mathrm{d}y$$
$$=\iint_{D}2\mathrm{d}x\mathrm{d}y-\int_{3}^{1}(-x-1)\mathrm{d}x+x\mathrm{d}(x+1)=2\pi-\int_{1}^{3}1\mathrm{d}x$$
$$=2\pi-2$$

例 4.8(全国 2015) 已知曲线 L 的方程为 $\begin{cases}z=\sqrt{2-x^2-y^2},\\ z=x,\end{cases}$ 起点为 $(0,\sqrt{2},0)$,终点为 $(0,-\sqrt{2},0)$,计算曲线积分

$$I=\int_{L}(y+z)\mathrm{d}x+(z^2-x^2+y)\mathrm{d}y+(x^2+y^2)\mathrm{d}z$$

解析 首先利用曲线 L 的方程将上式化简得

$$I=\int_{L}(y+x)\mathrm{d}x+y\mathrm{d}y+(2-z^2)\mathrm{d}z=\int_{L}x\mathrm{d}x+y\mathrm{d}y+(2-z^2)\mathrm{d}z+y\mathrm{d}x$$

用两种方法计算上式,前三项用原函数计算,第四项用参数方程计算.因曲线 L 的参数方程为 $x=\cos t, y=\sqrt{2}\sin t, z=\cos t, t$ 从 $\dfrac{\pi}{2}$ 到 $-\dfrac{\pi}{2}$,所以

$$I=\left(\frac{1}{2}x^2+\frac{1}{2}y^2+2z-\frac{1}{3}z^3\right)\Big|_{(0,\sqrt{2},0)}^{(0,-\sqrt{2},0)}-\int_{\frac{\pi}{2}}^{-\frac{\pi}{2}}\sqrt{2}\sin^2 t\mathrm{d}t$$
$$=0-\frac{\sqrt{2}}{2}\left(t-\frac{1}{2}\sin 2t\right)\Big|_{\frac{\pi}{2}}^{-\frac{\pi}{2}}=\frac{\sqrt{2}}{2}\pi$$

例 4.9(全国 2007) 已知曲面 Σ 为 $|x|+|y|+|z|=1$,则 $\oiint_{\Sigma}(x+|y|)\mathrm{d}S=$ _____.

解析 设 Σ_1 为 $x+y+z=1(x\geqslant 0,y\geqslant 0,z\geqslant 0)$,$D$ 为 xOy 平面上由 $x=0,y=0,x+y=1$ 所围区域,应用 Σ 的对称性和被积函数的奇、偶性,则

$$\text{原式}=8\iint_{\Sigma_1}y\mathrm{d}S=8\iint_{D}y\sqrt{1+\left(\frac{\partial z}{\partial x}\right)^2+\left(\frac{\partial z}{\partial y}\right)^2}\mathrm{d}x\mathrm{d}y$$
$$=8\sqrt{3}\iint_{D}y\mathrm{d}x\mathrm{d}y=8\sqrt{3}\int_{0}^{1}\mathrm{d}y\int_{0}^{1-y}y\mathrm{d}x$$
$$=8\sqrt{3}\int_{0}^{1}y(1-y)\mathrm{d}y=\frac{4}{3}\sqrt{3}$$

例 4.10(全国 2010) 设 P 为椭球面 $S: x^2 + y^2 + z^2 - yz = 1$ 上的动点,若 S 在点 P 处的切平面与 xOy 面垂直,求点 P 的轨迹 C,并计算曲面积分

$$I = \iint_\Sigma \frac{(x+\sqrt{3})|y-2z|}{\sqrt{4+y^2+z^2-4yz}} dS$$

其中 Σ 是椭球面 S 位于曲线 C 上方的部分.

解析 椭球面 S 在点 $P(x,y,z)$ 处的法向量为 $\mathbf{n} = (2x, 2y-z, 2z-y)$,记 $\mathbf{k} = (0,0,1)$,则 $\mathbf{n} \cdot \mathbf{k} = 0$,所以 $2z-y=0$. 于是点 P 的轨迹 C 的方程为

$$\begin{cases} 2z-y=0, \\ x^2+y^2+z^2-yz=1, \end{cases} \quad 即 \quad \begin{cases} 2z-y=0, \\ 4x^2+3y^2=4 \end{cases}$$

取 $D = \{(x,y) \mid 4x^2 + 3y^2 \leq 4\}$,记 Σ 的方程为 $z = z(x,y), (x,y) \in D$,由于

$$\sqrt{1+\left(\frac{\partial z}{\partial x}\right)^2+\left(\frac{\partial z}{\partial y}\right)^2} = \sqrt{1+\left(\frac{2x}{y-2z}\right)^2+\left(\frac{2y-z}{y-2z}\right)^2} = \frac{\sqrt{4+y^2+z^2-4yz}}{|y-2z|}$$

所以

$$I = \iint_D \frac{(x+\sqrt{3})|y-2z|}{\sqrt{4+y^2+z^2-4yz}} \sqrt{1+\left(\frac{\partial z}{\partial x}\right)^2+\left(\frac{\partial z}{\partial y}\right)^2} dxdy$$

$$= \iint_D (x+\sqrt{3}) dxdy = \sqrt{3}\iint_D dxdy = 2\pi$$

例 4.11(南大 2008) 计算曲面积分 $\iint_\Sigma xdydz + ydzdx + (z^2 - 2z)dxdy$,其中 Σ 是锥面 $z = \sqrt{x^2+y^2}$ 被平面 $z = 1$ 所截下部分的外侧.

解析 记 $\Sigma_1: z = 1(x^2 + y^2 \leq 1)$,取上侧,$D: x^2 + y^2 \leq 1$. 应用高斯定理,则

$$原式 = \oiint_{\Sigma+\Sigma_1} xdydz + ydzdx + (z^2-2z)dxdy - \iint_{\Sigma_1} xdydz + ydzdx + (z^2-2z)dxdy$$

$$= 2\iiint_\Omega z dxdydz + \iint_D 1 dxdy = 2\int_0^1 zdz \iint_{D(z)} 1 dxdy + \pi$$

$$= 2\int_0^1 \pi z^3 dz + \pi = \frac{3}{2}\pi$$

例 4.12(全国 2007) 设 Σ 为 $z = 1 - x^2 - \frac{y^2}{4}(0 \leq z \leq 1)$ 的上侧,计算曲面积分

$$\iint_\Sigma xzdydz + 2zydzdx + 3xydxdy$$

解析 设 Σ_1 为 xOy 平面上 $x^2 + \frac{y^2}{4} \leq 1$ 的下侧,$P = xz, Q = 2yz, R = 3xy$,应用高斯公式,则

226

$$原式 = \oiint_{\Sigma+\Sigma_1} P\mathrm{d}y\mathrm{d}z + Q\mathrm{d}z\mathrm{d}x + R\mathrm{d}x\mathrm{d}y - \iint_{\Sigma_1} P\mathrm{d}y\mathrm{d}z + Q\mathrm{d}z\mathrm{d}x + R\mathrm{d}x\mathrm{d}y$$

$$= \iiint_{\Omega} \left(\frac{\partial P}{\partial x} + \frac{\partial Q}{\partial y} + \frac{\partial R}{\partial z}\right)\mathrm{d}x\mathrm{d}y\mathrm{d}z - \iint_D 3xy\mathrm{d}x\mathrm{d}y \quad \left(D: x^2 + \frac{y^2}{4} \leqslant 1\right)$$

$$= 3\iiint_{\Omega} z\mathrm{d}x\mathrm{d}y\mathrm{d}z + 0 = 3\int_0^1 \mathrm{d}z \iint_{D(z)} z\mathrm{d}x\mathrm{d}y \quad \left(D(z): x^2 + \frac{y^2}{4} \leqslant 1-z\right)$$

$$= 3\int_0^1 z\pi(2(1-z))\mathrm{d}z = \pi$$

例 4.13(南大 2003) 计算 $\iint_{\Sigma}(x^2+y^2)\mathrm{d}y\mathrm{d}z + (y^2+z^2)\mathrm{d}z\mathrm{d}x + (z^2+x^2)\mathrm{d}x\mathrm{d}y$,其中 $\Sigma: z = x^2 + y^2 (0 \leqslant z \leqslant 2)$,其法向量与 Oz 轴的夹角为锐角.

解析 记 $\Sigma_1: z = 2(x^2+y^2 \leqslant 2)$,取下侧,$D: x^2+y^2 \leqslant 2(z=0)$. 应用高斯定理,则

$$原式 = \oiint_{\Sigma+\Sigma_1} (x^2+y^2)\mathrm{d}y\mathrm{d}z + (y^2+z^2)\mathrm{d}z\mathrm{d}x + (z^2+x^2)\mathrm{d}x\mathrm{d}y$$

$$- \iint_{\Sigma_1} (x^2+y^2)\mathrm{d}y\mathrm{d}z + (y^2+z^2)\mathrm{d}z\mathrm{d}x + (z^2+x^2)\mathrm{d}x\mathrm{d}y$$

$$= -\iint_{\Omega} 2(x+y+z)\mathrm{d}x\mathrm{d}y\mathrm{d}z + \iint_D (4+x^2)\mathrm{d}x\mathrm{d}y \quad (D(z): x^2+y^2 \leqslant z)$$

$$= -2\int_0^2 z\mathrm{d}z \iint_{D(z)} 1\mathrm{d}x\mathrm{d}y + 8\pi + \frac{1}{2}\iint_D (x^2+y^2)\mathrm{d}x\mathrm{d}y$$

$$= -2\pi\int_0^2 z^2\mathrm{d}z + 8\pi + \frac{1}{2}\int_0^{2\pi} \mathrm{d}\theta \int_0^{\sqrt{2}} \rho^3 \mathrm{d}\rho = \frac{11}{3}\pi$$

例 4.14(全国 2009) 计算曲面积分 $I = \oiint_{\Sigma} \frac{x\mathrm{d}y\mathrm{d}z + y\mathrm{d}z\mathrm{d}x + z\mathrm{d}x\mathrm{d}y}{(x^2+y^2+z^2)^{\frac{3}{2}}}$,其中 Σ 是曲面 $2x^2 + 2y^2 + z^2 = 4$ 的外侧.

解析 取 $\Sigma_1: x^2+y^2+z^2 = 1$ 的内侧,Ω 为 Σ 与 Σ_1 之间的立体区域,应用高斯公式,则

$$I = \oiint_{\Sigma+\Sigma_1} \frac{x\mathrm{d}y\mathrm{d}z + y\mathrm{d}z\mathrm{d}x + z\mathrm{d}x\mathrm{d}y}{(x^2+y^2+z^2)^{\frac{3}{2}}} - \oiint_{\Sigma_1} \frac{x\mathrm{d}y\mathrm{d}z + y\mathrm{d}z\mathrm{d}x + z\mathrm{d}x\mathrm{d}y}{(x^2+y^2+z^2)^{\frac{3}{2}}}$$

$$= \iiint_{\Omega} 0\mathrm{d}x\mathrm{d}y\mathrm{d}z - \oiint_{\Sigma_1} x\mathrm{d}y\mathrm{d}z + y\mathrm{d}z\mathrm{d}x + z\mathrm{d}x\mathrm{d}y$$

$$= 0 + \iiint_{x^2+y^2+z^2 \leqslant 1} 3\mathrm{d}x\mathrm{d}y\mathrm{d}z = 4\pi$$

例 4.15(南大 2009) 设数量场

$$u(x,y,z) = \ln\sqrt{x^2+y^2+z^2}$$

计算 div(**grad** u).

解析　应用梯度和散度的定义,则

$$\mathbf{grad}\,u = \left(\frac{\partial u}{\partial x}, \frac{\partial u}{\partial y}, \frac{\partial u}{\partial z}\right) = \left(\frac{x}{x^2+y^2+z^2}, \frac{y}{x^2+y^2+z^2}, \frac{z}{x^2+y^2+z^2}\right)$$

$$\begin{aligned}\mathrm{div}(\mathbf{grad}\,u) &= \mathrm{div}\left(\frac{x}{x^2+y^2+z^2}, \frac{y}{x^2+y^2+z^2}, \frac{z}{x^2+y^2+z^2}\right) \\ &= \frac{\partial}{\partial x}\left(\frac{x}{x^2+y^2+z^2}\right) + \frac{\partial}{\partial y}\left(\frac{y}{x^2+y^2+z^2}\right) + \frac{\partial}{\partial z}\left(\frac{z}{x^2+y^2+z^2}\right) \\ &= \frac{y^2+z^2-x^2}{(x^2+y^2+z^2)^2} + \frac{x^2+z^2-y^2}{(x^2+y^2+z^2)^2} + \frac{x^2+y^2-z^2}{(x^2+y^2+z^2)^2} \\ &= \frac{1}{x^2+y^2+z^2}\end{aligned}$$

专题 11　数项级数与幂级数

11.1　重要概念与基本方法

1　数项级数的敛散性定义与重要性质

(1) 设 $S_n = \sum_{i=1}^{n} a_i$，称数列 $\{S_n\}$ 为级数 $\sum_{n=1}^{\infty} a_n$ 的部分和数列. 若数列 $\{S_n\}$ 收敛于 A，则称级数 $\sum_{n=1}^{\infty} a_n$ 收敛，称 A 为级数 $\sum_{n=1}^{\infty} a_n$ 的和；否则称级数 $\sum_{n=1}^{\infty} a_n$ 发散.

(2) 级数 $\sum_{n=1}^{\infty} a_n$ 收敛的必要条件是 $\lim\limits_{n\to\infty} a_n = 0$. 即当 $\lim\limits_{n\to\infty} a_n \neq 0$ 时，级数 $\sum_{n=1}^{\infty} a_n$ 发散. 但当 $\lim\limits_{n\to\infty} a_n = 0$ 时，级数 $\sum_{n=1}^{\infty} a_n$ 可能收敛，也可能发散.

(3) 若级数 $\sum_{n=1}^{\infty} a_n$ 与 $\sum_{n=1}^{\infty} b_n$ 都收敛，则级数 $\sum_{n=1}^{\infty} (a_n \pm b_n)$ 也收敛.

(4) 若级数 $\sum_{n=1}^{\infty} a_n$ 收敛，级数 $\sum_{n=1}^{\infty} b_n$ 发散，则级数 $\sum_{n=1}^{\infty} (a_n \pm b_n)$ 发散.

(5) 若级数 $\sum_{n=1}^{\infty} a_n$ 收敛，则任意加括号后的新级数也收敛，且其和不变；反之，若将级数按某一方法加括号后的新级数发散，则原级数也发散.

(6) 两个基本级数.

① 当 $|q| < 1$ 时，几何级数 $\sum_{n=k}^{\infty} aq^n$ 收敛，且 $\sum_{n=k}^{\infty} aq^n = \dfrac{aq^k}{1-q}$；当 $|q| \geqslant 1$ 时，几何级数 $\sum_{n=k}^{\infty} aq^n$ 发散.

② p 级数 $\sum_{n=1}^{\infty} \dfrac{1}{n^p}$：当 $p > 1$ 时收敛；当 $p \leqslant 1$ 时发散.

2　正项级数的敛散性判别法

(1) 正项级数 $\sum_{n=1}^{\infty} a_n (a_n \geqslant 0)$ 收敛的充要条件是其部分和数列 $\{S_n\}$ 有界.

(2) 积分判别法:若 $a_n > 0$,且 $\{a_n\}$ 单调减少,令 $f(n) = a_n$.

① 当反常积分 $\int_1^{+\infty} f(x) dx$ 收敛时,级数 $\sum\limits_{n=1}^{\infty} a_n$ 收敛;

② 当反常积分 $\int_1^{+\infty} f(x) dx$ 发散时,级数 $\sum\limits_{n=1}^{\infty} a_n$ 发散.

(3) 比较判别法 Ⅰ:若 $0 \leqslant a_n \leqslant b_n$,则当 $\sum\limits_{n=1}^{\infty} b_n$ 收敛时,$\sum\limits_{n=1}^{\infty} a_n$ 收敛;当 $\sum\limits_{n=1}^{\infty} a_n$ 发散时,$\sum\limits_{n=1}^{\infty} b_n$ 发散.

(4) 比较判别法 Ⅱ:若 $a_n \geqslant 0, b_n > 0$,且 $\lim\limits_{n \to \infty} \dfrac{a_n}{b_n} = \lambda$.

① 当 $0 < \lambda < +\infty$ 时,$\sum\limits_{n=1}^{\infty} a_n$ 与 $\sum\limits_{n=1}^{\infty} b_n$ 有相同的敛散性;

② 当 $\lambda = 0$ 时,若 $\sum\limits_{n=1}^{\infty} b_n$ 收敛,则 $\sum\limits_{n=1}^{\infty} a_n$ 收敛;

③ 当 $\lambda = +\infty$ 时,若 $\sum\limits_{n=1}^{\infty} b_n$ 发散,则 $\sum\limits_{n=1}^{\infty} a_n$ 发散.

(5) 比值判别法:若 $a_n > 0$,且 $\lim\limits_{n \to \infty} \dfrac{a_{n+1}}{a_n} = \lambda$.

① 当 $0 \leqslant \lambda < 1$ 时,级数 $\sum\limits_{n=1}^{\infty} a_n$ 收敛;

② 当 $\lambda > 1$ 时,级数 $\sum\limits_{n=1}^{\infty} a_n$ 发散;

③ 当 $\lambda = 1$ 时,级数 $\sum\limits_{n=1}^{\infty} a_n$ 可能收敛,也可能发散.

(6) 根值判别法:若 $a_n > 0$,且 $\lim\limits_{n \to \infty} \sqrt[n]{a_n} = \lambda$.

① 当 $0 \leqslant \lambda < 1$ 时,级数 $\sum\limits_{n=1}^{\infty} a_n$ 收敛;

② 当 $\lambda > 1$ 时,级数 $\sum\limits_{n=1}^{\infty} a_n$ 发散;

③ 当 $\lambda = 1$ 时,级数 $\sum\limits_{n=1}^{\infty} a_n$ 可能收敛,也可能发散.

3 任意项级数的敛散性判别法

(1) 若级数 $\sum\limits_{n=1}^{\infty} |a_n|$ 收敛,则级数 $\sum\limits_{n=1}^{\infty} a_n$ 收敛,且此时称级数 $\sum\limits_{n=1}^{\infty} a_n$ 绝对收敛.

(2) 若级数 $\sum_{n=1}^{\infty}|a_n|$ 发散,但级数 $\sum_{n=1}^{\infty}a_n$ 收敛,此时称级数 $\sum_{n=1}^{\infty}a_n$ 条件收敛.

(3) **定理**(比值判别法) 对于任意项级数 $\sum_{n=1}^{\infty}a_n$,若 $\lim\limits_{n\to\infty}\left|\dfrac{a_{n+1}}{a_n}\right|=\lambda$.

① 当 $0\leqslant\lambda<1$ 时,级数 $\sum_{n=1}^{\infty}a_n$ 绝对收敛;

② 当 $\lambda>1$ 时,级数 $\sum_{n=1}^{\infty}a_n$ 发散.

(4) **定理**(莱布尼茨判别法) 若数列 $\{a_n\}$ 单调减少,且 $\lim\limits_{n\to\infty}a_n=0$,则交错级数 $\sum_{n=1}^{\infty}(-1)^{n+1}a_n$ 收敛.

注意:① 判别任意项级数的敛散性的步骤,一般先判别是否绝对收敛;在非绝对收敛时,再使用莱布尼茨判别法,判别是否是条件收敛. 若级数不满足莱布尼兹判别法,可应用级数的运算性质,将级数拆分为两个级数的和(或差),若这两个级数皆收敛,则原级数收敛;若两个级数中,一个收敛,另一个发散,则原级数发散.

② 对于交错级数 $\sum_{n=1}^{\infty}(-1)^{n+1}a_n$,当 $\lim\limits_{n\to\infty}a_n=0$,数列 $\{a_n\}$ 非单调减少(即莱布尼茨判别法的条件不满足)时,原级数可能收敛,也可能发散.

4 幂级数的收敛半径、收敛区间、收敛域与和函数

(1) 幂级数 $\sum_{n=0}^{\infty}a_nx^n$ 的收敛点的集合称为收敛域. 幂级数的收敛性可分为三种情况:① 仅当 $x=0$ 时收敛;② 对一切实数 x 收敛;③ 存在一非零实数 R,当 $|x|<R$ 时收敛,当 $|x|>R$ 时发散. 这里的 R 称为幂级数 $\sum_{n=0}^{\infty}a_nx^n$ 的收敛半径,称 $(-R,R)$ 为幂级数 $\sum_{n=0}^{\infty}a_nx^n$ 的收敛区间. 当 $x=\pm R$ 时,需讨论级数 $\sum_{n=0}^{\infty}a_n(\pm R)^n$ 的收敛发散性,由此可得到幂级数 $\sum_{n=0}^{\infty}a_nx^n$ 的收敛域. 这里将上述情况①记为 $R=0$,将上述情况②记为 $R=+\infty$.

(2) 若 $\lim\limits_{n\to\infty}\left|\dfrac{a_n}{a_{n+1}}\right|=R$,则幂级数 $\sum_{n=0}^{\infty}a_nx^n$ 的收敛半径为 R.

(3) 幂级数 $\sum_{n=0}^{\infty}a_nx^n$ 在其收敛区间内,可逐项求导数,可逐项求积分,收敛区间不变,但在收敛区间端点处的收敛发散性可能改变. 利用这一性质,可求幂级数 $\sum_{n=0}^{\infty}a_nx^n$ 的和函数.

(4) 常用的幂级数的和函数公式：

$$\sum_{n=0}^{\infty} \frac{1}{n!} x^n = e^x \quad (|x| < +\infty)$$

$$\sum_{n=0}^{\infty} \frac{(-1)^n}{(2n+1)!} x^{2n+1} = \sin x \quad (|x| < +\infty)$$

$$\sum_{n=0}^{\infty} \frac{(-1)^n}{(2n)!} x^{2n} = \cos x \quad (|x| < +\infty)$$

$$\sum_{n=1}^{\infty} \frac{1}{n} x^n = -\ln(1-x) \quad (-1 \leqslant x < 1)$$

$$\sum_{n=k}^{\infty} x^n = \frac{x^k}{1-x} \quad (k = 0, 1, \cdots; |x| < 1)$$

(5) 幂级数的应用：利用幂级数求和函数得 $\sum_{n=0}^{\infty} a_n x^n = f(x)$，则可求

$$\lim_{n \to \infty} (a_0 + a_1 + a_2 + \cdots + a_n)$$

这里只要 $x = 1$ 在幂级数的收敛域中，且此极限为 $f(1)$.

5 初等函数关于 x 的幂级数展开式

(1) 公式法：将上述幂级数的和函数公式反过来使用，即得常用函数的关于 x 的幂级数展开式.

(2) 对函数 $f(x)$ 求导数，将 $f'(x)$ 用公式法求幂级数展开式，再逐项积分求出 $f(x)$ 的关于 x 的幂级数展开式.

(3) 对函数 $f(x)$ 求积分，将 $\int_0^x f(x) dx$ 用公式法求幂级数展开式，再逐项求导数求出 $f(x)$ 的关于 x 的幂级数展开式.

6 傅氏级数

(1) 设 $f(x)$ 是周期为 2π 的可积函数，则 $f(x)$ 的傅氏级数展开式为

$$f(x) \sim \frac{a_0}{2} + \sum_{n=1}^{\infty} (a_n \cos nx + b_n \sin nx)$$

其中

$$a_n = \frac{1}{\pi} \int_{-\pi}^{\pi} f(x) \cos nx \, dx \quad (n = 0, 1, 2, \cdots)$$

$$b_n = \frac{1}{\pi} \int_{-\pi}^{\pi} f(x) \sin nx \, dx \quad (n = 1, 2, 3, \cdots)$$

(2) 设 $f(x)$ 是可积的周期为 2π 的奇函数，则 $f(x)$ 可展开为正弦级数为

$$f(x) \sim \sum_{n=1}^{\infty} b_n \sin nx$$

其中
$$b_n = \frac{2}{\pi}\int_0^\pi f(x)\sin nx\,\mathrm{d}x \quad (n=1,2,3,\cdots)$$

(3) 设 $f(x)$ 是可积的周期为 2π 的偶函数,则 $f(x)$ 可展开为余弦级数为
$$f(x) \sim \frac{a_0}{2} + \sum_{n=1}^\infty a_n\cos nx$$

其中
$$a_n = \frac{2}{\pi}\int_0^\pi f(x)\cos nx\,\mathrm{d}x \quad (n=0,1,2,\cdots)$$

(4) 对于定义在区间 $[0,\pi]$ 上的可积函数 $f(x)$,既可以对 $f(x)$ 作奇延拓,将 $f(x)$ 展为正弦级数;也可以将 $f(x)$ 作偶延拓,将 $f(x)$ 展为余弦级数.

(5) 傅氏级数的和函数:在函数 $f(x)$ 的连续点 x_1 处,傅氏级数收敛于 $f(x_1)$;在函数 $f(x)$ 的第一类间断点 x_2 处,傅氏级数收敛于 $\frac{1}{2}(f(x_2-)+f(x_2+))$.

11.2 《大学数学教程》习题选解

例 2.1(习题 8.1 A 8.8) 判别正项级数 $\sum\limits_{n=2}^\infty \dfrac{1}{\ln(n!)}$ 的敛散性.

解析 $a_n = \dfrac{1}{\ln(n!)} > \dfrac{1}{\ln(n^n)} = \dfrac{1}{n\ln n}(n\geqslant 2)$,令 $f(x) = \dfrac{1}{x\ln x}$ $(x\geqslant 2)$,由于
$$\int_2^{+\infty}\frac{1}{x\ln x}\mathrm{d}x = \ln(\ln x)\Big|_2^{+\infty} = +\infty$$

应用积分判别法可得级数 $\sum\limits_{n=2}^\infty \dfrac{1}{n\ln n}$ 发散,由比较判别法可得原级数发散.

例 2.2(习题 8.1 A 8.10) 判别正项级数 $\sum\limits_{n=1}^\infty \dfrac{\mathrm{e}^n n!}{n^n}$ 的敛散性.

解析 设 $a_n = \dfrac{\mathrm{e}^n n!}{n^n}$,由于
$$\frac{a_{n+1}}{a_n} = \mathrm{e}\left(\frac{n}{n+1}\right)^n = \frac{\mathrm{e}}{\left(1+\dfrac{1}{n}\right)^n}$$

而数列 $\left\{\left(1+\dfrac{1}{n}\right)^n\right\}$ 单调增加趋于 e,因此,$\forall n\in \mathbf{N}^*$,$\left(1+\dfrac{1}{n}\right)^n < \mathrm{e}$,故 $a_{n+1} > a_n$,于是 $\lim\limits_{n\to\infty} a_n \neq 0$,因此,原级数发散.

例 2.3(习题 8.1 A 8.12) 判别正项级数 $\sum\limits_{n=1}^\infty \dfrac{\sin\dfrac{1}{n}}{\ln(1+n)}$ 的敛散性.

解析 令 $f(x) = \dfrac{1}{(1+x)\ln(1+x)} (x \geqslant 1)$,显然 $f(x) > 0$ 且单调减小. 由于

$$\int_1^{+\infty} f(x)\,\mathrm{d}x = \ln(\ln(1+x))\Big|_1^{+\infty} = +\infty$$

应用积分判别法可得级数 $\sum\limits_{n=1}^{\infty} \dfrac{1}{(1+n)\ln(1+n)}$ 发散. 因为

$$\lim_{n\to\infty} \dfrac{\sin\dfrac{1}{n}}{\dfrac{1}{(1+n)\ln(1+n)}} \cdot \dfrac{\ln(1+n)}{1} = \lim_{n\to\infty} \dfrac{\sin\dfrac{1}{n}}{\dfrac{1}{n+1}} = 1$$

应用比较判别法得原级数发散.

例 2.4(习题 8.1 A 10.4) 判别级数 $\sum\limits_{n=1}^{\infty} \dfrac{(-1)^{n+1}}{n+\ln n}$ 的敛散性.

解析 令 $a_n = \dfrac{(-1)^{n+1}}{n+\ln n}$,则 $|a_n| = \dfrac{1}{n+\ln n}$,因为

$$\lim_{n\to\infty} \dfrac{\dfrac{1}{n+\ln n}}{\dfrac{1}{n}} = \lim_{n\to\infty} \dfrac{1}{1+\dfrac{\ln n}{n}} = \dfrac{1}{1+0} = 1$$

且 $\sum\limits_{n=1}^{\infty} \dfrac{1}{n}$ 发散,由比较判别法可知原级数非绝对收敛. 因 $|a_n| = \dfrac{1}{n+\ln n}$ 显然单调减少,且

$$\lim_{n\to\infty} |a_n| = \lim_{n\to\infty} \dfrac{1}{n+\ln n} = 0$$

所以原级数为莱布尼茨型级数,因此原级数条件收敛.

例 2.5(习题 8.1 A 10.6) 判别级数 $\sum\limits_{n=2}^{\infty} \sin\left(n\pi + \dfrac{1}{\ln n}\right)$ 的敛散性.

解析 原级数为 $\sum\limits_{n=2}^{\infty} (-1)^n \sin\dfrac{1}{\ln n}$,设 $x_n = (-1)^n \sin\dfrac{1}{\ln n}$,则 $|x_n| = \sin\dfrac{1}{\ln n}$. 因为 $n \to \infty$ 即 $n \to +\infty$ 时,$\sin\dfrac{1}{\ln n} \sim \dfrac{1}{\ln n}$,而 $\dfrac{1}{\ln n} > \dfrac{1}{n}$,由比较判别法,原级数非绝对收敛. 因为 $0 < \dfrac{1}{\ln n} < \dfrac{\pi}{2}$,$\left\{\sin\dfrac{1}{\ln n}\right\}$ 单调减且趋于 0,应用莱布尼茨判别法可知原级数收敛,于是原级数为条件收敛.

例 2.6(习题 8.1 A 10.8) 判别级数 $\sum\limits_{n=1}^{\infty} (-1)^{n+1} \left(1 - n\sin\dfrac{1}{n}\right)$ 的敛散性.

解析 设 $f(x) = 1 - \dfrac{1}{x}\sin x$,由于

$$\lim_{x\to 0}\frac{f(x)}{x^2}=\lim_{x\to 0}\frac{x-\sin x}{x^3}=\lim_{x\to 0}\frac{1-\cos x}{3x^2}=\lim_{x\to 0}\frac{\frac{1}{2}x^2}{3x^2}=\frac{1}{6}$$

因此 $f(x)\sim\frac{1}{6}x^2(x\to 0)$. 取 $x=\frac{1}{n}$,可得 $f\left(\frac{1}{n}\right)=1-n\sin\frac{1}{n}\sim\frac{1}{6n^2}$,而 $\sum\limits_{n=1}^{\infty}\frac{1}{n^2}$ 收敛,所以原级数绝对收敛.

例 2.7(习题 8.1 A 11) 设 $a_n>0$,且 a_n 单调减,$\sum\limits_{n=1}^{\infty}(-1)^{n+1}a_n$ 发散,判别级数 $\sum\limits_{n=1}^{\infty}\left(\frac{1}{1+a_n}\right)^n$ 的敛散性.

解析 因为 $\{a_n\}$ 单调减,且 $a_n>0$,所以 $\exists a\geqslant 0$,使得 $\lim\limits_{n\to\infty}a_n=a$. 若 $a=0$,则由莱布尼茨判别法得原级数收敛,此与条件矛盾,所以 $a>0$. 令 $x_n=\left(\frac{1}{1+a_n}\right)^n$,由于

$$\lim_{n\to\infty}\sqrt[n]{x_n}=\lim_{n\to\infty}\frac{1}{1+a_n}=\frac{1}{1+a}<1$$

应用根值判别法得原级数收敛.

例 2.8(习题 8.1 A 12) 设 $a_n=\int_0^{\frac{\pi}{4}}\tan^n x\,dx\quad(n\in\mathbf{N}^*)$.

(1) 求级数 $\sum\limits_{n=1}^{\infty}\frac{a_n+a_{n+2}}{n}$ 的和;

(2) 设 $\lambda>0$,证明 $\sum\limits_{n=1}^{\infty}\frac{a_n}{n^\lambda}$ 收敛.

解析 (1) 由题意,有

$$a_n+a_{n+2}=\int_0^{\frac{\pi}{4}}(\tan^n x+\tan^{n+2}x)dx=\int_0^{\frac{\pi}{4}}\tan^n x\sec^2 x\,dx$$

$$=\int_0^{\frac{\pi}{4}}\tan^n x\,d\tan x=\frac{1}{n+1}\tan^{n+1}x\bigg|_0^{\frac{\pi}{4}}=\frac{1}{n+1}$$

因此

$$\sum_{n=1}^{\infty}\frac{a_n+a_{n+2}}{n}=\sum_{n=1}^{\infty}\frac{1}{n(n+1)}=\sum_{n=1}^{\infty}\left(\frac{1}{n}-\frac{1}{n+1}\right)=\lim_{n\to\infty}\left(1-\frac{1}{n+1}\right)=1$$

(2) 由于 $\lambda>0$,又

$$a_n=\int_0^{\frac{\pi}{4}}\tan^n x\,dx\xrightarrow{\diamondsuit\ t=\tan x}\int_0^1 t^n d\arctan t=\int_0^1\frac{t^n}{1+t^2}dt\leqslant\int_0^1 t^n dt=\frac{1}{n+1}$$

所以

$$\frac{a_n}{n^\lambda}<\frac{1}{n^{\lambda+1}}$$

这里 $p=\lambda+1>1$,应用 p 级数的敛散性和比较判别法可知 $\sum\limits_{n=1}^{\infty}\frac{a_n}{n^\lambda}$ 收敛.

例 2.9(习题 8.1 A 13) 已知 $a_1 = 2$,且 $a_{n+1} = \dfrac{1}{2}\left(a_n + \dfrac{1}{a_n}\right)$,试证明:级数 $\sum\limits_{n=1}^{\infty}\left(\dfrac{a_n}{a_{n+1}} - 1\right)$ 收敛.

解析 **方法 I** 由题意 $a_n > 0$,且

$$a_{n+1} \geq \dfrac{1}{2} \times 2\sqrt{a_n \cdot \dfrac{1}{a_n}} = 1, \quad \dfrac{a_{n+1}}{a_n} = \dfrac{1}{2}\left(1 + \dfrac{1}{a_n^2}\right) \leq 1$$

根据单调有界定理,存在 $A \in \mathbf{R}$,使得 $\lim\limits_{n \to \infty} a_n = A$,于是 $A = \dfrac{1}{2}\left(A + \dfrac{1}{A}\right)$,可得 $A = 1$,即 $\lim\limits_{n \to \infty} a_n = 1$. 令 $b_n = \dfrac{a_n}{a_{n+1}} - 1$,则 $0 \leq b_n = \dfrac{a_n - a_{n+1}}{a_{n+1}} < a_n - a_{n+1}$. 由于

$$S_n = \sum_{i=1}^{n}(a_i - a_{i+1}) = a_1 - a_{n+1} < a_1$$

即级数 $\sum\limits_{i=1}^{\infty}(a_i - a_{i+1})$ 的部分和有上界,所以该级数收敛,因此应用比较判别法得级数 $\sum\limits_{n=1}^{\infty} b_n = \sum\limits_{n=1}^{\infty}\left(\dfrac{a_n}{a_{n+1}} - 1\right)$ 收敛.

方法 II $\lim\limits_{n \to \infty} a_n = 1$ 的证明同方法 I. 令 $b_n = \dfrac{a_n}{a_{n+1}} - 1 = \dfrac{a_n^2 - 1}{a_n^2 + 1}$,由于 $b_n > 0$,且

$$\dfrac{b_{n+1}}{b_n} = \dfrac{a_{n+1}^2 - 1}{a_{n+1}^2 + 1} \cdot \dfrac{a_n^2 + 1}{a_n^2 - 1} = \dfrac{a_n^2 + 1}{a_{n+1}^2 + 1} \cdot \dfrac{1}{a_n^2 - 1}(a_{n+1}^2 - 1)$$

$$= \dfrac{a_n^2 + 1}{a_{n+1}^2 + 1} \cdot \dfrac{1}{a_n^2 - 1} \cdot \dfrac{(a_n^2 - 1)^2}{4a_n^2}$$

$$= \dfrac{a_n^2 + 1}{a_{n+1}^2 + 1} \cdot \dfrac{a_n^2 - 1}{4a_n^2} \to 0 \quad (n \to \infty)$$

应用比值判别法得级数 $\sum\limits_{n=1}^{\infty}\left(\dfrac{a_n}{a_{n+1}} - 1\right)$ 收敛.

例 2.10(习题 8.1 B 2) 设 $\sum\limits_{n=1}^{\infty} a_n, \sum\limits_{n=1}^{\infty} b_n$ 均为收敛的正项级数,试证明:$\sum\limits_{n=1}^{\infty} a_n^2$,$\sum\limits_{n=1}^{\infty} \sqrt{a_n b_n}, \sum\limits_{n=1}^{\infty} a_n b_n$ 皆收敛.

解析 (1) 因为 $\sum\limits_{n=1}^{\infty} a_n$ 收敛,所以 $a_n \to 0 (n \to \infty)$,于是 n 充分大时 $a_n < 1$. 又 $a_n^2 < a_n$,由比较判别法可知 $\sum\limits_{n=1}^{\infty} a_n^2$ 收敛.

(2) 因为 $\sqrt{a_n b_n} \leq \dfrac{1}{2}(a_n + b_n)$,由比较判别法可知 $\sum\limits_{n=1}^{\infty} \sqrt{a_n b_n}$ 收敛.

(3) 因为 $a_n b_n = (\sqrt{a_n b_n})^2$,应用上述(2)与(1)可得 $\sum_{n=1}^{\infty} a_n b_n$ 收敛.

例 2.11(习题 8.1 B 3) 设 $a_n > 0, S_n = \sum_{i=1}^{n} a_i$,试判别级数 $\sum_{n=1}^{\infty} \frac{a_n}{S_n^2}$ 的敛散性.

解析 $\frac{a_n}{S_n^2} = \frac{S_n - S_{n-1}}{S_n^2} < \frac{S_n - S_{n-1}}{S_n S_{n-1}} = \frac{1}{S_{n-1}} - \frac{1}{S_n}$,令 $b_n = \frac{1}{S_{n-1}} - \frac{1}{S_n} (n \geq 2)$,则

$$S'_n = \sum_{i=2}^{n} b_i = \sum_{i=2}^{n} \left(\frac{1}{S_{i-1}} - \frac{1}{S_i} \right) = \frac{1}{a_1} - \frac{1}{S_n} < \frac{1}{a_1}$$

于是级数 $\sum_{n=2}^{\infty} b_n$ 的部分和有上界,所以级数 $\sum_{n=2}^{\infty} b_n$ 收敛,因此应用比较判别法得级数 $\sum_{n=1}^{\infty} \frac{a_n}{S_n^2}$ 收敛.

例 2.12(习题 8.2 A 3.2) 求函数 $\frac{1}{(1+x)^2}$ 在 $x = 1$ 处的幂级数展开式.

解析 设 $f(x) = \frac{1}{(1+x)^2}$,令 $t = x - 1$,则 $f(x) = \frac{1}{(2+t)^2} = \varphi(t)$,由于

$$\int_0^t \varphi(t) dt = \int_0^t \frac{1}{(2+t)^2} dt = -\frac{1}{2+t} + \frac{1}{2}$$

$$\frac{1}{2+t} = \frac{1}{2} \cdot \frac{1}{1+\frac{t}{2}} = \frac{1}{2} \sum_{n=0}^{\infty} \left(-\frac{t}{2} \right)^n = \sum_{n=0}^{\infty} \frac{(-1)^n}{2^{n+1}} t^n \quad (|t| < 2)$$

所以

$$\int_0^t \varphi(t) dt = \frac{1}{2} + \sum_{n=0}^{\infty} \frac{(-1)^{n+1}}{2^{n+1}} t^n \quad (|t| < 2)$$

逐项求导得 $\varphi(t) = \sum_{n=1}^{\infty} \frac{(-1)^{n+1} n}{2^{n+1}} t^{n-1}$. 当 $t = \pm 2$ 时,此级数显然发散,所以此级数的收敛域为 $|t| < 2$. 由此可得

$$f(x) = \frac{1}{(1+x)^2} = \sum_{n=0}^{\infty} (-1)^n \frac{n+1}{4 \cdot 2^n} (x-1)^n \quad (-1 < x < 3)$$

例 2.13(习题 8.2 A 4.7) 求幂级数 $\sum_{n=2}^{\infty} \frac{(-1)^n}{n(n-1)} x^n$ 的和函数.

解析 设 $S(x) = \sum_{n=2}^{\infty} \frac{(-1)^n}{n(n-1)} x^n$,逐项求导再积分,可得

$$S'(x) = \sum_{n=2}^{\infty} \frac{(-1)^n}{n-1} x^{n-1} = \sum_{n=1}^{\infty} \frac{(-1)^{n+1}}{n} x^n = \ln(1+x) \quad (-1 < x \leq 1)$$

$$S(x) = S(0) + \int_0^x \ln(1+x) dx = x \ln(1+x) - x + \ln(1+x)$$

由于 $x=-1$ 时,$S(-1)=\lim\limits_{n\to\infty}\sum\limits_{k=2}^{n}\left(\dfrac{1}{k-1}-\dfrac{1}{k}\right)=1$,因此所求和函数为

$$S(x)=\begin{cases}(1+x)\ln(1+x)-x & (-1<x\leqslant 1);\\ 1 & (x=-1)\end{cases}$$

例 2.14(习题 8.2 B 2) 求幂级数 $\sum\limits_{n=1}^{\infty}(-1)^{n+1}\dfrac{x^{2n-1}}{(2n+1)(2n-1)}$ 的和函数.

解析 将原幂级数拆成两个幂级数,即

$$\sum_{n=1}^{\infty}(-1)^{n+1}\frac{x^{2n-1}}{(2n+1)(2n-1)}=\frac{1}{2}\sum_{n=1}^{\infty}(-1)^{n+1}\frac{x^{2n-1}}{2n-1}-\frac{1}{2x^2}\sum_{n=1}^{\infty}(-1)^{n+1}\frac{x^{2n+1}}{2n+1}$$

令 $f(x)=\sum\limits_{n=1}^{\infty}(-1)^{n+1}\dfrac{x^{2n-1}}{2n-1}$,$g(x)=\sum\limits_{n=1}^{\infty}(-1)^{n+1}\dfrac{x^{2n+1}}{2n+1}$,则

$$f'(x)=\sum_{n=1}^{\infty}(-1)^{n+1}x^{2n-2}=\frac{1}{1+x^2}\quad(|x|<1)$$

$$f(x)=f(0)+\int_0^x\frac{1}{1+x^2}\mathrm{d}x=\arctan x\quad(|x|\leqslant 1)$$

$$g'(x)=\sum_{n=1}^{\infty}(-1)^{n+1}x^{2n}=\frac{x^2}{1+x^2}\quad(|x|<1)$$

$$g(x)=g(0)+\int_0^x\frac{x^2}{1+x^2}\mathrm{d}x=x-\arctan x\quad(|x|\leqslant 1)$$

于是原幂级数的和函数为

$$S(x)=\frac{1}{2}f(x)-\frac{1}{2x^2}g(x)=\begin{cases}\dfrac{1}{2}\left(1+\dfrac{1}{x^2}\right)\arctan x-\dfrac{1}{2x} & (|x|\leqslant 1,x\neq 0);\\ 0 & (x=0)\end{cases}$$

例 2.15(习题 8.2 B 3) 求级数 $\sum\limits_{n=0}^{\infty}\dfrac{(-1)^n(n^2-n+1)}{2^n}$ 的和.

解析 将原级数拆分为两个级数的和,即

$$\sum_{n=0}^{\infty}\frac{(-1)^n(n^2-n+1)}{2^n}=\sum_{n=2}^{\infty}\frac{(-1)^n(n^2-n)}{2^n}+\sum_{n=0}^{\infty}\frac{(-1)^n}{2^n}$$

其中第二个级数为几何级数,有 $\sum\limits_{n=0}^{\infty}\dfrac{(-1)^n}{2^n}=\dfrac{2}{3}$. 下面求第一个级数的和,为此,令

$$f(x)=\sum_{n=2}^{\infty}n(n-1)x^{n-2},\text{逐项积分两次得}$$

$$\int_0^x f(x)\mathrm{d}x=\sum_{n=2}^{\infty}nx^{n-1},\quad \int_0^x\left(\int_0^x f(x)\mathrm{d}x\right)\mathrm{d}x=\sum_{n=2}^{\infty}x^n=\frac{x^2}{1-x}\quad(|x|<1)$$

将右式逐项求导两次得

$$\int_0^x f(x)\mathrm{d}x=\left(\frac{x^2}{1-x}\right)'=\frac{2x-x^2}{(1-x)^2},\quad f(x)=\left(\frac{2x-x^2}{(1-x)^2}\right)'=\frac{2}{(1-x)^3}\quad(|x|<1)$$

取 $x=-\dfrac{1}{2}$,得 $f\left(-\dfrac{1}{2}\right)=\sum_{n=2}^{\infty}4(-1)^n\dfrac{n(n-1)}{2^n}=\dfrac{16}{27}$,由此可得

$$\sum_{n=2}^{\infty}\dfrac{(-1)^n(n^2-n)}{2^n}=\left.(x^2 f(x))\right|_{x=-\frac{1}{2}}=\dfrac{4}{27}$$

于是

$$原式=\dfrac{4}{27}+\dfrac{2}{3}=\dfrac{22}{27}$$

11.3 往年期中与期末试题解析

例 3.1(11-12(Ⅱ)期末) 求级数 $\sum_{n=1}^{\infty}\dfrac{n}{(2n-1)^2(2n+1)^2}$ 的和.

解析 由于 $a_n=\dfrac{n}{(2n-1)^2(2n+1)^2}\sim\dfrac{1}{16n^3}(n\to\infty)$,所以原级数收敛. 因为

$$\dfrac{n}{(2n-1)^2(2n+1)^2}=\dfrac{1}{8}\left(\dfrac{1}{(2n-1)^2}-\dfrac{1}{(2n+1)^2}\right)$$

考虑原级数的部分和,有

$$S_n=\sum_{k=1}^{n}\dfrac{k}{(2k-1)^2(2k+1)^2}=\dfrac{1}{8}\left(\sum_{k=1}^{n}\dfrac{1}{(2k-1)^2}-\sum_{k=1}^{n}\dfrac{1}{(2k+1)^2}\right)$$

$$=\dfrac{1}{8}\left(1-\dfrac{1}{3^2}+\dfrac{1}{3^2}-\dfrac{1}{5^2}+\dfrac{1}{5^2}-\cdots-\dfrac{1}{(2n-1)^2}+\dfrac{1}{(2n-1)^2}-\dfrac{1}{(2n+1)^2}\right)$$

$$=\dfrac{1}{8}\left(1-\dfrac{1}{(2n+1)^2}\right)\to\dfrac{1}{8}\quad(n\to\infty)$$

于是 $\sum_{n=1}^{\infty}\dfrac{n}{(2n-1)^2(2n+1)^2}=\dfrac{1}{8}$.

例 3.2(04-05(Ⅱ)期末) 判别级数 $\sum_{n=1}^{\infty}\left(2-n\sin\dfrac{1}{n}-\cos\dfrac{1}{n}\right)$ 的敛散性.

解析 设 $a_n=2-n\sin\dfrac{1}{n}-\cos\dfrac{1}{n}$,运用马克劳林公式,有

$$0\leqslant a_n=2-n\left(\dfrac{1}{n}-\dfrac{1}{3!n^3}+o\left(\dfrac{1}{n^4}\right)\right)-\left(1-\dfrac{1}{2!n^2}+o\left(\dfrac{1}{n^3}\right)\right)$$

$$=\dfrac{2}{3n^2}+o\left(\dfrac{1}{n^2}\right)\sim\dfrac{2}{3}\dfrac{1}{n^2}$$

而 $\sum_{n=1}^{\infty}\dfrac{2}{3n^2}$ 收敛,由比较判别法可知原级数收敛.

例 3.3(11-12(Ⅱ)期末) 讨论当实数 p 为何值时,级数 $\sum_{n=1}^{\infty}\left(\dfrac{1}{n}-\sin\dfrac{1}{n}\right)^p$

收敛;实数 p 为何值时,级数发散.

解析 令 $f(x) = x - \sin x$,由于

$$\lim_{x \to 0} \frac{f(x)}{x^3} = \lim_{x \to 0} \frac{x - \sin x}{x^3} = \lim_{x \to 0} \frac{1 - \cos x}{3x^2} = \lim_{x \to 0} \frac{\frac{1}{2}x^2}{3x^2} = \frac{1}{6}$$

所以

$$x - \sin x \sim \frac{1}{6}x^3 \, (x \to 0) \Rightarrow \frac{1}{n} - \sin\frac{1}{n} \sim \frac{1}{6n^3} \, (n \to \infty)$$

因此原级数与级数 $\sum_{n=1}^{\infty} \left(\frac{1}{6}\right)^p \frac{1}{n^{3p}}$ 有相同的敛散性. 当 $3p > 1$,即 $p > \frac{1}{3}$ 时,级数 $\sum_{n=1}^{\infty} \left(\frac{1}{n} - \sin\frac{1}{n}\right)^p$ 收敛;当 $3p \leqslant 1$,即 $p \leqslant \frac{1}{3}$ 时,级数发散.

例 3.4(09-10(Ⅱ)期末) 判别级数 $\sum_{n=1}^{\infty} (-1)^n \frac{3 \cdot 5 \cdot 7 \cdot \cdots \cdot (2n+1)}{2 \cdot 5 \cdot 8 \cdot \cdots \cdot (3n-1)}$ 的敛散性.

解析 设

$$a_n = (-1)^n \frac{3 \cdot 5 \cdot 7 \cdot \cdots \cdot (2n+1)}{2 \cdot 5 \cdot 8 \cdot \cdots \cdot (3n-1)}, \quad |a_n| = \frac{3 \cdot 5 \cdot 7 \cdot \cdots \cdot (2n+1)}{2 \cdot 5 \cdot 8 \cdot \cdots \cdot (3n-1)}$$

应用比值判别法,有

$$\lim_{n \to \infty} \frac{|a_{n+1}|}{|a_n|} = \lim_{n \to \infty} \frac{2n+3}{3n+2} = \frac{2}{3} < 1$$

所以

$$\sum_{n=1}^{\infty} \frac{3 \cdot 5 \cdot 7 \cdot \cdots \cdot (2n+1)}{2 \cdot 5 \cdot 8 \cdot \cdots \cdot (3n-1)}$$

收敛,因此原级数绝对收敛.

例 3.5(09-10(Ⅱ)期末) 判别级数 $\sum_{n=1}^{\infty} (-1)^n \frac{n+1}{(n+1)\sqrt{n+1}-1}$ 的敛散性.

解析 由于 $\frac{n+1}{(n+1)\sqrt{n+1}-1} \sim \frac{1}{\sqrt{n}}$,因为 $\sum_{n=1}^{\infty} \frac{1}{\sqrt{n}}$ 发散,所以原级数非绝对收敛. $\sum_{n=1}^{\infty} (-1)^n \frac{n+1}{(n+1)\sqrt{n+1}-1}$ 为交错级数,$\lim_{n \to \infty} \frac{n+1}{(n+1)\sqrt{n+1}-1} = 0$,又当 n 增大时,$\frac{n+1}{(n+1)\sqrt{n+1}-1} = \frac{1}{\sqrt{n+1} - \frac{1}{n+1}}$,显见单调减少,由莱布尼茨判别法可知原级数收敛.所以原级数条件收敛.

例3.6(10-11(Ⅱ)期末) 设常数 $a>0$,讨论级数 $\sum_{n=1}^{\infty}(-1)^{n+1}\dfrac{a^n}{1+a^{2n}}$ 的敛散性.

解析 当 $0<a<1$ 时,$\dfrac{a^n}{1+a^{2n}}<a^n$,由级数 $\sum_{n=1}^{\infty}a^n$ 收敛可知 $\sum_{n=1}^{\infty}(-1)^{n+1}\cdot\dfrac{a^n}{1+a^{2n}}$ 绝对收敛;当 $a>1$ 时,$\dfrac{a^n}{1+a^{2n}}=\dfrac{\left(\dfrac{1}{a}\right)^n}{\left(\dfrac{1}{a}\right)^{2n}+1}<\left(\dfrac{1}{a}\right)^n$,由级数 $\sum_{n=1}^{\infty}\left(\dfrac{1}{a}\right)^n$ 收敛可知 $\sum_{n=1}^{\infty}(-1)^{n+1}\dfrac{a^n}{1+a^{2n}}$ 绝对收敛;当 $a=1$ 时,由于 $\lim_{n\to\infty}(-1)^{n+1}\dfrac{1}{2}\neq 0$,故级数 $\sum_{n=1}^{\infty}(-1)^{n+1}\dfrac{a^n}{1+a^{2n}}$ 发散.

例3.7(08-09(Ⅱ)期末) 判别级数 $\sum_{n=1}^{\infty}(-1)^{n+1}\dfrac{\sqrt{n+1}-\sqrt{n-1}}{n^p}$ 的敛散性.

解析 设

$$a_n=(-1)^{n+1}\dfrac{\sqrt{n+1}-\sqrt{n-1}}{n^p}$$

$$|a_n|=\dfrac{\sqrt{n+1}-\sqrt{n-1}}{n^p}=\dfrac{2}{n^p(\sqrt{n+1}+\sqrt{n-1})}\sim\dfrac{1}{n^{p+\frac{1}{2}}}$$

由 p 级数的敛散性,$\sum_{n=1}^{\infty}\dfrac{1}{n^{p+\frac{1}{2}}}$ 在 $p>\dfrac{1}{2}$ 时收敛,$p\leqslant\dfrac{1}{2}$ 时发散,所以原级数在 $p>\dfrac{1}{2}$ 时绝对收敛,在 $p\leqslant\dfrac{1}{2}$ 时非绝对收敛.

当 $-\dfrac{1}{2}<p\leqslant\dfrac{1}{2}$ 时,有

$$\lim_{n\to\infty}\dfrac{2}{n^p(\sqrt{n+1}+\sqrt{n-1})}=\lim_{n\to\infty}\dfrac{2}{n^{p+\frac{1}{2}}\left(\sqrt{1+\dfrac{1}{n}}+\sqrt{1-\dfrac{1}{n}}\right)}=0$$

令 $f(x)=\sqrt{1+x}+\sqrt{1-x}(0<x<1)$,因为

$$f'(x)=\dfrac{\sqrt{1-x}-\sqrt{1+x}}{2\sqrt{1-x^2}}<0$$

所以 $f(x)$ 在 $(0,1)$ 上严格减少. 取 $x=\dfrac{1}{n}$,则当 n 增大时,x 减少,此时 $f\left(\dfrac{1}{n}\right)$ 增大,于是 $\dfrac{1}{f\left(\dfrac{1}{n}\right)}=\dfrac{1}{\sqrt{1+\dfrac{1}{n}}+\sqrt{1-\dfrac{1}{n}}}$ 单调减,又 $\dfrac{2}{n^{p+\frac{1}{2}}}\left(p+\dfrac{1}{2}>0\right)$ 也单调减少,所

以 $\left\{\dfrac{2}{n^p(\sqrt{n+1}+\sqrt{n-1})}\right\}$ 单调减少,由莱布尼茨判别法可知原级数收敛,于是 $-\dfrac{1}{2}<p\leqslant\dfrac{1}{2}$ 时原级数条件收敛.

当 $p\leqslant-\dfrac{1}{2}$ 时,因为

$$\lim_{n\to\infty}|a_n|=\lim_{n\to\infty}\dfrac{2}{n^{p+\frac{1}{2}}\left(\sqrt{1+\dfrac{1}{n}}+\sqrt{1-\dfrac{1}{n}}\right)}=\begin{cases}1 & \left(p=-\dfrac{1}{2}\right);\\ \infty & \left(p<-\dfrac{1}{2}\right)\end{cases}$$

所以 $\lim\limits_{n\to\infty}a_n\neq 0$,于是 $p\leqslant-\dfrac{1}{2}$ 时原级数发散.

例 3.8(08-09(Ⅱ)期末) 求幂级数 $\sum\limits_{n=1}^{\infty}\dfrac{x^n}{1+\dfrac{1}{2}+\dfrac{1}{3}+\cdots+\dfrac{1}{n}}$ 的收敛半径,并讨论端点的收敛性.

解析 **方法 Ⅰ** 因为

$$\dfrac{1}{n}<\dfrac{1}{1+\dfrac{1}{2}+\dfrac{1}{3}+\cdots+\dfrac{1}{n}}<n$$

而且 $\sum\limits_{n=1}^{\infty}\dfrac{1}{n}x^n$ 和 $\sum\limits_{n=1}^{\infty}nx^n$ 的收敛半径均为 1,所以原级数的收敛半径 $R=1$. 当 $x=1$ 时,有

$$\dfrac{1}{1+\dfrac{1}{2}+\dfrac{1}{3}+\cdots+\dfrac{1}{n}}>\dfrac{1}{n}$$

又 $\sum\limits_{n=1}^{\infty}\dfrac{1}{n}$ 发散,由比较判别法可知原级数在 $x=1$ 时发散. 当 $x=-1$ 时,原级数为 $\sum\limits_{n=1}^{\infty}\dfrac{(-1)^n}{1+\dfrac{1}{2}+\dfrac{1}{3}+\cdots+\dfrac{1}{n}}$,由于 $\left\{\dfrac{1}{1+\dfrac{1}{2}+\dfrac{1}{3}+\cdots+\dfrac{1}{n}}\right\}$ 单调减且趋于 0,由莱布尼茨判别法可知原级数在 $x=-1$ 时收敛. 综上可知,原级数的收敛域为 $[-1,1)$.

方法 Ⅱ 设 $a_n=\dfrac{1}{1+\dfrac{1}{2}+\dfrac{1}{3}+\cdots+\dfrac{1}{n}}$,因为 $\sum\limits_{n=1}^{\infty}\dfrac{1}{n}=+\infty$,则

$$\lim_{n\to\infty}\left|\dfrac{a_n}{a_{n+1}}\right|=\lim_{n\to\infty}\dfrac{\dfrac{1}{1+\dfrac{1}{2}+\dfrac{1}{3}+\cdots+\dfrac{1}{n}}}{\dfrac{1}{1+\dfrac{1}{2}+\dfrac{1}{3}+\cdots+\dfrac{1}{n}+\dfrac{1}{n+1}}}$$

$$= \lim_{n \to \infty} \frac{1 + \frac{1}{2} + \frac{1}{3} + \cdots + \frac{1}{n} + \frac{1}{n+1}}{1 + \frac{1}{2} + \frac{1}{3} + \cdots + \frac{1}{n}}$$

$$= 1 + \lim_{n \to \infty} \frac{\frac{1}{n+1}}{1 + \frac{1}{2} + \frac{1}{3} + \cdots + \frac{1}{n}}$$

$$= 1 + \lim_{n \to \infty} \frac{1}{(n+1)\left(1 + \frac{1}{2} + \frac{1}{3} + \cdots + \frac{1}{n}\right)} = 1$$

所以原级数的收敛半径 $R = 1$. 下同方法 I.

例 3.9(08-09(II)期末) 求幂级数 $\sum_{n=1}^{\infty} \left(1 + \frac{1}{n}\right)^{n^2} x^n$ 的收敛域.

解析 设 $a_n = \left(1 + \frac{1}{n}\right)^{n^2}$,因为 $\lim_{n \to \infty} \frac{1}{\sqrt[n]{|a_n|}} = \lim_{n \to \infty} \frac{1}{\left(1 + \frac{1}{n}\right)^n} = \frac{1}{e}$,所以原级数的收敛半径为 $R = \frac{1}{e}$. 当 $x = \pm \frac{1}{e}$ 时,原级数化为 $\sum_{n=1}^{\infty} (\pm 1)^n \left(1 + \frac{1}{n}\right)^{n^2} \frac{1}{e^n}$. 由于数列 $\left\{\left(1 + \frac{1}{n}\right)^{n+1}\right\}$ 单调减少趋于 e,故

$$\left(1 + \frac{1}{n}\right)^{n^2} \frac{1}{e^n} = \left[\frac{\left(1 + \frac{1}{n}\right)^n}{e}\right]^n > \left[\frac{\left(1 + \frac{1}{n}\right)^n}{\left(1 + \frac{1}{n}\right)^{n+1}}\right]^n = \frac{1}{\left(1 + \frac{1}{n}\right)^n} > \frac{1}{e}$$

于是

$$\lim_{n \to \infty} \left(1 + \frac{1}{n}\right)^{n^2} \frac{1}{e^n} \neq 0$$

所以 $x = \pm \frac{1}{e}$ 时原级数发散. 原级数的收敛域为 $\left(-\frac{1}{e}, \frac{1}{e}\right)$.

例 3.10(05-06(II)期末) 设有级数(a) $\sum_{n=0}^{\infty} a_n (x - x_0)^n$, (b) $\sum_{n=0}^{\infty} \frac{a_n}{4^{n-4}} x^n$,已知(a)的收敛域为[1,5),求:

(1) x_0;

(2) (b) 的收敛半径.

解析 (1) 设 $t = x - x_0$,由(a)的收敛域为[1,5),可知 $t \in [1 - x_0, 5 - x_0)$,由幂级数收敛区间的对称性可知 $1 - x_0 + 5 - x_0 = 0$,解得 $x_0 = 3$.

(2) 级数(b)变形为 $4^4 \sum_{n=0}^{\infty} a_n \left(\frac{x}{4}\right)^n$,因为幂级数 $\sum_{n=0}^{\infty} a_n x^n$ 的收敛半径 $R_1 = 2$,所

以幂级数(b)的收敛半径 $R = 4R_1 = 8$.

例 3.11(08-09(Ⅱ)期末) 设

$$x_{2n-1} = \frac{1}{n}, \quad x_{2n} = \int_n^{n+1} \frac{1}{x} dx \quad (n=1,2,3,\cdots)$$

(1) 证明:级数 $\sum_{n=1}^{\infty} (-1)^{n+1} x_n$ 收敛;

(2) 设 $\sum_{n=1}^{\infty} (-1)^{n+1} x_n = A$, $y_n = 1 + \frac{1}{2} + \frac{1}{3} + \cdots + \frac{1}{n} - \ln n$, 证明: $\lim_{n\to\infty} y_n = A$.

解析 (1) 由积分中值定理, $\exists \xi_n \in (n, n+1)$, 使得

$$x_{2n} = \int_n^{n+1} \frac{1}{x} dx = \frac{1}{\xi_n}(n+1-n) = \frac{1}{\xi_n} \quad (n=1,2,3,\cdots)$$

于是

$$\frac{1}{n+1} = x_{2n+1} < x_{2n} < x_{2n-1} = \frac{1}{n} \quad (n=1,2,3,\cdots)$$

因此级数 $\sum_{n=1}^{\infty}(-1)^{n+1}x_n$ 中, $\{x_n\}$ 单调减且趋于 0, 故由莱布尼茨判别法可知级数 $\sum_{n=1}^{\infty}(-1)^{n+1}x_n$ 收敛.

(2) 设 $\sum_{n=1}^{\infty}(-1)^{n+1}x_n = A$, $S_{2n} = \sum_{k=1}^{2n}(-1)^{k+1}x_k$, 则 $\lim_{n\to\infty} S_{2n} = A$. 由于

$$S_{2n} = 1 - \ln\frac{2}{1} + \frac{1}{2} - \ln\frac{3}{2} + \frac{1}{3} - \ln\frac{4}{3} + \cdots + \frac{1}{n} - \ln\frac{n+1}{n}$$

$$= 1 + \frac{1}{2} + \frac{1}{3} + \cdots + \frac{1}{n} - \ln(n+1) = y_n + \ln\frac{n}{n+1}$$

因此

$$\lim_{n\to\infty} y_n = \lim_{n\to\infty} S_{2n} - \lim_{n\to\infty} \ln\frac{n}{n+1} = A$$

例 3.12(08-09(Ⅱ)期末) 求幂级数 $\sum_{n=1}^{\infty} \frac{2n+1}{n!} x^{2n}$ 的收敛域与和函数.

解析 设幂级数的和函数为 $S(x)$, 则

$$S(x) = \sum_{n=1}^{\infty} \frac{1}{n!}(x^{2n+1})' = \left(\sum_{n=1}^{\infty} \frac{1}{n!} x^{2n+1}\right)'$$

设 $h(x) = \sum_{n=1}^{\infty} \frac{1}{n!} x^{2n+1}$, 则

$$h(x) = x\sum_{n=1}^{\infty} \frac{1}{n!} x^{2n} = x\sum_{n=1}^{\infty} \frac{1}{n!}(x^2)^n = x(e^{x^2} - 1) \quad (|x| < +\infty)$$

所以

$$S(x) = (x(e^{x^2}-1))' = (e^{x^2}-1) + xe^{x^2}2x$$
$$= e^{x^2}(1+2x^2) - 1 \quad (|x|<+\infty)$$

例 3.13(05-06(Ⅱ)期末) 将 $\int_1^x (t-1)^2 e^{t^2-2t} dt$ 在 $x=1$ 处展开成幂级数,并指出其收敛域.

解析 运用 $\sum_{n=0}^{\infty} \frac{1}{n!} x^n = e^x (|x|<+\infty)$,可知

$$(t-1)^2 e^{t^2-2t} = e^{-1}(t-1)^2 e^{(t-1)^2} = e^{-1}(t-1)^2 \sum_{n=0}^{\infty} \frac{1}{n!}(t-1)^{2n}$$
$$= e^{-1} \sum_{n=0}^{\infty} \frac{1}{n!}(t-1)^{2n+2} \quad (|t|<+\infty)$$

逐项积分得

$$\int_1^x (t-1)^2 e^{t^2-2t} dt = e^{-1} \sum_{n=0}^{\infty} \int_1^x \frac{1}{n!}(t-1)^{2n+2} dt$$
$$= e^{-1} \sum_{n=0}^{\infty} \frac{(x-1)^{2n+3}}{n!(2n+3)} \quad (|x|<+\infty)$$

例 3.14(07-08(Ⅱ)期末) 将 $\frac{d}{dx}\left(\frac{e^x-1}{x}\right)$ 在 $x=0$ 处展开成幂级数,并证明 $\sum_{n=1}^{\infty} \frac{n}{(n+1)!} = 1$.

解析 因为 $\lim_{x \to 0} \frac{e^x-1}{x} = 1$,所以可知 $x=0$ 是可去间断点.由 $\sum_{n=0}^{\infty} \frac{1}{n!} x^n = e^x$ $(|x|<+\infty)$,可得

$$\frac{d}{dx}\left(\frac{e^x-1}{x}\right) = \frac{d}{dx}\left(1 + \frac{1}{2!}x + \frac{1}{3!}x^2 + \cdots + \frac{1}{n!}x^{n-1} + \cdots\right)$$
$$= \frac{d}{dx}\left(\sum_{n=1}^{\infty} \frac{1}{n!} x^{n-1}\right) = \sum_{n=1}^{\infty} \frac{d}{dx}\left(\frac{1}{n!} x^{n-1}\right)$$
$$= \sum_{n=1}^{\infty} \frac{n}{(n+1)!} x^{n-1} \quad (x \in (-\infty,+\infty)\setminus\{0\})$$

由于

$$\left(\frac{e^x-1}{x}\right)' = \frac{e^x x - (e^x-1)}{x^2}$$

令 $x=1$ 得

$$\sum_{n=1}^{\infty} \frac{n}{(n+1)!} = 1$$

例 3.15(03-04(Ⅱ)期末) 设

$$f(x) = \begin{cases} \dfrac{1+x^2}{x}\arctan x & (x \neq 0); \\ 1 & (x = 0) \end{cases}$$

试将 $f(x)$ 展开成 x 的幂级数,并求级数 $\sum\limits_{n=1}^{\infty} \dfrac{(-1)^n}{1-4n^2}$ 的和.

解析 因为

$$(\arctan x)' = \dfrac{1}{1+x^2} = \sum_{n=0}^{\infty}(-x^2)^n = \sum_{n=0}^{\infty}(-1)^n x^{2n} \quad (|x|<1)$$

逐项求积分,可得

$$\arctan x = \int_0^x (\arctan x)' \mathrm{d}x = \int_0^x \sum_{n=0}^{\infty}(-1)^n x^{2n} \mathrm{d}x$$

$$= \sum_{n=0}^{\infty} \dfrac{(-1)^n}{2n+1} x^{2n+1} \quad (x \in [-1,1])$$

于是 $x \neq 0$ 时,有

$$f(x) = \dfrac{1+x^2}{x} \sum_{n=0}^{\infty} \dfrac{(-1)^n}{2n+1} x^{2n+1} = \sum_{n=0}^{\infty} \dfrac{(-1)^n}{2n+1} x^{2n} + \sum_{n=0}^{\infty} \dfrac{(-1)^n}{2n+1} x^{2n+2}$$

$$= 1 + \sum_{n=1}^{\infty} \dfrac{(-1)^n}{2n+1} x^{2n} + \sum_{n=1}^{\infty} \dfrac{(-1)^{n-1}}{2n-1} x^{2n}$$

$$= 1 + \sum_{n=1}^{\infty} \dfrac{(-1)^n 2}{1-4n^2} x^{2n} \quad (x \in [-1,1]\setminus\{0\})$$

令 $x = 1$,得

$$\sum_{n=1}^{\infty} \dfrac{(-1)^n}{1-4n^2} = \dfrac{1}{2}(f(1)-1) = \dfrac{1}{2}\left(2 \cdot \dfrac{\pi}{4} - 1\right) = \dfrac{\pi}{4} - \dfrac{1}{2}$$

例 3.16(09-10(Ⅱ)期末) 设

$$a_1 = a_2 = 1, \quad a_{n+1} = a_n + a_{n-1} \quad (n=2,3,\cdots)$$

(1) 求幂级数 $\sum\limits_{n=1}^{\infty} a_n x^n$ 的收敛半径;

(2) 求幂级数 $\sum\limits_{n=1}^{\infty} a_n x^n$ 的和函数.

解析 (1) 设 $x_n = \dfrac{a_n}{a_{n+1}}$,则 $x_n > 0$,并且 $x_{n+1} = \dfrac{a_{n+1}}{a_{n+2}} = \dfrac{a_{n+1}}{a_{n+1}+a_n} = \dfrac{1}{1+x_n}$.

假设 $\lim\limits_{n\to\infty} x_n = A$,对 $x_{n+1} = \dfrac{1}{1+x_n}$ 两边令 $n \to \infty$ 取极限,有 $A = \dfrac{1}{1+A}$,解得 $A = \dfrac{\sqrt{5}-1}{2}$,下面证明 $\lim\limits_{n\to\infty} x_n = \dfrac{\sqrt{5}-1}{2}$. 由于 $1-A = A^2$,则

$$0 \leqslant |x_{n+1} - A| = \left|\dfrac{1}{1+x_n} - A\right| = \left|\dfrac{1-A-Ax_n}{1+x_n}\right|$$

$$< |A^2 - Ax_n| = A|x_n - A| < A^2|x_{n-1} - A|$$
$$< \cdots < A^n|x_1 - A| = \left(\frac{\sqrt{5}-1}{2}\right)^n \left(\frac{3-\sqrt{5}}{2}\right)$$

而
$$0 < \frac{\sqrt{5}-1}{2} < 1, \quad \lim_{n\to\infty}\left(\frac{\sqrt{5}-1}{2}\right)^n\left(\frac{3-\sqrt{5}}{2}\right) = 0$$

应用夹逼准则即得 $\lim\limits_{n\to\infty} x_n = \frac{\sqrt{5}-1}{2}$,于是幂级数的收敛半径为 $R = \frac{\sqrt{5}-1}{2}$.

(2) 设 $S(x) = \sum\limits_{n=1}^{\infty} a_n x^n$,则

$$S(x) = x + x^2 + \sum_{n=3}^{\infty} a_n x^n = x + x^2 + \sum_{n=3}^{\infty}(a_{n-1} + a_{n-2})x^n$$
$$= x + x^2 + x\sum_{n=2}^{\infty} a_n x^n + x^2 \sum_{n=1}^{\infty} a_n x^n$$
$$= x + xS(x) + x^2 S(x)$$

于是所求和函数为
$$S(x) = \frac{x}{1-x-x^2}$$

例 3.17(09-10(Ⅱ)期末) 将函数 $f(x) = \ln(x + \sqrt{1+x^2})$ 在 $x = 0$ 处展开成幂级数,并指出其收敛范围.

解析 $f'(x) = \frac{1}{\sqrt{1+x^2}}$,应用幂级数展开公式

$$(1+u)^m = 1 + \sum_{n=1}^{\infty} \frac{m(m-1)(m-2)\cdots(m-n+1)}{n!} u^n \quad (|u| < 1)$$

取 $u = x^2, m = -\frac{1}{2}$,则有

$$f'(x) = \frac{1}{\sqrt{1+x^2}} = 1 + \sum_{n=1}^{\infty} \frac{\left(-\frac{1}{2}\right)\left(-\frac{3}{2}\right)\left(-\frac{5}{2}\right)\cdots\left(-\frac{2n-1}{2}\right)}{n!} x^{2n}$$
$$= 1 + \sum_{n=1}^{\infty} (-1)^n \frac{(2n-1)!!}{(2n)!!} x^{2n} \quad (|x| < 1)$$

两边积分得 $f(x)$ 的幂级数展式为

$$f(x) = f(0) + x + \sum_{n=1}^{\infty} (-1)^n \frac{(2n-1)!!}{(2n+1)(2n)!!} x^{2n+1}$$
$$= x + \sum_{n=1}^{\infty} (-1)^n \frac{(2n-1)!!}{(2n+1)(2n)!!} x^{2n+1} \tag{1}$$

设 $a_n = \dfrac{(2n-1)!!}{(2n+1)(2n)!!}$,由于 $\lim\limits_{n\to\infty}\dfrac{a_n}{a_{n+1}} = \lim\limits_{n\to\infty}\dfrac{(2n+2)(2n+3)}{(2n+1)^2} = 1$,因此级数(1) 的收敛半径为 $R = 1$. 当 $x = \pm 1$ 时,幂级数(1) 化为

$$\pm\left(1 + \sum_{n=1}^{\infty}(-1)^n\dfrac{(2n-1)!!}{(2n+1)(2n)!!}\right) \quad (2)$$

由于 $0 < a_n < \dfrac{1}{2n+1}$,所以 $\lim\limits_{n\to\infty}a_n = 0$,又 $\dfrac{a_n}{a_{n+1}} = \dfrac{(2n+2)(2n+3)}{(2n+1)^2} > 1$,即 $\{a_n\}$ 单调减少,由莱布尼茨判别法得级数(2) 收敛,所以幂级数(1) 的收敛域为 $[-1,1]$.

11.4 历年硕士生入学试题解析

例 4.1(全国 2011) 设 $\{u_n\}$ 是数列,则下列命题正确的是 ( )

(A) 若 $\sum\limits_{n=1}^{\infty}u_n$ 收敛,则 $\sum\limits_{n=1}^{\infty}(u_{2n-1} + u_{2n})$ 收敛

(B) 若 $\sum\limits_{n=1}^{\infty}(u_{2n-1} + u_{2n})$ 收敛,则 $\sum\limits_{n=1}^{\infty}u_n$ 收敛

(C) 若 $\sum\limits_{n=1}^{\infty}u_n$ 收敛,则 $\sum\limits_{n=1}^{\infty}(u_{2n-1} - u_{2n})$ 收敛

(D) 若 $\sum\limits_{n=1}^{\infty}(u_{2n-1} - u_{2n})$ 收敛,则 $\sum\limits_{n=1}^{\infty}u_n$ 收敛

解析 (A) 正确. 因为级数收敛时,任意加括号后的级数仍收敛.

(B) 错误. 反例:$(1-1) + (1-1) + \cdots$ 收敛,但是 $1-1+1-1+1-\cdots$ 发散.

(C) 错误. 反例:$\sum\limits_{n=1}^{\infty}(-1)^{n+1}\dfrac{1}{n}$ 收敛,但是 $\sum\limits_{n=1}^{\infty}\left(\dfrac{1}{2n-1} - \dfrac{-1}{2n}\right)$ 发散.

(D) 错误. 反例:$\sum\limits_{n=1}^{\infty}\left(\dfrac{1}{2n-1} - \dfrac{1}{2n}\right)$ 收敛,但是 $\sum\limits_{n=1}^{\infty}\dfrac{1}{n}$ 发散.

例 4.2(全国 2004) 若 $\sum\limits_{n=1}^{\infty}a_n$ 是正项级数,则 ( )

(A) 若 $\lim\limits_{n\to\infty}na_n = 0$,则 $\sum\limits_{n=1}^{\infty}a_n$ 收敛   (B) 若 $\lim\limits_{n\to\infty}na_n = \lambda \neq 0$,则 $\sum\limits_{n=1}^{\infty}a_n$ 发散

(C) 若 $\sum\limits_{n=1}^{\infty}a_n$ 收敛,则 $\lim\limits_{n\to\infty}n^2 a_n = 0$ (D) 若 $\sum\limits_{n=1}^{\infty}a_n$ 发散,则 $\lim\limits_{n\to\infty}na_n = \lambda \neq 0$

解析 (A) 错误. 反例:$a_n = \dfrac{1}{n\ln n}$,$\lim\limits_{n\to\infty}na_n = 0$,但是 $\sum\limits_{n=2}^{\infty}\dfrac{1}{n\ln n}$ 发散.

(B) 正确. 因 $\lim\limits_{n\to\infty}\dfrac{a_n}{\dfrac{1}{n}} = \lim\limits_{n\to\infty}na_n = \lambda \neq 0$,$\sum\limits_{n=1}^{\infty}\dfrac{1}{n}$ 发散,由比较判别法得 $\sum\limits_{n=1}^{\infty}a_n$ 发散.

(C) 错误. 反例: 设 $a_n = \dfrac{1}{n^2}$, 则 $\sum\limits_{n=1}^{\infty} \dfrac{1}{n^2}$ 收敛, 但是 $\lim\limits_{n\to\infty} n^2 a_n = 1 \neq 0$.

(D) 错误. 反例: 设 $a_n = \dfrac{1}{n\ln n}$, 则 $\sum\limits_{n=2}^{\infty} \dfrac{1}{n\ln n}$ 发散, 但是 $\lim\limits_{n\to\infty} na_n = \lim\limits_{n\to\infty} \dfrac{1}{\ln n} = 0$.

例 4.3(全国 2000) 设 $\sum\limits_{n=1}^{\infty} a_n$ 收敛, 则下列级数中, _____ 必收敛. ( )

(A) $\sum\limits_{n=1}^{\infty} (-1)^{n+1} \dfrac{a_n}{n}$ \qquad (B) $\sum\limits_{n=1}^{\infty} a_n^2$

(C) $\sum\limits_{n=1}^{\infty} (a_{2n-1} - a_{2n})$ \qquad (D) $\sum\limits_{n=1}^{\infty} (a_n - a_{n+1})$

解析 (A) 错误. 反例: $a_n = \dfrac{(-1)^{n+1}}{\ln(n+1)}$, 但是 $\sum\limits_{n=1}^{\infty} (-1)^{n+1} \dfrac{a_n}{n} = \sum\limits_{n=1}^{\infty} \dfrac{1}{n\ln(n+1)}$ 发散.

(B) 错误. 反例: $a_n = \dfrac{(-1)^{n+1}}{\sqrt{n}}$, 但是 $\sum\limits_{n=1}^{\infty} a_n^2 = \sum\limits_{n=1}^{\infty} \dfrac{1}{n}$ 发散.

(C) 错误. 反例: $a_n = \dfrac{(-1)^{n+1}}{n}$, 但是 $\sum\limits_{n=1}^{\infty} (a_{2n-1} - a_{2n}) = \sum\limits_{n=1}^{\infty} \left(\dfrac{1}{2n-1} - \dfrac{-1}{2n}\right)$ 发散.

(D) 正确. 因 $\sum\limits_{n=1}^{\infty} a_n$ 收敛, 故 $\sum\limits_{n=1}^{\infty} a_{n+1}$ 收敛, 则逐项相减的级数 $\sum\limits_{n=1}^{\infty} (a_n - a_{n+1})$ 收敛.

例 4.4(全国 2009) 设有两个数列 $\{a_n\}, \{b_n\}$, 若 $\lim\limits_{n\to\infty} a_n = 0$, 则 ( )

(A) 当 $\sum\limits_{n=1}^{\infty} b_n$ 收敛时, $\sum\limits_{n=1}^{\infty} a_n b_n$ 收敛 \qquad (B) 当 $\sum\limits_{n=1}^{\infty} b_n$ 发散时, $\sum\limits_{n=1}^{\infty} a_n b_n$ 发散

(C) 当 $\sum\limits_{n=1}^{\infty} |b_n|$ 收敛时, $\sum\limits_{n=1}^{\infty} a_n^2 b_n^2$ 收敛 \qquad (D) 当 $\sum\limits_{n=1}^{\infty} |b_n|$ 发散时, $\sum\limits_{n=1}^{\infty} a_n^2 b_n^2$ 发散

解析 (A) 错误. 反例: $\lim\limits_{n\to\infty} a_n = \lim\limits_{n\to\infty} \dfrac{(-1)^n}{\sqrt{n}} = 0, b_n = \dfrac{(-1)^n}{\sqrt{n}}, \sum\limits_{n=1}^{\infty} \dfrac{(-1)^n}{\sqrt{n}}$ 收敛, 但是 $\sum\limits_{n=1}^{\infty} a_n b_n = \sum\limits_{n=1}^{\infty} \dfrac{1}{n}$ 发散.

(B) 错误. 反例: $a_n = \dfrac{(-1)^n}{\sqrt{n}} \to 0 (n \to \infty), b_n = \dfrac{1}{\sqrt{n}}$, 则 $\sum\limits_{n=1}^{\infty} \dfrac{1}{\sqrt{n}}$ 发散, 而 $\sum\limits_{n=1}^{\infty} a_n b_n = \sum\limits_{n=1}^{\infty} \dfrac{(-1)^n}{n}$ 收敛.

(C) 正确. 因为 $\sum\limits_{n=1}^{\infty} |b_n|$ 收敛, 所以 $\sum\limits_{n=1}^{\infty} b_n^2$ 收敛, 又 $a_n \to 0 (n \to \infty)$, 所以 $\exists N \in$

$\mathbf{N}^*$,当 $n > N$ 时有 $0 \leqslant a_n^2 b_n^2 \leqslant b_n^2$,应用比较判别法,即得 $\sum_{n=1}^{\infty} a_n^2 b_n^2$ 收敛.

(D) 错误. 反例:$a_n = \dfrac{(-1)^n}{\sqrt{n}} \to 0, b_n = \dfrac{(-1)^n}{\sqrt{n}}, \sum_{n=1}^{\infty} |b_n|$ 发散,但是 $\sum_{n=1}^{\infty} a_n^2 b_n^2 = \sum_{n=1}^{\infty} \dfrac{1}{n^2}$ 收敛.

例 4.5(全国 2014) 设数列 $\{a_n\}, \{b_n\}$ 满足

$$0 < a_n < \dfrac{\pi}{2}, \quad 0 < b_n < \dfrac{\pi}{2}, \quad \cos a_n - a_n = \cos b_n$$

且级数 $\sum_{n=1}^{\infty} b_n$ 收敛. 证明:

(1) $\lim_{n \to \infty} a_n = 0$;

(2) 级数 $\sum_{n=1}^{\infty} \dfrac{a_n}{b_n}$ 收敛.

解析 (1) 因 $\sum_{n=1}^{\infty} b_n$ 收敛,所以 $\lim_{n \to \infty} b_n = 0$. 由于

$$\cos a_n - a_n = \cos b_n \Rightarrow \cos a_n - \cos b_n = a_n > 0 \Rightarrow 0 < a_n < b_n$$

应用夹逼准则,即得 $\lim_{n \to \infty} a_n = 0$.

(2) 记 $c_n = \dfrac{a_n}{b_n} > 0$,由于

$$\lim_{n \to \infty} \dfrac{c_n}{b_n} = \lim_{n \to \infty} \dfrac{a_n}{b_n^2} = \lim_{n \to \infty} \dfrac{1 - \cos b_n}{b_n^2} \cdot \dfrac{a_n}{1 - \cos b_n} = \lim_{n \to \infty} \dfrac{\frac{1}{2} b_n^2}{b_n^2} \cdot \dfrac{a_n}{1 - (\cos a_n - a_n)}$$

$$= \dfrac{1}{2} \lim_{n \to \infty} \dfrac{a_n}{1 - \cos a_n + a_n} = \dfrac{1}{2} \lim_{n \to \infty} \dfrac{1}{\dfrac{1 - \cos a_n}{a_n} + 1} = \dfrac{1}{2}$$

应用比较判别法,得级数 $\sum_{n=1}^{\infty} \dfrac{a_n}{b_n}$ 收敛.

例 4.6(全国 2012) 已知级数 $\sum_{n=1}^{\infty} (-1)^n \sqrt{n} \sin \dfrac{1}{n^\alpha}$ 绝对收敛,级数 $\sum_{n=1}^{\infty} \dfrac{(-1)^n}{n^{2-\alpha}}$ 条件收敛,则 ( )

(A) $0 < \alpha \leqslant \dfrac{1}{2}$ (B) $\dfrac{1}{2} < \alpha \leqslant 1$

(C) $1 < \alpha \leqslant \dfrac{3}{2}$ (D) $\dfrac{3}{2} < \alpha < 2$

解析 因为 $\sum_{n=1}^{\infty} (-1)^n \sqrt{n} \sin \dfrac{1}{n^\alpha}$ 绝对收敛,$\sqrt{n} \sin \dfrac{1}{n^\alpha} \sim \dfrac{1}{n^{\alpha - \frac{1}{2}}}$,所以 $\alpha - \dfrac{1}{2} >$

$1 \Rightarrow \alpha > \frac{3}{2}$；因为 $\sum_{n=1}^{\infty} \frac{(-1)^n}{n^{2-\alpha}}$ 条件收敛，所以 $0 < 2-\alpha \leqslant 1 \Rightarrow 1 \leqslant \alpha < 2$.

综上可得 $\frac{3}{2} < \alpha < 2$，故选(D).

例 4.7（全国 2002） 设 $a_n > 0, \lim\limits_{n\to\infty}\frac{n}{a_n} = 1$，判别 $\sum_{n=1}^{\infty}(-1)^{n+1}\left(\frac{1}{a_n}+\frac{1}{a_{n+1}}\right)$ 的敛散性.

解析 令 $b_n = (-1)^{n+1}\left(\frac{1}{a_n}+\frac{1}{a_{n+1}}\right)$，因 $\lim\limits_{n\to\infty}\frac{|b_n|}{\frac{1}{n}} = \lim\limits_{n\to\infty}\left(\frac{n}{a_n}+\frac{n+1}{a_{n+1}}\cdot\frac{n}{n+1}\right) = 2$，

而 $\sum_{n=1}^{\infty}\frac{1}{n}$ 发散，故原级数非绝对收敛. 因为 $\frac{1}{a_n} \sim \frac{1}{n}$，所以 $\frac{1}{a_n} \to 0$. 令 $S_n = \sum_{i=1}^{n} b_i$，因

$$\lim_{n\to\infty} S_n = \lim_{n\to\infty}\sum_{i=1}^{n}(-1)^{i+1}\left(\frac{1}{a_i}+\frac{1}{a_{i+1}}\right) = \lim_{n\to\infty}\left(\frac{1}{a_1}+(-1)^{n+1}\frac{1}{a_{n+1}}\right) = \frac{1}{a_1}$$

故原级数条件收敛.

例 4.8（南大 2007） 级数 $\sum_{n=1}^{\infty}\frac{1}{n(n+1)(n+2)} = $ _____.

解析 因为 $\frac{1}{k(k+1)(k+2)} = \frac{1}{2k} - \frac{1}{k+1} + \frac{1}{2(k+2)}$，所以

$$\sum_{k=1}^{n}\frac{1}{k(k+1)(k+2)} = \frac{1}{4} + \frac{1}{2(n+1)} - \frac{1}{n+1} + \frac{1}{2(n+2)}$$

故

$$\text{原式} = \lim_{n\to\infty}\left(\frac{1}{4} + \frac{1}{2(n+1)} - \frac{1}{n+1} + \frac{1}{2(n+2)}\right) = \frac{1}{4}$$

例 4.9（南大 2010） 判别级数 $\sum_{n=1}^{\infty}\left(\frac{1}{n} - \ln\frac{n+1}{n}\right)$ 的敛散性.

解析 因为 $\ln(1+x) = x - \frac{1}{2}x^2 + o(x^2)$，令 $x = \frac{1}{n}$，得

$$\ln\left(1+\frac{1}{n}\right) = \frac{1}{n} - \frac{1}{2n^2} + o\left(\frac{1}{n^2}\right) \Rightarrow \frac{1}{n} - \ln\left(1+\frac{1}{n}\right) = \frac{1}{2n^2} + o\left(\frac{1}{n^2}\right) \sim \frac{1}{2n^2}$$

而 $\sum_{n=1}^{\infty}\frac{1}{2n^2}$ 收敛，所以原级数收敛.

例 4.10（南大 2002） 证明：极限

$$\lim_{n\to\infty}\left(1+\frac{1}{1\cdot 2}\right)\left(1+\frac{1}{2\cdot 3}\right)\cdots\left(1+\frac{1}{n\cdot(n+1)}\right)$$

存在.

解析 令 $x_n = \left(1+\frac{1}{1\cdot 2}\right)\left(1+\frac{1}{2\cdot 3}\right)\cdots\left(1+\frac{1}{n\cdot(n+1)}\right)$，则

$$\ln x_n = \ln\left(1+\frac{1}{1\cdot 2}\right)\left(1+\frac{1}{2\cdot 3}\right)\cdots\left(1+\frac{1}{n\cdot(n+1)}\right) = \sum_{i=1}^{n}\ln\left(1+\frac{1}{i(i+1)}\right)$$

$$\lim_{n\to\infty}\ln x_n = \lim_{n\to\infty}\sum_{i=1}^{n}\ln\left(1+\frac{1}{i(i+1)}\right) = \sum_{n=1}^{\infty}\ln\left(1+\frac{1}{n(n+1)}\right)$$

因为 $\ln\left(1+\frac{1}{n(n+1)}\right) \sim \frac{1}{n^2}$,且 $\sum_{n=1}^{\infty}\frac{1}{n^2}$ 收敛,所以 $\sum_{n=1}^{\infty}\ln\left(1+\frac{1}{n(n+1)}\right)$ 收敛. 令 $\sum_{n=1}^{\infty}\ln\left(1+\frac{1}{n(n+1)}\right) = a$,则 $\lim_{n\to\infty}\ln x_n = a$, $\lim_{n\to\infty}x_n = e^a$.

例 4.11(南大 2004) 判别级数 $\sum_{n=2}^{\infty}\frac{(-1)^n}{n+(-1)^n}$ 的敛散性(绝对收敛、条件收敛或发散).

解析 设 $a_n = \frac{(-1)^n}{n+(-1)^n}$,因为 $|a_n| = \frac{1}{n+(-1)^n} \sim \frac{1}{n}$,而 $\sum_{n=2}^{\infty}\frac{1}{n}$ 发散,所以原级数非绝对收敛. 因为

$$a_n = \frac{(-1)^n}{n+(-1)^n} = (-1)^n \cdot \frac{n-(-1)^n}{n^2-1} = (-1)^n\frac{n}{n^2-1} - \frac{1}{n^2-1}$$

由于 $\frac{n}{n^2-1} = \frac{1}{n+1} + \frac{1}{n^2-1}$ 显然单调减少,且趋向于零,应用莱布尼茨判别法可知级数 $\sum_{n=2}^{\infty}\frac{(-1)^n n}{n^2-1}$ 收敛;又 $\frac{1}{n^2-1} \sim \frac{1}{n^2}$,所以级数 $\sum_{n=2}^{\infty}\frac{1}{n^2-1}$ 收敛. 因此原级数收敛,且为条件收敛.

例 4.12(全国 2011) 设数列 $\{a_n\}$ 单调减少,$\lim_{n\to\infty}a_n = 0$,$S_n = \sum_{i=1}^{n}a_i (n=1,2,\cdots)$ 无界,则幂级数 $\sum_{n=1}^{\infty}a_n(x-1)^n$ 的收敛域是_____.

解析 在幂级数 $\sum_{n=1}^{\infty}a_n(x-1)^n$ 中取 $x=0$ 得 $\sum_{n=1}^{\infty}(-1)^n a_n$,由于数列 $\{a_n\}$ 单调减少,$\lim_{n\to\infty}a_n = 0$,应用莱布尼茨法则可得 $\sum_{n=1}^{\infty}(-1)^n a_n$ 收敛;在幂级数 $\sum_{n=1}^{\infty}a_n(x-1)^n$ 中取 $x=2$ 得 $\sum_{n=1}^{\infty}a_n$,由于 $S_n = \sum_{i=1}^{n}a_i$ 无界,所以 $\sum_{i=1}^{\infty}a_i$ 发散. 于是幂级数 $\sum_{n=1}^{\infty}a_n(x-1)^n$ 的收敛域是 $[0,2)$.

例 4.13(全国 2015) 若级数 $\sum_{n=1}^{\infty}a_n$ 条件收敛,则 $x=\sqrt{3}$ 与 $x=3$ 依次为幂级数 $\sum_{n=1}^{\infty}na_n(x-1)^n$ 的 ( )

(A) 收敛点,收敛点 (B) 收敛点,发散点

(C) 发散点, 收敛点　　　　　(D) 发散点, 发散点

解析　幂级数 $\sum_{n=1}^{\infty} a_n x^n$ 在 $x=1$ 处显然收敛, 所以其收敛半径 $R \geqslant 1$. 若 $R > 1$, 应用阿贝尔定理, 可得幂级数 $\sum_{n=1}^{\infty} a_n x^n$ 在 $x=1$ 处绝对收敛, 此与条件矛盾, 所以 $R=1$, 幂级数 $\sum_{n=1}^{\infty} a_n x^n$ 的收敛区间为 $(-1,1)$, 因此幂级数 $\sum_{n=1}^{\infty} a_n (x-1)^n$ 的收敛区间为 $(0,2)$. 由于幂级数逐项求导后收敛半径不变, 所以幂级数 $\sum_{n=1}^{\infty} n a_n (x-1)^{n-1}$ 的收敛区间是 $(0,2)$, 因此

$$(x-1)\sum_{n=1}^{\infty} n a_n (x-1)^{n-1} = \sum_{n=1}^{\infty} n a_n (x-1)^n$$

的收敛区间也是 $(0,2)$, 由此可得 $x=\sqrt{3}$ 是幂级数 $\sum_{n=1}^{\infty} n a_n (x-1)^n$ 的收敛点, $x=3$ 是幂级数 $\sum_{n=1}^{\infty} n a_n (x-1)^n$ 的发散点. 故选 (B).

例 4.14（南大 2009）　设常数 $a > 1$, 则 $\lim_{n \to \infty} \left(\dfrac{1}{a} + \dfrac{2}{a^2} + \cdots + \dfrac{n}{a^n} \right) = $ _____.

解析　令 $f(x) = \sum_{n=1}^{\infty} n x^{n-1}$, 则

$$\int_0^x f(x)\,dx = \sum_{n=1}^{\infty} x^n = \frac{x}{1-x} \quad (|x|<1), \quad f(x) = \frac{1}{(1-x)^2}$$

取 $x = \dfrac{1}{a}$, 得

$$\text{原式} = \frac{1}{a} f\left(\frac{1}{a}\right) = \sum_{n=1}^{\infty} \frac{n}{a^n} = \frac{a}{(a-1)^2}$$

例 4.15（南大 2006）　$\sum_{n=1}^{\infty} \dfrac{2n-1}{2^n} = $ _____.

解析　令 $S(x) = \sum_{n=1}^{\infty} (2n-1) x^{2n-2}$, 则

$$\int_0^x S(x)\,dx = \sum_{n=1}^{\infty} x^{2n-1} = \frac{x}{1-x^2} \quad (|x|<1)$$

$$S(x) = \left(\frac{x}{1-x^2}\right)' = \frac{1+x^2}{(1-x^2)^2}$$

令 $x = \dfrac{1}{\sqrt{2}}$, 得 $\sum_{n=1}^{\infty} \dfrac{2n-1}{2^n} \cdot 2 = 6$, 所以 $\sum_{n=1}^{\infty} \dfrac{2n-1}{2^n} = 3$.

例 4.16（全国 2009）　设 a_n 为曲线 $y = x^n$ 与 $y = x^{n+1}$ ($n = 1, 2, \cdots$) 所围成区

域的面积,记 $S_1 = \sum_{n=1}^{\infty} a_n$, $S_2 = \sum_{n=1}^{\infty} a_{2n-1}$,求 S_1 与 S_2 的值.

解析 曲线 $y = x^n$ 与 $y = x^{n+1}$ 的交点为 $(0,0)$ 和 $(1,1)$,所围区域的面积为
$$a_n = \int_0^1 (x^n - x^{n+1}) dx = \frac{1}{n+1} - \frac{1}{n+2}$$

所以
$$S_1 = \sum_{n=1}^{\infty} a_n = \sum_{n=1}^{\infty} \left(\frac{1}{n+1} - \frac{1}{n+2}\right) = \lim_{n \to \infty} \left(\frac{1}{2} - \frac{1}{n+2}\right) = \frac{1}{2}$$

$$S_2 = \sum_{n=1}^{\infty} a_{2n-1} = \sum_{n=1}^{\infty} \left(\frac{1}{2n} - \frac{1}{2n+1}\right)$$

由于级数 $\sum_{n=2}^{\infty} (-1)^n \frac{1}{n}$ 显然是收敛的莱布尼茨型级数,所以加括号(两项一括)的级数 $\sum_{n=1}^{\infty} \left(\frac{1}{2n} - \frac{1}{2n+1}\right)$ 也收敛,并且两级数的和相同. 应用幂级数公式

$$\sum_{n=1}^{\infty} \frac{(-1)^{n+1}}{n} x^n = \ln(1+x) \quad (x \in (-1,1]) \Rightarrow \sum_{n=1}^{\infty} (-1)^{n+1} \frac{1}{n} = \ln 2$$

所以
$$S_2 = \sum_{n=2}^{\infty} (-1)^n \frac{1}{n} = 1 - \ln 2$$

例 4.17(南大 2008) 设级数 $\sum_{n=1}^{\infty} \frac{n^2}{n!}$ 的和为 S,则 $S = $ _____.

解析 应用公式 $\sum_{n=0}^{\infty} \frac{1}{n!} x^n = e^x$,取 $x = 1$ 得

$$\sum_{n=1}^{\infty} \frac{n^2}{n!} = \sum_{n=1}^{\infty} \frac{n-1+1}{(n-1)!} = \sum_{n=2}^{\infty} \frac{1}{(n-2)!} + \sum_{n=1}^{\infty} \frac{1}{(n-1)!} = 2e$$

例 4.18(南大 2011) 求级数 $\sum_{n=1}^{\infty} n^2 x^{n-1}$ 的和.

解析 令 $f(x) = \sum_{n=1}^{\infty} n^2 x^{n-1}$,逐项求一次积分得

$$\int_0^x f(x) dx = \sum_{n=1}^{\infty} n x^n = x \sum_{n=1}^{\infty} n x^{n-1} = x \left(\sum_{n=1}^{\infty} x^n\right)'$$
$$= x \left(\frac{x}{1-x}\right)' = \frac{x}{(1-x)^2} \quad (|x| < 1)$$

于是
$$f(x) = \left(\frac{x}{(1-x)^2}\right)' = \frac{1+x}{(1-x)^3} \quad (|x| < 1)$$

例 4.19(南大 2010) 令 $S_n = \sum_{k=1}^{n} \dfrac{k(k+1)}{2^{k+1}}$,则 $\lim\limits_{n\to\infty} S_n = $ _____.

解析 令 $f(x) = \sum_{n=1}^{\infty} n(n+1)x^{n-1}$,则

$$\int_0^x f(x)\mathrm{d}x = \sum_{n=1}^{\infty}(n+1)x^n$$

$$\int_0^x \Big(\int_0^x f(x)\mathrm{d}x\Big)\mathrm{d}x = \sum_{n=1}^{\infty} x^{n+1} = \frac{x^2}{1-x} \quad (|x|<1)$$

所以

$$f(x) = \Big(\frac{x^2}{1-x}\Big)'' = \Big(\frac{2x-x^2}{(1-x)^2}\Big)' = \frac{2}{(1-x)^3} \quad (|x|<1)$$

故

$$\lim_{n\to\infty} S_n = \frac{1}{4} f\Big(\frac{1}{2}\Big) = 4$$

例 4.20(全国 2010) 求幂级数 $\sum_{n=1}^{\infty} \dfrac{(-1)^{n-1}}{2n-1} x^{2n}$ 的收敛域及和函数.

解析 记 $u_n(x) = \dfrac{(-1)^{n-1}}{2n-1} x^{2n}$,由于 $\lim\limits_{n\to\infty} \Big|\dfrac{u_{n+1}(x)}{u_n(x)}\Big| = \lim\limits_{n\to\infty} \dfrac{2n-1}{2n+1} x^2 = x^2$,所以 $|x|<1$ 时,$\sum_{n=1}^{\infty} u_n(x)$ 绝对收敛;当 $|x|>1$ 时,$\sum_{n=1}^{\infty} u_n(x)$ 发散(因为 $u_n(x) \not\to 0$). 因此幂级数的收敛半径 $R=1$. 当 $x=\pm 1$ 时,原级数为 $\sum_{n=1}^{\infty} \dfrac{(-1)^{n-1}}{2n-1}$,由莱布尼茨判别法知此级数收敛,因此幂级数的收敛域为 $[-1,1]$.

设 $S(x) = \sum_{n=1}^{\infty} \dfrac{(-1)^{n-1}}{2n-1} x^{2n-1} (-1 \leqslant x \leqslant 1)$,则

$$S'(x) = \sum_{n=1}^{\infty} (-1)^{n-1} x^{2n-2} = \frac{1}{1+x^2}$$

又因为 $S(x) = S(0) + \int_0^x \dfrac{1}{1+t^2} \mathrm{d}t = \arctan x$,于是

$$\sum_{n=1}^{\infty} \frac{(-1)^{n-1}}{2n-1} x^{2n} = xS(x) = x\arctan x \quad (x \in [-1,1])$$

例 4.21(全国 2012) 求幂级数 $\sum_{n=0}^{\infty} \dfrac{4n^2+4n+3}{2n+1} x^{2n}$ 的收敛域与和函数.

解析 由于 $\dfrac{4n^2+4n+3}{2n+1} = 2n+1 + \dfrac{2}{2n+1}$,代入原式,应用幂级数可逐项求导数与可逐项求积分的性质,则

$$\text{原式} = \sum_{n=0}^{\infty} (2n+1)x^{2n} + \frac{2}{x} \sum_{n=0}^{\infty} \frac{1}{2n+1} x^{2n+1}$$

$$= \Big(\sum_{n=0}^{\infty}(2n+1)\frac{x^{2n+1}}{2n+1}\Big)' + \frac{2}{x}\int_0^x \Big(\sum_{n=0}^{\infty}\frac{1}{2n+1}(2n+1)x^{2n}\Big)\mathrm{d}x$$

$$= \Big(\frac{x}{1-x^2}\Big)' + \frac{2}{x}\int_0^x \frac{1}{1-x^2}\mathrm{d}x$$

$$= \frac{1+x^2}{(1-x^2)^2} + \frac{1}{x}\ln\frac{1+x}{1-x} \quad (x\neq 0, |x|<1)$$

当 $x=\pm 1$ 时,由于 $n\to\infty$ 时,$a_n = \frac{4n^2+4n+3}{2n+1} \to \infty(\neq 0)$,所以 $x=\pm 1$ 时,原幂级数发散.于是原幂级数的收敛域为 $(-1,1)$,和函数为

$$f(x) = \begin{cases} \frac{1+x^2}{(1-x^2)^2} + \frac{1}{x}\ln\frac{1+x}{1-x} & (-1<x<0, 0<x<1); \\ 3 & (x=0) \end{cases}$$

例 4.22(全国 2007) 将函数 $f(x) = \frac{1}{x^2-3x-4}$ 展开为 $(x-1)$ 的幂级数,并指出其收敛区间.

解析 令 $x-1=t$,则

$$f(x) = g(t) = \frac{1}{t^2-t-6} = -\frac{1}{15}\cdot\frac{1}{1-\frac{t}{3}} - \frac{1}{10}\cdot\frac{1}{1+\frac{t}{2}}$$

$$= -\frac{1}{15}\sum_{n=0}^{\infty}\Big(\frac{t}{3}\Big)^n - \frac{1}{10}\sum_{n=0}^{\infty}\Big(-\frac{t}{2}\Big)^n$$

$$= -\frac{1}{15}\sum_{n=0}^{\infty}\Big(\frac{x-1}{3}\Big)^n - \frac{1}{10}\sum_{n=0}^{\infty}(-1)^n\Big(\frac{x-1}{2}\Big)^n$$

收敛区间为 $|x-1|<2$,即 $-1<x<3$.

例 4.23(南大 2009) 求 $f(x) = \frac{x^2+2}{(x-1)^2(1+2x)}$ 的幂级数展开式,指出其收敛域.

解析 由于

$$f(x) = \frac{(x^2-2x+1)+(1+2x)}{(x-1)^2(1+2x)} = \frac{1}{1+2x} + \frac{1}{(x-1)^2}$$

$$\frac{1}{1+2x} = \sum_{n=0}^{\infty}(-1)^n 2^n x^n \quad \Big(|x|<\frac{1}{2}\Big)$$

令 $g(x) = \frac{1}{(x-1)^2}$,则

$$\int_0^x g(x)\mathrm{d}x = \int_0^x \frac{1}{(x-1)^2}\mathrm{d}x = \frac{1}{1-x}\Big|_0^x = -1 + \frac{1}{1-x} = \sum_{n=0}^{\infty}x^{n+1} \quad (|x|<1)$$

得 $g(x) = \sum_{n=0}^{\infty}(n+1)x^n$,故

$$f(x) = \sum_{n=0}^{\infty}[(-2)^n + (n+1)]x^n \quad \left(|x| < \frac{1}{2}\right)$$

例 4.24(全国 2007) 设幂级数 $\sum_{n=0}^{\infty} a_n x^n$ 在 $(-\infty, +\infty)$ 内收敛,其和函数 $y(x)$ 满足 $y'' - 2xy' - 4y = 0, y(0) = 0, y'(0) = 1$.

(1) 证明:$a_{n+2} = \dfrac{2}{n+1} a_n (n = 0, 1, 2, \cdots)$;

(2) 求 $y(x)$ 的表达式.

解析 (1) 因 $y(x) = \sum_{n=0}^{\infty} a_n x^n$,则

$$y'(x) = \sum_{n=1}^{\infty} n a_n x^{n-1}, \quad y''(x) = \sum_{n=2}^{\infty} n(n-1) a_n x^{n-2}$$

代入微分方程得

$$\sum_{n=2}^{\infty} n(n-1) a_n x^{n-2} - 2x \sum_{n=1}^{\infty} n a_n x^{n-1} - 4 \sum_{n=0}^{\infty} a_n x^n = 0$$

即

$$\sum_{n=0}^{\infty}[(n+2)(n+1)a_{n+2} - 2na_n - 4a_n]x^n = 0$$

$$(n+2)(n+1)a_{n+2} - 2(n+2)a_n = 0 \Rightarrow a_{n+2} = \frac{2}{n+1} a_n$$

(2) 由于 $y(0) = 0, y'(0) = 1$,所以 $a_0 = 0, a_1 = 1$. 根据递推公式 $a_{n+2} = \dfrac{2}{n+1} a_n$,可得 $a_{2n} = 0, a_{2n+1} = \dfrac{1}{n!}$,于是

$$y(x) = \sum_{n=0}^{\infty} a_{2n+1} x^{2n+1} = x \cdot \sum_{n=0}^{\infty} \frac{1}{n!} (x^2)^n = x e^{x^2}$$

例 4.25(全国 2008) 设银行存款的年利率为 $r = 0.05$,并依年复利计算. 某基金会希望通过存款 A 万元实现第一年提取 19 万元,第二年提取 28 万元,$\cdots$,第 n 年提取 $(10 + 9n)$ 万元,并能按此规律一直提取下去,问 A 至少应为多少万元?

解析 设 A_n 为用于第 n 年提取 $(10 + 9n)$ 的贴现值,则

$$A_n (1+r)^n = 10 + 9n$$

于是

$$A = \sum_{n=1}^{\infty} A_n = \sum_{n=1}^{\infty} \frac{10 + 9n}{(1+r)^n} = 10 \sum_{n=1}^{\infty} \frac{1}{(1+r)^n} + \sum_{n=1}^{\infty} \frac{9n}{(1+r)^n}$$

$$= 200 + 9 \sum_{n=1}^{\infty} \frac{n}{(1+r)^n}$$

设 $S(x) = \sum_{n=1}^{\infty} n x^n (x \in (-1, 1))$,由于

$$S(x) = x\Big(\sum_{n=1}^{\infty} x^n\Big)' = x\Big(\frac{x}{1-x}\Big)' = \frac{x}{(1-x)^2}$$

所以

$$\sum_{n=1}^{\infty} \frac{n}{(1+r)^n} = S\Big(\frac{1}{1+r}\Big) = S\Big(\frac{1}{1.05}\Big) = 420$$

于是 $A = 200 + 9 \times 420 = 3980$(万元),即至少应存入 3980 万元.

例 4.26(南大 2009) 求函数 $f(x) = x^2$ 在区间 $[-\pi, \pi]$ 上的傅里叶级数,并求 $\sum_{n=1}^{\infty} \frac{1}{n^2}$ 的和.

解析 因为 $f(x) = x^2$ 是偶函数,应用傅氏系数公式,有 $b_n = 0 (n = 1, 2, \cdots)$,而

$$a_0 = \frac{2}{\pi}\int_0^{\pi} x^2 dx = \frac{2}{3}\pi^2$$

$$a_n = \frac{2}{\pi}\int_0^{\pi} x^2 \cos nx\, dx = \frac{2}{n\pi}\int_0^{\pi} x^2 d\sin nx = \frac{2}{n\pi}\Big(x^2 \sin nx \Big|_0^{\pi} - 2\int_0^{\pi} x\sin nx\, dx\Big)$$

$$= \frac{4}{n^2\pi}\int_0^{\pi} x d\cos nx = \frac{4}{n^2\pi}\Big(x\cos nx \Big|_0^{\pi} - 0\Big) = (-1)^n \frac{4}{n^2} \quad (n = 1, 2, \cdots)$$

故 $f(x)$ 的傅里叶级数为

$$x^2 = \frac{\pi^2}{3} + \sum_{n=1}^{\infty} (-1)^n \frac{4}{n^2} \cos nx$$

令 $x = \pi$,得 $\sum_{n=1}^{\infty} \frac{1}{n^2} = \frac{\pi^2}{6}$.

例 4.27(全国 2008) 将函数 $f(x) = 1 - x^2 (0 \leqslant x \leqslant \pi)$ 展开成余弦级数,并求级数 $\sum_{n=1}^{\infty} \frac{(-1)^{n-1}}{n^2}$ 的和.

解析 应用傅氏系数公式,有

$$a_0 = \frac{2}{\pi}\int_0^{\pi} (1-x^2) dx = 2 - \frac{2\pi^2}{3}$$

$$a_n = \frac{2}{\pi}\int_0^{\pi} (1-x^2)\cos nx\, dx = \frac{4}{n^2}(-1)^{n+1} \quad (n = 1, 2, \cdots)$$

所以 $f(x)$ 的余弦级数为

$$f(x) = \frac{a_0}{2} + \sum_{n=1}^{\infty} a_n \cos nx = 1 - \frac{\pi^2}{3} + 4\sum_{n=1}^{\infty} \frac{(-1)^{n+1}}{n^2} \cos nx \quad (0 \leqslant x \leqslant \pi)$$

令 $x = 0$,有 $f(0) = 1 - \frac{\pi^2}{3} + 4\sum_{n=1}^{\infty} \frac{(-1)^{n+1}}{n^2}$,又 $f(0) = 1$,于是

$$\sum_{n=1}^{\infty} \frac{(-1)^{n-1}}{n^2} = \frac{\pi^2}{12}$$

例 4.28(南大 2010)　求函数 $f(x)=\dfrac{\pi-x}{2}$ 在区间 $(0,2\pi)$ 中的傅里叶级数.

解析　应用傅氏系数公式,有
$$a_0=\frac{1}{\pi}\int_0^{2\pi}\frac{\pi-x}{2}\mathrm{d}x=\frac{1}{2\pi}\left(\pi x-\frac{x^2}{2}\right)\bigg|_0^{2\pi}=0$$
$$a_n=\frac{1}{\pi}\int_0^{2\pi}\frac{\pi-x}{2}\cos nx\,\mathrm{d}x$$
$$=\frac{\pi-x}{2n\pi}\sin nx\bigg|_0^{2\pi}+\frac{1}{2n\pi}\int_0^{2\pi}\sin nx\,\mathrm{d}x=0\quad(n=1,2,\cdots)$$
$$b_n=\frac{1}{\pi}\int_0^{2\pi}\frac{\pi-x}{2}\sin nx\,\mathrm{d}x$$
$$=-\frac{\pi-x}{2n\pi}\cos nx\bigg|_0^{2\pi}-\frac{1}{2n\pi}\int_0^{2\pi}\cos nx\,\mathrm{d}x=\frac{1}{n}\quad(n=1,2,\cdots)$$

所以 $f(x)$ 的傅里叶级数为
$$f(x)\sim\sum_{n=1}^{\infty}\frac{1}{n}\sin nx=\begin{cases}\dfrac{\pi-x}{2}&(x\in(0,2\pi));\\0&(x=0,2\pi)\end{cases}$$

专题 12 微 分 方 程

12.1 重要概念与基本方法

1 微分方程的基本概念

(1) 含有导数的方程称为微分方程. 微分方程中含有的导数的最高阶数为 n 时,称为 n 阶微分方程. n 阶微分方程的含有 n 个独立的任意常数的解,称为此微分方程的通解. 通解中的任意常数可以通过初始条件确定,微分方程的不含任意常数的解称为此微分方程的特解.

(2) n 阶微分方程关于未知函数 y 和它的各阶导数 $y', y'', \cdots, y^{(n)}$ 为一次方程时,称为线性微分方程,否则称为非线性微分方程. 例如:一阶线性微分方程为
$$a(x)y' + b(x)y = c(x)$$
二阶线性微分方程为
$$a(x)y'' + b(x)y' + c(x)y = f(x)$$

2 一阶微分方程

(1) 变量可分离的微分方程. 其标准形式为
$$\frac{dy}{dx} = f(x)g(y)$$
分离变量后两边积分即得此微分方程的通解为
$$\int \frac{1}{g(y)}dy = \int f(x)dx + C$$
这里两个不定积分只需各求一个原函数,不带任意常数.

(2) 齐次方程. 其标准形式为
$$y' = f\left(\frac{y}{x}\right)$$
齐次方程的解析方法是作未知函数的变换,令 $y = xu$,u 是新的未知函数,则 $y' = u + xu'$,原方程化为变量可分离的微分方程
$$\frac{1}{f(u) - u}du = \frac{1}{x}dx$$

两边积分即可求得通解.

(3) 一阶线性微分方程. 其标准形式为
$$y' + P(x)y = Q(x)$$
一阶线性微分方程的解析方法是采用通解公式:
$$y = e^{-\int P(x)dx}\left(C + \int Q(x)e^{\int P(x)dx}dx\right)$$
这里右端的三个不定积分只需各求一个原函数,不带任意常数.

注意:一阶线性微分方程的通解公式中含有两项,第一项 $y(x) = Ce^{-\int P(x)dx}$ 是原方程所对应的齐次方程的通解,第二项
$$\tilde{y} = e^{-\int P(x)dx}\int Q(x)e^{\int P(x)dx}dx$$
是原方程的一个特解. 这一性质是所有线性微分方程共有的.

(4) 伯努利方程. 伯努利方程的标准形式为
$$y' + P(x)y = Q(x)y^\lambda \quad (\lambda \neq 0,1)$$
作未知函数的变换,令 $y^{1-\lambda} = u$,u 是新的未知函数,则原方程化为一阶线性方程
$$u' + P_1(x)u = Q_1(x)$$
这里 $P_1(x) = (1-\lambda)P(x)$,$Q_1(x) = (1-\lambda)Q(x)$.

(5) 全微分方程. 其标准形式为
$$P(x,y)dx + Q(x,y)dy = 0$$
这里 P,Q 满足 $\dfrac{\partial Q}{\partial x} = \dfrac{\partial P}{\partial y}$. 全微分方程的解析方法有两种.

① 公式法(参见专题 10.1 的第 10 小项),其通解为
$$\int_a^x P(x,y)dx + \int_b^y Q(a,y)dy = C$$
或
$$\int_a^x P(x,b)dx + \int_b^y Q(x,y)dy = C$$

② 先求函数 $u(x,y)$ 使得 $\dfrac{\partial u}{\partial x} = P(x,y)$,$\dfrac{\partial u}{\partial y} = Q(x,y)$,于是
$$u(x,y) = \int P(x,y)dx + \varphi(y), \quad \frac{\partial}{\partial y}\left(\int P(x,y)dx\right) + \varphi'(y) = Q(x,y)$$
由第二式解出函数 $\varphi(y)$ 代入第一式,即得原方程的通解为
$$\int P(x,y)dx + \varphi(y) = C$$
这里左端的不定积分只需求一个原函数,不带任意常数.

3 可降阶的二阶微分方程

(1) $y'' = f(x,y')$,解析方法是令 $y' = u$,$y'' = u'$,作未知函数的变换,自变量

不变,通过降阶法求解.

(2) $y'' = f(y, y')$,解析方法是令 $y' = u, y'' = u\dfrac{du}{dy}$,作未知函数与自变量的变换,$u$ 是新的未知函数,y 是新的自变量,通过降阶法求解.

4 二阶线性微分方程

(1) 二阶线性微分方程通解的结构.

定理 1 若已知二阶线性齐次微分方程
$$y'' + p(x)y' + q(x)y = 0$$
的两个线性无关的特解 $y_1(x), y_2(x)$,则此方程的通解为
$$y = C_1 y_1(x) + C_2 y_2(x)$$

定理 2 若已知二阶线性非齐次微分方程
$$y'' + p(x)y' + q(x)y = f(x)$$
的一个特解 $\bar{y}(x)$,且对应的齐次方程有两个线性无关的特解 $y_1(x), y_2(x)$,则此方程的通解为
$$y = C_1 y_1(x) + C_2 y_2(x) + \bar{y}(x)$$

(2) 二阶常系数线性齐次微分方程,其标准形式为
$$y'' + py' + qy = 0$$
此方程的特征方程为 $\lambda^2 + p\lambda + q = 0$,根据特征根的三种情况,其通解有三种形式:

① 有两个不相等的实根 λ_1, λ_2,通解为 $y = C_1 e^{\lambda_1 x} + C_2 e^{\lambda_2 x}$;

② 有两个相等的实根 λ_1, λ_1,通解为 $y = e^{\lambda_1 x}(C_1 + C_2 x)$;

③ 有两个共轭复根 $\alpha \pm \beta i (i = \sqrt{-1})$,通解为 $y = e^{\alpha x}(C_1 \cos\beta x + C_2 \sin\beta x)$.

(3) 二阶常系数线性非齐次微分方程,其标准形式为
$$y'' + py' + qy = f(x)$$
我们将此方程所对应的齐次方程的通解(上述(2) 中的三种情况之一) 称为此方程的余函数,记为 $y(x)$,若能求得此方程的一个特解 $\bar{y}(x)$,则该方程的通解为
$$y = y(x) + \bar{y}(x)$$

① 待定系数法. 对于一些特殊的函数 $f(x)$,二阶常系数线性非齐次微分方程的特解可用待定系数法求得. 此法是根据 $f(x)$ 的形式,写出特解的相同或相似的形式,代入原方程后比较方程两边同类项的系数,确定待定系数,即可求得特解. 下面列举一些常用的情况.

a. $f(x) = ae^{kx}$,则 k 不是特征根时,$\bar{y}(x) = Ae^{kx}$(A 为待定常数,下同);k 是单特征根时,$\bar{y}(x) = Axe^{kx}$;k 是重特征根时,$\bar{y}(x) = Ax^2 e^{kx}$.

b. $f(x) = ax^2 + bx + c$,则 0 不是特征根时,$\bar{y}(x) = Ax^2 + Bx + C$($A, B, C$ 为待定常数,下同);0 是单特征根时,$\bar{y}(x) = x(Ax^2 + Bx + C)$.

c. $f(x)=(ax+b)\mathrm{e}^{kx}$,则 k 不是特征根时,$\tilde{y}(x)=(Ax+B)\mathrm{e}^{kx}$;$k$ 是单特征根时,$\tilde{y}(x)=x(Ax+B)\mathrm{e}^{kx}$.

d. $f(x)=a\cos\beta x+b\sin\beta x$,则 $\beta\mathrm{i}$ 不是特征根时,$\tilde{y}(x)=A\cos\beta x+B\sin\beta x$;$\beta\mathrm{i}$ 是特征根时,$\tilde{y}(x)=x(A\cos\beta x+B\sin\beta x)$.

e. $f(x)=\mathrm{e}^{\alpha x}(a\cos\beta x+b\sin\beta x)$,则 $\alpha+\beta\mathrm{i}$ 不是特征根时,$\tilde{y}(x)=\mathrm{e}^{\alpha x}(A\cos\beta x+B\sin\beta x)$;$\alpha+\beta\mathrm{i}$ 是特征根时,$\tilde{y}(x)=\mathrm{e}^{\alpha x}x(A\cos\beta x+B\sin\beta x)$.

f. $f(x)=\mathrm{e}^{\alpha x}[(ax+b)\cos\beta x+(cx+d)\sin\beta x]$,则 $\alpha+\beta\mathrm{i}$ 不是特征根时,$\tilde{y}(x)=\mathrm{e}^{\alpha x}[(Ax+B)\cos\beta x+(Cx+D)\sin\beta x]$;$\alpha+\beta\mathrm{i}$ 是特征根时,$\tilde{y}(x)=\mathrm{e}^{\alpha x}x[(Ax+B)\cos\beta x+(Cx+D)\sin\beta x]$.

*② 常数变易法. 此法是利用余函数中的两个解去求特解 $\tilde{y}(x)$.

设余函数中的两个解为 $y_1(x),y_2(x)$,则令
$$\tilde{y}(x)=C_1(x)y_1(x)+C_2(x)y_2(x)$$
这里 $C_1(x),C_2(x)$ 的导数 $C_1'(x),C_2'(x)$ 可通过解方程组
$$\begin{cases}C_1'(x)y_1(x)+C_2'(x)y_2(x)=0,\\ C_1'(x)y_1'(x)+C_2'(x)y_2'(x)=f(x)\end{cases}$$
得到,再积分求得 $C_1(x),C_2(x)$,便可求得 $\tilde{y}(x)$.

(4) 二阶变系数线性微分方程,其标准形式为
$$y''+p(x)y'+q(x)y=f(x)$$
此方程没有标准的解析方法,一般很难求通解. 对于一些特殊情况,可以寻求未知函数的变换,或者自变量的变换,将此方程降阶化为一阶线性方程,或者化为二阶常系数线性方程,由此去求通解. 常用的变换如下.

① 当 $q(x)=p'(x)$ 时,令 $u=y'+p(x)y$,方程化为一阶线性方程
$$y'+p(x)y=\int f(x)\mathrm{d}x+C_1$$

② 作自变量的变换 $x=\mathrm{e}^t$(或 $x=-\mathrm{e}^t$),可将欧拉方程
$$x^2y''+pxy'+qy=f(x)$$
化为二阶常系数线性微分方程.

③ 当 $f(x)=0$ 时,若已知方程的一个特解 $y_1(x)$,则作未知函数的变换 $y=y_1(x)u$,可将原方程化为关于 u' 的一阶线性方程.

5 微分方程的应用

(1) 在几何上,若给出关于曲线的切线的性质,或给出关于曲线所围的图形的面积的性质,则可建立有关的微分方程,通过解微分方程求未知的曲线方程.

(2) 在物理上,若给出时间、速度、加速度等的关系,则可建立位移函数或速度函数所满足的微分方程,通过解微分方程求未知的函数.

12.2 《大学数学教程》习题选解

例 2.1(习题 1.2 A 1.6)　解方程 $(e^{x+y} - e^x)dx + (e^{x+y} + e^y)dy = 0$.

解析　原方程可化为
$$e^x(e^y - 1)dx + e^y(e^x + 1)dy = 0$$
这是变量可分离的方程,分离变量得
$$\frac{e^y}{e^y - 1}dy = -\frac{e^x}{e^x + 1}dx$$
两边积分得 $\ln|e^y - 1| = -\ln|e^x + 1| + \ln|C|$,化简即得通解为
$$(e^x + 1)(e^y - 1) = C$$
此外由 $e^y - 1 = 0$ 得 $y = 0$ 也是原方程的解,已包含于通解中($C = 0$ 时).

例 2.2(习题 1.2 A 2.5)　解方程 $xy' = y\cos\left(\ln\frac{y}{x}\right)$.

解析　这是齐次方程.令 $\frac{y}{x} = u$,则 $y' = u + xu'$,代入原方程并分离变量得
$$\frac{1}{u(\cos(\ln u) - 1)}du = \frac{dx}{x} \tag{1}$$
令 $\ln u = t$,应用换元积分法,则
$$\int \frac{1}{u(\cos(\ln u) - 1)}du = \int \frac{d(\ln u)}{\cos(\ln u) - 1} = -\int \frac{dt}{2\sin^2 \frac{t}{2}} = \cot\left(\frac{1}{2}\ln u\right)$$

(1)式两边积分得
$$\cot\left(\frac{1}{2}\ln u\right) = \ln|x| + \ln|C|$$
故通解为
$$\cot\left(\frac{1}{2}\ln \frac{y}{x}\right) = \ln|x| + \ln|C|$$

另外,由 $\cos(\ln u) - 1 = 0$,即 $u = e^{2k\pi}(k \in \mathbf{Z})$,可得 $y = e^{2k\pi}x$ 也是原方程的解(它不包含于通解中).

例 2.3(习题 1.2 A 3.5)　解方程 $dx + (x - 2e^y)dy = 0$.

解析　原方程可化为
$$\frac{dx}{dy} + x = 2e^y$$
这是关于 x 的一阶线性方程,应用通解公式得
$$x = e^{-\int dy}\left(C + \int 2e^y e^{\int dy}dy\right) = e^{-y}\left(C + \int 2e^{2y}dy\right) = Ce^{-y} + e^y$$

例 2.4(习题 1.2 A 6.7)　解方程 $\mathrm{e}^y\left(y' - \dfrac{2}{x}\right) = 1$.

解析　令 $\mathrm{e}^y = u$，则 $\mathrm{e}^y y' = u'$，原方程化为 $u' - \dfrac{2}{x}u = 1$，这是个一阶线性方程. 应用一阶线性方程通解公式得

$$u = \mathrm{e}^{\int \frac{2}{x}\mathrm{d}x}\left(C + \int \mathrm{e}^{-\int \frac{2}{x}\mathrm{d}x}\mathrm{d}x\right) = \mathrm{e}^{2\ln x}\left(C + \int \mathrm{e}^{-2\ln x}\mathrm{d}x\right) = Cx^2 - x$$

故通解为

$$\mathrm{e}^y = Cx^2 - x$$

例 2.5(习题 1.2 B 3)　求 $P(x,y)$，使 $P(x,y)\mathrm{d}x + (2x^2y^3 + x^4y)\mathrm{d}y = 0$ 为全微分方程，并求其通解.

解析　令 $Q(x,y) = 2x^2y^3 + x^4y$，由于原方程是全微分方程，故 $P'_y = Q'_x = 4xy^3 + 4x^3y$，两边对 y 积分得

$$P(x,y) = \int (4xy^3 + 4x^3y)\mathrm{d}y = xy^4 + 2x^3y^2 + \varphi(x)$$

其中 $\varphi(x)$ 是任意的可导函数. 应用求原函数公式，取 $(x_0, y_0) = (0,0)$，则

$$u(x,y) = \int_0^x P(x,0)\mathrm{d}x + \int_0^y Q(x,y)\mathrm{d}y = \int_0^x \varphi(x)\mathrm{d}x + \int_0^y (2x^2y^3 + x^4y)\mathrm{d}y$$
$$= \int_0^x \varphi(x)\mathrm{d}x + \frac{1}{2}x^2y^4 + \frac{1}{2}x^4y^2$$

于是所求的通解为

$$\int_0^x \varphi(x)\mathrm{d}x + \frac{1}{2}x^2y^4 + \frac{1}{2}x^4y^2 = C$$

例 2.6(习题 1.3 A 1.4)　求方程 $y'' + (y')^2 = \dfrac{1}{2}\mathrm{e}^{-y}$ 的通解.

解析　此方程中不显含 x，令 $y' = u$，以 u 为新的未知函数，以 y 为新的自变量，则 $y'' = u\dfrac{\mathrm{d}u}{\mathrm{d}y}$，原方程化为

$$\frac{\mathrm{d}u}{\mathrm{d}y} + u = \frac{1}{2}\mathrm{e}^{-y}u^{-1}$$

此为伯努利方程，令 $v = u^2$，则 $\dfrac{\mathrm{d}v}{\mathrm{d}y} = 2u\dfrac{\mathrm{d}u}{\mathrm{d}y}$，上述方程化为 $\dfrac{\mathrm{d}v}{\mathrm{d}y} + 2v = \mathrm{e}^{-y}$，应用一阶线性方程通解公式得

$$v = C_1\mathrm{e}^{-2y} + \mathrm{e}^{-y}$$

于是 $y' = u = \pm\sqrt{C_1\mathrm{e}^{-2y} + \mathrm{e}^{-y}}$，分离变量得

$$\frac{\mathrm{d}y}{\pm\sqrt{C_1\mathrm{e}^{-2y} + \mathrm{e}^{-y}}} = \mathrm{d}x \tag{1}$$

由于

$$\int \frac{\mathrm{d}y}{\sqrt{C_1 \mathrm{e}^{-2y} + \mathrm{e}^{-y}}} = \int \frac{\mathrm{d}(C_1 + \mathrm{e}^y)}{\sqrt{C_1 + \mathrm{e}^y}} = 2\sqrt{C_1 + \mathrm{e}^y}$$

故(1)式两边积分得 $\pm 2\sqrt{C_1 + \mathrm{e}^y} = x + C_2$，由此原方程的通解为

$$(x + C_2)^2 = 4(\mathrm{e}^y + C_1)$$

例 2.7（习题 1.3 A 3） 已知某二阶常系数线性非齐次方程有三个特解 $y_1 = x, y_2 = x - 2\mathrm{e}^x, y_3 = x - 3\mathrm{e}^{2x}$，试直接写出其通解，并写出原方程.

解析 由于原方程的任意两个解之差是其对应的齐次方程的解，并且对应的齐次方程的解的常数倍仍是该齐次方程的解，于是 $\frac{1}{2}(y_1 - y_2) = \mathrm{e}^x, \frac{1}{3}(y_1 - y_3) = \mathrm{e}^{2x}$ 是对应的齐次方程的两个线性无关的解，故得原方程通解为

$$y = C_1 \mathrm{e}^x + C_2 \mathrm{e}^{2x} + y_1 = C_1 \mathrm{e}^x + C_2 \mathrm{e}^{2x} + x$$

由齐次方程的两个解 $\mathrm{e}^x, \mathrm{e}^{2x}$ 知，对应的特征根为 $\lambda = 1, 2$，即特征方程为 $\lambda^2 - 3\lambda + 2 = 0$. 设右端函数为 $f(x)$，则原方程为 $y'' - 3y' + 2y = f(x)$，代入特解 $y_1 = x$ 得 $f(x) = 2x - 3$，从而原方程为

$$y'' - 3y' + 2y = 2x - 3$$

例 2.8（习题 1.3 A 7.4） 解方程 $y''' - 6y'' + 11y' - 6y = \mathrm{e}^{4x}$.

解析 特征方程为 $\lambda^3 - 6\lambda^2 + 11\lambda - 6 = (\lambda - 1)(\lambda - 2)(\lambda - 3) = 0$，解得特征根为 $\lambda = 1, 2, 3$，所以余函数为

$$y = C_1 \mathrm{e}^x + C_2 \mathrm{e}^{2x} + C_3 \mathrm{e}^{3x}$$

令原方程的特解 $\bar{y} = A\mathrm{e}^{4x}$，则 $\bar{y}' = 4A\mathrm{e}^{4x}, \bar{y}'' = 16A\mathrm{e}^{4x}, \bar{y}''' = 64A\mathrm{e}^{4x}$，一起代入原方程得 $A = \frac{1}{6}$，于是原方程的通解为

$$y = C_1 \mathrm{e}^x + C_2 \mathrm{e}^{2x} + C_3 \mathrm{e}^{3x} + \frac{1}{6}\mathrm{e}^{4x}$$

例 2.9（习题 1.3 A 8.2） 解方程 $x^2 y'' - xy' + 2y = x\ln x$.

解析 令 $x = \mathrm{e}^t$，则 $x\frac{\mathrm{d}y}{\mathrm{d}x} = \frac{\mathrm{d}y}{\mathrm{d}t}, x^2 \frac{\mathrm{d}^2 y}{\mathrm{d}x^2} = \frac{\mathrm{d}^2 y}{\mathrm{d}t^2} - \frac{\mathrm{d}y}{\mathrm{d}t}$，代入原方程并化简得

$$\frac{\mathrm{d}^2 y}{\mathrm{d}t^2} - 2\frac{\mathrm{d}y}{\mathrm{d}t} + 2y = t\mathrm{e}^t$$

容易解得其通解为

$$y = \mathrm{e}^t(C_1 \cos t + C_2 \sin t) + t\mathrm{e}^t$$

于是原方程的通解为

$$y = x(C_1 \cos(\ln x) + C_2 \sin(\ln x)) + x\ln x$$

例 2.10（习题 1.3 B 2） 就参数 λ 的不同值，求方程 $y'' - 2y' + \lambda y = \mathrm{e}^x \sin 2x$ 的一个特解.

解析 特征方程为 $r^2 - 2r + \lambda = 0$，解得特征根为 $r = 1 \pm \sqrt{1 - \lambda}$.

(1) 当 $\lambda = 5$ 时,$r = 1 \pm 2i$ 为特征根,此时特解为
$$\tilde{y} = xe^x(A\cos 2x + B\sin 2x)$$
则
$$\tilde{y}' = e^x[(Ax + 2Bx + A)\cos 2x + (Bx - 2Ax + B)\sin 2x]$$
$$\tilde{y}'' = e^x[(-3Ax + 4Bx + 2A + 4B)\cos 2x + (-4Ax - 3Bx - 4A + 2B)\sin 2x]$$
一起代入原方程得
$$e^x(4B\cos 2x - 4A\sin 2x) = e^x \sin 2x$$
比较系数得 $B = 0, A = -\dfrac{1}{4}$,故 $\tilde{y} = -\dfrac{1}{4}xe^x \cos 2x$.

(2) 当 $\lambda \neq 5$ 时,$r = 1 \pm 2i$ 不是特征根,此时令特解为
$$\tilde{y} = e^x(A\cos 2x + B\sin 2x)$$
则
$$\tilde{y}' = e^x[(A + 2B)\cos 2x + (B - 2A)\sin 2x]$$
$$\tilde{y}'' = e^x[(4B - 3A)\cos 2x - (4A + 3B)\sin 2x]$$
一起代入原方程得
$$e^x[(\lambda - 5)A\cos 2x + (\lambda - 5)B\sin 2x] = e^x \sin 2x$$
由于 $\lambda \neq 5$,比较系数得 $A = 0, B = \dfrac{1}{\lambda - 5}$,故特解为 $\tilde{y} = \dfrac{1}{\lambda - 5}e^x \sin 2x$.

例 2.11(习题 1.3 B 3) 求二阶可导函数 $f(x)$,满足
$$f(0) = 1, \quad f'(x) = \dfrac{1}{2} + \int_0^x (t\sin t + f(t))dt$$

解析 上面右边等式两边对 x 求导,得 $f''(x) = x\sin x + f(x)$,即 $f''(x) - f(x) = x\sin x$,且 $f'(0) = \dfrac{1}{2}$. 此为二阶常系数线性非齐次方程,其特征方程为 $\lambda^2 - 1 = 0$,解得特征根为 $\lambda = \pm 1$,所以余函数为
$$g(x) = C_1 e^x + C_2 e^{-x}$$
令原方程的特解为 $\tilde{f}(x) = (Ax + B)\cos x + (Cx + D)\sin x$,代入原方程解得 $A = D = 0, B = C = -\dfrac{1}{2}$,故 $\tilde{f}(x) = -\dfrac{1}{2}(\cos x + x\sin x)$,于是原方程的通解为
$$f(x) = C_1 e^x + C_2 e^{-x} - \dfrac{1}{2}(\cos x + x\sin x)$$
求导得 $f'(x) = C_1 e^x - C_2 e^{-x} - \dfrac{1}{2}x\cos x$. 由初始条件得 $f(0) = C_1 + C_2 - \dfrac{1}{2} = 1$,$f'(0) = C_1 - C_2 = \dfrac{1}{2}$,解得 $C_1 = 1, C_2 = \dfrac{1}{2}$. 故原方程解为
$$f(x) = e^x + \dfrac{1}{2}e^{-x} - \dfrac{1}{2}(\cos x + x\sin x)$$

例 2.12(习题 1.3 B 4) 已知常系数线性非齐次方程的通解为 $y = e^{-x}(C_1 + C_2 x + C_3 x^2) + e^x$,求原方程.

解析 取 $C_1 = C_2 = C_3 = 0$,推得 $\tilde{y} = e^x$ 是原方程的一个特解,因此 $y = e^{-x}(C_1 + C_2 x + C_3 x^2)$ 是对应的齐次方程的通解,故所求方程为三阶方程,有 3 重特征根 $\lambda = -1$,因此特征方程为 $(\lambda + 1)^3 = \lambda^3 + 3\lambda^2 + 3\lambda + 1$,即对应齐次方程为
$$y''' + 3y'' + 3y' + y = 0$$
设所求非齐次方程为 $y''' + 3y'' + 3y' + y = f(x)$,将特解 $\tilde{y} = e^x$ 代入方程得 $f(x) = 8e^x$,故所求方程为
$$y''' + 3y'' + 3y' + y = 8e^x$$

例 2.13(习题 1.4 A 6) 将质量为 0.4 kg 的足球以 20 m/s 的速度上抛,空气阻力与速度的平方成正比,且测得速度为 1 m/s 时的空气阻力为 0.48 g,试求足球上升到最高点的时间与高度.

解析 因为 $v = 1$ m/s 时,$f_{空气阻力} = 0.00048 \times 9.8(\text{N}) = kv^2 = k$,故得 $k = 0.0047$. 运动方程为
$$0.4 \frac{dv}{dt} = -0.4 \times 9.8 - 0.0047 v^2$$
即 $4000 v' = -39200 - 47 v^2$,分离变量得 $\dfrac{4000 dv}{39200 + 47 v^2} = -dt$,解得
$$\frac{4\,000}{\sqrt{47 \times 39200}} \arctan \frac{\sqrt{47}\, v}{\sqrt{39200}} = -t + C_1$$
即
$$2.9469 \arctan(0.0346 v) = -t + C_1$$
因 $t = 0$ 时,$v = 20$,所以 $C_1 = 2.9469 \arctan(0.692) = 1.78$,于是足球上升到最高点的时间为 $t = C_1 = 1.78$(s). 又
$$0.0346 dx = \tan\left(\frac{1.78 - t}{2.9469}\right) dt \Rightarrow 0.0346 x = 2.9469 \ln\left(\cos \frac{1.78 - t}{2.9469}\right) + C_2$$
因 $t = 0$ 时 $x = 0$,所以 $C_2 = -2.9469 \ln\left(\cos \dfrac{1.78}{2.9469}\right) = 0.5737$. 令 $t = 1.78$,得足球上升到最高点的高度为
$$x = \frac{0.5737}{0.0346} = 16.5809(\text{m})$$

例 2.14(习题 1.4 A 8) 求一可导函数 $f(x)$,使得
$$\int_0^x f(t) dt = x + \int_0^x t f(x-t) dt$$

解析 对于方程右端的积分,令 $x - t = u$,则原方程可化为
$$\int_0^x f(t) dt = x + \int_0^x (x-u) f(u) du = x + x \int_0^x f(u) du - \int_0^x u f(u) du$$

两端对 x 求导,再求导得
$$f(x)=1+\int_0^x f(u)\mathrm{d}u,\quad f'(x)=f(x)$$
解得其通解为 $f(x)=C\mathrm{e}^x$. 由 $f(0)=1$ 知 $C=1$,故所求函数为 $f(x)=\mathrm{e}^x$.

例 2.15(习题 1.4 B 3) 函数 $f(x)$ 在 $[0,+\infty)$ 上可导,$f(0)=1$,满足等式
$$f'(x)+f(x)-\frac{1}{1+x}\int_0^x f(t)\mathrm{d}t=0$$

(1) 求 $f'(x)$;

(2) 求证:当 $x\geqslant 0$ 时,$\mathrm{e}^{-x}\leqslant f(x)\leqslant 1$.

解析 (1) 原方程可化为
$$(1+x)f'(x)+(1+x)f(x)-\int_0^x f(t)\mathrm{d}t=0$$
等式两边对 x 求导得
$$(1+x)f''(x)+(2+x)f'(x)=0$$
令 $u=f'(x)$,则得变量可分离的方程
$$\frac{\mathrm{d}u}{\mathrm{d}x}=-\frac{2+x}{1+x}u$$
求解得 $f'(x)=u=\dfrac{C\mathrm{e}^{-x}}{1+x}$. 在题设等式中令 $x=0$,得 $f'(0)+f(0)=0$,故 $f'(0)=-f(0)=-1$,从而 $C=-1$,由此得 $f'(x)=-\dfrac{\mathrm{e}^{-x}}{1+x}$.

(2) 当 $x\geqslant 0$ 时,$f'(x)<0$,故 $f(x)$ 严格减少,由此得
$$f(x)\leqslant f(0)=1$$
设 $\varphi(x)=f(x)-\mathrm{e}^{-x}$,则 $\varphi(0)=f(0)-1=0$;又
$$\varphi'(x)=f'(x)+\mathrm{e}^{-x}=\frac{x}{1+x}\mathrm{e}^{-x}$$
当 $x\geqslant 0$ 时,$\varphi'(x)\geqslant 0$,即 $\varphi(x)$ 单调递增,从而
$$\varphi(x)\geqslant\varphi(0)=0$$
即 $f(x)\geqslant\mathrm{e}^{-x}$. 综上可知,当 $x\geqslant 0$ 时,$\mathrm{e}^{-x}\leqslant f(x)\leqslant 1$.

12.3 往年期中与期末试题解析

例 3.1(09-10(Ⅱ)期末) 解微分方程 $(x-2xy-y^2)\mathrm{d}y+y^2\mathrm{d}x=0$.

解析 原方程化为 $\dfrac{\mathrm{d}x}{\mathrm{d}y}+\left(\dfrac{1}{y^2}-\dfrac{2}{y}\right)x=1$,应用一阶线性方程通解公式,有
$$x=\mathrm{e}^{-\int\left(\frac{1}{y^2}-\frac{2}{y}\right)\mathrm{d}y}\left(C+\int\mathrm{e}^{\int\left(\frac{1}{y^2}-\frac{2}{y}\right)\mathrm{d}y}\mathrm{d}y\right)=\mathrm{e}^{\ln y^2+\frac{1}{y}}\left(C+\int\mathrm{e}^{-\ln y^2-\frac{1}{y}}\mathrm{d}y\right)$$

$$= y^2 \mathrm{e}^{\frac{1}{y}} \left(C + \int \mathrm{e}^{-\frac{1}{y}} \mathrm{d}\left(-\frac{1}{y}\right) \right) = y^2 \mathrm{e}^{\frac{1}{y}} \left(C + \mathrm{e}^{-\frac{1}{y}} \right) = y^2 + C y^2 \mathrm{e}^{\frac{1}{y}}$$

例 3.2(09-10(Ⅱ)期末)　求微分方程 $(1+\mathrm{e}^{\frac{x}{y}})\mathrm{d}x + \mathrm{e}^{\frac{x}{y}}\left(1-\frac{x}{y}\right)\mathrm{d}y = 0$ 的通解.

解析　原方程化为 $\dfrac{\mathrm{d}x}{\mathrm{d}y} = \dfrac{\mathrm{e}^{\frac{x}{y}}\left(\frac{x}{y}-1\right)}{1+\mathrm{e}^{\frac{x}{y}}}$, 令 $\dfrac{x}{y} = u, x = yu$, 则 $\dfrac{\mathrm{d}x}{\mathrm{d}y} = u + y\dfrac{\mathrm{d}u}{\mathrm{d}y}$, 代入原方程, 并分离变量得

$$\frac{1+\mathrm{e}^u}{u+\mathrm{e}^u} \mathrm{d}u = -\frac{\mathrm{d}y}{y}$$

两边积分得

$$\ln|u+\mathrm{e}^u| = -\ln|y| + \ln|C|$$

化简并代入 $u = \dfrac{x}{y}$, 得所求通解为

$$x + y\mathrm{e}^{\frac{x}{y}} = C$$

例 3.3(05-06(Ⅱ)期末)　求 $(3y^2 + y\sin 2xy)\mathrm{d}x + (6xy + x\sin 2xy)\mathrm{d}y$ 的原函数.

解析　记 $P = 3y^2 + y\sin 2xy, Q = 6xy + x\sin 2xy$, 则

$$P'_y = 6y + \sin 2xy + 2xy\cos 2xy = Q'_x$$

所以原式为恰当微分. 由于

$$u = \int_0^x P(x,0)\mathrm{d}x + \int_0^y Q(x,y)\mathrm{d}y = \int_0^y (6xy + x\sin 2xy)\mathrm{d}y$$

$$= 3xy^2 - \frac{1}{2}\cos 2xy + \frac{1}{2}$$

故所求原函数为

$$u = 3xy^2 - \frac{1}{2}\cos 2xy + C$$

例 3.4(08-09(Ⅱ)期末)　求 $y' - y = y^2\cos x$ 的通解.

解析　此为伯努利方程, 令 $u = \dfrac{1}{y}$, 方程化为 $u' + u = -\cos x$. 应用一阶线性方程的通解公式, 得

$$y^{-1} = u = \mathrm{e}^{-\int \mathrm{d}x}\left(C - \int \cos x \cdot \mathrm{e}^{\int \mathrm{d}x}\mathrm{d}x\right) = \mathrm{e}^{-x}\left(C - \int \mathrm{e}^x\cos x\,\mathrm{d}x\right)$$

$$= \mathrm{e}^{-x}\left(C - \frac{1}{2}\mathrm{e}^x(\sin x + \cos x)\right) = C\mathrm{e}^{-x} - \frac{1}{2}(\sin x + \cos x)$$

例 3.5(09-10(Ⅰ)期末)　求 $(x^2 - xy + 2x - y)\mathrm{d}x - x\mathrm{d}y = 0$ 的形如 $\varphi(x)$ 的积分因子, 并求通解.

解析 记
$$P = \varphi(x)(x^2 - xy + 2x - y), \quad Q = -x\varphi(x)$$
由
$$Q'_x = -\varphi(x) - x\varphi'(x) = P'_y = -(1+x)\varphi(x)$$
解得原方程有积分因子 $\varphi(x) = e^x$,此时
$$e^x(x^2 - xy + 2x - y)dx - e^x x dy = 0$$
为全微分方程. 由于
$$\begin{aligned}u(x,y) &= \int_0^x P(x,0)dx + \int_0^y Q(x,y)dy \\ &= \int_0^x e^x(x^2 + 2x)dx - \int_0^y x e^x dy \\ &= x(x-y)e^x\end{aligned}$$
于是原方程的通解为
$$x(x-y)e^x = C$$

例 3.6(05-06(Ⅰ)期末) 求解微分方程 $(1+y)y'' + (y')^2 = 0$.

解析 此方程中不显含 x,令 $y' = u$,以 u 为新的未知函数,以 y 为新的自变量,则 $y'' = u\dfrac{du}{dy}$,原方程化为
$$u\left((1+y)\frac{du}{dy} + u\right) = 0$$

(1) 对 $(1+y)\dfrac{du}{dy} + u = 0$, $1+y \neq 0$ 时, $\dfrac{du}{dy} + \dfrac{1}{1+y}u = 0$,解得
$$u = C e^{-\int \frac{1}{1+y}dy} = \frac{C_1}{1+y}$$
即 $y' = \dfrac{C_1}{1+y}$,分离变量得
$$(1+y)dy = C_1 dx$$
两边积分得通解为
$$y^2 + 2y = 2C_1 x + C_2$$
此外,由 $y+1 = 0$ 得 $y = -1$ 也是原方程的解,已包含于通解中(当 $C_1 = 0$, $C_2 = -1$ 时).

(2) 对 $u = 0$,解得 $y = C$,也是原方程的解.

例 3.7(05-06(Ⅰ)期末) 求解微分方程 $y'' + 4y' + 4y = e^{ax}$.

解析 特征方程为 $\lambda^2 + 4\lambda + 4 = 0$,解得特征根 $\lambda_1 = \lambda_2 = -2$,所以余函数为
$$y = e^{-2x}(C_1 + C_2 x)$$

(1) 当 $a = -2$,令原方程的特解 $\tilde{y} = Ax^2 e^{-2x}$,则
$$\tilde{y}' = 2Ax e^{-2x}(1-x), \quad \tilde{y}'' = 2A e^{-2x}(1 - 4x + 2x^2)$$

代入原方程可解得 $A = \dfrac{1}{2}$，故 $\tilde{y} = \dfrac{x^2}{2}\mathrm{e}^{-2x}$，于是原方程的通解为

$$y = \mathrm{e}^{-2x}(C_1 + C_2 x) + \dfrac{x^2}{2}\mathrm{e}^{-2x}$$

(2) 当 $a \neq -2$，令原方程的特解 $\tilde{y} = B\mathrm{e}^{ax}$，则 $\tilde{y}' = aB\mathrm{e}^{ax}$，$\tilde{y}'' = a^2 B\mathrm{e}^{ax}$，代入原方程可解得 $B = \dfrac{1}{(a+2)^2}$，故 $\tilde{y} = \dfrac{\mathrm{e}^{ax}}{(a+2)^2}$，于是原方程的通解为

$$y = \mathrm{e}^{-2x}(C_1 + C_2 x) + \dfrac{\mathrm{e}^{ax}}{(a+2)^2}$$

例 3.8（07-08(Ⅰ)期末）　求解微分方程 $x^3 y'' - x^2 y' + xy = x^2 + 1$.

解析　原方程即 $x^2 y'' - xy' + y = x + \dfrac{1}{x}$，此为欧拉方程，当 $x > 0$ 时，令 $x = \mathrm{e}^t$，则

$$x\dfrac{\mathrm{d}y}{\mathrm{d}x} = \dfrac{\mathrm{d}y}{\mathrm{d}t}, \quad x^2 \dfrac{\mathrm{d}^2 y}{\mathrm{d}x^2} = \dfrac{\mathrm{d}^2 y}{\mathrm{d}t^2} - \dfrac{\mathrm{d}y}{\mathrm{d}t}$$

代入原方程并化简得

$$\dfrac{\mathrm{d}^2 y}{\mathrm{d}t^2} - 2\dfrac{\mathrm{d}y}{\mathrm{d}t} + y = \mathrm{e}^t + \mathrm{e}^{-t} \tag{1}$$

容易解得余函数为 $y = \mathrm{e}^t(C_1 + C_2 t)$. 令特解 $\tilde{y} = At^2 \mathrm{e}^t + B\mathrm{e}^{-t}$，则

$$\tilde{y}' = A\mathrm{e}^t(t^2 + 2t) - B\mathrm{e}^{-t}, \quad \tilde{y}'' = A\mathrm{e}^t(t^2 + 4t + 2) + B\mathrm{e}^{-t}$$

代入方程(1)，可解得 $A = \dfrac{1}{2}$，$B = \dfrac{1}{4}$，故 $\tilde{y} = \dfrac{t^2 \mathrm{e}^t}{2} + \dfrac{\mathrm{e}^{-t}}{4}$. 于是原方程的通解为

$$y = x(C_1 + C_2 \ln|x|) + \dfrac{1}{2}x \ln^2|x| + \dfrac{1}{4x} \tag{2}$$

当 $x < 0$ 时，令 $x = -\mathrm{e}^t$，仿照上述解析过程，可解得通解仍为(2)式所示，过程从略.

例 3.9（07-08(Ⅰ)期末）　已知方程 $xy'' + 2y' - xy = 0$ 有特解 $y = \dfrac{1}{x}\mathrm{e}^x$，求其通解.

解析　**方法Ⅰ**　令 $y = \dfrac{\mathrm{e}^x}{x}u$，则原方程化为 $u'' + 2u' = 0$，容易求得特征根为 $-2, 0$，故此方程的通解为

$$u = C_1 \mathrm{e}^{-2x} + C_2$$

所以原方程的通解为

$$y = C_1 \dfrac{\mathrm{e}^{-x}}{x} + C_2 \dfrac{\mathrm{e}^x}{x}$$

方法Ⅱ　令 $u = xy$，则原方程化为 $u'' - u = 0$，容易求得特征根为 $-1, 1$，故此方程的通解为

$$u = C_1 e^{-x} + C_2 e^x$$

所以原方程的通解为

$$y = C_1 \frac{e^{-x}}{x} + C_2 \frac{e^x}{x}$$

例 3.10(10-11(Ⅱ)期末) 求微分方程 $y'' + y = \dfrac{1}{\sin 2x}$ 的通解.

解析 特征方程为 $\lambda^2 + 1 = 0$,解得特征根 $\lambda = \pm i$,于是余函数为 $y = C_1 \cos x + C_2 \sin x$. 令原方程的特解

$$\tilde{y} = C_1(x)\cos x + C_2(x)\sin x$$

则 $C_1'(x), C_2'(x)$ 满足方程组

$$\begin{cases} C_1'(x)\cos x + C_2'(x)\sin x = 0, \\ -C_1'(x)\sin x + C_2'(x)\cos x = \dfrac{1}{\sin 2x} \end{cases}$$

容易解得

$$C_1'(x) = -\frac{1}{2\cos x}, \quad C_2'(x) = \frac{1}{2\sin x}$$

积分得(取一个原函数)

$$C_1(x) = -\frac{1}{2}\int \frac{1}{\cos x}dx = -\frac{1}{2}\ln|\sec x + \tan x|$$

$$C_2(x) = \frac{1}{2}\int \frac{1}{\sin x}dx = \frac{1}{2}\ln|\csc x - \cot x|$$

于是原方程有特解

$$\tilde{y} = -\frac{1}{2}\cos x \cdot \ln|\sec x + \tan x| + \frac{1}{2}\sin x \cdot \ln|\csc x - \cot x|$$

所以原方程的通解为

$$y = C_1\cos x + C_2\sin x - \frac{1}{2}\cos x \cdot \ln|\sec x + \tan x| + \frac{1}{2}\sin x \cdot \ln|\csc x - \cot x|$$

例 3.11(08-09(Ⅱ)期末) 求微分方程 $y'' + y = e^{2x} + 2\sec^3 x$ 的通解.

解析 特征方程为 $\lambda^2 + 1 = 0$,解得特征根 $\lambda = \pm i$,于是余函数为

$$y = C_1\cos x + C_2\sin x$$

对 $f_1(x) = e^{2x}$,设 $y'' + y = f_1(x)$ 的特解为 $\tilde{y}_1 = Ae^{2x}$,则 $\tilde{y}_1'' = 4Ae^{2x}$,代入方程可解得 $A = \dfrac{1}{5}$,故 $y'' + y = f_1(x)$ 的特解为

$$\tilde{y}_1 = \frac{1}{5}e^{2x}$$

对 $f_2(x) = 2\sec^3 x$,设 $y'' + y = f_2(x)$ 的特解为 $\tilde{y}_2 = C_1(x)\cos x + C_2(x)\sin x$,则 $C_1'(x), C_2'(x)$ 满足方程组

$$\begin{cases} C_1'(x)\cos x + C_2'(x)\sin x = 0, \\ -C_1'(x)\sin x + C_2'(x)\cos x = 2\sec^3 x \end{cases}$$

容易解得

$$C_1'(x) = -2\tan x \sec^2 x, \quad C_2'(x) = 2\sec^2 x$$

积分得(取一个原函数)

$$C_1(x) = -2\int \tan x \sec^2 x \, dx = -2\int \tan x \, d\tan x = -\tan^2 x$$

$$C_2(x) = 2\int \sec^2 x \, dx = 2\tan x$$

故 $y'' + y = f_2(x)$ 的特解为

$$\tilde{y}_2 = -\tan^2 x \cos x + 2\tan x \sin x = \sin x \tan x$$

综上,原方程的通解为

$$y = C_1 \cos x + C_2 \sin x + \frac{1}{5}e^{2x} + \sin x \tan x$$

例 3.12(12-13(Ⅱ)期末) 设函数 $f(x)$ 二阶连续可微,且满足

$$\int_0^x (x+1-t)f'(t)dt = x^2 + e^x - f(x)$$

求函数 $f(x)$.

解析 原式即为

$$(x+1)\int_0^x f'(t)dt - \int_0^x t f'(t)dt = x^2 + e^x - f(x) \quad (1)$$

(1) 式两边对 x 求导,得

$$\int_0^x f'(t)dt + (x+1)f'(x) - xf'(x) = 2x + e^x - f'(x)$$

即 $2f'(x) + f(x) = e^x + 2x + f(0)$. 在(1)式中令 $x = 0$,得 $f(0) = 1$. 故 $f(x)$ 满足方程

$$f'(x) + \frac{1}{2}f(x) = \frac{1}{2}e^x + x + \frac{1}{2}$$

此为一阶线性微分方程,通解为

$$f(x) = e^{-\int \frac{1}{2}dx}\left(C + \int \left(\frac{1}{2}e^x + x + \frac{1}{2}\right)e^{\int \frac{1}{2}dx}dx\right) = Ce^{-\frac{1}{2}x} + \frac{1}{3}e^x + 2x - 3$$

由 $f(0) = 1$ 可得 $C = \frac{11}{3}$,故

$$f(x) = \frac{11}{3}e^{-\frac{1}{2}x} + \frac{1}{3}e^x + 2x - 3$$

例 3.13(09-10(Ⅱ)期末) 设函数 $f(x)$ 连续可微,$f'(0) = 1$,并且对任何实数 x, y 都满足关系式 $f(x+y) = \dfrac{f(x) + f(y)}{1 - f(x)f(y)}$,证明 $f(x)$ 是微分方程 $y' = 1 +$

$y^2, y(0) = 0$ 的解,并求出 $f(x)$.

解析 令 $y = 0$,则 $f(x) - f^2(x)f(0) = f(x) + f(0)$,解得 $f(0) = 0$. 原式可化为

$$f(x+y) - f(x+y)f(x)f(y) = f(x) + f(y)$$
$$\Rightarrow f(x+y) - f(x) = f(y)[f(x+y)f(x) + 1]$$
$$\Rightarrow \lim_{y\to 0}\frac{f(x+y)-f(x)}{y} = \lim_{y\to 0}\frac{f(y)-f(0)}{y}[f(x+y)f(x)+1]$$
$$\Rightarrow f'(x) = f'(0)[f^2(x)+1] = 1 + f^2(x)$$

故 $f(x)$ 是微分方程 $y' = 1 + y^2, y(0) = 0$ 的解. 此为变量可分离的方程,得其通解为 $f(x) = \tan(x+C)$,由 $f(0) = 0$ 知 $C = 0$. 故 $f(x) = \tan x$.

例 3.14(05-06(Ⅰ)期末) 给定方程 $x'' + 8x' + 7x = f(t), f(t)$ 在 $[0, +\infty)$ 上有界,证明:上述方程每个解都在 $[0, +\infty)$ 上有界.

解析 方法Ⅰ 特征方程为 $\lambda^2 + 8\lambda + 7 = 0$,解得特征根 $\lambda_1 = -1, \lambda_2 = -7$,于是余函数为 $x = C_1 e^{-t} + C_2 e^{-7t}$. 下面来求原方程的一个特解. 令 $y = x' + 7x$,则原方程化为 $y' + y = f(t)$,此方程的一个特解为

$$\tilde{y}(t) = e^{-t}\int_0^t f(t)e^t dt$$

由于

$$|\tilde{y}(t)| = e^{-t}\left|\int_0^t f(t)e^t dt\right| \leqslant M e^{-t}\int_0^t e^t dt = M(1-e^{-t}) \leqslant M$$

其中 $M = \max_{0\leqslant t<+\infty}\{|f(t)|\}$,因此 $\tilde{y}(t)$ 在 $[0, +\infty)$ 有界. 再解 $x' + 7x = \tilde{y}(t)$. 此方程的一个特解为 $\tilde{x}(t) = e^{-7t}\int_0^t \tilde{y}(t)e^{7t} dt$,由于

$$|\tilde{x}(t)| = e^{-7t}\left|\int_0^t \tilde{y}(t)e^{7t} dt\right| \leqslant M e^{-7t}\int_0^t e^{7t} dt = \frac{1}{7}M(1-e^{-7t}) \leqslant \frac{1}{7}M$$

故原方程有特解 $\tilde{x}(t)$,且 $\tilde{x}(t)$ 在 $[0, +\infty)$ 上有界. 原方程的通解为

$$x(t) = C_1 e^{-t} + C_2 e^{-7t} + \tilde{x}(t)$$

任取原方程的一个解,记为 $\varphi(t)$,设其满足初始条件

$$\varphi(0) = x_0, \quad \varphi'(0) = x_1 \quad (x_0, x_1 \text{ 为常数})$$

由于 $\tilde{x}(0) = 0, \tilde{y}(0) = 0, \tilde{x}'(0) = \tilde{y}(0) - 7\tilde{x}(0) = 0$,所以

$$\begin{cases} \varphi(0) = C_1 e^0 + C_2 e^0 + \tilde{x}(0) = C_1 + C_2 = x_0, \\ \varphi'(0) = -C_1 e^0 - 7C_2 e^0 + \tilde{x}'(0) = -C_1 - 7C_2 = x_1 \end{cases}$$

解得

$$C_1 = \frac{1}{6}(7x_0 + x_1), \quad C_2 = -\frac{1}{6}(x_0 + x_1)$$

于是

$$\varphi(t) = \frac{1}{6}(7x_0 + x_1)\mathrm{e}^{-t} - \frac{1}{6}(x_0 + x_1)\mathrm{e}^{-7t} + \tilde{x}(t)$$

$$|\varphi(t)| \leqslant \frac{1}{6}|7x_0 + x_1| + \frac{1}{6}|x_0 + x_1| + |\tilde{x}(t)|$$

$$\leqslant \frac{4}{3}|x_0| + \frac{1}{3}|x_1| + \frac{1}{7}M$$

由常数 x_0, x_1 的任意性,即得原方程的每个解都在$[0, +\infty)$ 上有界.

方法 II 记原方程满足初始条件:$x(0) = x_0, x'(0) = x_1 (x_0, x_1$ 为常数) 的特解为 $x(t)$. 令 $y = x' + 7x$,则原方程化为 $y' + y = f(t)$,初始条件为 $y(0) = x'(0) + 7x(0) = 7x_0 + x_1$. 此初值问题的特解为

$$y(t) = \mathrm{e}^{-t}\left(y(0) + \int_0^t f(t)\mathrm{e}^t \mathrm{d}t\right) = \mathrm{e}^{-t}\left(7x_0 + x_1 + \int_0^t f(t)\mathrm{e}^t \mathrm{d}t\right)$$

由于

$$|y(t)| \leqslant |7x_0 + x_1| + \mathrm{e}^{-t}\int_0^t |f(t)|\mathrm{e}^t \mathrm{d}t$$

$$\leqslant 7|x_0| + |x_1| + M\mathrm{e}^{-t}\int_0^t \mathrm{e}^t \mathrm{d}t$$

$$\leqslant 7|x_0| + |x_1| + M$$

其中 $M = \max\limits_{0 \leqslant t < +\infty}\{|f(t)|\}$,因此 $y(t)$ 在$[0, +\infty)$ 有界.再解 $x' + 7x = y(t)$,初始条件为 $x(0) = x_0$. 此初值问题的特解为

$$x(t) = \mathrm{e}^{-7t}\left(x(0) + \int_0^t y(t)\mathrm{e}^{7t}\mathrm{d}t\right) = \mathrm{e}^{-7t}\left(x_0 + \int_0^t y(t)\mathrm{e}^{7t}\mathrm{d}t\right)$$

由于

$$|x(t)| \leqslant |x_0| + \mathrm{e}^{-7t}\int_0^t |y(t)|\mathrm{e}^{7t}\mathrm{d}t$$

$$\leqslant |x_0| + (7|x_0| + |x_1| + M)\mathrm{e}^{-7t}\int_0^t \mathrm{e}^{7t}\mathrm{d}t$$

$$\leqslant |x_0| + \frac{1}{7}(7|x_0| + |x_1| + M)$$

$$= 2|x_0| + \frac{1}{7}|x_1| + \frac{1}{7}M$$

故原方程的特解 $x(t)$ 在$[0, +\infty)$ 上有界,由常数 x_0, x_1 的任意性,即得原方程的每个解都在$[0, +\infty)$ 上有界.

12.4 历年硕士生入学试题解析

例 4.1(南大 2001) 解微分方程 $y' = \dfrac{1}{x\cos y + \sin 2y}$.

解析 原式化为 $\dfrac{\mathrm{d}x}{\mathrm{d}y} - x\cos y = \sin 2y$. 应用一阶线性方程通解公式,有

$$x = \mathrm{e}^{\int \cos y \mathrm{d}y}\left(C + \int \mathrm{e}^{-\int \cos y \mathrm{d}y}\sin 2y \mathrm{d}y\right) = \mathrm{e}^{\sin y}\left(C + 2\int \mathrm{e}^{-\sin y}\sin y\cos y \mathrm{d}y\right)$$

$$= \mathrm{e}^{\sin y}\left(C - 2\int \sin y \mathrm{d}\mathrm{e}^{-\sin y}\right) = \mathrm{e}^{\sin y}\left(C - 2\mathrm{e}^{-\sin y}\sin y + 2\int \mathrm{e}^{-\sin y}\mathrm{d}\sin y\right)$$

$$= \mathrm{e}^{\sin y}(C - 2\mathrm{e}^{-\sin y}\sin y - 2\mathrm{e}^{-\sin y}) = C\mathrm{e}^{\sin y} - 2\sin y - 2$$

例 4.2(南大 2010)　求微分方程 $\sin y\mathrm{d}y + (\cos y - \mathrm{e}^x)\mathrm{d}x = 0$ 的通解.

解析　令 $\cos y = u$,原方程化为 $\dfrac{\mathrm{d}u}{\mathrm{d}x} - u = -\mathrm{e}^x$,应用通解公式得

$$u = \mathrm{e}^x\left(C - \int \mathrm{e}^x \mathrm{e}^{-x}\mathrm{d}x\right) = \mathrm{e}^x(C - x) \Rightarrow \cos y = \mathrm{e}^x(C - x)$$

例 4.3(南大 2009)　求微分方程 $y\mathrm{d}x + (2x^2y - x)\mathrm{d}y = 0$ 的通解.

解析　$\dfrac{\mathrm{d}x}{\mathrm{d}y} - \dfrac{1}{y}x = -2x^2$,令 $u = \dfrac{1}{x}$,方程化为 $\dfrac{\mathrm{d}u}{\mathrm{d}y} + \dfrac{1}{y}u = 2$,此方程的通解为 $u = \dfrac{C}{y} + y$,故原方程的通解为 $x = \dfrac{y}{C + y^2}$.

例 4.4(南大 2001)　求 k 值,使得 $\left(3x^2\tan y - \dfrac{ky^3}{x^3}\right)\mathrm{d}x + \left(x^3\sec^2 y + \dfrac{3y^2}{x^2}\right)\mathrm{d}y = 0$ 为全微分方程,并求此方程的通解.

解析　记 $P = 3x^2\tan y - \dfrac{ky^3}{x^3}, Q = x^3\sec^2 y + \dfrac{3y^2}{x^2}$,由 $Q'_x = P'_y$ 得

$$3x^2\sec^2 y - \dfrac{6y^2}{x^3} = 3x^2\sec^2 y - \dfrac{3ky^2}{x^3} \Rightarrow k = 2$$

由于 $\dfrac{\partial u}{\partial x} = 3x^2\tan y - \dfrac{ky^3}{x^3}, \dfrac{\partial u}{\partial y} = x^3\sec^2 y + \dfrac{3y^2}{x^2}$,故

$$u = \int \left(3x^2\tan y - \dfrac{2y^3}{x^3}\right)\mathrm{d}x = x^3\tan y + \dfrac{y^3}{x^2} + \varphi(y)$$

$$\dfrac{\partial u}{\partial y} = x^3\sec^2 y + \dfrac{3y^2}{x^2} + \varphi'(y) = Q = x^3\sec^2 y + \dfrac{3y^2}{x^2}$$

得

$$\varphi'(y) = 0 \Rightarrow \varphi(y) = C$$

故所求通解为 $x^3\tan y + \dfrac{y^3}{x^2} = C$.

例 4.5(全国 2007)　求 $y''(x + (y')^2) = y'$ 满足 $y(1) = y'(1) = 1$ 的特解.

解析　令 $y' = u$,原方程化为 $u'(x + u^2) = u$,即 $\dfrac{\mathrm{d}x}{\mathrm{d}u} - \dfrac{1}{u}x = u$. 应用一阶线性方程的通解公式,有

$$x = e^{\int \frac{1}{u}du}\left(C + \int u e^{-\int \frac{1}{u}du}du\right) = u(C+u)$$

由于 $x=1$ 时 $u=1$,所以 $C=0$. $y'=u=\sqrt{x}$,解得 $y=\frac{2}{3}x^{\frac{3}{2}}+C_1$. 由于 $x=1$ 时 $y=1$,所以 $C_1=\frac{1}{3}$,于是所求特解为 $y=\frac{2}{3}x^{\frac{3}{2}}+\frac{1}{3}$.

例 4.6(全国 2011) 设函数 $f(x)$ 在区间 $[0,1]$ 上具有连续导数,$f(0)=1$,且满足 $\iint\limits_{D_t}f'(x+y)dxdy = \iint\limits_{D_t}f(t)dxdy$,其中 $D_t = \{(x,y) \mid 0 \leqslant y \leqslant t-x, 0 \leqslant x \leqslant t\}$ $(0 < t \leqslant 1)$,求 $f(x)$ 的表达式.

解析 根据题意,有
$$\iint\limits_{D_t}f'(x+y)dxdy = \int_0^t dx \int_0^{t-x} f'(x+y)dy = \int_0^t (f(t)-f(x))dx$$
$$= tf(t) - \int_0^t f(x)dx$$

又 $\iint\limits_{D_t}f(t)dxdy = \frac{t^2}{2}f(t)$,所以 $tf(t) - \int_0^t f(x)dx = \frac{t^2}{2}f(t)$. 对该式两边求导后整理得 $(2-t)f'(t) = 2f(t)$,解得 $f(t) = \frac{C}{(2-t)^2}$,代入 $f(0)=1$,得 $C=4$. 于是
$$f(x) = \frac{4}{(2-x)^2} \quad (0 \leqslant x \leqslant 1)$$

例 4.7(全国 2012) 已知函数 $f(x)$ 满足方程 $f''(x) + f'(x) - 2f(x) = 0$ 及 $f''(x) + f(x) = 2e^x$.

(1) 求 $f(x)$ 的表达式;

(2) 求曲线 $y = f(x^2)\int_0^x f(-t^2)dt$ 的拐点.

解析 (1) 方程 $f''(x) + f'(x) - 2f(x) = 0$ 的特征方程为 $\lambda^2 + \lambda - 2 = 0$,特征根为 $\lambda = -2, 1$,故此方程的通解为
$$f(x) = C_1 e^{-2x} + C_2 e^x$$
将此解代入方程 $f''(x) + f(x) = 2e^x$,得
$$5C_1 e^{-2x} + 2C_2 e^x = 2e^x$$
解得 $C_1 = 0, C_2 = 1$,于是 $f(x) = e^x$.

(2) 因为
$$y = e^{x^2}\int_0^x e^{-t^2}dt, \quad y' = 2xe^{x^2}\int_0^x e^{-t^2}dt + e^{x^2}e^{-x^2} = 2xe^{x^2}\int_0^x e^{-t^2}dt + 1$$
$$y'' = 2\left((1+2x^2)e^{x^2}\int_0^x e^{-t^2}dt + x\right) \tag{1}$$

令 $y''=0$，解得 $x=0$. 当 $x>0$ 时，(1) 式右端的二项皆大于零，所以 $y''>0$，曲线是凹的；当 $x<0$ 时，(1) 式右端的二项皆小于零，所以 $y''<0$，曲线是凸的. 于是所求曲线的拐点为 $(0,y(0))=(0,0)$.

例 4.8（南大 2011） 设 $y(x)$ 具有二阶连续导数，且 $y'(0)=0$，试由方程
$$y(x)=1+\frac{1}{3}\int_0^x[-y''(t)-2y(t)+6te^{-t}]dt$$
确定函数 $y(x)$.

解析 在方程中令 $x=0$ 得 $y(0)=1$. 方程两边求导得
$$y''(x)+3y'(x)+2y(x)=6xe^{-x}$$
余函数为 $y(x)=C_1e^{-x}+C_2e^{-2x}$. 因为 -1 是特征根，所以令特解为 $\bar{y}=(Ax+B)xe^{-x}$，代入上式解得 $A=3,B=-6$，于是 $\bar{y}=3(x-2)xe^{-x}$，方程的通解为
$$y(x)=C_1e^{-x}+C_2e^{-2x}+3(x-2)xe^{-x}$$
应用初始条件 $y(0)=1,y'(0)=0$，可得 $C_1=8,C_2=-7$，故所求函数为
$$y(x)=8e^{-x}-7e^{-2x}+3(x-2)xe^{-x}$$

例 4.9（南大 2005） 求微分方程 $y''-xy'-y=1$ 满足初始条件 $y(0)=0,y'(0)=0$ 的特解.

解析 令 $y'-xy=u$，则原方程化为 $u'=1,u(0)=0$，解得 $u=x$，于是 $y'-xy=x$. 应用通解公式得
$$y=e^{\frac{x^2}{2}}\left(C+\int xe^{-\frac{x^2}{2}}dx\right)=Ce^{\frac{x^2}{2}}-1$$
由 $y(0)=0$，得 $C=1$，于是所求特解为 $y=e^{\frac{x^2}{2}}-1$.

例 4.10（南大 2005） 设微分方程 $xy''+2y'+xy=0$ 有特解 $y=\dfrac{\sin x}{x}$，求此方程的通解.

解析 **方法 I** 令 $y=\dfrac{\sin x}{x}u$，则原方程化为 $u''+2\cot x\cdot u'=0$，容易求得此方程的通解为
$$u'=C_1\exp\left(-2\int\cot x\,dx\right)=C_1\csc^2 x$$
故 $u=C_1\int\csc^2 x\,dx=-C_1\cot x+C_2$，所以原方程的通解为
$$y=-C_1\frac{\cos x}{x}+C_2\frac{\sin x}{x}$$

方法 II 令 $u=xy$，则原方程化为 $u''+u=0$，容易求得此方程的通解为
$$u=C_1\cos x+C_2\sin x$$
所以原方程的通解为

$$y = C_1 \frac{\cos x}{x} + C_2 \frac{\sin x}{x}$$

注:方法 Ⅱ 没有用到已知特解的条件.

例 4.11(南大 2002) 求微分方程 $y'' + y' + e^{-2x} y = e^{-3x}$ 的通解.

解析 作自变量的变换,令 $e^{-x} = t$,则

$$\frac{dy}{dx} = -t \frac{dy}{dt}, \quad \frac{d^2 y}{dx^2} = t^2 \frac{d^2 y}{dt^2} + t \frac{dy}{dt}$$

原方程化为 $\frac{d^2 y}{dt^2} + y = t$,此方程的通解为

$$y = C_1 \cos t + C_2 \sin t + t$$

于是原方程的通解为

$$y = C_1 \cos e^{-x} + C_2 \sin e^{-x} + e^{-x}$$

例 4.12(全国 2015) 设函数 $f(x)$ 在定义域 I 上的导数大于零,若对任意的 $x_0 \in I$,曲线在点 $(x_0, f(x_0))$ 的切线与直线 $x = x_0$ 及 x 轴所围区域的面积皆为 4,且 $f(0) = 2$,求 $f(x)$ 的表达式.

解析 曲线 $y = f(x)$ 在点 $(x_0, f(x_0))$ 处的切线方程为

$$y - f(x_0) = f'(x_0)(x - x_0)$$

令 $y = 0$,得 $X_0 = x_0 - \frac{f(x_0)}{f'(x_0)}$,由题意得

$$\frac{1}{2} |(x_0 - X_0) f(x_0)| = 4 \Rightarrow 8 f'(x_0) = (f(x_0))^2$$

于是 $y = f(x)$ 满足的微分方程为 $8 y' = y^2$,容易求得其通解为 $-\frac{8}{y} = x + C$,利用初始条件 $y(0) = 2$,有 $C = -4$,于是所求函数为 $f(x) = \frac{8}{4-x}$.

例 4.13(全国 2008) 设 $f(x)$ 是区间 $[0, +\infty)$ 上具有连续导数的单调增加函数,且 $f(0) = 1$. 对任意的 $t \in [0, +\infty)$,直线 $x = 0, x = t$,曲线 $y = f(x)$ 以及 x 轴所围成的曲边梯形绕 x 轴旋转一周生成一旋转体,若该旋转体的侧面面积在数值上等于其体积的 2 倍,求函数 $f(x)$ 的表达式.

解析 旋转体的体积 $V = \pi \int_0^t f^2(x) dx$,侧面积 $S = 2\pi \int_0^t f(x) \sqrt{1 + [f'(x)]^2} dx$. 由题设条件知

$$\int_0^t f^2(x) dx = \int_0^t f(x) \sqrt{1 + [f'(x)]^2} dx$$

上式两端对 t 求导得

$$f^2(t) = f(t) \sqrt{1 + [f'(t)]^2}, \quad \text{即} \quad y' = \sqrt{y^2 - 1}$$

用分离变量法解得 $y + \sqrt{y^2 - 1} = C e^t$,将 $y(0) = 1$ 代入知 $C = 1$,故 $y + \sqrt{y^2 - 1} =$

e^t,即 $y = \frac{1}{2}(e^t + e^{-t})$. 于是所求函数为 $f(x) = \frac{1}{2}(e^x + e^{-x})$.

例 4.14(全国 2009) 设曲线 $y = f(x)$,其中 $f(x)$ 是可导函数,且 $f(x) > 0$. 已知曲线 $y = f(x)$ 与直线 $y = 0, x = 1$ 及 $x = t(t > 1)$ 所围成的曲边梯形绕 x 轴旋转一周所得的立体体积值是该曲边梯形面积值的 πt 倍,求该曲线的方程式.

解析 由题意知 $\pi \int_1^t f^2(x) dx = \pi t \int_1^t f(x) dx$,两边对 t 求导得

$$f^2(t) = \int_1^t f(x) dx + t f(t)$$

再求导得 $2f(t)f'(t) = 2f(t) + tf'(t)$. 记 $f(t) = y$,则 $\frac{dt}{dy} + \frac{1}{2y} t = 1$,因此

$$t = e^{-\int \frac{1}{2y} dy} \left(C + \int e^{\int \frac{1}{2y} dy} dy \right) = y^{-\frac{1}{2}} \left(\int \sqrt{y} dy + C \right) = y^{-\frac{1}{2}} \left(\frac{2}{3} y^{\frac{3}{2}} + C \right) = \frac{C}{\sqrt{y}} + \frac{2}{3} y$$

由于 $f(1) = 1$,所以 $C = \frac{1}{3}$,从而 $t = \frac{2}{3} y + \frac{1}{3\sqrt{y}}$. 故所求曲线方程为

$$x = \frac{2}{3} y + \frac{1}{3\sqrt{y}}.$$

例 4.15(全国 2011) 设函数 $y(x)$ 具有二阶导数,且曲线 $l: y = y(x)$ 与直线 $y = x$ 相切于原点,记 α 为曲线 l 在点 (x, y) 处切线的倾角,若 $\frac{d\alpha}{dx} = \frac{dy}{dx}$,求 $y(x)$ 的表达式.

解析 由于 $y' = \tan\alpha$,即 $\alpha = \arctan y'$,所以 $\frac{d\alpha}{dx} = \frac{y''}{1+(y')^2}$,于是 $\frac{y''}{1+(y')^2} = y'$. 令 $y' = u$,则 $y'' = u'$,代入得 $u' = u(1+u^2)$,分离变量再积分得 $\ln \frac{u^2}{1+u^2} = 2x + \ln C_1$. 由题意 $y'(0) = 1$,即当 $x = 0$ 时 $u = 1$,由此可得 $C_1 = \frac{1}{2}$,于是有

$$y' = u = \frac{e^x}{\sqrt{2 - e^{2x}}}, \quad y = \int \frac{e^x}{\sqrt{2 - e^{2x}}} dx = \arcsin \frac{e^x}{\sqrt{2}} + C_2$$

由 $y(0) = 0$ 得 $C_2 = -\frac{\pi}{4}$. 因此所求函数为

$$y = \arcsin \frac{e^x}{\sqrt{2}} - \frac{\pi}{4}.$$

例 4.16(全国 2014) 设函数 $f(u)$ 具有二阶连续导数,$z = f(e^x \cos y)$ 满足

$$\frac{\partial^2 z}{\partial x^2} + \frac{\partial^2 z}{\partial y^2} = (4z + e^x \cos y) e^{2x}$$

若 $f(0) = 0, f'(0) = 0$,求 $f(u)$ 的表达式.

解析 应用多元复合函数求偏导数法则,有

$$\frac{\partial z}{\partial x} = f'(e^x\cos y)e^x\cos y, \quad \frac{\partial z}{\partial y} = -f'(e^x\cos y)e^x\sin y$$

$$\frac{\partial^2 z}{\partial x^2} = f''(e^x\cos y)e^{2x}\cos^2 y + f'(e^x\cos y)e^x\cos y$$

$$\frac{\partial^2 z}{\partial y^2} = f''(e^x\cos y)e^{2x}\sin^2 y - f'(e^x\cos y)e^x\cos y$$

令 $u = e^x\cos y$，则 $z = f(u)$，代入原方程得

$$\begin{aligned}\frac{\partial^2 z}{\partial x^2} + \frac{\partial^2 z}{\partial y^2} &= f''(e^x\cos y)e^{2x}\cos^2 y + f'(e^x\cos y)e^x\cos y \\ &\quad + f''(e^x\cos y)e^{2x}\sin^2 y - f'(e^x\cos y)e^x\cos y \\ &= f''(e^x\cos y)e^{2x} = z''(u)e^{2x} = (4z(u) + u)e^{2x}\end{aligned}$$

化简得 $z = f(u)$ 满足的微分方程为 $z'' - 4z = u$. 容易求得通解为

$$z = C_1 e^{2u} + C_2 e^{-2u} - \frac{1}{4}u$$

再利用初始条件有 $C_1 + C_2 = 0, 2C_1 - 2C_2 = \frac{1}{4}$，解得 $C_1 = \frac{1}{16}, C_2 = -\frac{1}{16}$，于是所求函数为

$$f(u) = \frac{1}{16}(e^{2u} - e^{-2u} - 4u)$$